JN417933

아르케
북스

039

러시아문화와 우주철학

진화와 상생의 열린 소통을 위한 통합의 인문학

초판1쇄 발행 2015년 5월 20일

지은이 박영은 **펴낸이** 홍기원
편집주간 박호원 **총괄** 홍종화
편집 · 디자인 오경희 · 조정화 · 오성현 · 신나래 · 김선아
이효진 · 오진옥 · 남도영 · 이상재
관리 박정대 · 최기엽
펴낸곳 민속원 **출판등록** 제18-1호
주소 서울 마포구 대흥동 337-25 **전화** 02) 804-3320, 805-3320, 806-3320(代) **팩스** 02) 802-3346
이메일 minsok1@chollian.net, minsokwon@naver.com
홈페이지 www.minsokwon.com

ISBN 978-89-285-0753-5
SET 978-89-285-0359-9 94380

ⓒ 박영은, 2015
ⓒ 민속원, 2015, Printed in Seoul, Korea

저작권법에 의해 한국 내에서 보호를 받는 저작물이므로 무단전재와 복제를 금합니다.
이 책 내용의 전부 또는 일부를 이용하려면 반드시 저작권자와 민속원의 서면동의를 받아야 합니다.
이 도서의 국립중앙도서관 출판시도서목록(CIP)은 서지정보유통지원시스템 홈페이지(http://seoji.nl.go.kr)와 국가자료공동목록시스템(http://www.nl.go.kr/kolisnet)에서 이용하실 수 있습니다. (CIP제어번호 : CIP2015014285)

책 값은 뒤표지에 있습니다.
잘못된 책은 바꾸어 드립니다.

민속원 아르케북스 039 minsokwon archebooks

러시아문화와 우주철학

진화와 상생의 열린 소통을 위한 통합의 인문학

| 박영은 |

민속원

머리말

2014년 4월 16일.

이 책을 준비하던 즈음이었다.
수학여행을 떠났던 꽃다운 아이들을 태운 배가 침몰했다.
바로 우리 눈앞에서 아이들이 수장되었다.
내 삶의 중심추도, 생각의 시간도 거기서 멈춘 듯 했다.
아무 말도 할 수 없었다.
하염없이 눈물만 쏟아져 내렸다.

TV 스크린으로 당시의 모습을 지켜보면서도 우린 아무것도 하지 못했다.
40년 이상 이 나라에서 살아오면서 우리가 과연 제대로 한 것이 무엇인지, 적어도 아이들을 태운 배가 그대로 침몰되는 것을 바라보지 않아도 되는 세상을 만들기 위해 과연 나는 어떤 노력을 해 왔는지…
과거보다는 나은 세상을 만들어 보겠다는 우리나라 정치인들과 엄숙한 학자들이 쏟아 낸 그 무성한 담론들은 어디로 사라졌는지…
그저 부끄러울 따름이었다.

오랜 숙제이기도 했던 책 집필 역시 더 이상의 진척이 없었다.
내가 이런 책을 쓰는 것이 세상에 무슨 도움이 될까 하는 끊임없는 자책만 남았다.
그리고 나 자신에게도 단도직입적으로 물음을 던져야 했다.

"우주 철학이라니?

네가 우주를 알면 얼마나 안다고?

너야말로 거창한 지적 허영이나 풀어 제치는 싸구려 학자는 아니냐?" 하는…

이 땅에서 무력하기 짝이 없는 학문의 힘을 허망하게 바라보며, 머릿속을 맴돌던 두 단어 '아이들의 죽음'과 '우주 철학'은 좀처럼 서로를 연결하지 못한 채 끊임없이 나를 괴롭혔다.

많은 희생자들이 있었지만 아이들의 죽음이 유독 더 아팠던 것은 내가 또래의 두 딸을 키우는 엄마이기 때문일 것이다.

아이들은 우리가 배 아파 낳은 우리의 미래였다.

난 그 현장에서 무참히 스러져 가는 우리의 미래, 우리 사회의 미래를 보았다.

러시아 우주론이라는 학문과 이 연구에 매달렸던 철학자들의 삶을 통해 내가 배운, 가장 가슴 깊이 남은 것은 세상의 '모든 만물은 연결되어 있다'는 공동체의식 혹은 연대의식이었다.

어떤 사람들은 러시아 우주론이라는 학문을 연구했던 사람은 우주공간이나 쳐다보는 몽상가일 것이라 생각할지도 모르겠다. 하지만 그들은 오히려 그 반대였다. 그들은 하늘과 땅이 연결되어 있다는 사실, 우주공간의 사건과 우리가 숨 쉬는 지상의 사건이 보이지 않는 끈으로 연결되어 있다는 것을 확신했던 학자들이었다.

그들은 학자들이 더 이상 케케묵은 먼지가 쌓여 있는 자신의 연구실에만 갇혀 있어서는 안 된다고 주장했다.

또한 그들은 사회 갈등과 불신의 시대에 현실 참여와 끊임없는 사랑이 왜 필요한지를, 필요하다면 왜 지식인들이 사회 개혁을 위해 앞장서야 하는지를 얘기했다.

러시아 우주론자들이 2014년의 세월호 참사와 그 문제를 대면하는 과정에서 적나라하게 노출된 우리 사회의 면면을 들여다보았다면 뭐라 말했을까?

그들은 무엇보다 아이들이 차디찬 바닷물에서 수장되기 전에 느꼈을 고통, 아무런 구원의 손길을 느낄 수 없었던 절박한 순간에 아이들을 엄습했을 공포의 심리 에너지는 지구상에서 결코 사라지지 않는다는 점을 준엄하게 경고했을 것이다.

그리고 이제는 이 시대, 이 땅에 사는 우리들이 아이들이 죽음 직전에 느꼈을 그 원망과 두려움에 진실하게 응답해야 한다는 점을 강하게 꾸짖었을 것이다.

우리가 직면할 수밖에 없었던 2014년의 또 다른 우리 모습을 응시하며, 백 여년 전 인간과 사회를 성장시키기 위해 노력했던 러시아 우주론자들의 지적인 유산과 실천적 노력을 우리 사회가 조금씩이라도 배워갔으면 하는 소망으로 글을 마무리 지었다.

하지만 러시아 우주 철학은 여전히 방대한 연구가 진행되어야 하는 학문 분야이다.

필자 역시 러시아 우주론 혹은 우주 철학이라는 학문 영역에 10년 이상을 매달려 왔지만 아직 그 방대한 지적 유산의 무릎 정도도 접근하지 못했다는 점을 인정하지 않을 수 없다. 아마 평생 동안 연구한다고 해도 다 할 수 있을지 모르겠다.

이렇게 끝없이 책만 보고 있다가는 파파 할머니가 되어도 다 끝내지 못할 것이라는 조급함에 지금까지 부둥켜안고 살았던 글들을 출판하게 되었다.

이런 변명을 앞세우며 아직은 설익은 지식을 내놓는 필자를 이해해주길 바란다.

다만 러시아 우주론자들의 정신세계를 한국의 인문학계에 알리는 것은 반드시 누군가는 해야 할 일이라 생각했다.

때문에 본질 접근에 있어 아직은 장님이 코끼리 다리를 만지는 정도라 할지라도 이 책을 통해 우리 사회에 거의 소개되지 못했던 그들의 사상을 알리고자 했다는 점에서는 자부심을 갖고 있다.

십 여년 이상, 러시아 우주론과 함께 해 온 길은 신화 속 '아리아드네의 실타래'를 따라 학문의 미궁을 한걸음씩 더듬어 온 세월이었다. 앞이 보이지 않던 이 미로에서 길을 잃지 않도록, 그리고 이 연구를 포기하지 않도록 길을 열어주시고 용기를 불어넣어 주신 나의 하느님과 사랑하는 가족에 깊이 감사한다.

마땅히 이 책은 지금까지 나에게 큰 사랑을 베풀어주었던 사람들, 현재 나를 둘러싸고 있는 아름다운 사람들, 그리고 앞으로 만나게 될 더 아름다운 사람들의 것이다. 그들이 나에게 베풀어 준 헌신과 사랑이 이 작은 결실로 세상에 태어났고, 그 에너지가 앞으로 더 아름다운 사람들을 만나게 될 힘이라는 것을 믿기 때문이다.

그리고 이제 이 책을 죄 많은 어른들을 대신해 하늘의 별이 된 예쁜 우리 아이들 앞에 바친다.

이 책이 그들을 위한 나지막한 진혼곡이 되었으면 좋겠다.

우리는 너무나 무력한 어른들이었지만, 그래도 아이들에게 너무 미안해하고 가슴 아파하는 어른들도 이 땅에는 많이 있다는 사실을 먼저 간 아이들이 꼭 기억해 주었으면 좋겠다.

이 책이 사람을 먼저 생각하는 나라, 모두가 '진화'하고 '상생'하는 우리나라를 위한 작은 기도가 되길…, 간절히 소망한다.

2015년 4월 16일

세월호 참사 1주기에

박영은

차례

제1장
러시아의 우주론적 사유의 태동과 발전

제2장

자연철학적 우주론을 대변했던 과학자들의 사상

제3장

종교철학적 우주론을 대변했던 신학자들의 사상

제4장

동양의 신비철학적 우주론을 대변했던 영성가들의 사상

제5장

러시아 우주론에서 확장된 현대 문화담론

제6장

러시아 우주 철학의 의의와 전망
—세상을 움직이는 힘: 나, 우리 그리고 우주—

러시아의 우주론적 사유의 태동과 발전

제1장

21세기, 우리는 왜 러시아 우주론에 주목해야 하는가?
러시아 우주론은 어떤 배경에서 태동했나?
러시아 우주론: 과학, 종교, 예술의 통합적 사유체계를 담는 그릇

21세기, 우리는 왜 러시아 우주론에 주목해야 하는가?

01

한 알갱이의 모래 속에서 세계를 보며
한 송이 들꽃 속에서 우주를 본다.
그대 손바닥 안에 무한을 쥐고
한 순간 속에 영원을 담아라.
－윌리엄 블레이크William Blake－

우주, 그 신비로운 이름의 공간…

우주적 입장과 관점에서 바라볼 때 모든 인간사는 지극히 하찮고 자질구레하기까지 하다. 하루하루 입에 풀칠하기도 힘든 현실에서 우주에 대해 생각하는 것은 현실 도피적이거나 사치스럽게 보일지도 모른다. 하지만 역사를 통해, 인류가 지금까지 우주에 관해 이룩한 발견의 폭과 인식의 깊이가 인류에게 경이와 환희를 가져다 준 것을 부인할 수는 없을 것이다. 아낙시만드로스와 피타고라스에서 갈릴레오와 뉴턴까지, 우주는 현재 우리를 둘러싼 환경을 넘어 그 너머에 무엇이 있는지 살펴보기를 자극하는 끝없는 놀라움의 원천이었다.[1]

오늘날 우주는 밤하늘의 별을 바라보며 시를 읊는 낭만의 공간만이 아니라 새로운 삶의 가능성을 제공해주는 공간이 되었다. 미국의 과학자 칼 세이건Carl Sagan은 『코스모스Cosmos』에서 "인류라는 존재는 코스모스라는 찬란한 아침 하늘에 떠다니는 한 점 티끌에 불과하다. 그렇지만 인류의 미래는 우리가 오늘 코스모스를 얼마나 잘 이해하는가에 크게 좌우될 것이다"[2]라고 했다. 이는 우주공간에 대한 인류의 관심과 도전이 끊임없이 계속되고 있는 현실에서도 분명히 드러난다. 우주 공간 자체가 눈에 보이지는 않으나 무한한 가능성이 잠재되어 있는 엄청난 무형의 자산이기 때문이다.

사실 1970년대까지 우주분야는 미국과 소련의 군비경쟁과 함께 국위선양의 대상이었다. 1957년 10월 소련 과학자들은 세계 최초로 지구 궤도를 도는 동반자라는 의미의 인공위성 '스푸트니크Sputnik' 1호를 발사하는데 성공했다. 그리고 1961년 4월 12일, 소련은 세계 최초의 우주인인 유리 가가린이 탑승한 동방이라는 의미의 '보스톡 1호'를 통해 우주 비행에 성공했다. 소련의 이런 행보에 미국은 같은 해 5월 케네디 대통령이 직접 나서서 1960년대 말까지 미국인을 달에 보내겠다고 전격 선언하는 것으로 응수했다. 소련이 우주개발사업에서 한발 앞서 있었기 때문에 미국은 지금까지의 열세를 만회하기 위한 '한 방'이 필요했고, '아폴로 계획'은 이런 필요성에서 탄생하게 된 것이다.

1969년 7월 20일, 달착륙이라는 인류의 오랜 염원이 이루어지는 순간, 전 세계 수억 명이 텔레비전으로 그 모습을 함께 지켜보며 환호했다. 인류 최초로 달 표면에 발자국을 남긴 아폴로 11호의 우주인 닐 암스트롱은 "이것은 한 인간에게는 작은 발걸음에 불과하지만 인류에게는 위대한 도약"이라고 했다. 그 역사적인 사건의 현장에 있었던 이들은 인간의 위대함을 새삼 느끼고, 끝없는 우주를 향한 보다 원대한 꿈을 품기 시작했다. 그 당시에는 천문학적 비용을 문제 삼는 사람이 없을 정도로, 그야말로 국가적 총력전이 펼쳐졌다. 하지만 당시 무리한 계획을 추진한 결과, 그 후 미국의 우주개발사업은 주춤거렸고 재정적으로 큰 어려움을 겪을 수밖에 없었다.

'냉전'과 '체제경쟁'이라는 시대적 배경이 크게 작용했던 '우주개발 붐'은 정치적·이데올로기적 의미를 지니고 있었다. 미국과 소련은 우주선을 더 먼저, 더 멀리 쏘아 올려 자국 과학기술의 우월성을 입증하려 했고, 이는 곧 자신들이 신봉하는 체제의 우월성을 증명하는 계기로 이어졌다. 여기에는 더욱 강력한 핵무기의 운반체를 개발하려는 군사적 목적 역시 내재되어 있었다. 로켓을 중심으로 이루어지는 우주개발사업은 인류의 꿈을 향한 경연장이나 순수 과학 활동이라기보다는 강대국들의 정치적·경제적·군사적 각축장이나 이데올로기의 선전장에 더 가까운 셈이었다.[3]

물론 오늘날에도 이런 성격을 배제할 수는 없으나 이제 우주공간은 선진국 주도의 본격적 이용 시대로 진입하게 되었다. 무엇보다 '우주'에 대한 개척과 개발이 국가 경쟁력의 초석으로 간주되기 때문에 21세기에는 민관이 함께 우주산업을 개척해가는 치열한 경쟁의 시대를 예고하고 있다. 예를 들어 우주정거장과 같은 기간 시설물이 완성되면 누가 이러한 공간 자원을 선점하느냐에 따라 새로운 산업혁명의 주도권이 좌우될 수 있다. 혜성이나 행성의 지표 성분에서 채집된 물질들은 이제껏 알려지지 않았던 신소재로 각광받아 인류에게 혜택을 줄 수 있도록 가공될 가능성이 매우 높은데 이러한 사업 역시 우주공간자원을 선점하는 국가에 우선권이 주어지게 될 것이기 때문이다.[4] 우주 비행 역시 우주 공간을 인류를 위한 새로운 삶의 공간으로 활용하기 위한 장기적인 계획의 일환으로 진행되고 있는 상황이다.

한국도 20세기 말에 본격적으로 우주 분야 사업에 뛰어들었다. 한국의 위성사업은 1989년 KAIST 인공위성센터의 설립을 시발점으로 하여 1992년 국내 최초의 소형 위성인 우리별 1호를 발사하면서 우주산업 진출에 희망을 선사했다. 이후 통신위성과 다목적위성 등이 발사되어 본격적인 위성산업이 꽃을 피우게 되었으며, 2008년 4월 7일에는 '바이코누르' 우주 기지에서 한국인 최초의 우주인 이소연이 탑승한 소유즈 호가 우주로 발사된 바 있다. 우리나라는 '2000년대 우주기술 세계 10위권 진입'을 목표로 2009년에는 한국 최초의 우주발사체인 나로호를 발사하기도 했다. 비록 당시의 나로호 발사는 실패했지만, 이를 거울삼아 정부는 끊임없이 도전하려는 계획을 수립했다. 정부로서 이 꿈을 포기할 수 없는 이유는 우주 개발에 필요한 우주기술은 최첨단 기술이며 고부가가치 기술로서, 우주 기술은 선진국으로 진입하기 위해서는 꼭 필요한 기술 중 하나이기 때문이다.[5]

우리 정부의 우주공간 진출이나 우주개발에 대한 사업 과정에서 러시아는 주요한 협력 파트너국의 역할을 해 왔다. 하지만 우리가 결코 간과해서는 안 되는 것은 정부의 우주개발정책이 과학기술 강국인 러시아 우주개발 사업 자체에 대한 관심에 머물러서는 안 된다는 점이다. 우리는 과거 러시아의 행보가 미국과의 군비경쟁에서 우위를 선점하기 위한 시도 정도로 이해하는 경향이 강하지만, 러시아가 우주개발에 적극적일 수 있었던 실질적인 추동력은 그들의 우주에 대한 사유, 이 책에서 앞으로 살펴보게 될 러시아 과학자와 철학자들의 인간과 우주에 대한 연구와 사색으로부터 출발했다는 점을 잊어서는 안 될 것이다. 구소련에서 우주 시대를 여는 단초가 되었던 러시아 우주론에 대한 연구야말로 오늘날 우리가 귀 기울여야 할 지적 유산이라 할 것이다.

사실 진일보한 인류의 역사는 우주에 대한 이해와 함께 성장했다고 해도 과언이 아니다. 우주를 향한 갈망은 인간이 자신의 공간 영역을 확장하고자 하는 기본적 욕망이라는 점에서 우주로의 진출은 멈출 수 없는 것인지도 모른다. 러시아의 우주 철학자들에 대한 필자의 관심 역시 '우주속의 나', '우주로 향하는 우리'에 대한 연원과 그 물음에서 출발했다. 그리고 이 과정에서 이미 백여년 전에 인간과 우주의 관계에 대한 과학적이며 철학적이고 존재론적인 물음에 대한 부단한 성찰을 시도했던 러시아 사상가들이 존재했다는 사실을 알게 되었다. 그리고 이제 이 책을 통해 세상과 우주에 대한 그들의 자세와 시선을 풀어놓고자 한다.

러시아 우주론은 어떤 배경에서 태동했나?

02

나는 현실을 이해하고 마음속에 우주를 품은 우리의 능력에 대해 이야기하고 싶다.
역사가 계속 흘러가는 것이라면 우리 안의 우주는 우리 미래의 열쇠가 될 것이다.
－이차크 벤토프Itzhak Bentov－

1. 우주론의 기원: 전설과 신화적 세계관

자연과 우주를 바라보는 인간의 관점에서 출발하는 우주론宇宙論은 천문학과 함께 가장 역사가 오래된 학문이다. 하지만 우주론의 기원은 과학적 방법론의 기원보다 훨씬 이전인 전설과 신화가 실재를 설명하던 시대로까지 거슬러 올라간다.[6] 널리 알려져 있듯이 신화적 우주관은 자연에 대한 원시인의 경외심에서 생겨났다. 이것은 하늘의 해와 달, 별, 산, 숲, 바다, 동식물 등이 자신들과 똑같은 영을 가지고 생겨났다는 직관적 사고를 보여주고 있다. 왜냐하면 신화 속에는 자연관, 인간관, 삶이나 죽음 등의 생명관과 같은 근원적인 문제에서 인간이 무의식적이며 직관적으로 느낄 수 있는 상징적인 이미지 사고가 깃들어 있기 때문이다.[7] 고대 신화에는 자연의 질서와 우주의 구조에 대한 고대 사람들의 이해가 담겨있다.

고대인들이 생각했던 우주는 대개 신화적인 상상력이 반영된 기묘한 모습이었다. 신화는 무질서, 혼돈, 우연, 무의미 등으로 둘러싸여 있는 우주와 세상이 어떻게 질서, 균형, 조화 등의 새로운 구조를 얻게 되었는지 보여준다. 근원에 대한 이러한 이해는 고대인들의 세상에 대한 통찰이 반영된 것이다. 그들은 신화를 통해 세상이 존재하는 이유와 존재 방식을 설명했다. 고대 사람들은 여전히 그들을 둘러싼 신화의 세계에서 삶의 의미를 찾고자 했으며, 그 의미를 물질세계와 연관시켰던 것이다.[8]

신화에 나타난 우주관은 세계 어떤 문화권에서도 다신론多神論적이다. 하지만 인류의 지성이 발달해 오면서, 이러한 많은 신들과 정령을 하나로 하는 통합적인 우주관이 생겨나게 되었다. 신화시대 세계 여러 문화권에서는 사람의 몸을 소우주Microcosmos에 비유하여 대우주Macro Cosmos와 상응관계를 보는 사고방식 역시 발견된다. 원시지성 안에는 생명체인 인간이 대우주와 깊이 연관되어 있다는 사실을 말해 주는 직관이 담겨 있다. 말하자면, 대우주와 소우주의 대응관계는 우주 존재의 신비와 사람의 몸 안에 있는 생명의 신비가 하나로 느껴진다는 것을 뜻하는 것이다. 신화는 이러한 직관을 상징적 이미지로 말하고자 했던 시도였다. 즉 신화는 우주에서 인간의 위치와 존재의 의미를 묻는 인류 최초의 물음이었다고 할 수 있을 것이다.[9]

고대의 종교적이며 신화적인 관념에서 이미 인간은 우주 만물의 상호관련성과 상응성을 통찰하고 있었다. 그리고 이러한 자신들의 직관을 다양한 이미지와 형태로 변형시켰다. 인간과 세계를 변화시키고자 했던 꿈은 갇혀진 시간과 공간에서 인간의 한계를 극복하는 이미지로 표출되었으며, 옛 이야기와 구비문학, 마법담을 통해 다양한 양상으로 변용되었다. 이제 이러한 신화속의 우주상想이 어떻게 학문으로 편입되어 커다란 담론으로 성장해 왔는지 하나하나 살펴보기로 하자.

2. 서양과학사에서 본 우주론의 체계화와 변천 과정

우주론의 뿌리는 수천년 전, 자신을 자연과 우주로부터 분리시키지 않았던 인간의 신화적 의식의 중심으로 거슬러 올라가지만, 이후 고대 그리스에서는 보다 본격적인 우주론적 사유의 철학체계가 형성되기 시작했다.[10] 이는 철학자 탈레스Thales(B.C. 625~547경), 아낙시만드로스Anaximandros(B.C. 610~546경)와 우주를 의미하는 '코스모스'라는 단어를 처음 사용한 피타고라스Pythagoras(B.C. 582~497경)에 의해 대두되기 시작했다. 특히 피타고라스는 숫자와 기하학이 모든 자연적인 존재의 근간이라는 믿음으로 인류사에 새로운 과학 시대의 문을 열었으며 질서 정연한 체계를 갖춘 세상에 대한 의미를 더욱 확고하게 했다. 그 이후로도 그리스의 플라톤Platon(B.C. 427~347경), 아리스토텔레스Aristoteles(B.C. 384~322), 스토아 철학자들은 천체를 영혼·이성과 동일시했던 까닭에 자연과 인간을 분리시키지 않았다. 그들은 세계의 모든 측면이 하나의 우주 전체에 연결되어 있다고 생각해 자연을 하나의 합리적 법칙으로 간주했던 것이다.

고대 그리스인에게 우주를 이해하는 것은 특별히 놀라운 것이 아니라 자신이 누구이며 누구여야 하는지에 대한 물음에 답하는 하나의 열쇠였을 뿐이다. 그들은 우주는 이해할 수 있는 것이고 그것은 역사를 통해 옳다고 증명될 것이라고 믿었다. 중세시대에 접어들면서도 여전히 우주론은 사회에서 중심적인 역할을 했다. 하지만 그리스도교의 영향으로 우주를 정적이고 기계처럼 분할 가능한 어떤 실체로 생각하던 중세의 관념은 신神 중심적 인간관을 낳을 수밖에 없었다. 이후 르네상스 시대 사상가들은 지구가 우주의 중심이라고 주장하는 가톨릭교회에 맞서 거대한 논쟁을 벌였다. 이 관점을 뒤집는 과정에서 코페르니쿠스Nicolaus Copernicus(1473~1543)와 갈릴레이Galileo Galilei(1564~1642)는 독단에 대한 이성적 주장의 힘을 포함한 고대 그리스의 많은 이상들을 되살렸다. 그들은 지구가 태양의 주위를 도는 하나의 행성에 불과하다는 사실을 보임으로써 인간을 우주의 중심에서 해방시켰다. 고대 그리스인들에게서 영감을 받은 갈릴레이는 우주는 누구나 이해할 수 있으며, 그 유일한 도구들은 지위와 권력과는 상관없는 이성과 관측과 수학뿐이라는 민주적인 의식 역시 제공하였다.[11]

그러나 데카르트Rene Descartes(1596~1650)와 뉴턴Isaac Newton(1642~1727), 베이컨Francis Bacon(1561~1626) 등과 같은 17세기 사상가들은 전통적인 세계상의 통합된 성격에 정신과 물질, 자연과 인간성을 분리하는 이원론적 자연관으로 우주론을 대체했다. 그들에 의해 창안된 서구의 과학적 세계관은 이전의 살아있는 자연이라는 관점과는 현격한 대조를 이루는, 우주를 생명도 없고 지성도 없는 기계적 우주, 하나의 시계 장치로 바라보는 세계관이었다. 그리하여 자연 속에서 정신을 배제한 근대 과학의 발전은 우주에서 인간을 분리시키는 결과를 빚고 말았다. 우주론이 우주 기원론cosmogony과 같은 물리학적 우주론 이상을 의미하지 않게 된 것은 그 때문이다.

하지만 '우주론'은 그 어원에서부터 이미 천문학적 범위를 넘고 있다. 조화와 질서를 의미하는 희랍어 코스모스cosmos에 어원을 둔 우주론cosmology은 '질서'를 뜻하는 그리스어 '코스모스'에서 온 말이며, '카오스chaos'는 그 반대인 '혼돈'을 뜻하는 말이다. 우주를 뜻하는 영어 유니버스universe는 '하나로 정리된 것'이라는 뜻의 라틴어가 그 어원이다.[12]

초기 그리스 철학자들은 스스로를 자연 세계의 일부로 보았기 때문에 그들에게 이를 이해하는 것은 다른 모든 것의 기본이었다. 그들은 우주를 성스럽고 살아있는 존재, 즉 조화를 가장 내밀한 본질로 여기는 존재라고 생각했다. 그들은 이것을 '코스모스'라고 부르고, 궁극적인 믿음과 지혜, 아름다움을 나타낸다고 믿었던 것이다.

부분에 대한 지식이 전체를 알게 해준다는 뉴턴의 단편적 의식과 그로 인한 서구의 분리된 세계상은 우주가 '하나의 유기적 전체'임을 과학적으로 입증한 아인슈타인Albert Einstein(1879~1955)의 연구를 통해서만 수정될 수 있었다. 아인슈타인의 상대성 원리나 천체 망원경 발명에 공헌을 한 에드윈 허블Edwin Hubble(1889~1953) 덕분에 인류는 우주가 팽창하고 있다는 새로운 사실 역시 자각하게 되었다.[13] 특히 아인슈타인이 총애했던 양자물리학자인 데이비드 봄David Bohm(1917~1992)의 연구로 이 우주가 하나의 거대한 '홀로그램hologram'의 속성을 지닌다는 사실이 밝혀지게 되었다.

아인슈타인의 이론이 우리에게 가르쳐 준 것은 우리가 거대한 에너지에 둘러싸여 있다는 사실이었다.[14] 그는 일반상대성 이론에서 시간과 공간이 분리된 것이 아니라며 그것을 시공간 연속체라고 명명하기도 했다. 데이비드 봄은 이러한 생각에서 한 발 더 도약해, 우주의 삼라만상이 단일 연속체의 부분들이라고 주장했다. 드러난 질서 속에서는 사물들이 분리되어 있는 것처럼 보임에도 불구하고 낱낱의 사물은 다른 만물의 이음새 없는 연장延長이며, 궁극적으로는 감추어진 질서와 드러난 질서 그 자체조차도 하나로 융합되어 버린다는 것이다.[15] 그는 에너지장은 하나로 연결되어 있어 물질에는 항상 에너지장이 존재하며 우주공간의 에너지와 연결되어 있다고 본 것이다. 이러한 홀로그램 우주관은 만물이 본질적으로 에너지라는 사실을 규명한 현 과학의 성과를 대변하는 것이기도 했다.

3. 러시아 우주론의 발전과 탄압, 그리고 부활의 과정

17세기 근대과학의 발달 이후 데카르트와 뉴턴 등의 사상가들이 정신과 물질, 자연과 인간성을 분리하는 이원론적 자연관으로 우주론을 대체하기 전까지, 과학과 신앙 혹은 지식과 믿음이라는 테제는 세계 조화의 이상을 대변하는 불가분不可分의 매개항이었다. 하지만 근대과학의 발전을 위해 불가피한 것으로 인식되었던 자연에서 정신을 배제하는 행위는 결국 우주에서 인간을 분리시키는 결과를 초래하고 말았다. 그럼에도 불구하고 근대화를 통해 우주와 세계 조화 사상과 같은 우주 개념의 근거가 쉽게 붕괴되었던 서양에 비해 러시아는 유럽 근대화의 물결에 발맞추어 동참하지는 않았다.[16] 이로 인해 인간의 의식과 물질세계를 분리하는 서구 유럽의 관점과 달리, 러시아에서는 물질과 정신, 물리학과 형이상학, 지식과 종교를 전일全一적으로 이해하는 관점이 비교적 강한 생명력을 지니고 있었다. 물론 그것은 아시아와 유럽 두 세계에 걸쳐 있어 동서양 문화의 접촉과 통합이 가능할 수 있었던 러시아의 지리적 특성 때문이기도 했다.[17]

특히 19세기 말~20세기 초 인류가 이성과 과학의 힘을 의식하게 된 시대적 환경은 러시아 우주론자들의 철학과 사상 역시 새롭고 강력한 단계로 도약하는 계기가 되었다.[18] 이 과정에서 니콜라이 표도로프Николай Федоров(1828~1903)를 필두로 블라지미르 솔로비요프Владимир Соловьев(1853~1900), 콘스탄찐 찌올콥스키Константин Циолковский(1857~1935), 블라지미르 베르나드스키Владимир Вернадский(1863~1945) 등을 위시한 종교철학자와 과학자들의 노력으로 러시아 우주론은 그 이론적 틀을 갖추어 가게 된 것이다. 하지만 러시아 우주론에 대한 논의는 1917년 소비에트 혁명 이후 자취를 감추게 되었다. 유물론적 이데올로기를 강조하고 인간의 정신세계와 종교를 탄압했던 당시의 풍토에서 러시아 우주론에 대한 연구는 혹독한 시련을 겪을 수밖에 없었던 것이다. 1960년대 소비에트 우주개발 정책과 연결된 러시아 우주론의 과학적 측면을 고무시키는 과학자들의 연구를 제외하고, 과거 러시아의 지성사 전통에 입각해 우주적 인식을 담은 저술들은 거의 금서禁書로 지정되었고 러시아 우주론자들은 정권의 극심한 탄압을 피할 수 없었다.

우주론적 사유와 그 연구 업적이 오랜 세월의 침묵을 깰 수 있었던 것은 페레스트로이카와 글라스노스트 정책의 결과로서, 스베틀라나 세메노바Светлана Семенова의 이론적 체계의 재구축에 힘입어 일부 소장파 학자들이 러시아 우주 철학의 내용을 재정비하고 체계화하게 된 1990년 이후부터였다. 페레스트로이카는 소련의 대내외 정책뿐만 아니라 문화예술 정책에도 새로운 변화의 바람을 몰고 왔다. 출판의 자유와 검열의 완화로 과거에 금서로 분류되어 있던 작가들의 작품이 출판되기 시작했을 뿐만 아니라, 다양한 사상이나 종교 및 철학 분야의 연구에서도 달라진 환경을 제공했다. 소비에트 시대에는 종교 관련 서적의 출판이 금지될 수밖에 없었는데, 천 년의 장구한 세월동안 러시아 땅에 뿌리를 내려왔던 정교를 인민의 아편으로 규정했던 소비에트의 종교 정책이 그 원인이라는 것은 주지의 사실이다.[19]

페레스트로이카와 글라스노스트 정책을 전후로 하여 종교와 정신문화에 대한 압박이 사라지면서, 켜켜이 먼지가 쌓여가던 러시아의 철학적·종교적 사유의 결과물이 새로운 공기를 호흡할 수 있게 되었다. 니콜라이 표도로프를 비롯해 블라지미르 솔로비요프, 니콜라이 베르쟈예프Николай Бердяев(1874~1948), 파벨 플로렌스키Павел Флоренский(1882~1943), 바실리 로자노프Василий Розанов(1856~1919)와 같은 종교 철학가들의 저작이 새롭게 간행되고, 그 연구가 본격화된 것이다.[20] 이러한 사실은 혁명 전 러시아의 방대한 지적 전통이나 문예학적 특성에 대한 이해는 그 뿌리가 되는 우주론에 대한 인식 없이는 사실상 불가능함에도 불구하고, 지금까지 적절한 조명을 받을 수 없었던 원인이 된다.

러시아 우주론이 하나의 학문 체계 구축에 일조한 것은 철학자 기레노크Ф. Гиренок(1948~)가 1980년대 후반 역사-철학 분야에서 연구 대상으로 자리잡게 된 독특한 문화 경향에 대해 '러시아 우주 철학'이라는 용어를 도입하면서였다. 이미 눈치를 챈 독자들도 있겠지만, 이 책에서는 '우주론' 혹은 ' 우주 철학'이라는 용어를 혼용하여 사용했다. 러시아 학계에서도 두 용어를 본질적으로 구분하는 특별한 카테고리를 설정하지 않았을 뿐만 아니라, '러시아 우주론'의 경우 서구 유럽에서의 우주론처럼 단지 우주의 과학적 모델에 한정된 용어가 아니라 종교, 예술, 문학, 과학을 아우르는 세계관 혹은 세계 인식 차원에서 사용되기 때문이다.[21]

불과 20여년 전만 해도 금지되었던 이런 주제가 활성화되어 최근에는 러시아 우주론을 주제로 한 다양한 학술대회가 개최되고 있으며, 그 결실로 러시아 우주 철학을 주제로 하는 학위논문 역시 적지 않게 출판되고 있다. 이러한 변화된 학계 분위기는 유물론적 관점을 이데올로기의 근간으로 삼았던 소비에트 체제의 종교와 정신문화 탄압에 대한 오늘날의 반동일 수도 있다. 하지만 보다 근본적으로는 러시아 우주론에 내재된 종교-철학적, 자연과학적, 미학적 경향을 아우르는 통합적 세계관이 오늘날 인문학의 진화 방향에 부합하기 때문일 것이다.[22] 뿐만 아니라 러시아 우주론이 자국을 넘어 세계적으로 주목받는 이유 가운데 하나는 인간과 우주를 유기적으로 연결하는 전일적 비전을 부흥시키려는 러시아 우주론의 사상체계가 현 인류가 직면한 많은 문제에 그 해결책을 제시할 수 있기 때문일 것이다.[23] 오늘날의 변화된 학문 부활의 기운을 염두에 두며, 러시아 우주론에 대한 연구가 러시아 정신문화와 러시아인들의 세계관에 어떤 방식으로 투영되었으며 그 의미는 무엇인지 한 걸음 더 들어가 보도록 하자.

러시아 우주론: 과학, 종교, 예술의 통합적 사유체계를 담는 그릇

03

모든 종교, 예술, 과학은 같은 나무에서 돋아난 가지들이다.
종교가 없는 과학은 절름발이이고 과학이 없는 종교는 장님이다.
– 알버트 아인슈타인Albert Einstein –

일반적으로 우주론이라는 학문은 '우주의 고고학, 역사학, 경제학, 미래학을 하나로 통합한 학문'이며, 연구에 동원되는 방법론 측면에서 볼 때는 '물리학, 수학, 천문학의 연구 성과를 종합한 학문'으로 정의된다.[24] 이에 반해 러시아의 사상가들은 우주론을 '인간이 우주의 부분'이라는 관점에 상응하는 사고・관념・세계관으로 인식하고, 인간과 인류와 우주의 정신적 합일에 관한 철학적 가르침으로 확대시키는 경향이 강하다. 이런 관점 하에서 러시아 우주론은 보편적인 세계인식의 범주에서 존재론적 문제와 윤리적 문제를 아우르는 하나의 인간 문화의 현상으로 확장되고 있다.[25]

러시아 우주론의 특성은 다양한 분야에서 인간과 우주의 진정한 유기성과 상호 추동성을 연구했던 사상가들의 삶과 세계관을 통해서 분명히 드러난다. 그들은 과학, 종교, 예술을 통해 인간과 우주의 상관성을 성찰했다. 우주 자연에 대한 지식으로 인간 존재를 규명했고, 우주에 우리가 존재하게 된 신비를 체험했으며, 이 신비를 삶과 예술로 표현하려 했다. 그들은 대체적으로 러시아 우주론을 하나의 세계인식적인 개념으로 규정하며 우주적인 진보에 대한 믿음, 인간의 이성의 강력함에 대한 믿음, 인간의 존재를 유지하는 방법으로서의 과학의 전능함에 대한 믿음, 사회적 이상의 성취 가능성에 대한 믿음을 그 특징으로 설명했다.

러시아 우주론자들은 하나의 전체로서의 우주와 세계를 이해하며 인간과 우주의 긴밀한 연관성하에서 인간과 우주의 진화와 변형을 지향했다는 점에서 공통된 인식을 표출했지만, 그럼에도 불구하고 그들에게도 각자가 출발한 자기 학문의 뿌리에 따라 보다 주안점을 두는 부분은 있었다. 자연과학에 몰두했던 과학자들에게 우주는 주로 물리적 공간을 의미하는 개념이자 보편적인 이성이 지배하는 영역이었으며, 그것의 유기적 부분이 인간의 이성이었다. 이에 반해 종교 철학자들에게 우주는 단순히 물리적 현존이 아니라 영적인 무한성, 영원성, 신神이 거하시는 심연이었다.[26] 종교 철학적 우주론자들에게 '인간'은 신의 피조물이자 영적인 차원에서 무한한 창조적 존재였다. 러시아 우주론자들의 사상은 과학에 대한 이끌림으로, 예술적-미학적 의식과의 접합을 통해, 그리고 종교나 신비주의적 특성과의 상호 영향을 통해 우주론의 통합적 특성을 구현했던 것이다. 그것은 정신적・실천적 차원에서 새로운 인간에 대한 성찰과 삶을 통한 존재의 변형과 접합되는 전일성全一性의 특성을 지니는 것이었다.

러시아 우주론자들이 추진했던 학문의 특성은 몇 년 전부터 한국 인문학계의 화두가 되었던 '통섭'의 가치에 상응하는 것이기도 하다. 이 분야의 선구자인 최재천 교수는 21세기 학문 중 그 어느 것도 다른 학문과 소통없이 홀로 설 수는 없다며 하버드 대학의 생물학자 에드워드 윌슨Edwaed O. Wilson의 저서 『Consilience: The Unity of Knowledge』(1998)를 『통섭: 지식의 대통합』(2005)이라는 번역서로 내놓은데 이어, 2011년에는 『통섭의 식탁』이라는 책을 출판한 바 있다. 그리 길지 않은 기간에 통섭의 개념은 실로 놀라울 속도로 우리 사회 곳곳을 파고들었다. 학계는 물론, 기업들도 앞 다투어 통섭을 끌어안으려 했다. 이런 시대적 분위기에서 최재천 교수는 통섭의 개념을 소개하며 동료 학자들에게 진리의 궤적을 따라 과감히 그리고 자유롭게 학문의 국경을 넘나들라고 요청했던 것이다.[27]

이후 우리 사회는 마치 통섭, 통합이라는 키워드가 없으면 학문이 아닌 것처럼 이 단어를 허겁지겁 삼켜댔다. 때로는 속 빈 강정처럼 기계적으로 사용하기도 했고, 어떤 경우에는 학문의 장식품처럼 내걸기도 했다. 하지만 최재천 교수도 지적하고 있듯이 여러 다른 학문 분야가 한 그릇에 담겨 있지만, 그 맛이 서로 겉돌고 있을 때 이 음식은 실패할 수밖에 없다. 학문의 통합을 여러 음식 맛이 골고루 잘 배어 있는 음식에 비유하는 그의 시도에서도 나타나듯이 통합 학문에서는 이질적 학문의 결합력이 관건이기 때문이다. 하지만 필자가 이 책에서 언급하게 될 러시아 우주론자 이전에도 우리 역사에는 역사와 과학과 다양한 인문학을 넘나든 학자 연암 박지원(1737~1805)이나 다산 정약용(1762~1836)의 사상에서도 모범적인 예를 충분히 찾아볼 수 있다. 서양 학자들에서만 이런 뿌리를 찾을 것이 아니라 우리 선조들의 학문에 대한 재조명 역시 이루어져 통합 주춧돌로 삼을 필요가 있는 것이다.

각설하고, 러시아에서도 소위 통합 학문의 아이콘으로 일컬어지는 러시아 우주론에 대한 얘기로 다시 돌아가 보자. 19세기 말 20세기 초라는 시대의 경계에 발현된 러시아 우주론은 인간과 우주를 유기적으로 결합하며, 인간과 우주의 진화를 전제로 하는 전일적 세계관에 토대를 둔 철학적 사유 체계였다. 이는 고대와 중세에는 자연과 믿음을 하나로 받아들였고 '코스모스'라는 것이 하나의 질서와 조화를 이루는 세계로 보았던 관점에도 상응한다. 하나의 우주론이 참으로 살아있기 위해서는 세 요소를 함께 포용할 수 있어야 한다. 그것은 이 우주에 살아있다는 경이로운 사실(과학)에 대한 우리의 기쁨에 넘친 응답(신비주의)과, 우리의 삶과 우주 시민의 자격으로 그 응답을 표현하는 것(예술)이기 때문이다. 때문에 본 저술에서 '우주론'이라는 용어는 현대 물리학이 인식하는 우주의 기원과 구조에 대한 과학적 설명, 이 우주에 우리가 살아있다는 사실에 대한 심리적 응답인 신비주의, 과학과 신비를 형상으로 옮겨 육체와 영혼과 세계를 일깨우는 예술의 의미를 포괄할 것이다.

러시아 우주론은 자연과학과 종교에 대한 철학적 이해를 토대로 체계화되었지만, 이것이 하나의 사변으로 남지 않고 활성화될 수 있었던 것은 예술과 문학 활동을 통해서였다. 이는 철학과 예술이 서로를 상호 반영하고 있으며 실제 삶과 연결된 실천적인 문제와도 분리되지 않는다는 인식을 바탕으로 한다. 동·서양을 막론하고 정신세계를 다루는 문학은 물질을 다루는 자연과학의 세계와 대립되는 개념으로 사용되는 경우가 많았다. 일종의 상극관계였던 문학과 과학, 수사와 논리 사이에는 오랫동안 긴장과 갈등이 내재되어 있었던 것이 사실이다. 하지만 러시아 우주론의 경우 그 개념이 작가들에게 큰 영향을 주어 문학과 과학의 만남이 하나의 문화 담론으로 재탄생했던 만큼 이러한 러시아 작가들의 노력도 소개할 것이다.

사실 러시아 우주론에서 '예술'은 각별한 의미를 지닌다. 세계에 대한 전일적 관계의 형태로서의 종교와 예술은 러시아 우주론에서 분리될 수 없는 것이었다. 러시아 우주론자들의 해석에서 예술은 인간이 자신의 정신과 영혼의 힘을 충만하게 실현하며 하나의 살아있는 전체로서 자신의 존재를 재건할 수 있는 가장 적합한 형식이었던 것이다.[28] 이는 개별적인 것들로 보이는 모든 존재가 하나의 뿌리에서 시작했으며 서로 조응하고 있다는 생각에서 연유한다. 모든 존재가 하나의 보이지 않는 연결고리를 지니고 있기 때문에 인간은 이미지를 통해 세계 전체에 두루 퍼져 있는 영성과 교감할 수 있고, 예술은 그 교감의 신비를 드러내는 역할을 한다고 보는 것이다. 우리가 느끼는 아름다움이란 보다 깊은 곳에서는 우리가 살고 있는 우주에서의 신비, 다양성, 균형, 질서, 조화, 법칙, 생존성과 연결되어 있기 때문이다. 이제 과학과 종교와 철학과 예술이 한데 어우러져 숨 쉬는 러시아 정신문화의 주축을 향유하며, 러시아 우주론자들의 삶과 학문 속으로 긴 시간 여행을 떠나보자.

자연철학적 우주론을 대변했던 과학자들의 사상

제2장

러시아 우주론의 선구자 니콜라이 표도로프의 사상
러시아 우주항공학의 아버지 콘스탄찐 찌올콥스키의 과학과 철학
러시아 과학계의 전설 블라지미르 베르나드스키의 진화론과 러시아 문학

러시아 우주론의 선구자 니콜라이 표도로프의 사상

01

세상이 변화하길 원하면 너 스스로 그 변화가 되어라.
-마하트마 간디Mohandas K. Gandhi-

1. 니콜라이 표도로프의 청빈한 삶과 고매한 인격

러시아 문화사에서는 우주론이 하나의 담론으로 근간을 세우고 학문으로서 탄탄히 성장할 수 있는 토양을 제공한 대학자가 있다. 과학, 철학, 종교적 단상 등 다양한 분야를 넘나든 천재이자 러시아 우주 철학의 토대를 놓은 선구자 니콜라이 표도로프Николай Федоров(1828~1903)가 바로 그분이시다. '모스크바의 소크라테스'라고 불리었던 니콜라이 표도로프의 철학은 러시아의 과학, 종교, 예술 등 사회 문화 전반에 걸쳐 지대한 영향을 미쳤다. 하지만 그의 사상은 소비에트 시대의 이데올로기와 일치하지 않는다는 이유로 오랜 세월 그늘 속에 가려져 오다가 20세기 후반에 와서야 새롭게 조명되기 시작했다.[29]-

표도로프가 천재적인 지력을 소유할 수 있었던 이면에는 평생을 박물관과 도서관에서 근무하며 엄청난 지식을 습득했던 것이 주된 이유가 될 수 있을 것이다. 표도로프는 모스크바로 상경했을 당시인 1869년에는 체르트코프 도서관 사서로 일했고, 이후 1874년부터 25년 동안은 루먄쩨프 박물관에서, 그리고 생의 마지막까지는 외무성 기록보관소의 열람실에서 일을 했다. 박물관과 도서관에서 평생 일을 했던 위업으로 러시아에서

니콜라이 표도로프

는 그를 서지학 분야의 영웅이자 공로자로 칭하기도 한다. 실제로 표도로프의 철학에서 도서관은 특별한 자리를 차지한다. 표도로프는 박물관과 도서관에 정신 교육, 계몽, 연구의 중심과 같은 정신적인 유산의 근원이라는 의미를 부여했다. 도서관에서는 위대한 선조들과의 교류가 이루어지며, 사람들은 도서관에서 문화와 학문을 접하게 되므로 인간 삶의 중심이 되어야 한다고 본 것이다.

도서관을 중심으로 한 그의 활동은 당대의 학자들과 작가들 사이에서 널리 알려져 있었다. 표도로프를 회상하는 사람들은 그가 도서관에 꽂혀 있는 모든 책의 위치와 내용을 알고 있었으며, 과학과 철학, 예술 분야에서 백과사전과도 같은 지식을 겸비하고 있었다고 입을 모으고 있다. 이런 이유로 표도로프 자신은 항상 조용하고 겸손한 사람이었음에도 불구하고, 그는 박물관과 도서관 모임 참가자들에게 하나의 정신적 중심이 되었던 것이다. 박물관이 문 닫는 시간인 오후 세 시 이후나 일요일이 되면 표도로프가 일했던 자료실은 토론 클럽으로 변했고, 그곳으로 모스크바의 수많은 저명인사들이 모여들곤 했다. 도서관을 중심으로 했던 그의 활동은 당시 학자들과 작가들로부터 큰 존경을 받았다.

표도로프를 더욱 유명하게 만든 것은 그의 겸손함과 자선행위였다. 그는 19세기 당시에도 찾아보기 힘들 정도로 선량한 마음과 순수함을 지닌 사람이었다고 한다. 금욕 수행자 생활을 하며 자신의 육체적 욕구는 최소화하기 위해 노력했고, 기본적인 차와 빵으로만 식사를 하고 맨 궤짝 위에서 서너 시간 정도만 잠을 잤다. 재산을 소유하지도 않았으며, 여름이건 겨울이건 낡아빠진 똑같은 외투만 입고 다니면서도 자신의 월급은 가난한 사람들에게 모두 나누어 주었다. 표도로프는 세속의 명성이나 인기 역시 불경스러운 것으로 여겼다. 표도로프는 자신이 세상에 알려지는 것을 원하지 않았다.

표도로프는 자신의 초상화를 그리는 것을 허락하지 않았으며, 사진 촬영 역시 거부했다. 표도로프의 모습을 볼 수 있는 것으로는 『닥터 지바고』의 작가로 알려진 보리스 파스테르나크의 아버지인 화가 레오니드 파스테르나크Леонид Пастернак(1862~1945)가 그린 작품 "세 철학자Три философа"가 유일하다. 이 작품은 표도로프에 대해 깊이 존경했던 작가 레프 톨스토이와 신학자 블라지미르 솔로비요프가 함께 이야기를 나누는 장면을 포착한 것이다. 하지만 이 그림 역시 레오니드 파스테르나크가 표도로프 몰래 그려서 오늘날까지 남겨진 것이다.

레오니드 파스테르나크가 그린 "세 철학자"

표도로프가 쓴 글 역시 익명으로 발표되거나 주위 친구들에 의해 발표되었다.[30] 오늘날 우리에게 남겨진 『공동 일의 철학Философия общего дела』의 출판은 표도로프 사후에 그의 친구들이었던 코제브니코프В. Кожевников와 페테르손Н. Петерсон 등이 표도로프의 뜻을 기려 출판한 것이다. 그들은 표도로프의 저술 모음집을 손수 출판해 각 도서관이나 학식 있는 사람들, 그리고 표도로프 학설에 많은 관심을 가지고 있는 사람들에게 무료로 배부하였다. 이렇듯 성인聖人과 다를 바 없었던 그의 고결한 인격이나 방대한 학식에 대한 세간의 찬사는 표도로프에 대한 관심을 증폭시키는 화두가 되었다. 하지만 그를 러시아 지성사의 최고 반열에 올려놓은 것은 무엇보다 세계와 인간에 대한 그의 새로운 관점 때문이었다.

2. 고전 역학을 넘어선 표도로프의 자연과 과학에 대한 관점

표도로프가 『공동 일의 철학』에서 표출하고 있는 우주론적 관점은 17~18세기의 고전 과학에 대한 탈피에서 출발한다. 표도로프 이전의 과학은 이백년에 걸쳐 모든 현상을 자연적 인과관계로 설명하려고 하는 기계론적 세계관을 기반으로 발전해왔고, 그것의 이상적인 강령이 시간과 공간에 대한 뉴턴의 관념을 토대로 하는 고전 역학이었다. 당시는 이런 고전 역학이 현실을 재구성하기 위한 이상적인 모델로 간주되었던 때였다. 세계와 자연의 이분법적 분리를 기초로 하는 고전 과학은 물질의 세밀한 분해를 통해 그 물질을 구성하는 요소들을 더욱 완전하게 규명할 수 있을 것이라고 생각했다. 고전 과학은 물질에 더욱 깊숙이 침투하고 보편적인 법칙을 발견하면 발견할수록 각 부분들을 구성하는 전체의 유기적 기능과 구조를 잘 알게 될 것이라는 환상을 심어주었다. 하지만 표도로프에게 이러한 작업들은 결국 무한한 미세성으로만 수렴되는 것에 지나지 않았다.

표도로프에 따르면 고전과학에서 도출된 지식은 모든 초월적인 사고방식을 부정하고, 인식을 경험적 사실에만 한정하는 실증주의적 학문에 불과할 따름이었다. 그에게 실증주의란 이론과 실천의 분리, 다시 말해 이론으로만 자신을 무장할 뿐 아무런 실제적 행위를 하지 못하는 이성의 무력함을 드러내는 형이상학적 스콜라학파의 변형에 지나지 않는 것이었다.[31] 이러한 관점을 토대로 표도로프는 인간은 단순히 자연을 관찰하고 그 지식을 인식하는 존재에 머무는 것이 아니라, 자연에 대해 실제적 행위를 해야 하는 존재라는 관점에서 출발하고 있다.

표도로프는 인간이란 단순히 자연에 수동적으로 순응하는 것에 머물러서는 안 되며 적극적으로 자연을 변화시킬 수 있는 존재여야 한다고 생각했고, 그것이 가능할 수 있는 논리적 근거를 인간의 '이성'에서 발견했다. 그는 자연은 인간을 통해 그 스스로를 인식하기 시작할 뿐만 아니라, 인간에 의해 완성에 도달하게 된다고 주장했다. 즉 인간은 이성을 통해서 자연의 머리, 자연의 의식이 될 수 있다는 것이다. 역으로 말해서 이것은 인간이 이성으로 자연을 다루지 못하는 한, 자연은 인간의 적이자 맹목적인 힘으로 나타날 수밖에 없다는 의미이기도 했다.

표도로프는 자연의 진화가 인간 의식의 산물이라는 관점을 인정했던 선구적인 자연과학자였다. 그에게 인간의 의식 혹은 인간 현상은 우연히 생겨난 것이 아니라, 지구와 전체 세계를 위해 필수적인 것이었다. 하지만 그는 인간의 의식은 세계의 진행 과정에서 점차 진화해 간다는 현상학적 차원에 머물지 않았다. 궁극적으로 인간은 의식을 통해 자연 진화를 '조종'할 수도 있다는 급진적인 주장을 펼쳤다. 인간의 이성이 발전하면서 인간과 자연은 세계를 형성하는 공동의 창조자가 된다는 것이다.

표도로프는 여기서 자연에 영향을 주고 진화를 의식적으로 조종할 수 있는 가능성을 바로 인간의 '실천적 이성'에서 찾고 있다. 그는 인간의 이성을 '이론적 · 관조적 이성разум теоретический · созерцающий'과 '실천적 이성практический разум'으로 구분했는데, 인간이 자연에 영향력을 미치는 이성을 이론적 이성이 아니라 실천적 이성이라고 명명했던 것이다.[32] 표도로프의 세계관에서 '이론적 이성'과 동등한 위상을 가지게 되는 이 '실천적 이성'은 사실상 고전 과학에서 중요하게 간주했던 '인식하는 존재'로서의 인간에 대한 이해뿐만 아니라, '행동하는 존재'로서의 인간에 대한 이해를 부각시키는 것이기도 했다. 동시에 표도로프는 고전 과학이 인간이 겸비해야 할 실천 이성에는 관심을 두지 않았기 때문에 인간의 사명과 역할을 이해하는 수준까지는 도달하지 못했다고 지적했다. 이런 맥락에서 표도로프는 과학 연구에서 절대로 '지식'을 '일'과 분리해서는 안 된다는 점을 강하게 주장했다.

표도로프는 '일'에서 '사유'가 분리된 것을 학문 연구의 가장 큰 불행이라고 했다. 심지어 행동이 없는 지식은 사탄의 선물이라면서, 이것을 당시 철학자들과 과학자들의 특징으로 간주하기도 했다. 과학 연구가 어느 곳에서나 실제적으로 적용될 수 있어야 한다고 강조했던 그는 연구 대상은 결코 '실험실 속의' 과학이 아니라 '대기현상, 화산현상, 혹은 우주현상' 즉 자연 속에서 보편적으로 관찰하고 경험될 수 있는 것이어야 한다고 주장했다.[33] 그는 이런 관점에 입각해 지구와 태양계를 비롯한 전 우주를 연구 대상 범주에 포함시킨다. 인간의 육체 뿐 아니라 인간의 모든 지고한 능력이 자연의 현상이자 우주의 현상이라는 점을 강조했던 그는 인간 진화의 산물인 인간의 사고행위가 하나의 우주 현상으로 연구될 수 있는 '새로운 과학'이 탄생해야 한다고 생각했다. 표도로프가 지향했던 학문의 대대적 통합은 우주적 규모 차원에서 실현되어야 하는 개혁 행위였던 것이다.

결과적으로 표도로프가 주장했던 새로운 과학이란 '지식'과 '일'의 결합이었다. 그는 일을 수반하는 지식이 행위로 드러나게 될 때 비로소 인류의 참된 정신성이 만개할 수 있다고 간주했다. 즉 '지식'을 '공동의 일'로 전환시키게 될 때, 인간과 일시적으로 적이었던 자연이 결국 영원한 친구가 된다고 보았던 것이다.[34] 이것은 과학을 통해 인간이 존재의 '카오스'를 '코스모스'로 전환시킬 수 있다는 주장이기도 했다. 이처럼 표도로프의 자연관에서 인간은 단순히 자연 진화의 정점이 아니라, 자연을 변형시키는 주체가 되어야 할 존재였다. 표도로프는 우리가 사는 이 세계는 단순히 바라보기 위해 주어진 것이 아니라 변화시켜야 할 대상으로 우리에게 주어진 것이라는 점을 재차 강조했던 것이다.

3. 자연을 개조하라!: 진화를 넘어 재생으로

일반적으로 대립적인 전통의 산물로 간주되는 '과학'과 '믿음'을 결합시키려 노력했던 사상가 표도로프는 자연의 진화가 의식의 산물이라는 점을 주장했다는 점에서 당시에도 선구자적인 과학자였다. 그에게 인간의 의식은 우연히 생겨난 것이 아니라 지구의 진화를 위해 필수적인 것이었다. 그는 궁극적으로 인간은 의식을 통해 자연의 진화를 조종할 수 있다고 주장했다. 인간이 자연을 변화시키는 주체가 된다는 것은 그의 '재생регуляция' 개념에서 잘 드러난다. 표도로프의 사상에서 인간은 단순히 자연 속에서 자신의 '진화эволюция'를 인식해가는 것에 머무르지 않고 자연을 변화시키는 '재생'의 주체가 되어야 하는 존재였다.

표도로프의 논의에서 재생은 인간을 비롯한 우주 만물을 자유롭게 조정하고 다시 살릴 수 있다는 관점을 표명한 것이었다. 바로 여기서 세계의 창조는 신神에 의해 끝난 것이 아니라 인간에 의해 계속된다는 아주 독창적인 우주 발생론이 대두된다.[35] 이처럼 『공동일의 철학』은 모든 자연 질서를 초월하는 대담한 과제를 인류에 제기했다. 표도로프가 자신의 구상을 통해 제안했던 자연의 재생은 근본적으로 진화의 새로운 단계이자 세계 발전의 의식화 단계로 사료된다. 그에 따르면 '진화'가 본능적이며 수동적인 과정이라면, '재생'은 이성적 존재 혹은 도덕적 존재의 의식적이며 의지적인 변혁의 행위였다. 표도로프는 자연의 재생을 단순히 자연이 자의를 표출하는 것이 아니라, 인간이 자연 속에 의지와 이성을 주입하는 것으로 보았다.[36] 그는 재생의 이상을 다층적인 차원에 적용하고 있는데, 이것은 자연을 정복하는 것이자 인간의 정신과 육체를 회복시키는 것이며, 인류가 우주로 나아가는 출구이자 우주의 진행 과정 자체를 조절하는 것이기도 했다.

표도로프가 자연 재생의 필요성을 대중에게 심어준 직접적 계기가 된 것은 1891년 러시아를 강타했던 혹독한 가뭄과 연이어 다가온 폭우와 우박으로 사람들이 막대한 피해를 입고 굶주리게 된, 러시아가 지칠 대로 지쳐있던 힘겨운 상황에서였다. 이에 표도로프는 피뢰침을 통해 뇌우와 비를 불러일으켜서 기후를 조절할 수 있다고 주장했던 철학자이자 사회계몽가인 바실리 카라진Василий Каразин(1773~1842)의 의견을 해결책으로 제시한다. 또한 1891년 미국에서 폭발물의 도움으로 실제로 비를 오게 했던 인공강우실험이 진행되었던 예를 들면서, 상호 파괴에만 사용되어 왔던 폭발물이 비를 오게 해 사람들을 굶주림으로부터 구원하는데 사용될 수 있다는 사실에 매우 기뻐했다. 이것은 군사적인 일과 결부되었던 것이 전 인류를 위한 '공동의 일'로 전환될 수 있다는 방증이기도 했다.

표도로프는 수천 명의 죽음을 초래했던 극심한 가뭄을, 대기현상을 조절하는 '재생' 차원으로 해결하고자 했다. 바람이나 비 같은 대기 현상은 표도로프의 구상에서 지구 차원의 통풍通風이나 관개灌漑의 문제로 설명되고 있다.[37] 그의 논의에서 지구란 인류가 공동으로 경영하여 실제적으로 변화시켜야 하는 하나의 장場이었던 것이다. 계속해서 그는 인류의 기아상태를 야기하는 원인들을 면밀하게 조사할 것을 호소하기도 했다. 이처럼 표도로프의 재생 개념은 대기의 흐름이나 기후를 조정하는 것 외에도 지진이나 화산 현상을 조절할 뿐만 아니라 태양을 통한 에너지 재생까지 포괄하고 있다.

표도로프는 기상 관련 현상을 제어하는 것은 좋은 수확을 위해 농업에만 유용한 것이 아니고 당시의 산업 자체가 의존하고 있는 석탄이나 철을 캐는 광부들의 지하 노동을 대체하기 위해서도 필요하다고 보았다. 열악한 환경에 직면해 있는 석탄 공급 문제 해결을 위해서는 태양과 대기 흐름에서 직접 에너지를 추출하여 석탄 채굴을 대체할 수 있어야 한다는 관점이었다. 여기서 표도로프는 대기를 조정하는 '일'은 모든 사람들의 동의하에서 모든 민족들의 노력이 결집될 때 가능한 것이므로, 여기서는 '형제애'가 필수적이라는 점, 즉 우주를 길들이는데 전제 조건이 되는 것이 사람들의 결합이라는 사실을 강조했다.

인간은 이성의 힘을 통해 자연을 극복해 나가며, 세계의 창조는 이미 끝난 것이 아니라 인간에 의해 계속된다는 표도로프의 논의에서 인간학과 우주학은 긴밀하게 연결되고 있다. 자연에 대한 나름의 관점을 표명하는 여러 사상가들과 달리 표도로프에게 자연은 단순한 관찰 대상이 아닌 재생의 대상이었다. 여기서 표도로프가 주장했던 대기 현상의 진행과 우주의 진행이 결합되어 있다는 관점은 재생을 태양계와 다른 유성계에도 확대할 수 있는 근거를 제공하는 것이기도 했다.[38] 그것은 먼저 지구 차원인 대기현상의 재생에서 태양계를 기준으로 한 유성의 재생으로, 그리고 마지막에는 무한한 우주를 기준으로 한 보편적인 우주적 재생으로 확대되어 나타난다.[39] 즉 표도로프에게 재생이란 태양계와 행성의 움직임을 인간 이성으로 통제할 수 있는 근거로 사용되었던 것이다. 무엇보다 그는 맹목적이고 거친 자연을 힘과 이성으로 통제하고 조절할 수 있는 가능성을 '재생'의 개념으로 이해하고, 여기서 지구에 거주하는 인간은 단순히 세계의 관찰자나 거주자가 아니라, 우주 공간의 지배자가 되어야 한다는 점을 강조한 것이다.

4. 코스모폴리탄이여, 우주로!

표도로프의 자연 재생 논의에서 가장 중요한 대상은 바로 '인간'이었다. 그에 따르면 인간이 보다 광대한 공간을 점유하게 되면서 제기되는 문제의 전제는 새로운 환경에 적응하기 위해 인간에게 나타나는 정신적 · 육체적 변화였다. 사실 이것은 인간이 우주 어느 곳에서든지 살 수 있도록, 우주 공간에서의 영양 공급과 직결되는 문제이기도 했다. 표도로프는 새로운 유기체가 된 인간의 영양 공급은 인간 자신이 우주의 기초 물질을 광물, 식물, 생물 조직으로 자유롭게 전환시킬 수 있는 '의식적이고 창조적인 과정'을 수행할 수 있게 될 때 가능할 것이라 주장했다.[40] 이런 과정을 자유롭게 수행할 수 있는 미래의 인간은 '새로운 몸'을 받게 될 것이며, 그 새로운 몸에는 새로운 기관들이 생겨나 그것의 도움으로 인간은 우주에서 충분히 자유롭게 살아갈 수 있다는 것이다.

인간이 우주 공간 어디에서나 사는 실제적인 코스모폴리탄이 될 것이라는 전망은 영양 공급의 문제와 직결되는 것이지만, 일차적으로 표도로프에게 그것은 인간이 죄의 상태에서 벗어나는 도덕적 · 정신적 문제와 연결되는 것이었다. 표도로프는 성서에 나타나 있듯이 인간의 본성이 죄에서 벗어나, 태초의 '무죄성'의 상태로 돌아가게 되었을 때 인간 본성의 정신적 변화뿐만 아니라 육체적 변화까지도 실제 가능한 것이라고 주장했다. 그 때가 되면 실제적으로 인간 영혼의 날개가 육체의 날개로 될 것이며, 사람들이 천사와 유사한 존재로 변형되어 어떤 환경 속에서도 살 수 있게 된다는 것이다. 표도로프의 구상 속에서는 다른 행성으로 이주한 선조들을 방문하기 위해 자유롭게 우주 공간을 이동하는 모습이 마치 옛 이야기 속에 묘사되는 천국 장면처럼 환상적으로 그려지기도 한다.

표도로프가 인간의 우주적 기능을 주장한 것은 사실 인간이 다른 행성계로 이동할 수 있는 가능성에 대한 확신이었다. 그에게 인간의 노동과 노력은 지구라는 공간의 한계 안에 제한되어서는 안 되며, 다른 세계로 이동하고 그 곳에서 삶의 수단들을 찾기 위해 다양한 기술을 개발하는 것이 인류 활동의 목표가 되어야 했다. 표도로프의 논의에서 자연을 복종시킨 후에 우주 공간으로까지 나아간 인류는 그 공간의 거주자이자 통치자가 되어야 한다. 그리고 신의 의지를 수행할 수 있을 정도로 격상된 인간은 궁극적으로 우주의 진행 과정까지 조절할 수 있다는 것이다.

인간의 시야가 지구에 머물지 않고 우주로 향해야 한다는 생각은 『공동 일의 철학』에서 자연적 측면, 사회-경제적 측면, 정신적 측면 등 다양한 방면에서 고찰되고 있다. 표도로프가 우주공간을 논의의 중심으로 삼았던 것은 무엇보다 지구라는 경계 안에서는 완전한 재생에 도달하는 것은 불가능하다고 보았기 때문이다. 이것은 표도로프가 이미 19세기 말에 인구 증가에 따른 지구의 자원 고갈이나 우주 붕괴 같은 지구 종말의 유일한 출구로 새로운 거주지를 찾는 일을 염두에 두고 있었다는 것을 증명하는 것이다. 결국 표도로프는 재생의 목표로 모든 자연은 인간이 살 수 있는 주거의 영역이자 이성과 노동의 총화이며, 단일한 우주 경영의 체계 하에서 통제되고 조정되어야 한다고 본 것이다. 인류가 우주로 나갈 수밖에 없다는 표도로프 논리의 당위성은 단순히 유토피아적 발상에 머물지 않았다. 그의 사상은 러시아 우주과학의 선구자이자 우주 확장에 대한 이론적 근거를 세웠던 제자 콘스탄찐 찌올콥스키에게서 그대로 부활되었다.

5. 표도로프, 부활과 불멸을 과학의 관점으로 이해하다

표도로프는 대기현상의 재생이나 지구의 인력을 조정하는 것, 우주에서 새로운 거주지를 찾아내는 것 등은 결과적으로는 세계를 합목적적으로, 그리고 창조적으로 정돈하는 것이라고 간주했다. 표도로프에게 이것은 결국 우주의 조화를 도모하는 것이라 할 수 있는데, 여기서 재생의 정점이 되는 것이 죽음에 대한 승리라 할 수 있는 선조들의 부활이다. 표도로프는 죽은 선조들의 부활은 과학의 도움으로 가능해질 것이라 주장했다. 그는 인간이 죽음에 직면할 수밖에 없는 속성은 처음부터 주어진 것이 아니므로 필연적인 귀결이 될 수 없으며, 종국에는 인간 이성의 힘으로 통제할 수 있는 경지에 이르게 될 것이라 생각했다.

표도로프의 '재생' 개념은 관련 논의에서 인간을 비롯한 만물을 자유롭게 조정하고 다시 살릴 수 있다는 관점과 접합된다. 표도로프에게 이러한 '재생'의 정점이 되는 것이 죽음에 대한 승리로 일컬어지는 선조들을 부활시키는 일이었다. 여기서 세계의 창조는 신神에 의해 끝난 것이 아니라 인간에 의해 여전히 계속된다는 독창적인 관점이 제기된다. 표도로프는 인간이 애초부터 유한한 존재였던 것은 아니라는 종교적인 관점에서 죽음은 사탄의 힘에 종속된 인간 미완성의 결과물일 따름이라고 간주했다. 생명이 선善이라면 죽음은 악惡이기 때문에, 인류가 악에 투쟁해 죽음을 극복하게 될 때 인류는 상실했던 신적인 본질을 되돌려 받을 수 있다는 것이다.[41] 표도로프는 인간이 스스로의 악을 극복하고 완성되었을 때 인간의 불멸 역시 가능하다고 보았으며, 이런 시기를 앞당기는 것이 '공동의 일'이라 생각했던 것이다.

표도로프에게 인류의 과제는 자연의 힘을 보편적인 부활의 도구로 변화시켜서 그것을 '불멸하는 존재들의 결합체'로 만드는 것이었다.[42] 그는 부활과 불멸의 실제 가능성을 믿었는데, 이것은 의학의 발달로 고령자들이 증가하는 시대가 올 것이며, 실제적으로도 불멸인들이 존재하는 시대가 도래할 것이라고 언급했던 소비에트의 저명한 학자 꾸쁘레비치B. Ф. Купревич의 불멸에 대한 논의와 연결될 수 있다.[43] 즉 표도로프는 죽은 사람이 부활한다는 그리스도교 세계관이 실증적이고 과학적이어야 한다고 생각했다. 세계의 창조는 신의 작업으로 끝난 것이 아니라, 인간에 의해서 아직도 계속되고 있다는 것이다.

이러한 맥락에서 미래과학의 성과를 앞질러 예견하고 있는 『공동 일의 철학』에서 '부활'은 인간의 정신생리학적인 본성을 완전하게 밝혀내는, '물질 변형'의 과학적 지식을 완전히 소유하게 된 인류의 실제적인 일로 이해되고 있다. 무엇보다 표도로프에게 인류의 과제는 자연의 힘을 보편적인 부활의 도구로 변화시켜서 그것을 통해 불멸하는 존재를 만드는 것이었다. 그는 죽음과 불멸을 다음과 같이 규정했다.

> 죽음은 단순히 성숙하지 못한 미성년, 의존적이고 독립적이지 못한 삶, 부홍할 능력이 없는 결과를 반증할 따름이다. 사람들은 아직 절반도 자라지 못한 존재이다. 하지만 개인적인 존재의 충만, 즉 개인적인 완성은 인류 전반이 완성될 때에만 가능한 것이다. 성년에

도달한 것, 그것이 바로 불멸이다.[44]

인간은 자신의 삶의 활동 유형을 변화시키고 불멸하게 될 것이며, 궁극적으로는 선조들의 부활에도 참여하는 바로 그 '공동의 일'을 하게 된다는 것이 표도로프의 논리였다. 표도로프에게 지구에서 죽어가는 모든 사람들의 부활은 행성-우주적 재생에서 필수적인 것이었다. 표도로프의 구상은 인류 앞에 놀랄 만큼 광대한 지평을 펼쳐 보였으며, 인류에게 신화 속의 거인과도 같은 거대한 변혁의 용기를 불러일으켰다. 표도로프는 자신의 관점을 그리스도교의 복된 소식의 완성으로, 다시 말해 그리스도교의 로고스Logos를 자연세계를 변형시키는 위대한 일Дело의 구상으로서 고찰한 것이다. 여기서 도출되는 주된 논제가 신의 의지는 이성적이고 자유로운 존재인 인간을 통해서 이루어진다는 것이다. 더 나아가 인간은 의식을 가진 도구이자 신의 의지의 수행자가 되어야 한다는 것이었다.

6. 표도로프 학설이 남긴 지적 · 문화적 유산

일반적으로 종교적 차원에서 언급되고 있는 '부활'이나 '불멸'에 대한 관념을 자연과학적 원리와 연결시키려 했다는 점에서 표도로프는 종교와 과학, 물리학과 형이상학, 자연과학과 정신과학이라는 이원론적 요소의 통합을 보여주는 러시아 우주론의 초석을 놓은 사상가로 추앙된다. 표도로프의 사상이 자연과학자, 종교가, 사회개혁가, 작가들 모두에게 다양한 반향을 불러일으킬 수 있는 모태가 되었던 연유는 이에 기인한 것이다.

표도로프의 학설이 몰고 온 영향은 정치 사회적 측면에서도 막대한 것이었다. 표도로프의 자연과학적 관념의 핵심을 이루는 부분, 즉 물질변형이 자연의 토대까지 변화시킬 수 있다는 개념은 자연뿐만 아니라 세계의 변화를 염원하는 혁명가들에게 이론적 근거를 제공하는 것이기도 했다. 특히 작가 막심 고리키M. Горький는 표도로프의 자연관이 세계의 모든 에너지를 노동 대중의 이익을 위해 예속시킨다는 사회주의 정신과 유사하다는 점을 들어 열렬히 지지했을 뿐만 아니라, 그의 이론에서 인류의 무한한 발전 가능성이 펼쳐지고 있다는 점을 높이 평가했다.[45]

표도로프의 관점은 사회주의의 자연관 및 물질관과 직접 연결될 수 있는 것이기도 했다. 러시아의 혁명시인들이나 프롤레타리아 작가들 역시 표도로프의 사상 속에서 자신들의 논리를 발전시킬 수 있는 여러 관점들을 발견했다. 하지만 표도로프 자신이 그들의 실증주의적이고 혁명적인 세계관을 옹호했던 것은 아니다. 종교관과 역사관에 있어서도 표도로프와 소비에트 이데올로기는 분명한 차이를 보인다. 혁명시인들이 표도로프의 사상에 열광했던 것과는 달리, 소비에트 정권 하에서 그의 책이 금서로 지정되었던 것 역시 이것을 입증한다.

표도로프의 사상 속에서 자신들 관점의 실제적 토대를 발견했던 사람들 가운데에는 혁명을 지지했던 작가들만 존재했던 것은 아니었다. 종교 철학자 솔로비요프B. Соловьев나 작가 도스토예프스키Ф. Достоевский처럼 사회주의 관점이나 혁명과는 거리가 먼, 심오한 종교적 견해를 표명한 인물들 역시 사상의 근본 토대를 표도로프에게서 발견하고 있다. 톨스토이Л. Толстой 역시 표도로프가 자신의 사상에 대한 혹독한 비평가였음에도 불구하고 표도로프의 사상은 후손들에 의해 계속 계승되어야 하며, 나는 그런 사람과 동시대에 살고 있다는 사실만으로도 자랑스럽다는 말을 남기기도 했다. 1880년대에 톨스토이는 표도로프와 아주 친밀한 교제를 했다. 이것은 톨스토이의 일기와 서신교환, 예술 작품 속에 잘 나타나 있다.[46]

표도로프의 부활과 불멸 사상은 한 시대의 의식을 주도적으로 이끌어왔던 동시대 작가들뿐만 아니라, 소비에트 체제가 들어선 이후에 주로 활동했던 작가들에게도 커다란 영향을 주었다. 표도로프의 정신을 잘 볼 수 있는 『공동 일의 철학』은 벨르이A. Белый, 브류소프B. Брюсов, 흘레브니코프B. Хлебников, 마야코프스키B. Маяковский , 클류예프H. Клюев, 자볼로쯔키H. Заболоцкий, 프리슈빈M. Пришвин, 플라토노프A. Платонов와 같은 대작가들이 항상 자신들의 서재에 꽂아두고 즐겨 읽는 책이었다. 특히 표도로프의 철학은 도스토예프스키, 솔로비요프, 톨스토이, 고리키 등에게 깊은 공감을 불러일으켰을 뿐만 아니라, 그 외 많은 러시아 작가와 철학자들의 세계관 형성에 밑거름이 되기도 했다.[47]

소비에트 시인 마야코프스키의 『150000000』와 『목욕탕Баня』에서도 약간은 통속적인 모습이긴 하지만 표도로프의 부활 테마가 주요 모티프로 사용되기도 한다.[48] 인간 삶의 궁극적 이상을 조화롭고 창조적인 불멸의 세계로 보았던 작가 프리쉬빈은 『오수다레보로 가는 길Осударева дорога』에서 공동체 사회를 형성하여 거주하는 구교도들의 모습을

≪죽은 자들의 부활≫ 체크리긴 작作

불멸과 부활을 위해 인류의 행성이주 사상을 체현하는 지혜로운 영혼의 소유자들인 '신인류'의 모델로 묘사하기도 했다. 작가 옙투셴코는 소설 『딸기밭Ягодные места』에서 보다 구체적으로 표도로프의 부활 테마를 표출하고 있다. 이 작품의 주인공인 우주비행사는 "표도로프의 책대로 그에게 한 사람이라도 부활시킬 능력이 있다면 나는 푸쉬킨을 부활시키리라 생각했다"49-라는 표현으로 표도로프의 부활을 직접 언급하기도 했다. 니콜라이 표도로프를 기념하는 작품들을 많이 제작했던 바실리 체크리긴В.Н. Чекрыгин은 ≪죽은 자들의 부활Воскрешение мёртвых≫(1921~1922)라는 주제로 다음과 같은 작품들을 남겼다.

자연과학적 입장에서 볼 때 표도로프는 우주가 더 이상 정적인 실체가 아니라 생성하고 진화한다는 적극적인 우주 진화의 사상을 표명한 선구자였다. 앞으로 차례대로 살펴보게 될 베르나드스키의 '정신권ноосфера'의 개념이나 찌올콥스키의 '우주 철학космическая философия' 역시 표도로프의 영향이 없었더라면 불가능했을 것이다. 표도로프는 자신의 구상 초기부터 지구와 우주가 분리될 수 없다는 사실, 행성에서 일어나는 일에 우주 전체가 긴밀하게 연결되어 있다는 점을 강조하였다. 표도로프의 영향을 받아 여러 사회 문제에 반영된 우주 진화의 영향설을 펼친 우주 생물학자 치젭스키А. Чижевский는 1920년대 초부터 방대한 통계 자료를 준비하면서 전염병과 같은 자연적인 재해의 시기가 태양 활동의 싸이클에 부합된다는 사실을 입증하기도 했다.50-

자연 재생의 개념을 인간이 자연 속에 의지와 이성을 도입할 수 있는 가능성으로 간주하고 이를 자연에 대한 정복, 인간의 정신과 육체에 대한 부활, 우주의 진행 과정에 대한 조절 등으로 다층적으로 설명했던 표도로프는 인간이 이런 과정에 참여함으로써 삶의 활동 유형을 변화시키게 되어 불멸에 도달할 것이며, 궁극적으로는 선조들을 부활시키는 '공동의 일'에 참여하게 된다는 논리를 펼친 것이다. 그는 이 구상에 착수하면서 지구와 우주가 분리될 수 없음을 강조했고, 우리가 사는 행성과 우주 전체에서 일어나는 일의 상호 관련성을 주장했던 것이다. 이는 당시 자연과학에서 도출된 결론들과 비교할 때는 상당히 급진적인 견해였다. 하지만 그의 우주에 대한 사유는 현대 물리학 발전의 성과로 점차 그 타당성을 인정받고 있다. 추후 보다 상세하게 살펴보게 되겠지만 표도로프의 관점은 오늘날 연구와 토론의 대상을 넘어서서, 우주항공학이나 유전학과 같은 과학 기술의 발전을 촉진하며 세계 과학사에 찬란한 빛을 남겼다.

러시아 우주항공학의 아버지 콘스탄찐 찌올콥스키의 과학과 철학

02

우주에서 보면 국경 따위는 없다.
인간이 정치적 이유로 마음대로 만들어 낸 것일 뿐, 원래는 존재하지 않는다.
그럼에도 불구하고 그것을 사이에 두고 서로 대립하고, 전쟁을 일으키고, 죽인다.
이건 슬프고도 어리석은 짓이다.
－월터 쉬라Walter Schirra－

1. 우주비행과 로켓 연구에 온 생生을 바친 찌올콥스키

'러시아', '우주', '인공위성' 등등 몇 개의 키워드를 던져 놓았을 때 일반적으로 가장 먼저 연상되는 러시아 우주론의 이미지를 한 몸에 받고 있는 과학자가 있다. 실질적으로 현대 우주항공학의 토대를 놓은 사상가이자 러시아 우주시대를 연 개척자로 일컬어지는 콘스탄찐 찌올콥스키Константин Циолковский(1857-1935)가 그 분이시다. 하지만 세계의 우주 개발 에 대한 연구사를 다시 썼다고 평가되는 그가 대위업을 이룰 수 있었던 배경에는 니콜라이 표도로프와의 만남이 있었다는 사실을 아는 이는 많지 않을 것이다.[51] 표도로프를 통해서 찌올콥스키는 우주에 대한 무한한 도전 의식을 품을 수 있었고, 우주로 비상飛翔하려는 인간의 꿈을 현실화하기 위해 노력할 수 있었다.[52]

기록에 의하면 1873년부터 1876년에 걸쳐 표도로프는 독학하던 찌올콥스키에게 도움을 주었다고 한다. 찌올콥스키 역시 자신을 표도로프의 제자로 여겼고, 죽음을 얼마 남기지 않은 시점에 쓴 회상록에서는 표도로프를 처음 만난 순간에 대해 이렇게 기술하기도 했다.

콘스탄찐 찌올콥스키

> 체르트코프 도서관에서 나는 그 곳의 사서 중 한 사람을 알게 되었다. 그는 나에게 여러 금서들을 주곤 했다. 나중에야 그가 톨스토이의 친구이자 뛰어난 철학자이고 그 유명한 금욕고행자인 표도로프라는 사실을 알게 되었다.[53]

널리 알려져 있지는 않지만 찌올콥스키는 10세 때 성홍열로 귀머거리가 되고 난 후 여러 도서관을 전전하며 거의 독학으로 물리학과 천문학을 공부했다. 찌올콥스키에게 스승으로서의 표도로프의 존재가 더욱 중요한 것은 그가 정규 학교 교육을 받지 못하고 혼자 책을 읽으며 지식을 습득할 수밖에 없었기 때문일 것이다.

하지만 찌올콥스키가 표도로프의 영향을 받았다는 사실을 굳이 언급하지 않더라도, 20세기 최첨단 기술을 활용해 인류가 우주 공간으로 나아갈 수 있는 가능성 제시만으로도 찌올콥스키와 표도로프의 사상이 근원적으로 유사하다는 것을 알 수 있다.[54] 찌올콥스키는 우주로 향한 인류의 꿈을 실현하기 위해 부단히 노력했고 이를 위해 많은 희생을 감내했다. 오늘날에는 과학적으로 당연한 것으로 인지되지만 당시로서는 감히 생각할 수 없었던 아이디어, 예를 들어 로켓의 분출가스가 공기에 부딪쳐 앞으로 추진되는 것이 아니라 로켓의 노즐로 배출되는 가스의 힘으로 추진된다는 반작용에 의한 비행이라는 착상은 찌올콥스키가 시도한 획기적 아이디어였다.

찌올콥스키는 우주여행 및 액체 추진제liquid propellant 로켓에 대한 구조와 이론에 대한 연구를 집요하게 진행했다. 1895년에는 우주 비행에 관한 최초의 논문을 발표하고, 1896년에는 외계 지능과의 교신에 관한 책을 집필했으며, 1903년에는 액체 산소를 우주 여행용 로켓의 연료로 사용할 수 있는 실제적인 방법을 기술했다.[55] 뿐만 아니라 찌올콥스키는 혁신적인 다단계 로켓에 대한 개념을 제시하며, 다단계 로켓의 비행 원리를 단계별로 보여주었다. 이것은 로켓의 추진제를 1단, 2단, 3단으로 나누어 실었다가 추진제를

다 사용한 로켓의 단을 떼어내면서 무게를 줄이면 보다 빠르게 치솟아 오르며 지구 중력을 이길 만큼 속도를 낼 수 있다는 이론이었다. 이후 찌올콥스키의 초기 로켓 이론은 소련의 로켓 기술자들의 작업에 실제로 반영되었다.[56]

찌올콥스키는 미래 물리학의 발전은 시간과 공간에 대한 일반 통념을 획기적으로 전환하게 될 것이라며, 시간과 공간을 단축하는 것을 가르칠 수 있다면 우주여행은 더 이상 환상 속의 일만은 아니게 될 것이라고 단언했다. 동일한 맥락에서 그는 오늘날에는 인간의 노력과 의지에 의해 조종할 수 있게 된 자연 현상처럼 향후 인간은 시간과 공간 역시 지배해야 한다고 주장했다. 그는 향후 물리학은 '공간을 단축하고, 시간을 제로 상태 혹은 거의 제로상태까지 도달하게 하는' 방법을 발견하게 될 것이며, 그것으로 고대 희랍인들이 즐겨 사용했던 '영원한 지금'이라는 표현도 현실에서 가능하게 될 것이라 간주했다. 또한 찌올콥스키는 인류의 미래는 지구의 경계와 심지어 태양계의 경계를 넘는 것이라며, "인류의 미래는 우주에서!"라는 슬로건을 자주 사용했다. 그는 다음과 같이 자신의 견해를 피력했다.

> 인간은 우리들의 요람과는 멀리 떨어진 곳에서 새롭고 다양한 거주 장소를 찾아내게 될 것이다. 바로 여기서 중요한 역할을 하는 것이 우주선이다. …(중략)… 러시아인들이 별을 향해 로켓을 쏘아 올리는 그 날이 우주 시대를 개막하는 첫 날이 될 것이다.[57]

우주선 개발에 대한 찌올콥스키의 이론은 세르게이 코롤료프Сергей Королёв(1907~1966)에게 전수되었고, 이것은 코롤료프가 제2차 세계대전 시기 소련의 로켓 개발을 주도하는 새 역사의 이정표가 되었다.[58] 이처럼 인간이 최첨단 기술을 활용해 우주 공간으로 나아갈 수 있는 가능성을 목도하며, 당시에는 자신들의 세계관을 콘스탄찐 찌올콥스키의 우주관과 연결짓는 소비에트 시인들이 등장했던 것에 대해서도 언급해야 할 것 같다. 당대 최고의 프롤레타리아 시인들인 키릴로프В. Кириллов(1890~1943), 카진В. Казин(1898~1981), 게라시모프М. Герасимов(1889~1939), 알렉산드로프스키В. Александровский(1897~1934), 가스쩨프А Гастев(1882~1981), 산니코프Г. Саннинков(1899~1969) 등이 결성한 '대장간파Кузница'는 소비에트 정권 수립 후 자신들의 혁명관을 표도로프와 찌올콥스키의 우주관과 연계시킬 수 있는 가능성을 발견했다. 이들은 우주여행의 가능성을 적극적으로 시의 모티프로 활용했으며,[59] 특히 가스쩨프와 카진은 위성이나 우주 문제에 대해 대단한 관심을 보였다. 그들의 시에서는 세계와 자연의 급진적인 변형, 우주 정복에 대한 테마 역시 장대하게 울려 퍼졌다.

2. 과학자 찌올콥스키의 철학사상에 대한 작가들의 반향

우주개척과 로켓 발명을 목적으로 찌올콥스키의 위업을 연구하며 그를 위대한 과학자로 칭송했던 것과는 달리, 소비에트 체제에서 사상가로서의 찌올콥스키의 관점에 대해서는 거의 알려지지 않았다. 그의 철학적 관점이 담긴 150여편의 원고 가운데, 생전에 출판된 것은 『우주의 유래Причина космоса』(1928)와 『우주의 일원론Монизм вселенной』(1931) 두 편에 불과했다.[60] 1984년에 출판된 『소비에트 백과사전』에서도 찌올콥스키는 과학자, 발명가, 현대 우주비행학의 창시자로만 규정되어 있고, 그의 철학적 저술에 대해서는 한 마디도 언급되지 않았다. 이렇듯 그의 우주 철학에 대한 연구가 오랜 세월 금지되었던 것은 인간과 지구와 우주에 대해 독창적인 관점을 전개하였던 그의 저술들이 마르크스 철학에 부합하지 않았기 때문이었다.[61]

특히 찌올콥스키는 세계에서 최초로 우주선 설계 계획을 가지고 있었던 학자, 은둔자, 사상가로서만 알려진 경우가 대부분이다. 찌올콥스키의 이론에 대한 개념 역시 "인류는 지구에서 영원히 머물 수 없다"는 표현의 주창자에 한정되어 있었던 것도 사실이다.[62] 하지만 찌올콥스키는 미래 우주여행의 자연과학적이며 기술적 토대를 놓았을 뿐만 아니라 우주 철학의 새로운 토대를 놓은 철학자이기도 했다.

찌올콥스키는 생의 말년 20년동안 칼루가라는 지역에 은신해 있으면서 이 우주 철학 테마에 상응하는 철학 에세이를 출판했다. 이에 해당하는 저술들이 『니르바나Нирвана』(1914), 『슬픔과 천재Горе и гений 』(1916), 『우주의 기원Причины космоса』(1925), 『지구와 인류의 미래Будущее земли и челоеетва』(1928), 『자기 자신에 대한 사랑 혹은 진정한 자기애Любовь к самому себе, или Истинное себялюбие』(1928), 『인류의 사회 조직Общественная организация человечества』(1928), 『지성과 열정Ум и страсть』(1928), 『지구의 과거Прошлое Земли』(1928), 『미래의 식물. 우주의 동물들. 자연발생Растения будущего. Животные космоса.

Самозарождение』(1929), 『과학윤리학Научная этика』(1930), 『우주의 일원론Монизм вселенной』(1931) 등이다.

비록 그의 철학적 저술에 대한 사항은 세간에 널리 알려져 있지는 않았지만, 그의 우주에 대한 과학적 인식과 우주 비행에 대한 이론은 러시아 작가들에게 깊은 감화를 주었다. 사상가로서의 찌올콥스키의 업적은 소비에트 당국의 금지에도 불구하고 작가들에게 무한한 문학적 상상력을 제공했던 것이다. 특히 찌올콥스키가 주장하는 '불멸'에 대한 철학적 단상은 작가들에게 큰 반향을 던졌다.

영화 〈이륙〉에서 찌올콥스키가 등장하는 장면

찌올콥스키는 『지상과 하늘에 대한 몽상Грезы о земле и небе』이라는 저술에서 생명체의 불멸 가능성에 관한 사색을 펼쳤다. 여기서 그는 죽음을 단절이 아니라 또 다른 존재 변형의 시발점으로 보고 있다. 인간의 불멸 가능성에 대한 표도로프의 생각을 발전시켰던 그는 죽음이란 연약한 인간 이성이 던지는 환영일 따름이며, 실제로 죽음은 존재하지 않는다는 사상을 전개했다. 그의 논거에 따르면 우주는 하나의 원자로 이루어져 있기 때문에, 개별적인 각각의 생명들은 비록 그것의 시작과 끝을 가지고 있다고 하더라도, 이는 결국 연속적인 무한성 속에 융합될 수밖에 없다는 것이다. 그는 원자의 속성에 대한 실증적인 연구에 힘입어 인간의 에너지는 불멸한다고 주장했던 것이다. 이에 공감했던 대표적인 러시아 작가로 예브게니 옙투센코Евгений Евтушенко(1933~)와 아나톨리 김Анатолий Ким(1938~)을 들 수 있다.

특히 작가 예브게니 옙투센코의 찌올콥스키에 대한 사랑은 강렬한 것이었다. 실제로 옙투센코는 찌올콥스키의 삶과 업적을 다루며 1979년에 감독 삽바 쿨리슈Савва Кулиш가 제작한 예술영화인 ≪이륙Взлёт≫에 출연해 주인공 찌올콥스키의 역을 맡아 열연하기도 했다. 이는 작가가 찌올콥스끼의 사상에 상당히 심취했음을 보여주는 직접적인 예증이기도 하다.

예브게니 옙투셴코

일반적으로 옙투셴코는 소비에트 체제의 실상을 폭로했던 시인으로만 알려져 있는 경향이 강하다. 시인에서 소설가로의 일대 변신을 도모한 작품인 『딸기밭Ягодные места』(1981)에 대한 해석 역시 여전히 과거 이데올로기적 차원에 머물러 있는 경우도 있다. 하지만 이 작품은 단순한 이념논쟁으로는 설명될 수 없는 현대 사회가 안고 있는 다양한 정치, 문학, 역사, 도덕 문제를 옴니버스 소설 형식으로 담아내고 있을 뿐만 아니라 심지어 '불멸의 은하계'라는 공간이 등장하는 판타지 기법에 이르기까지 다양한 문체가 결합되어 있는 실험적인 작품이다.[63] 특히 인간이 우주 최고 이성의 중심이라는 찌올콥스키의 관점은 『딸기밭』에 잘 반영되어 있다.

3. 찌올콥스키의 우주윤리학과 윤회적 관점의 예술적 표출

소설 『딸기밭』에서 옙투셴코는 사람들에게 인정받지 못하는 찌올콥스키의 모습을 묘사한다. 그는 칼루가에서 하늘로 날아오르는 기구 실험을 하는 일에만 몰두하는 찌올콥스키를 사람들이 비웃으며 '새Птица'(709)라고 부르는 에피소드를 등장시키기도 한다. 하지만 여기서 찌올콥스키는 자신을 놀리는 사람들을 향해 "우리는 틀림없이 별나라에 갈 것"(701)이라며 자신의 확신을 굽히지 않는다. 작품 속에 등장하는 우주비행사는 찌올콥스키가 "우리의 모든 지식은 앞으로 도저히 깨닫지 못할 지식과 비교할 때 보잘 것 없는 것"이라 했던 점을 상기한다.

동시에 작가는 우주 공간 개척을 위한 정신력의 중요성을 역설하기도 한다. 소설 속 우주비행사의 입을 통한 우주개발의 필요성은 작가의 관점이자 찌올콥스키의 세계관을 드러내는 것이다. 이는 본질적으로 우주시대를 살아가는 우리 인류를 향한 옙투셴코의 윤리관을 표출하는 것이기도 하다.

> 지구 위를 날아오르는 것만으로는 불충분하다. 어떤 생각을 가지고 가느냐가 중요한 것이다. 그렇지 않으면 우리는 우주의 개에 지나지 않는다. …(중략)… 지식과 결합된 믿음, 일과 결합된 믿음이 필요하다. 러시아만을 믿어서는 안 된다. 모든 민족주의는 비인간적이니까. 그러므로 인류를 떠나 자기 나라만을 사랑해서는 안 된다. 그 때문에 전쟁이 발발하고, 여러 야만적인 일들이 빚어지는 것이다. 지구 전체가 하나의 큰 우주선이며 인류는 그 승무원이다. 그런데 그 승무원 속에서 싸움과 살인이 일어나서야 되겠는가?[64]

이러한 소설 속 우주비행사의 표현은 작가가 찌올콥스키의 사상에 상당히 경도되어 있음을 보여주는 것이다. 『딸기밭』에서 작가는 전쟁을 영원히 종식시킬 수 있는 유일한 길은 인간이 이 지구의 아름다움을 보고 마음을 변화시킴으로써 가능하다고 표현한다. 이것은 우주공간에서 지구를 보았던 우주비행사들이 지구가 참으로 아름다운 별이라는 점에 놀라며, 그럼에도 불구하고 이 공간에서 분쟁이 끊이지 않는 현실에 개탄했던 것에 상응하는 작가 관점의 표출이라 할 수 있을 것이다. 이러한 문제의식에 대한 각성으로 인간은 지금과는 완전히 다른 우주시민으로서의 내면적 가치를 지닐 수 있기를 작가는 염원하는 것이다.

이 작품에서 예브게니 옙투센코는 표도로프의 사상을 전달하는 과학자 찌올콥스키를 실제로 등장시키고 있다. 이는 세미라도프라는 등장인물이 술을 권하자 찌올콥스키가 이를 거절하며 미래에는 모든 사람이 술을 끊을 수 있는 의식 수준에 도달할 수 있을 것이라며 인간 정신 진화에 대한 표도로프의 관점을 대변하는 부분에서 잘 드러난다. 여기서 세미라도프는 미래에 달라질 인간의 삶을 언급하며 표도로프의 부활과 우주공간으로의 이주 필요성을 주장하기도 한다. 계속해서 모든 통치 체제는 피지배를 두려워하는 사람들 자신에 의해서 만들어진 것이라며, '죽음'이라는 공동의 적대감만큼 공동의 목적의식을 돕는 것은 없다는 말도 덧붙인다. 세미라도프와 찌올콥스키의 대화를 통해 표출되는 작가의 의식은 소설에서 다음과 같이 전개되고 있다.

(전략)…

찌올콥스키는 간단하게 대답했다.

"만약 사람들이 오늘날 적대적인 싸움에 쓰는 돈을 서로를 위하는 싸움에 쓴다면 질병뿐만 아니라 죽음 자체도 정복할 수 있을 겁니다. 죽음은 또한 질병인지 모르겠습니다. 그 바이러스를 우리가 모를 뿐입니다. 어쩌면 우리의 먼 조상을 부활시킬 방법을 배우게 될지 모릅니다. 어떻습니까, 소크라테스와 아침을 먹고, 마케도니아의 알렉산더 대왕과 점심식사를 하고, 푸쉬킨과 저녁밥을 먹고 싶지 않습니까?"

"그들이 원할는지 모르겠군요…"

세미라도프는 농담으로 얼버무리며 비밀스런 생각에 잠겼다.

'세상 사람들이 말하듯 저 사람은 정말 미치광이가 아닐까? 아니다. 그의 머리는 명석하고 손재주가 좋다' …(중략)…

세미라도프는 찌올콥스키에게 물었다.

"대체 세상 사람들을 전부 어떻게 처치할 생각입니까? 지구는 비좁아지는데… 비좁은 공간에서 지구를 구할 수 있는 건 죽음뿐이지요."

"별은 뒀다 무엇에 쓰지요?"

찌올콥스키가 출구에서 물었다.(708)

위의 인용문에서도 나타나듯이 찌올콥스키는 철저하게 표도로프의 관점을 대변하고 있다. 하지만 작가는 당시 일반인들에게는 찌올콥스키가 여전히 잘 이해되지 않는 괴짜 정도로 치부되는 면이 있었다는 점 역시 세미라도프라는 인물의 의식을 통해 표현하고 있다. 이 책이 출판된 것이 1981년이라는 점을 감안할 때 찌올콥스키와 세미라도프의 대화는 30년 이상이 지난 오늘날, 다시 말해 우리사회도 '미래학'이라는 학문이 관심을 받게 된 현 시점에서 더욱 실감나게 다가오는 내용들이 많지 않나 싶다.

『딸기밭』에 투사된 주제의 묘미는 미래로 향하는 인류의 의식이라는 작품 내용과 함께 소비에트 시기에는 금기시되었던 샤머니즘에 대한 믿음을 표출한다는 점에서도 드러난다. 이는 죽음이 끝이 아니라 또 다른 시작이라는 시베리아인의 보편적인 관념과 맞물려 소설 속에서 재현되고 있다. 옙투센코는 시베리아의 독특한 영혼관을 시베리아 출신으로 등장하는 께샤라는 인물과 모스크바에서 온 세료자라는 인물이 나누는 다음과 같은 대화를 통해 구현하고 있다.

> "세료자, 너는 언제나 여기 있었다는 생각이 들지 않니?"라는 질문에 세료자는 이렇게 대답했다. …(중략)… "이따금 그런 생각이 들 때가 있어, 께샤… 눈앞에 낯모르는 도시, 낯모르는 거리의 편린들이 나타나면서 갑자기 내가 옛날부터 여기 있었다는 생각이 들곤 해. 무언가 다른 생활 속에 뛰어든 것 같이… 단지 그때 내 이름이 무엇이었으며 내가 누구였는지 생각은 나지 않지만 말야." (661)

더 나아가 세료자는 자신이 화가 수리코프의 "귀족 부인 모르조바"라는 그림을 보았을 때, 귀가리개가 달린 모자와 긴 외투를 입고 썰매를 뒤쫓아 다니는 소년이 바로 자신처럼 생각되었던 체험을 이야기하기도 한다.(666) 모스크바에서 왔지만 전생에 자신이 시베리아 태생이었던 것 같다는 윤회적 믿음을 표출하는 세료자는 실제로도 시베리아 세계관에 쉽게 동화하는 인물로 묘사된다. 뿐만 아니라 그는 시베리아적 믿음과 현대 과학이론을 결합시켜 자연스럽게 찌올콥스키의 세계관을 대변하는 역할을 맡고 있다. 작가 옙투셴코는 세료자의 입을 통해 흔히 로켓을 발명한 소비에트 과학자로만 알려져 있는 찌올콥스키의 사색가이자 철학자로서의 면모를 자연스럽게 투영했던 것이다.

무엇보다 작가는 이 작품에서 죽음을 하나의 변형 차원으로 인식하며 삶과 죽음의 연속성을 주장했던 찌올콥스키의 사상에 주목한다. 세료자는 할아버지 서재에서 읽었던 찌올콥스키의 글을 인용하며 최고 지성에 의해 생겨난 우주의 삼라만상은 서로 연결되어 있다고 주장한다. 시베리아적 영혼관에 의존해 죽음을 하나의 변형으로 이해하는 옙투셴코의 관점은 사실상 죽음이란 존재하지 않는다는 찌올콥스키의 인식을 대변하는 것이다.

실제 찌올콥스키는 각각의 물질 조각은 결국 하나의 끊어지지 않는 삶으로 융합되는 무한한 삶의 연속선상에 놓여있기 때문에 우주의 생물학적 삶은 단절되지 않는다는 인식에 도달했다. 찌올콥스키의 논거에 따르면, 우주는 거대한 하나의 원자로 이루어져 있기 때문에 개별적인 각각의 생명들은 시작과 끝을 가지고 있다고 하더라도, 결국 연속적인 무한성 속에 융합될 수밖에 없다.[65] 그는 인간의 죽음과 불멸의 상관성을 다음과 같이 설명했다.

> 당신이 태어나기도 전에, 당신의 유기체를 형성할 물질들 역시 흩어져 있었다. 하지만 이런 분산은 당신이 소생하는데 아무런 방해도 하지 않았다. 물론 각각의 소생은 그 이전의 것과는 닮지 않은 자신만의 형태를 가지고 있다. 우리들은 언제나 살고 있었으며, 언제나 살게 될 것이다. 물론 지나간 것에 대한 기억은 사라지고 새로운 형체를 부여받아서 말이다. 우주 자체가 불멸일뿐만 아니라, 살아있는 존재, 그리고 생각하는 존재의 형태로 우주의 부분을 이루고 있던 것들도 불멸한다. …(중략)… 이러한 차원에서 우리는 우리 선조에 대해 아무 걱정을 할 필요가 없다. 일원론에 입각해 볼 때, 그들 모두는 이미 살고 있을 것이기 때문이다.[66]

사실 『딸기밭』에 등장하는 '불멸의 은하국'이라는 소재는 찌올콥스키의 불멸에 대한 사상을 판타지 서사로 구체화한 것이라 할 수 있다. 작가는 "불멸의 은하국 학자들에 따르면 죽음은 단지 원자의 결합이 분해되면서 나타나는 것이며, 은하국 주민 중에 어떤 사람이 죽으면 바로 그 원자는 나무나 산, 그리고 심지어 생물의 일부가 된다"(711)는 사상을 과감하게 도입하고 있다. 이러한 맥락에서 "자연의 일부인 고양이를 괴롭히는 것은 자기 자신의 먼 조상의 원자를 괴롭히는 것"(717)이라는 소설 속 작가의 표현 역시 이론적 타당성을 부여받게 되는 것이다.

뿐만 아니라 작가는 '불멸의 은하국' 주민들이 오랫동안 그들 주위의 자연에 흩어져 있는 옛 조상들의 원자를 부활시키려고 노력해 왔다는(711) 표현으로, 여기서의 '원자들의 부활'이 기실 표도로프가 언급했던 선조들의 부활을 염두에 둔 것임을 드러내고 있다. 살펴본 바와 같이 옙투셴코는 작품을 통해 시베리아 태생인 작가 자신의 뿌리 찾기와 정체성 회복을 위한 면모 역시 보이고 있다. 더 나아가 소비에트 시기에는 금기시되었던 샤머니즘의 세계관이 과학자 찌올콥스키의 생사관生死觀과 연결되고 있음을 예술작품으로도 표현하고 있다.

4. 예술적으로 변용된 찌올콥스키의 원자론

찌올콥스키의 과학이론과 우주 철학에 깊은 감흥을 받고 여기서 다양한 문학적 소재를 발견한 대표적 인물로는 아나톨리 김Анатолий Ким을 들 수 있을 것이다. 그는 이 책에 소개된 유일한 한인 3세 출신 러시아 작가이기에 독자들의 이해를 돕기 위해 간략히 소개할 필요가 있을 것 같다. 소련의 카자흐스탄공화국에서 태어난 아나톨리 김은 카자흐스탄의 한인마을에서 선조들의 전설과 옛날이야기들을 들으며 성장했다. 이후 사할린과 극동지방의 영화기사, 건축 관련 일 등 여러 직업을 거치고 군복무를 마친 다음 고리키문학대학에 입학하여 5년간 수학하고 1971년에 졸업했다.

아나톨리 김

주로 극동지방과 사할린, 그리고 중앙아시아를 배경으로 한 작품집 『푸른 섬Голубой Остров』을 시작으로 중편 『연꽃Лотос』, 『꾀꼬리의 메아리Соловьное Эхо』, 『풀 베는 사람들Собиратели трав』, 『양파 밭Луковое Поле』, 『구린의 유토피아Утопия Гурина』등으로 작가로서의 입지를 굳혔으며, 1984년에 발표된 첫 장편 『다람쥐Белка』로 인기가 절정에 이르게 된다. 그 이후에는 철학적·신화적·종교적 색채가 강한 소설 『아버지-숲Отец-Лес』, 『켄타우로스의 마을Посёлок Кентавров』, 『벽Стена』, 『바흐와 함께 한 버섯따기Сбор грибов под музыку Баха』, 『나의 과거Моё прошлое』, 『요나 섬Остров Ионы』등으로 그 문학적 깊이가 더해 가게 된다. 1993년에는 『켄타우로스의 마을』로 모스크바시 문학상을, 2005년에는 『다람쥐』로 제3회 톨스토이 문학상 대상을 수상했으며, 현재는 카자흐스탄에서 소설 집필과 번역활동에 몰두하고 있다.

고려인 3세 예술가로 국내에서 언론에 여러 차례 소개되기도 했던 아나톨리 김의 문학세계에 대해 학계에서 지금까지 주로 관심을 가져왔던 부분은 그의 작품에 내재된 '한민족'적 특성이었다. 하지만 그는 자신의 작품을 통해 콘스탄찐 찌올콥스키가 인간과 우주를 이해했던 관점이나 다양한 과학적 개념들 역시 표출하고 있다.[67] 여기서는 어떤 이유로 아나톨리 김의 작품에 찌올콥스키와 같은 과학자들의 세계관이 투사되었으며, 어떤 방식으로 과학적 견해가 문학에 습합되었는지 살펴보기로 하자.[68]

아나톨리 김의 작품에서 가장 분명히 드러나는 찌올콥스키의 사상은 물질의 최소입자인 '원자'에 대한 인식이다. 찌올콥스키는 "우주를 구성하는 원자는 잠재적으로 살아있으며 물질의 토대 혹은 정신을 구성한다"[69]는 관점을 제기했다. 자신을 '가장 순수한 물질주의자'로 지칭했던 그는 지상에 존재하는 모든 것은 감각을 지니고 있으며, 이 감각은 인간에서 동물, 그리고 식물로 갈수록 감소되지만 결코 사라지지는 않으며 심지어 무기계에도 존재한다는 '범심론汎心論'을 주장했다.[70]

원자가 동물뿐만 아니라 식물, 심지어 돌 속에도 존재한다는 찌올콥스키의 관점[71]을 아나톨리 김은 소설 『다람쥐』에서 직접 수용하고 있다. 우화적 기법으로 쓰여진 이 작품에는 재능있는 미술학교 학생인 천재화가 미쨔가 경비원 출신의 멧돼지 아르쮸쉬킨에게 살해당하는 플롯이 등장한다. 아르쮸쉬킨은 겉모습은 사람이지만 동물적인 내면을 지닌, 우리식으로 말하자면 도깨비처럼 변신이 가능한 일종의 '오보로쩬оборотень'이다. 소설에 표출된 아나톨리 김의 관점에 따르면 이 세상은 다양한 오보로쩬들이 사는 곳이며, 참된 인간들은 그들의 음모의 대상이 되어 비극을 맞이하기도 한다. 진정한 예술 창조를 방해하는 오보로쩬들의 음모에 의해 천재 예술가 미쨔 역시 살해당하는 내용이 등장한다. 하지만 사후 세계를 믿는 작가는 미쨔가 부활한 라자로처럼 환생하여 새로운 시선으로 세상을 보는 장면을 다음과 같이 묘사한다.

> 그 [미쨔－필자]가 보게 된 길가의 돌멩이조차 갑자기 자신 속에 숨겨 놓았던 것을 드러내기 시작했고, 그것은 단단한 돌멩이의 형태로가 아니라 무지개 빛을 방사하는 어떤 그림 같은 구름으로 미쨔 앞에 나타났다. 그 구름은 움직이는 것이 아니라, 심호흡할 때마다 고동치는 것이었다. 즉 미쨔는 천년 된 돌의 영혼을 본 것이었다. (571)

작가는 부활한 미쨔가 천년 된 돌의 영혼을 보는 시적인 이미지들을 투영하여 생물과 무생물 사이에는 명확한 경계가 없으며 자연과 물질에는 영혼이 깃들어 있다는 '물활론物活論'의 관점을 표출한다.[72]

원자가 지닌 범심론적 속성은 소설 『아버지－숲』에서도 표출된다. 이 작품에는 제2차 세계대전 당시 독일인 포로수용소가 있던 메쇼라 숲을 지나가는 네크바소프라는 인물이 등장한다. 그는 과거에 전쟁이 일어났던 이 현장을 지나면서 제2차 세계대전은 소련의 승리에도 불구하고 인류전체 차원에서는 큰 손실을 입었음을 사색하는 지식인이다. 여기서 네크바소프가 걸어가고 있는 숲은 40년 전 기아와 혹한으로 죽어가던 독일인 포로 수용소가 세워졌던 장소였다. 작가는 실종된 자신의 누이를 찾기 위해 숲 곳곳을 헤매고 있는 네크바소프의 의식을 빌어 사망 후 수십년이 지난 시체에도 유기물이 존재한다는 관점을 다음과 같이 언급하고 있다.

> 그 [네크바소프－필자]는 땅에서 반쯤 썩은 뼈들, 채 썩지 않은 넝마, 그리고 아직도 완전히 흙으로 변하지 않는 검고 악취 나는 유기물들을 찾을 수 있었다. 이 유기물 속에는 아직도 수많은 양의 인간 원자가 보존되어 있었다. (403)

찌올콥스키가 주장한 '살아있는 원자живой атом'와 같은 개념은 『아버지－숲』에서 주요한 서술기법으로 활용되기도 한다. 이 작품에서 화자의 역할을 하는 '사고하는 원자'는 "나는 거의 존재한다고 볼 수 없을 정도로 너무나 미세하다. 그래서 내 주위에서 조된 모든 것은 창조되었다기 보다는 나에 의해 인식된 것이다"(265)라고 자신을 소개한다. 아나톨리 김 소설에 등장하는 '사고하는 원자'의 속성은 원자의 역할에 대한 찌올콥스키의 다음과 같은 서술에 의거해 있다.

> 모든 원자는 시간을 선물로 받는다. …(중략)… 자연에서 공간은 경계를 지니지 않는다. 그것은 시간처럼 풍요롭다. 즉 원자는 끝이 없고 무한한 공간을 선물로 받는다.[73]

찌올콥스키의 원자에 대한 이러한 관점이 『아버지－숲』에서 '사고하는 원자'가 물질 속으로 자유롭게 침투하거나 무한한 시간과 공간을 이동하여 전지적 서술자로 기능할 수 있는 토대가 되고 있다. 실제로 이 작품에서는 원자의 여행을 통해 시간이나 공간상으로 아무 관련이 없는 것처럼 보이는 사람들이 연관관계를 갖게 되는 것이다.

1889년부터 1989년까지 100년간 투라예프 집안의 3대를 구성했던 아버지 니콜라이 투라예프와 아들 스쩨판 투라예프, 그리고 손자 글렙 투라예프의 삶을 중심으로 기술된 『아버지－숲』에서 작가는 원자에 대한 논의를 인간 영혼의 전이현상과 관련짓는다. 작품에서는 700년 전 타타르의 포로가 되었던 스쩨판 투라예프의 선조들 중 한 명이 고향으로 돌아와 자살을 했는데 그의 영혼이 제2차 대전 당시 소련군의 포로였던 독일인 랄프 슈라이버에게로 옮겨졌다는 내용이 제시된다. 하지만 결국 랄프 슈라이버 역시 총살되면서 이제 그의 영혼이 메쇼라 숲 속에서 자라게 될 소나무의 씨앗 속으로 스며드는 장면이 서술된다. 작가는 이 장면을 원자의 의식을 빌어 다음과 같이 묘사한다.

> 소진해 쓰러지는 인간의 육체를 벗어나서 옆에 날아가는 눈송이로 옮겨가, 이 솜털 같은 낙하산을 타고 춤추듯 대지로 내려앉는다. 그리고 거기서 다른 눈송이들과 한 몸 이뤄 파묻힌다. 하지만 봄이 오면 이내 물방울로 녹아 솔방울에 덮인 갑옷 속, 새싹을 준비하는 씨앗 속으로 스며든다. (295)

작가는 이런 과정을 통해 씨앗 속으로 들어간 랄프 슈라이버의 원자가 소나무로 자라게 되는데, 이후 30년이 지나 그 나무를 벤 스쩨판 투라에프에게 이동했다고(314~5) 서술한다. 이로서 2차 대전 당시 러시아의 포로였던 독일인 랄프 슈라이버와 30년이 지난 후의 스쩨판 투라에프라는 인물의 영적 결합이 이루어졌다는 것이다. 이는 이성적 존재의 두뇌에 도달한 각각의 원자는 그 조직의 구성 물질이나 신경세포가 되면서 생명력을 지니거나 사고를 할 수 있는 능력을 지닌다는 콘스탄찐 찌올콥스키의 관점에 근거한 것이다.[74] 또한 "일반적으로 죽음이란 원자의 해체이며, 모든 원자는 죽음의 순간 새로운 생명으로 연결된다"[75]는 찌올콥스키의 관점이 예술로 재현되고 있는 것이다.

『아버지-숲』에서는 러시아의 메쇼라 숲에 존재하던 원자가 공간을 초월하여 독일 포츠담으로 이동하는 양상이 묘사되기도 한다. 앞서 소나무를 매개로 랄프 슈라이버의 영혼을 품고 살았던 스쩨판 투라에프가 사망하자, 이제 랄프 슈라이버 영혼의 원자는 1986년 독일 포츠담 상공의 먹구름과 하나가 된다. 그리고 포츠담에 내린 폭우가 랄프 슈라이버의 딸에게 떨어져 내리면서 죽은 아버지의 감정이 딸에게 전달되고 있다. 다음은 그 폭우 속에 섞인 한 방울의 물에 관한 작품 속 묘사이다.

> (전략)… 거기에는 메쇼라 땅의 숲에서 랄프 슈라이버가 생(生)의 마지막 순간에 체험한 오른쪽 어깨뼈의 골수를 파고드는 통증과 영적 우수의 몇몇 원자들이 함유되어 있었다. (296)

포츠담에서 이 비를 맞은 랄프 슈라이버의 딸은 아버지가 죽음 직전에 느꼈을 우수를 느낀다. 이에 대해 서술자는 빗물 속에는 러시아의 포로 상태에서 총살당한 "그녀 아버지의 분산된 고통의 원자들"(296)이 들어 있었기 때문이라고 언급하고 있다. 작가는 제2차 대전 당시 러시아에서 사망한 랄프 슈라이버의 몸을 이루고 있던 원자를 1986년 독일 포츠담에 사는 딸에게 전달되는 플롯을 사용하는 것이다.

우주가 정적인 실체들이 아니라 역동적인 에너지 영역으로 구성되어 있다고 주장한 찌올콥스키에게 에너지란 한 원자가 다른 원자로 변화되며 일을 하는 능력이다. 에너지의 이런 속성은 무생물이나 무기계의 현상조차도 끊임없이 변형되고 있다는 연결 능력을 보여주는 것이다. 아나톨리 김은 원자의 이러한 특징을 활용하여 인간이 돌, 나무, 동물 등의 모든 존재와 유기적으로 연결되어 있다는 관점을 『다람쥐』에서는 인간과 동물 사이의 변신으로, 『아버지-숲』에서는 인간과 나무 사이의 변형으로 표출하였다. 자연의 모든 현상을 연속선 상에서 이해하는 아나톨리 김의 관점은 찌올콥스키의 이론에서 그 과학적 타당성을 확보하고 있는데, 사실 이는 자연을 생명력들의 융합과 통합의 결과로 보는 동양의 자연관에 상응하는 것이기도 하다. 즉 자연을 에너지 차원에서 이해하며 돌에서 하늘에 이르는 모든 존재 양식들을 '거대한 변화太化'의 부분으로 인식하는 동양사상이 콘스탄찐 찌올콥스키의 원자론을 매개로 아나톨리 김의 예술세계에 수용된 것이라 할 수 있다.

5. 찌올콥스키의 일원론 사상에 대한 생사관生死關의 미적 형상화

아나톨리 김의 작품에 자주 등장하는 '죽음'의 모티프나 삶과 죽음을 응시하는 자세에서도 콘스탄찐 찌올콥스키 사상의 영향이 강하게 반영되어 있다. 아나톨리 김의 작품은 초기 단편집부터 『연꽃』, 『다람쥐』, 『바흐의 선율과 함께 한 버섯 따기』(1997), 『온리리야 Онлирия』(1995)에 이르기까지 '죽음'이 가장 주요한 문학적 화두라 해도 과언이 아니다. 이들 작품 가운데 죽음을 존재 변형의 시발점으로 이해하는 아나톨리 김의 죽음관은 중편 『연꽃』에서 분명히 드러난다.

이 작품에서 주인공 로호프는 홀어머니를 사할린에 남겨 두고 미술공부를 하러 모스크바로 떠난 후 15년이 지나 어머니의 임종이 임박해서야 고향으로 돌아온다. 소설에서는 임종이 임박한 어머니가 겪는 고통과 함께 이 과정을 지켜보는 아들의 미묘한 심리적 변화가 제시된다. 어머니의 임종을 지켜보던 그가 처음에 느낀 것은 "죽음이란 인간을 한 덩이의 진흙처럼 차가운 것으로 만드는 것"(553)에 불과했다. 어머니의 죽음을 목격하고 공포감에 전율했던 로호프는 어머니가 겪은 고통을 생각하면 자신은 더 이상 살아갈 자격이 없다고 자책하며 거리를 배회한다. 이런 극도의 죄책감으로 고통받다가 그는 일시적인 내적 죽음 상태를 체험한다.

때는 사할린의 이월 어느 날 아침이었지만, 그에게는 갑자기 모든 것이 밤처럼 캄캄하게 다가온다. 그는 가엾은 어머니가 왜 그렇게 보기 흉한 모습으로 돌아가실 수밖에 없었느냐고 울부짖는다. 그 순간 그에게는 다음과 같은 목소리가 들려온다.

> 그대의 어머니는 죽었다. 하지만 한번 보아라. 정말로 나는 그녀와 닮지 않았는가? 심지어 나는 그녀와 똑같다. 그러니 더 이상 내가 존재하지 않는다고 말하지 마라. 그대는 항상 나를 찾아왔고 생각해 왔다. 그리고 그대는 일생동안 그대의 어머니를 닮은 여자를 마음에 들어 했다. 우리들 중 그 누구도 아무런 흔적 없이 사라질 수 없는 법이다. 그대가 보고 있는 숲, 그것은 우리들이다. 공기는 우리들의 숨결이다. 지금 문자로 나타나고 있는 단어들, 그것은 우리들의 고요하고도 교훈적인 말이다. 그리고 그대는 지상에 살고 있는 모든 여성들을 그대의 어머니처럼 소중히 여길 수 있을 것이다. 나는 항상 그대가 다정함을 느끼는 것 속에 깃들어 있다. 그러니 내게로 와서 그대의 한없는 슬픔을 버리도록 해라. (558)

로호프가 이 목소리를 접하게 된 것은 막힌 자의식에서 벗어나 일종의 자기 초월의 경지로 들어가게 된 순간을 상징한다. 이것은 비본래적인 자아自我인 작은 자아self에서 벗어나 본래의 자아, 즉 큰 자아Self의 소리를 듣게 된 것이라 할 수 있다. 이 체험을 통해 로호프는 삶과 죽음이 연결되어 있으며, 죽음이 더 이상 공포가 아니라는 점을 체득한다. 『연꽃』에서는 죽음은 존재하지 않는다는 찌올콥스키의 표현이 그대로 인용되기도 한다.

『연꽃』에서 전체 여성을 대변하는 신비의 목소리는 개별 원자의 생명이 결국 하나로 융합되기 때문에 그것은 영원하고 무한하다는 작가의 관점을 드러내는 것이기도 하다.

이 초자연적 목소리에 대한 인용에서 구체화되듯이, 작가는 로호프의 어머니라는 한 개체로서의 여성과 전체 인류의 여성성을 동일선상에서 이해하고 있다. 로호프의 초자연적 경험은 그가 더 큰 의식을 가진 사람으로 성장했기에 가능한 의식이다. 이제 로호프에게 죽음에 직면했을 때의 공포나 불안은 존재하지 않는다. 그는 인간이 고립된 '나'에서 벗어나, 만물이 하나되고 진정한 '우리'가 되는 삶을 지향해야 한다는 것을 받아들이게 된 것이다. 무엇보다 로호프는 내적 죽음을 체험함으로써 완성된 지혜를 얻게 되고, 세계 전체가 연결되어 있다는 사실을 깨닫게 된 것이다.

『연꽃』 이후에도 아나톨리 김은 사실상 죽음은 존재하지 않는다는 관점을 지속적으로 작품에 표명했다. '보이지 않는 자들의 이야기повесть невидимок'라는 부제가 붙은 소설 『벽Стена』 역시 안나와 발렌찐이라는 두 주인공이 살아생전 자신들의 사랑에 대해 이야기하는 작품이다. 그들은 자신들을 '설국雪國의 투명인간', 혹은 눈송이에 비유하고 있다. 작품 서술자는 살아생전의 결혼식에서 행복해하는 안나와 발렌찐의 모습을 묘사하며 그들이 과거의 생生에서도 결합한 적이 있었음을 암시한다. 그리고 그들이 현세에서 다시 만나 결혼하게 된 과정을 다음과 같이 기술한다.

> 아마도 언젠가 안나와 발렌찐의 단자들은 첫 번째 결혼식에서도 실제로 이렇게 기뻐했을 것이다. 그리고 끊임없는 변형과 여러 세계로의 방랑을 거쳐 다시 이 지구에서 만나게 되었고, 비로소 서로를 알아보았던 것이다. (40)

작가는 그들의 결혼이 몇 번의 생을 거듭하고 여러 차례 물질 변형을 거쳐 비로소 성사된 것임을 암시하고 있다. 하지만 너무나 오랜 세월을 따로 떨어져 다른 방식의 삶을 살았고, 너무나 많이 다른 사람을 사랑했기에 그들이 완전히 하나로 결합하기에는 어려움이 있었다고 이야기한다. 여기서 작가는 그들의 만남이 몇 번의 생을 거듭한 후에 비로소 성사된 것이며, 이번 생에서 그들이 다시 만나 결혼하게 된 것 역시 또 다른 의식의 성장을 성취해야 하는 소명임을 제시하고 있다. 아나톨리 김이 소설을 통해 예술화하는 환생 모티프는 원자의 영원성에 대한 콘스탄찐 찌올콥스키의 관점에 다름 아닌 것이다.

아나톨리 김의 작품에는 삶과 죽음의 실존적 경계에 서 있거나, 사후死後의 초현실적 경계를 넘나드는 인물들이 유난히 자주 등장한다. 이는 어린시절부터 사후 영혼이 많이 등장하는 동양의 전설과 신화를 들어왔던 환경적 요인이 크게 작용했을 것이다. 여기에 그가 러시아의 문학과 사상, 철학 등을 접하고 작가로서 성장해가면서 찌올콥스키의 저술에서 취하게 된 지식은 동양계 소수민족 작가로 살아온 그의 태생적 요인을 배제시키지 않으면서도 러시아의 과학철학 사상을 문학적으로 수용하는데 도움이 되었을 것이다. 물질세계 속에서 정신의 영역을 보았으며 과학을 통해 과학을 넘어선 세계 인식을 제시했던 찌올콥스키를 통해 그는 이성이 중시되는 서양적 관점과 신비적인 동양적 세계관을 자연스럽게 융합시킬 수 있었을 것이다. 사실 아나톨리 김의 작품에는 예술적으로 표출된 찌올콥스키의 원자론과 일원론 및 인간과 우주의 미래상이 분명히 제시되어 있다. 찌올콥스키의 철학과 사상은 아나톨리 김의 작품에서 하나의 관념에 갇혀있는 것이 아니라 작품의 문체나 구성 시학에까지 반영되어 있다고 할 수 있는 것이다.

찌올콥스키가 개별 원자에 대한 관념을 인간과 우주의 미래에 대한 이해로까지 확대시킬 수 있었던 근거는 원자는 살아있으며 감각과 영혼을 지닌다는 실증성에서 출발하고 있기 때문이다. 아나톨리 김은 자연과 물질에 대한 범심론과 물질을 잠자고 있는 정신으로 보는 물활론을 소설『다람쥐』와『아버지-숲』에서 사물에 대한 시적 이미지의 변용이 가능한 근거로 활용한 것이다. 아나톨리 김의 작품에서 아무 연관성도 없어 보이는 사람들이 시간을 거슬러 올라가면 하나의 뿌리를 공유하거나 그들의 시간과 공간이 연결되는 것 역시 작가가 물질 속으로 자유롭게 침투하고 무한한 시간과 공간을 이동하는 원자를 전지적 서술자로 활용하기 때문이라 할 수 있다. 이는 자연 만물을 에너지 변형의 흐름 차원에서 이해하며, 죽음을 단절이 아니라 또 다른 존재 변형의 시발점으로 보는 찌올콥스키의 우주 철학이 아나톨리 김의 세계관에 온전히 상응했기 때문이라 할 것이다.

러시아 과학계의 전설 블라지미르 베르나드스키의 진화론과 러시아 문학

03

나는 지금까지 지구에 발을 붙이고 살아왔던 모든 유기 생물들이
단 하나의 어떤 원시생물에서 유래했다고 거의 확신한다.
생명의 숨결이 최초로 불어 넣어진 그 생물에서 다양한 형태의 모든 생물들이 비롯됐다고.
이러한 생명관에는 모종의 숭고함이 서려 있어 우리의 행성 지구가 불변의 중력 법칙에 따라 태양
주위를 거듭 도는 동안에, 그리도 간단하기만 했던 원시 생물이 긴 진화의 과정을 밟으면서 다양한
형태의 수많은 생물 종으로 변신할 수 있었다.
그 원시 유기체가 우리 지구에서 이렇게 아름답고 저렇게 놀라운 생물들로 진화할 수 있었으며 그
진화는 지금도 계속되고 있다.
－찰스 다윈Charles Darwin－

1. 베르나드스키의 '생명권'과 '정신권' 개념

러시아의 자연철학적 우주론의 체계 확립과 확산에서는 생물과 지구의 진화론을 독창적으로 발전시킨 또 한 분의 사상가를 기억해야 한다. 과학을 통해 과학을 넘어선 이야기를 했던 소비에트 과학자 블라지미르 베르나드스키Владимир Вернадский(1863~1945)가 그 분이다. 모스크바대학 교수이자 20세기의 로모노소프라고도 불리웠던 그는 지구화학과 지질학, 생물학 분야에 탁월한 업적을 남긴 학자였다. 하지만 다방면에 걸친 그의 관심은 자연과학자들 뿐만 아니라 사회 사상가, 인문학자들에게도 지대한 영향을 주었다. 20세기 이후 새로운 세계관을 추구했던 러시아 작가들 또한 그의 과학적 개념과 이론, 특히 추후 설명할 그의 '생명권biosphere'과 '정신권noosphere' 개념에서 다양한 문학적 주제를 발굴했다. 즉 베르나드스키의 세계관 자체가 이들 창작 활동의 거대한 원천이 되었다는 점에서 그의 이론은 과학과 문학의 하나의 가교가 되었다.

소비에트 시기 블라지미르 베르나드스키를 위시한 과학자들의 자연과학적 개념이나 이론은 새 시대의 패러다임을 요구하던 시대 욕구와 맞물려 당대 작가들의 세계관에

블라지미르 베르나드스키

커다란 영향을 미쳤다. 인간 이성에 대한 믿음과 자각은 소비에트 문화와 자연과학 전반을 추동시켰던 힘이었으며, 혁명 정신을 계승한 프롤레타리아 시인들을 비롯한 여러 소비에트 작가들에게 세계변형에 대한 확신 역시 심어 주었다.

과학자로서의 베르나드스키가 심혈을 기울였던 연구 작업은 진화론의 관점에서 지구 역사를 조명하는 것이었다. 이는 지구의 진화 과정이 초기 생명체의 발현으로부터 인간의 출현을 목표로, 인간을 향해 왔음을 제시하는 것이기도 했다. 사실 오래 전부터 지질학자들은 지구를 몇 개의 영역으로 나누어 왔다. 지구 중심에는 금속으로 된 지핵이 있으며, 그 위에는 바위로 된 '암석권'이 있고, 또 그 위에는 물이 흐르는 '수권'과 '대기권'이 존재한다고 보았다. 이 네 겹의 표면에다 동식물의 띠가 이룬 생명의 막인 '생명권'이 펼쳐진다는 것이다.

베르나드스키에 따르면 인간은 '생명권'의 부분이다. 인간이 출현하면서 지구 진화사에서 독특한 현상인 '이성'이 나타났으며 이성과 과학의 힘으로 우주는 점점 더 자신의 비밀을 드러내게 될 것이다. 이러한 우주화의 가장 높은 단계가 인간이 우주공간으로 진출하는 것이다. 그의 의견에 따르면 인간의 우주공간으로의 진출은 우연한 것이 아니라 생명권의 질적인 변형, 즉 생명권의 우주화이다. 이 최종적인 것은 생명권의 경계가 우주공간으로 확장되는 것, 즉 생명권이 우주권космосфера으로 변형되는 양상으로 나타난다는 것이다.[76]

러시아 우주론자들은 인간과 인류의 정신화 과정을 우주 진화의 지질학적 힘과 동등한 것으로 간주했다. 베르나드스키는 특히 지구화학의 관점에서 생명체와 비생명체 사이의 유기적 상호작용을 가능케 하는 '생명'을 자유 에너지의 창조자로 여겼다. 그는 이 '생화학적 지구에너지'가 전 생명권을 에워싸며 그것을 구성하는 화학 요소들을 이동시켜 보다 큰 새로운 형태의 에너지인 인간 활동과 관련된 에너지로 전환시킨다고 주장했다. 여기서 생화학적 지구에너지의 새로운 형태, 즉 베르나드스키가 '인간 문화에너지' 혹은

'생화학적 문화에너지'로 칭했던 새로운 형태의 에너지가 '정신권'을 형성한다는 것이다.

러시아 우주론의 대표학자 스베틀라나 세메노바C. Семенова는 러시아 우주론의 기본 골격을 세계 발전상에서 필연적으로 수반되는 '적극적인 진화активная эволюция'에서 찾고 있다.[77] 이는 베르나드스키가 '생명권'이 새로운 지질학적 변화인 '정신권'으로 전환하는 상태에서 새로운 인간관이 도출된다고 주장했던 내용, 즉 진화를 이끌고 가는 동인인 인간의 두뇌 발전이 우주의 의식적 진화에 직결된다는 관점에 상응하는 것이다.[78] '이성'이 지구의 진화에 영향을 주며 종국에는 우주의 진화에 영향을 주는 새로운 지질학적 힘이 된다는 것이다.

미하일 프리슈빈

베르나드스키의 '생명권'과 '정신권' 개념은 러시아 작가들의 세계관 형성에도 큰 영향을 미쳤다. 이것은 베르나드스키의 과학 패러다임에 영향을 받고 그것을 문학적으로 구현했던 작가 미하일 프리슈빈M. Пришвин(1878~1954)이나 안드레이 플라토노프A. Платонов(1899~1951)에게서 잘 드러난다. 그들은 베르나드스키의 이론이나 관점이 작가들의 성장 배경이나 가치관에 의해 수용되고 예술화된 양상을 볼 수 있는 대표 작가들이다.[79]

러시아 자연 묘사의 대가로 알려져 있는 미하일 프리슈빈은 당시의 자연과학 이론이나 학설을 잘 알고 있었던 작가로도 유명하다. 이것은 독일 라이프니츠 대학의 농학과를 졸업하고 생물학에 관심이 있었던 작가의 이력이 대변하듯, 단순히 감상적 차원에서가 아니라 면밀한 관찰과 기록을 통해 자연을 묘사했던 자연과학도로서의 면모가 있었기에 가능한 것이었다.[80] 때문에 자연과 인간의 교감에 바탕을 둔 자연 섭리를 문학의 중심 주제로 삼은 그의 '오체르크'는 일반 소설과 달리 플롯이나 구체적인 역사적 사건이 아니라, '시상詩想과 지식을 조화롭게 융합하는' 철학적 단상들로 가득 차 있다.

고리키는 프리슈빈의 작품을 일반 소설의 범위를 넘어서는 독창성을 지닌 작품으로 높이 평가하며 다음과 같이 언급한 바 있다.

안드레이 플라토노프

프리슈빈의 작품에는 예술보다 복잡한 무언가가 있다. 바로 이것이 나에게는 가장 귀중한 것으로 여겨진다. 왜냐하면 이것을 나는 '시와 지식'의 놀라운 조화와 결합이라 생각한다. …(중략)…우리 언어 예술가들은, 그들이 시인이건 소설가이건, 우리가 살고 있으며 변화시켜야하는 세계의 과학적 지식과 시를 결합시키기 위해 노력해야 한다.[81]

안드레이 플라토노프는 어린 시절부터 주된 관심사가 기계와 문학이었던 작가였다. 그는 기계를 고치고 만드는 일 뿐만 아니라 12~13세부터 시를 써서 문학에 남다른 재능을 보여 주기도 했다. 두 가지 일을 병행하고 싶었던 그의 열망은 1918년에 보로네쥐 철도기술대학 전기과에 입학하는 동시에 잡지 『철로Железный путь』의 편집부에 들어가 활발한 집필 활동을 벌여, 훗날 과학 지식을 하나의 작품으로 꽃 피우는 문학적 자양분으로 이어졌다. 이것은 특히 1920년대에 집필된 그의 일련의 작품에 빈번하게 등장하는 과학 판타지적 요소들을 통해 뚜렷이 발현된다. 이는 기계와 과학에 큰 관심을 갖고 있었던 플라토노프가 정밀하게 관찰했던 결과를 예술적으로 승화했기 때문에 가능한 것이었다. 프리슈빈과 플라토노프의 이런 성장 배경을 바탕으로 이제 이들 두 작가의 작품에서 과학이론과 예술이 어떻게 습합되고 상호 추동하는지 구체적으로 살펴보도록 하자.[82]

2. 베르나드스키의 '살아있는 물질'에 내재된 물활론적 의식

베르나드스키는 생명이 존재하는 모든 환경을 '생명권'이라 정의하며, 지구에 사는 유기체들의 총체를 표현하기 위해 '생명жизнь'이라는 표현 대신에 '살아있는 물질живое вещество'이라는 용어를 도입했다. 그가 '살아있는 물질'이라는 표현을 사용했던 것은 여기에 불활동체 물질에 대한 영향력을 확대시키는 생명공학의 관점이 내재되어 있기 때문이었다.[83] 베르나드스키의 관점은 모든 물질이 생명, 혼, 또는 마음을 가지고 있다고 보는 고대 물활론holozoism과 뿌리가 닿아 있는 것이기도 하다. 모든 물질이 살아있다고 보는 고전적 물활론에서는 만물에는 모두 나름의 목적이 존재한다고 주장한다.

생명체를 물질의 복합체로 간주하는 이러한 물질관은 생명체를 구성하는 각 성분의 상호 작용 결과를 생명 현상으로 보는 현대의 생물학적 생명관과 맥이 통하는 것이기도 하다. 이것은 생명체를 구성하는 원소가 자연 무생물계를 구성하고 있는 원소들과 사실상 같은 원소라는 관점에 근거한다. 생명체 구성 원소와 무생물의 구성 원소가 모두 동일하다는 맥락에서 생명을 이해하는 것은 오파린A. Oparin이나 프리고진I. Prigogine, 한스 요나스Hans Jonas 등의 학자에게서도 공통적으로 발견되는 것이다. 이들은 생명 물질론의 입장에서 생명체는 지구를 구성하고 있는 물질로부터 형성되었고 현존하는 모든 생명체의 시초는 원시 바다에서 무기물로부터 유기물을 거쳐 만들어진 것이기 때문에, 현존 생명체의 구성 원소들이 지구의 구성 원소들인 것은 당연한 것으로 간주한다.

작가 프리슈빈이나 플라토노프는 물질 속에 내재된 생명 현상을 간파했던 대표적 작가였다. 이들 작가들의 물활론적 의식은 무생물로 간주되는 '돌'이나 '기계'에 생명성을 부여하는 서술기법에서 분명히 드러난다. 프리슈빈의 미학관과 철학관을 높이 평가했던 고리키 역시 프리슈빈의 '물활론적 의식'에 깊은 관심을 표명했으며, 프리슈빈에게 보낸 1926년 9월 22일 편지에서 "언젠가 철학 비평가는 당신의 '범신론пантеизм'이나 '범심론панпсихизм'이나 '물활론гилозоизм'에 대해 쓰게 될 것입니다"라고 언급하기도 했다.[84]

고리키의 언급은 프리슈빈의 작품 중 가장 시적이고 완성된 작품으로 평가되는 『인삼Жень-шень』(1933)에서 특히 잘 표현되고 있다. 1931년에 3개월간 소련 극동지방을 여행한 경험을 토대로 집필된 이 작품은 반전反戰 사상을 지니고 있던 주인공이 부대를 이탈해 타이가의 밀림 속에서 방황하다 한 중국노인을 만나면서 새로운 깨달음을 얻게 되는 내용이다. 이 작품에서 작가 프리슈빈은 마음의 안정을 찾지 못해 숲 속을 방황하던 주인공이 찾아가곤 했던 '심장 모양의 검은 바위'에 원초적 생명력을 부여한다. 마치 주인공의 슬픔을 자신의 슬픔처럼 받아들이는 것 같은 바위가 그에게는 생명체로 다가오는 것이다. 여기서 주인공은 바위에 누워 이것의 심장 고동소리를 듣곤 하며 점차 주위 만물이 자신과 연결되어 "모든 것이 나에게는 나의 것처럼, 살아있는 것처럼"(372) 여겨지는 감흥을 받게 된다. 이러한 관점은 자연과학적 사고에 익숙한 화학도였던 주인공에게 삶의 전환점이 되는 하나의 신비 체험이기도 했다. 3개월 간 프리모리야의 처녀림에서 지냈던 주인공은 책에서 배워왔던 지식, 즉 사람과 동물과 식물, 돌들이 모두 개별적으로 분리되어 있다고 배웠던 관점이 허상이었음을 깨닫는다. 그리고 "돌, 해초류, 파도, 돌 위에 날개를 말리는 가마우지조차 내 자신이 되고, 지상 만물이 사람처럼 되는"(372) 직관을 체득한다.

1920년대 초에 문학활동을 시작했던 안드레이 플라토노프 역시 '물질'이 세계 변형의 근원이 된다고 확신했던 물질주의자였다. 물질의 비밀을 알고자 하는 플라토노프 작품의 주인공들은 인간의 모든 힘은 인간이 점점 더 깊이 물질의 비밀에 침투하는데 있다고 했던 작가의 관념을 반영하고 있다. 플라토노프의 작품 『마르쿤Маркун』(1920)의 주인공 마르쿤을 비롯해 『태양의 후예들Потомки солнца』(1922)의 보굴로프, 『달 폭탄Лунная бобма』(1926)의 크레이츠코프, 『에피르의 길Эфирный тракт』(1926)의 파제이 포포프, 키르피츠니코프, 마티슨 등 1920년대 작품에 등장하는 소설 속 인물들이 과학과 물질의 변용을 다룬 천재 기술자로 등장하는 것도 이에 연유한 것이다. 심지어 작가는 프롤레타리아는 '물질의 마법사'가 되어야 하며, 그때 진정한 프롤레타리아 예술의 시대가 도래할 것이라 주장하기도 했다.[85]

연구자 보차로프는 플라토노프의 창작 세계를 '물질적인 것이 정신적인 것으로의 변화', 혹은 '정신의 영화靈化'로 정의하기도 했다.[86] 이는 그의 작품에서 세계에 영혼을 불어넣는 정신에 대한 모티프와 아울러 기계의 힘과 에너지가 인간의 감정과 동등하게 묘사되기 때문이다. '영화된 세계' 속에서 작가의 물활론적 관점은 기계의 의인화로 표출되기도 한다. 특히 소설 『프로Фро』(1936)에서 기계는 인간을 위해 세계를 변형시키는 도구인 동시에 사람과 마찬가지로 오관으로 감지할 수 있는 감정적인 생명력을 지닌 존재이다.[87] 이 작품에서 여주인공 프로샤의 남편은 기계에 영감을 불어넣는 프롤레타리아 기술자이다. 그는 전압의 크기를 마치 자신의 욕망처럼 정확히 느끼며, 기계 내부의 에너지 흐름 속에서 기계의 고통과 저항을 감지하는 인물이다. 때문에 프로샤에게는 코일, 휘트스톤 브리지, 접속기, 광력光力의 단위와 같은 어휘들이 "마치 남편의 영혼이 담긴 몸의 일부라고 되는 듯 신성한 것들이 되어"(138) 그녀를 남편의 관점과 일치시킨다. 플라토노프는 프로샤의 남편과 같은 인물을 통해 물질 속에 정신을 투사하는 가능성과 함께 그것을 통해 세상을 변화시킬 수 있다는 믿음 역시 표출하고 있다.

작가들은 베르나드스키의 '살아있는 물질'에 관한 단상들을 작품 화자들이 시공을 넘나들며 독자를 인도하는 문학적 기능으로 확장시키기도 한다. 생기를 지니지 않은 물질은 없으며 물질과 생명 사이에는 구별이 없다는 그들의 관점은 작품 속에서 '변신'과 '변형' 테마를 형성하는 단초가 되고 있다. 프리슈빈에게 이러한 변형 의식은 "세계의 부분인 나의 '자아'는 어떤 사람으로든 자유롭게 변화될 수 있으며 어떤 육체로든 구현될 수 있다"는 말로 표현되기도 한다.[88]

베르나드스키가 '생명'이라는 표현 대신에 '살아있는 물질'이라는 용어 사용을 고수했던 것은 '물질'이 모든 생명현상의 근원이라는 자연철학적 관점을 견지하고 있었기 때문이다. 사실 인간의 영혼과 육체, 정신과 물질을 이원론적 관점에서 규정짓는 것은 플라톤에서 시작해서 서양의 정신사를 지배해 온 것이었다. 하지만 베르나드스키의 이론이나 오늘날 현대 생물학에서 주장하듯이 '물질을 일종의 잠자는 정신'으로 보는 견해는 프리슈빈이나 플라토노프와 같은 러시아 작가들의 과학적 인식과 직관의 힘에 의해 예술적인 선취성을 확보하고 있다. 그들은 모든 물질이 추후에 생명으로 진화할 수 있는 속성을 잠재적으로 지닌다고 확신했다. 그들의 이러한 관점이 단순한 의인법을 넘어서서 '기계'에 생명력을 불어넣고, 화자의 변신이나 등장인물의 육체 변형을 묘사할 수 있었던 예술적 변형의 의식적 토대가 되었던 것이다.

3. 만물의 유기적 전체성에 입각한 친족의식

베르나드스키의 '생명권' 개념에 따르면 인간 역시 행성에 존재하는 '살아있는 물질'과 긴밀하게 연결되어 있다. 살아있는 유기체들을 '살아있는 자연의 몸'으로 보는 관점에 입각할 때 인간이 우리 행성의 지질학적 막인 '생명권'과 긴밀히 연계되는 것은 당연하다. 때문에 베르나드스키는 궁극적으로 인간의 확대된 개념인 인류 역시 '살아있는 물질'처럼 지구의 지질학적 막에 내재된 물질적-에너지적 과정을 체현한다는 주장을 한 것이다.[89] 이는 물질이란 나누어 볼수록 원래 '하나'이며 그 구성성분들은 상호 연관성을 지닌다는 현대 물리학의 관점을 재확인하는 것이기도 하다. 육안으로는 잘 보이지도 않는 이 '살아있는 물질'로부터 동물과 식물과 인간의 친족성이 발현되고, 인간의 경우 이것이 거대한 집단 지성인 인류에 이르는 연결고리로 확장된다는 관점은 프리슈빈과 플라토노프에게 풍부한 문학적 상상력으로 펼쳐지게 된다.

프리슈빈의 경우 이러한 친족의식은 『인삼』에서 인삼 채집업자인 루벤의 관념을 통해 구체화된다. 작품의 화자가 처음 타이가에 발을 들여놓았을 때 그에게 주위의 모든 것은 두려움과 생경함 일색이었다. 하지만 그는 점차 자연에 동화되어 가는데, 이런 변화 역시 화자 자신이 루벤의 영향으로 자연과 인간의 친족성에 눈뜨면서 가능해진 것이다. 방황하던 화자는 만물을 자신의 친족으로 여기며 감사하는 생활을 몸소 실천하는 루벤에게 감화를 받아 그 자신 역시 진정한 삶의 평화가 무엇인지를 깨닫게 된 것이다. 프리슈빈은 1942년 4월 1일 일기에서 인간이 문명의 피폐함에서 벗어날 수 있는 힘은 인간과 자연의 '친족성'을 회복하는 것임을 분명히 표명하고 있다.[90]

인간과 자연의 상호 관계를 염두에 두었던 프리슈빈은 인간 자체를 하나의 '자연 현상'으로 간주하는 관점을 표현한다.[91] 『인삼』에서 평생 인삼을 찾으러 다녔던 루벤은 잔주름으로 뒤덮여 있는 피부나 흙빛 얼굴색으로 마치 '고대의 인물'(360)과 같은 인상을 풍긴다. 작가는 인삼을 인간에 비유하는 문체도 빈번하게 사용하는데, 루벤이 주인공을 인삼이 자라는 곳으로 데리고 가서 풀을 헤치자 "사람의 다섯 손가락을 닮은 잎이 솟아난"(387) 인삼의 형체가 묘사되거나, 인삼이 인체에 비유되어 "몸에 다리와 팔, 목, 머리가 나온"(379) 모습으로 형상화되기도 한다.

프리슈빈은 '오체르크'에 대한 관점을 기술하면서, "자신은 무엇보다 자연의 변형에 관한 관념을 시적으로 표현하고 싶었다"[92]고 밝힌 바 있다. 즉 변형을 가능하게 하는 자연 현상의 친족성에 대한 관심이 그가 '오체르크'라는 장르에 몰두하게 된 동인이라는 것이다. 이는 작가가 새로운 깨달음을 얻게 된 『인삼』의 화자를 통해 루벤에게서 배운 '친족적 태도와 현대의 지식을 통합하는'(77) 방법을 연구하며, 현대과학의 지식과 자연의 친족성을 융합하는 것이 자연과학도이자 작가인 자신의 과제임을 역설하는 것이다.

물론 '친족성'에 대한 믿음은 '만물이 하나의 유기적 전체'라는 성찰을 바탕에 둔 것이라 할 수 있다. 프리슈빈은 1938년 7월 18일 일기에서 "나에게 있어 가장 중요한 이미지는 하나의 전체로서의 세계이자 이 전체와 관계를 맺는 모든 사물들의 의미"[93]라는 점을 명확히 했다. 생명이 내포하는 무한한 전일성에 관한 상념이 곳곳에 스며있는 것이다. 이러한 의식은 지구를 '식물 · 동물 · 인간의 집'에 비유하면서 어머니-지구를 지키기 위해 노력했던 프리슈빈의 삶을 통해서도 재확인된다. 또한 이는 프리슈빈이 베르나드스키의 '생명권' 가치를 인정했던 선구자였음을 입증하는 것이기도 하다.[94]

세상에 존재하는 모든 생명체가 연결되어 있다는 사상은 플라토노프의 세계관에서도 주요한 자리를 차지하고 있다. 일반적으로 플라토노프를 언급하며 기계에 대한 그의 관심만을 부각시키는 경우가 많지만, 그 이면에 그가 식물이나 동물에 대해 분명한 친족성을 지니고 있었다는 사실을 간과해서는 안 될 것이다. 작가 자신이 회상하고 있듯이, 어린 시절 한 교회부설 학교에서 만나게 된 아폴리나리야 니콜라예브나라는 여선생님은 평생 동안 그에게 큰 영향을 준 인물로 뚜렷하게 각인되어 있다. 작가는 그 이유를 그 선생님을 통해 "한 포기 풀이나 동물이 내쉬는 호흡과 닮은 인간에 관한 노래, 그 가슴으로 부른 이야기 존재한다는 것을 알게 되었기 때문"[95]이라고 언급한다. 그의 시집 『푸른 심연Голубая глубина』(1922)에 게재된 한 편의 시에서도 그는 이렇게 노래하고 있다.

> 나는 풀과 짐승
> 꺼져가는 별의 친척
> 그대의 호흡과
> 저녁의 상공을 믿는다네.

동식물을 포함해 만물을 관통하는 친족성 인식은 플라토노프에게 인간의 생각과 손으로 기적을 창조해내는 모든 물질세계에 확산되어 있다. 그는 "우엉과 들판의 노래와 전기, 기관차, 그리고 땅을 뒤흔드는 기적소리 사이에는 관계성과 친족성이 있다"고 직접 기술하기도 했다.[96] 이 표현에서 드러나듯이 만물을 유기적 전체로 보는 그의 관점에는 '기계' 역시 포함되고 있다. 베르나드스키에 의하면 '생명권' 진화 과정의 주도자인 '인간'은 전 행성을 자신의 영역으로 확장하며 행성 진화의 선두에 선다. 이는 베르나드스키가 언급했던 '생명권'에서 '정신권'으로 지구의 지질학적 힘이 전환될 때 필연적으로 통과하는 단계인 '기술권техносфера'의 중요성을 상기시키는 것이기도 한다.[97]

4. '기술권': '생명권'에서 '정신권'으로의 통과 과정

'기술권'에 대한 플라토노프의 인식은 그의 철학 에세이와 정치 평론류의 산문에서 잘 나타난다. 그가 시와 논문을 통해 과감한 지구 변형 프로젝트를 제기하며 인류를 예술가에, 우주를 인류를 위한 창조의 진흙에 비유했던 것은 앞서 언급한 바 있는 1920년대 '대장간파' 시인들의 정신에 상응하는 것이기도 하다.[98] 과학 기술이 인간에게 유용함을 줄 뿐만 아니라, 인간 의식 발전의 원동력이 된다는 점을 분명히 했던 '대장간파'의 시 경향은 세계를 변화시키고자 하는 혁명시기의 지적 경향을 대변하는 것이었다.

플라토노프의 글을 통해서도 잘 나타나듯이, '기술권'에서는 '전력'에 대한 문제가 상당히 중요한 의미를 지닌다. 그는 "인간을 원초적 자연력의 공포가 없는 새로운 세계이자 인간의 힘으로 그 자연을 변형시킬 수 있는 세계로 들어가는 열쇠가 되는"[99] 전력에 상당한 의미를 부여한다. 플라토노프에게 '전력화'는 1917년 혁명과 같은 의미를 지니는 이른바 기술 공학 분야의 혁명이었다. 그에게 "지구의 빛이자 영원히 불타는 우주의 눈"[100]에 비유되었던 전력 에너지를 획득한다는 것은 세계를 정복하는 것에 비견되는 것이기도 했다.

플라토노프에게 '세계의식의 상승', 즉 '생명권'이 새로운 상태인 '정신권'으로 이동한다는 베르나드스키의 관념은 연합된 인류가 행복한 삶의 경로로 돌입하는 길로 간주되었으며, 이것이 젊은 시절 그의 과학 판타지에도 반영되었다고 할 수 있다. 때문에 플라토노프의 작품에는 인류에게 행복을 가져올 '기계'와 하나되는 주인공들이 빈번하게 등장하며, 자신의 기계에 몰두하는 그들의 얼굴에는 희열이 감돈다.

소설 『광폭한 광휘의 세상에서(기관사 말쩨프)В прекрасном и яростном мире(Машинист Мальцев』(1941)의 화자 역시 "열차를 바라보고 있노라면 어릴 적 푸슈킨의 시를 처음 읽었을 때 느꼈던 것과 같은 특별한 감동과 기쁨이 솟구쳤다"(272)고 술회하고 있다. 또한 자신이 본 일급 기관사 말쩨프의 열차 운행 모습을 "그의 얼굴에서는 모든 외부 세계를 자신의 내적 체험으로 끌어들여 그것을 장악하는, '영감에 휩싸인 예술가의 집중력'이 엿보였다"(273)고 표현하기도 한다. 훗날 말쩨프는 방전 현상 때문에 운행 과정에서 실명하고 난 이후에도 맹인의 고통도 잊은 채 일에 몰두하며, 기관차의 감촉을 느낀다는 것만으로도 커다란 행복을 느낀다. 언제나 기계의 비밀에 골몰해 있는 『프로』의 여주인공 프로샤의 남편 역시 유사한 유형의 인물이다. 그는 공과대학을 두 곳이나 졸업했고 기계의 구조를 마치 자기의 몸처럼 정확히 알고 느끼며, 인류의 복리와 행복을 위해 기계로 세계를 변화시키기 위해 몰두한다.

이처럼 플라토노프는 인간의 의식은 역사의 수레바퀴를 끌고 가는 동인이며, 이 의식의 필수적 도구가 바로 '과학'이라고 보았다. 플라토노프에게 과학은 인간의 영원한 동반자이자 인간을 지상의 어떤 존재보다도 높이 고양시키며 인간에게 초인적인 힘과 승리를 안겨주는 대상이었다. 동시에 그에게 과학은 존재에 대한 사랑과 고향의 녹색 대지에 대한 사랑을 불러일으키는 역할을 한다.[101] 즉 자연에 대한 사랑과 과학에 대한 사랑은 대립되는 것이 아니라 하나로 결합될 수 있는 것임을 분명히 표현하고 있는 것이다.

베르나드스키의 관점에서 '생명권'이 필연적으로 '정신권'에 근접하는 것은 '하나의 전체'로서 자유롭게 사고하는 인류의 형성이라는 목적에 부합하는 것이다.[102] 여기서 생화학적 지구에너지의 성장은 인간의 이성 성장과 관련될 뿐만 아니라 새로운 화학결합체들을 양산하게 된다. 이로서 지구물리 반응의 흐름이 자체 변화하면서 인간 이성은 전 유성적인 차원의 힘으로 나타난다는 것이다. 이런 관점을 토대로 프리슈빈과 플라토노프는 '생명권'에서 '정신권'으로의 전환에 따른 이성의 성장과 진화의 방향성을 확신하고 이것을 작품에 구현한 것이다.

특히 열렬한 기계 예찬론자이자 새로운 종류의 에너지와 전력 숭배자였던 플라토노프는 '인간에 의해 창조된 이성의 영역', '미래의 결합된 이성', 혹은 '정신권'을 최초로 노래한 사람 중 한 명으로 평가받고 있다.[103] 그가 '정신권'이라는 표현을 직접 쓰고 있는 것은 아니라 하더라도 그가 사용하고 있는 '의식계царство сознания'라는 표현은 사실상 '정신권'에 다름 아니기 때문이다. 『프롤레타리아 문화』라는 글에서 플라토노프는 문화가 탄생하면서 시력, 청력, 직관과 같은 과거의 감각들은 무디어진 반면, 두뇌 활동인 '의식'은 놀랄만한 발전을 거두었다고 주장한다. 왜냐하면 생존을 위한 투쟁에서 필요했던 감각기관들이 조직적 노동이나 기술 공업에서는 쇠퇴할 수밖에 없고, 여기서는 의식 즉 '지력'이 중요하게 부각되기 때문이다.[104]

플라토노프는 뇌와 이성의 작용으로 의식이 지배권을 얻는 단계를 '프롤레타리아 문화'의 시기로 간주한다. 이것이 그가 쓴 글의 제목처럼 『의식계의 시작У начала царства сознания』과 연결된다는 것이다. 감각이 지배하는 단계에서 인간은 자연에 결국 복종할 수밖에 없지만, '의식계'가 정착되면 인간은 죽음을 포함해 모든 자연 법칙을 극복하고 자연위에 군림하게 된다는 내용이다.[105] 즉 그에게 '의식'은 삶을 강화하는 에너지의 토대이자, "미래 인간의 영혼"[106]인 것이다. 하지만 플라토노프에게 인간 의식 활동을 대변하는 과학이 창조한 유토피아는 인간의 의식 지향성과 운용 방식에 따라 디스토피아로 바뀔 수 있는 시한폭탄과 같다. 이는 플라토노프가 직면하게 된 소비에트 사회 현실에 대한 부정적 의식과도 연결되고 있다.[107]

'생명권'이 '기술권'을 거쳐 '정신권', 즉 과학-기술공학적 이성의 영역으로 이동한다는 베르나드스키의 사상은 플라토노프의 『태양의 후예들』과 같은 과학 판타지에서는 인간과 기계가 서로를 보충하며 조화를 이루는 가능성으로 구체화된다. 하지만 『에피르의 길』에서는 『태양의 후예들』과는 달리 인류를 물자난에서 해방시키기 위해 전자증식 가속기를 개발하려는 과학자들의 노력과 함께 존재의 인위적 변화는 우주 조화를 파괴하는 도발이며 엄청난 대가를 지불하게 된다는 관점을 표명하며 디스토피아로 치달을 수 있는 가능성을 제시하기도 했다.

플라토노프의 이런 관점은 1920년대 말 산업화와 집단화가 진행되는 러시아를 배경으로 한 『코틀로반Котлован』(1929)에서 더욱 확대된다. 이 작품에서 노동자들은 사회주의 미래를 위해 '전체 프롤레타리아의 집' 건설 공사에 몰두하지만, 지상 천국을 건설하고자 하는 노동자들의 꿈은 결국 나스쨔라는 소녀의 죽음으로 물거품이 된다. 아이러니하게 그들이 팠던 공사기초용 구덩이는 러시아의 미래를 상징하는 나스쨔의 시체를 묻는 장소로 환원되면서, 소비에트 공산주의에 대한 플라토노프의 회의감으로 귀착된다.

때문에 플라토노프의 과학관을 이해할 때에는 그가 기술이나 과학을 지지했던 목적이 그것의 '인간화'를 위한 것이었음을 염두에 두어야 한다. 플라토노프에 따르면 인간과 과학, 인간과 기계는 전체성의 이상에서 유기적 관계를 지녀야 한다. 기계들이 제작된 원 목적과는 다르게 사용될 경우, 그것은 자신의 존재 토대를 상실하는 것이므로 결국 파멸로 치달을 수밖에 없다는 관점이다.

베르나드스키의 사상은 기술공학이 근원적으로 지니고 있는 자기 목적성에서 결코 이탈해서는 안 된다는 점을 못 박은 러시아 철학의 특징을 대변하는 것이기도 하다. 러시아 철학은 단지 도덕적·휴머니즘적 과제를 해결하기 위한 수단으로서만 과학의 힘과 기술공학의 힘을 수용해 왔다. 이것은 앞서 살펴본 표도로프에게서도, 그리고 추후 살펴보게 될 철학자 솔로비요프나 베르자예프에게서도 감지되는 사상이라 할 수 있다. 플라토노프 역시 바로 이런 러시아 사상의 맥락에서, 전체성을 지향하는 세계에서 기계는 인간에게 대립해서는 안 되며 대립할 수도 없다는 관점을 피력하는 것이다. 지구 전체의 진화 과정에서 볼 때 가장 중요한 것은 본질상 '기계적인 것'이 아니라 '인간적인 것'이 때문이다.[108] 결국 노동을 통한 건설이든 과학기술로 인한 개혁이든 그 작업이 개혁 자체만을 목적으로 한 것이라면 인간의 상황이 비극으로 전락할 수밖에 없음을 작가는 역설하는 것이다.

앞서 언급되었던 아나톨리 김 역시 과학기술이 인간에게 유용함을 주며 인간 의식발전의 원동력이 된다는 점을 부정하지 않는 작가이다. 이는 그가 소설 『다람쥐』에서 인간 정신영역 에너지의 발전기 역할을 하는 것이 바로 '도시'임을 강조하는 것에서도 표출된다. 여기서 작품의 화자로 등장하는 오보로젠 다람쥐는 자신은 아직도 아스팔트와 콘크리트로 둘러싸인 도시 생활이 익숙하지는 않다고 술회한다. 그러면서도 동시에 "도시는 놀라운 인간 정신권 에너지의 발전기 역할을 한다"(457)며, 도시라는 단어를 작품에서 실제 대문자로 표기해 강조하기까지 한다. 플라토노프와 마찬가지로 아나톨리 김 역시 과학 연구와 기술의 탐구를 인간을 발전시키는 정신화의 한 방식으로 이해하는 것이다.

살펴본 바와 같이 베르나드스키의 '생명권' 개념은 지구가 생명을 지닌 하나의 유기적 전체라는 관점에 입각한 것이다. 프리슈빈이 베르나드스키의 저서를 읽고 자신의 직관이 과학적 정당성을 확보 받았다는 점에 매료되었던 것은 그 때문이다. 만물을 유기적 관계 속에서 이해하고 그 구성요소들을 변화의 과정에 있는 친족으로 보는 프리슈빈의 사상은 실제 아나톨리 김의 자연관에도 지대한 영향을 주었다. 프리슈빈의 『인삼』에도 잘 나타나 있듯이 인간이 돌, 나무, 동물 등의 모든 존재와 유기적으로 연결되어 있다는 생각은 아나톨리 김의 『다람쥐』에서는 인간과 동물 사이의 변신으로, 『아버지-숲』에서는 인간과 나무 사이의 변형으로 반영되었다.

베르나드스키의 '생명권'에 대한 관점은 인간이 동식물을 포함한 지구 생태계의 전체 구조 안에서 태어났다는 것을 분명히 했다. 이는 인간 중심주의적인 사고방식에서 인간을 하나의 현상으로 보는 생물평등주의적인 시각을 표출한 소비에트 과학사의 이정표였다. 더 나아가 베르나드스키는 인간 지력의 산물인 과학기술을 지구 진화의 새로운 동력으로 자리매김했고, 이것은 플라토노프의 『태양의 후예들』, 『달 폭탄』, 『에피르의 길』과 같은 작품에서 기계와의 유기적 관계가 인류의 미래를 결정한다는 관점으로 확장되었다. 이는 '생명권'에서 '정신권'으로의 이행 단계에서 '기술권'의 가능성을 염두에 두었던 베르나드스키의 관점을 반영한 것이라 할 수 있다.

5. '정신권'으로 대변되는 진화론적 윤리의식 표출

자연과 인간에 대한 철학적이며 시적인 사색을 즐겨했던 작가 프리슈빈은 자신의 세계관이 성장할 수 있었던 토대에 베르나드스키의 '생명권'이나 '정신권'에 대한 이해가 내재해 있다는 점을 직접 언급한 바 있다. 프리슈빈은 "우주적 호흡의 리듬을 어렴풋이 느끼곤 했던 나는 내 직관을 '경험적 보편화'로 전달하는 베르나드스키의 저서 『생명권Биосфера』을 어린시절 하나의 모험 소설처럼 읽었다."[109]고 술회했다. 베르나드스키의 이론을 접하며 자기 관점을 확고히 할 수 있었던 프리슈빈에게 자연은 인간이 교감할 수 있는 이상적인 조화의 원천이자 인간에게 부여된 선물이었다.

프리슈빈은 자신의 작품 『오수다레보로 가는 길Осударева дорога』(1952)에서 믿음과 도덕적인 엄격함이 몸에 밴 신新인류가 지혜로운 영혼의 힘으로 지상에 새 시대를 열어가게 될 것이라고 피력했다.[110] 실제로 프리슈빈은 '작가의 말'에서 이 작품의 목적이 '러시아인의 새로운 인식의 탄생'(346)이라고 밝히고 있다. 작품에 등장하는 마리야 미로노브나를 비롯한 구교도들의 생활 모습은 작가가 생각했던 이상적인 삶의 구현 형태였다. 작가는 러시아의 구교도와 민중의 정신에 대해 언급하며, "나의 선조들인 구교도들이 표트르 1세와 싸웠던 이 지역에서, 러시아 민중의 영웅이야기가 보존되어 있고 민중의 삶을 호흡할 수 있는 이 지역에서 죽을 때까지 살고 싶다"(348)고 서술하기도 했다.

프리슈빈에 따르면 인간의 나약한 욕망이 아닌 종교와 자연 질서, 원칙을 기반으로 자연과 완벽한 조화를 이루는 삶은 인간의 지혜로운 영혼이 자리하는 고도의 의식 발달에 의해 가능한 것이다. 자신의 이러한 믿음을 예술적으로 형상화하기 위해 작가는 뷔고트스키 지역 주민들이 보여주는 원시적인 순박함과 구교도들의 자연 친화적 삶에 깊은 숭배를 표한다.[111] 그리고 백해 연안 근처로 공산주의자 수톨로프를 위시한 운하 건설자들이 도착하면서 신세계와 구세계의 마찰로 두 개의 가치관이 충돌하는 상황에서 새로운 러시아를 이끌 수 있는 주인공으로 에고이즘에서 벗어나 있는 순수한 영혼을 지닌 주예크라는 어린아이를 등장시킨다.

인간의 욕망과 의무감 사이에서 영혼이 분리된 듯한 행동을 하는 등장인물들과 달리, 주예크는 모든 사람들을 위해 일하는 인물로 성장한다. 주예크는 홍수가 범람했을 때에도 동물, 조류, 곤충들을 구조하며 인류에 봉사하는 인물로 형상화되어 있다. 프리슈빈은 시대의 새로운 인간형을 주예크와 같은 '아이'에서 찾는데, 이는 아이들이야말로 미래에 대한 낙관주의와 신실한 믿음을 간직하고 있다고 확신했기 때문이었다.

지구 진화가 '정신권'으로 이행하는 과정에 윤리성이 동반되어야 한다는 관점은 '정신권'의 새로운 이상에 대한 믿음을 직접 표명하는 아나톨리 김의 작품에서도 반복되고 있다. 앞서 언급한 바와 같이 아나톨리 김에게 인간은 종결되지 않는 성장과정 속에 있는, 자신의 본성을 변형시킬 소명을 부여받은 의식적-창조적 존재이다. 특히 그가 소설 『다람쥐』에서 표출하는 인간 변형에 대한 관념은 진화로 향하는 인류와 '미래 인간'에 대한 믿음을 대변하고 있다. 이 작품에 등장하는 예술가 게오르기는 미래 인간의 모습에 대해 한 노인과 논쟁을 펼치는데, 그 노인은 인간은 이미 모든 것을 완성했기에 인간이 언젠가 더 훌륭하고 강력한 존재로 변형되리라는 믿음은 유령 같은 사상이라고 주장한다. 이에 게오르기는 지금의 인간은 미래에 있게 될 인간과는 전혀 다를 것이라며, "인간이 변화할 것이라는 믿음이 점점 커져가고 있으며, 이러한 변형 없이 인간에게 다른 길은 없다"(695)고 반박한다.

인간 이성의 출현을 유성에 비길 수 있는 힘으로 간주하면서도 아직 인간은 생각할 수 있는 완전한 기관을 소유한 것은 아니라고 주장했던 베르나드스키의 관점에서 현재의 인간은 결코 창조의 정점이 될 수는 없는 것이었다.[112] 그는 인간 뇌의 구조는 본질적으로 변화되며, 두뇌의 성장을 통해 유기체는 행성의 한계를 넘어서게 된다고 주장했다. 이것은 『다람쥐』의 자유롭게 공간을 이동하는 '미래인간'이나 『구린의 유토피아』의 하늘을 나는 구린의 모습으로 제시되고 있다.

특히 『구린의 유토피아』라는 작품의 마지막 부분에서 주인공 구린은 짜니긴이라는 인물과 함께 공항으로 가는 차 안에서 인간 진화의 필연성과 당위성에 대해 이야기한다. 구린은 작품에 등장하는 오그레프나 수다코프와 같이 동물적 가치를 따라 살아가는 사람들을 빗대어서 "공룡이 갑자기 멸종했듯이, 그러한 네안데르탈인들이 사라지는 시기가 조만간 도래할 것이다. 그리고 지상에는 사기꾼과 좀도둑이 없는 시대가 도래할 것이다."(447)라고 말한다. 이에 희망을 버리지 말고 그 어떤 경우에도 확신을 지녀야 한다는 구린에게 쨔니긴은 유치한 소리 좀 그만 하라고 면박을 준다. 하지만 구린은 자신은 죽을 때까지 그런 망상을 믿을 생각이라며 항변한다. 이때 갑자기 석상처럼 서 있던 구린이 점점 들어 올려지더니 하늘을 날기 시작하면서 그의 담대한 비상이 시작된다. 어찌보면 황당한 판타지 소설에나 등장할 것 같은 내용으로 치부할 수도 있지만, 우리는 아나톨리 김이 『구린의 유토피아』에서 주인공 구린을 이처럼 형상화하는 이유를 다시 생각해 볼 필요가 있다.

작가는 실무적인 사람이 되어 버린 등장인물 쨔니긴에 반해 항상 꿈꾸는 열정을 가진 사람에 대한 찬사를 드러내고 싶었을 것이다. 또한 인간의 진화에 대한 믿음을 끝까지 지키고자 노력한 그를 실제로 하늘을 나는 인물로 묘사하고 싶었을 것이다. 이것은 인간 존재가 변형되리라는 믿음, 인간은 그 자신의 믿음으로 상승할 수 있는 존재라는 작가의 확신이 표출된 것이다.

아나톨리 김에게 인간이 가진 무한한 힘은 『양파밭Луковое поле』(1976)의 마지막에 등장하는 '거인'의 형상을 통해 표현되기도 하는데, 여기서 '거인'은 인간이 지향해야 하는 '선善'과 '불멸'의 구현체를 상징한다. 뿐만 아니라 아나톨리 김은 인간 의식이 정점에 달한 '정신권'의 형상을 작품 『아버지-숲』에서 죽음 직전 글렙의 신비체험을 통해 묘사하기도 했다. 작가는 이 작품에서 주인공 글렙이 상상 속에서 자신의 죽음을 보기 직전, 가 우주공간을 날면서 지구 전체 모습을 조망하는 장면을 삽입하고 있다. 여기서 작가는 글렙이 내려다 본 지구의 모습을 '인간화된 공간'이라고 표현하며, "내게 그 공간은 너무나 아름다웠다. 이 '정신권'이라는 존재 공간은 너무도 평화로운 천국의 그림처럼 내 앞에 펼쳐졌다!"(438)라는 느낌을 전한다. 일상적인 삶의 공간과 시간 속에서는 인식할 수 없는 '정신권'을 조감기법bird's eye view으로 지구 외부에서 내려다봄으로써 시각적으로 묘사하고 있는 것이다.

앞서 살펴보았듯이 베르나드스키에게 인류의 진화는 '정신권'에 도달한다고 해서 끝나는 것은 아니다. 진화는 더 높은 존재 가능성을 생성하기 위해 인간을 넘어 계속된다. 때문에 사유능력의 권圈인 정신권은 처음에는 개별적 사유능력자였지만, 결국 모든 정신활동에 있어 하나의 집중적 의식에 도달하게 된다. 그리고 전체 지구 표면에 걸쳐 이루어지는 정신활동을 통해 인류는 '하나의 전체'가 되는 초개인적 의식을 형성하게 된다. 때문에 베르나드스키는 진화가 인간출현에서 그치는 것이 아니라, 더 높은 존재를 생성하기 위해 인간 개개인이 하나되기 위한 의식의 상승을 이뤄간다고 확신했던 것이다. 베르나드스키는 진화의 정향성과 필연성을 굳게 믿었기에 삶의 마지막까지도 인류의 미래를 낙관적으로 바라보았으며, 이것이 작가들에게도 '인류'의 개념 속에 강한 의미를 부여할 수 있는 촉매가 되었던 것이다.

"나의 모든 길은 고독에서 나와 사람들로 향한다"[113]-고 당당히 주장했던 프리슈빈은 자연속에서뿐만 아니라 사회이성 차원에서도 인간 사이의 적대적인 상태를 극복하고 형제애와 친족성을 회복하는 전일성 의식을 중시했다.[114]- 특히 『오수다례보로 가는 길』에서는 인간이 한데 모여 앞으로 진화해 가는 움직임을 "물방울이 언젠가 대양으로 흘러들 듯 우리 모두를 하나로 만들 것이다"(496)라는 물의 이미지로 형상화했다. 플라토노프 역시 인류는 점점 더 강해지고 있다는 확신을 표명하며, "그러한 힘을 축척한 인류가 물리법칙이나 자연력, 우연성, 공포의 감옥으로부터 인류 구원과 불사를 향해 나아가고 있다"[115]-고 강조했다.

두 작가의 정신을 이어받는 아나톨리 김은 한 개체로서의 인간이 자신의 틀에서 벗어나 하나됨을 이루는 '인류' 개념에 에너지를 부여한다. 그리고 작품에 구현하는 대문자로 표현된 '우리들Мы'을 통해 산 자와 죽은 자, 앞으로 태어날 자를 모두 결합시키며 조화와 일치를 지향하는 인류애의 형상에 윤리성을 부여한다. 프리슈빈 자신이 언제나 "나는 미래 세대를 위해 내 자신의 영혼에 관한 유언을 책으로 쓰는 작가"[116]-라고 자신의 글에 의미를 부여했듯이, 인간이 자신의 에고를 벗어나 하나되는 세계정신을 불어넣는 힘이 문학에 있다고 믿었던 플라토노프와 아나톨리 김 역시 현재와 미래의 방향성을 제시하는 베르나드스키를 사상의 원천으로 삼아 문학이 지닌 웅대한 힘을 보여주고자 했던 것이다.

지구의 상태가 '생명권'에서 '정신권'으로 필연적으로 전환된다는 베르나드스키의 진화론적 관점은 프리슈빈, 플라토노프, 아나톨리 김의 인류관에 반영되었다. 인간이 하나의 개체를 넘어 결합하는 것이 진화의 방향성이라는 미래에 대한 전망은 이들 작가들에게 '인간'을 넘어서는 '인류'의 개념에 눈뜨게 하는 촉매가 되었고, 이는 인간이 정신적·육체적 차원에서 진화하게 될 것이라는 작가들의 믿음으로 표출되었다. 프리슈빈에게는

『오수다례보로 가는 길』에 나타나듯이 이상적인 도덕과 지혜를 겸비하며 그리스도교의 이상을 구현하는 '신新인류'의 모습으로, 플라토노프에게는 과학의 힘으로 인류의 새 미래를 개척하며 인간의 한계를 넘어서는 초超인류의 모습으로, 아나톨리 김에게는 『구린의 유토피아』에서 제시되고 있듯이 두 작가의 모델을 융합시킨 과학의 힘과 믿음의 힘이 결합된 인류상으로 발현되었던 것이다.

인류의 미래를 염두에 두며 작가로서의 길을 걸어갔던 그들에게 '생명권'에서 언급하는 자연 존중과 '정신권'에서 언급하는 과학기술의 중시는 대립양상이 될 수 없다. 자연을 자기 영혼의 투영이자 명상의 대상으로 생각했던 프리슈빈에게 자기반성과 의식, 자유를 지닌 인간은 독특한 '자연 현상'이자, 모든 자연을 하나로 통일할 수 있는 힘을 축척하고 있는 위대한 '이성'이었다. 또한 미래를 정복하기 위해 인류의 이성은 하나로 결합되어야 한다고 생각했던 플라토노프는 '과학'이 인간 의식 진화의 등불이 될 것이라는 믿음을 간직하고 있었다.

때문에 1920년대 초 과학기술에 몰두했던 플라토노프가 소비에트의 현실에 직면하면서 과학 판타지 문학에 더 이상 관심을 기울이지 않았다고 하더라도, 과학기술을 통해 인류의 행복을 위한 탐색의 도정은 그의 후기 작품에서도 여전히 감지되는 모티프이다. '자연의 인간화', '과학기술의 인간화'를 염두에 두었던 이들에게 현대적 과학 지식과 만물의 친족 의식을 결합하는 정신은 그들이 글쓰기에 생명력을 부여하는 모태였던 것이다. 이런 맥락에서 전 지구를 뒤덮고 있는 생태학적 위기와 인간 이성의 방향성 상실과 같은 문명의 위기에서 베르나드스키의 이론을 재고찰하는 작업은 인간과 자연, 인간과 과학에 대한 새로운 관계 설정에 직면한 21세기 오늘날에도, 여전히 유효한 하나의 시대적 요청이 될 것이다.

종교 철학적 우주론을 대변했던 신학자들의 사상

제3장

인류를 '거대한 가족' 개념으로 본 니콜라이 표도로프의 만민부활론

진화론과 그리스도교 관점을 연결한 블라지미르 솔로비요프의 신학 혁명

소우주-대우주 상응론에 입각한 니콜라이 베르쟈예프의 창조적 그리스도교

인류를 '거대한 가족' 개념으로 본 니콜라이 표도로프의 만민부활론

01

나는 이원성을 버리고 세상을 하나One로 본다.
나는 하나를 찾고, 하나를 알고, 하나를 보고, 하나를 부른다.
그는 바깥이고 안이며, 시작이고 마지막이다.
―무함마드 루미Rumi―

1. 진정한 형제애를 갈망했던 표도로프는 왜 그리스도교를 비판했나?

자연철학적 관점의 우주론을 펼친 러시아 사상가들의 위업이 소비에트 체제에서 소개될 수 있었던 것에 반해, 여기서 살펴보게 될 종교 철학적 관점의 우주론은 페레스트로이카의 움직임 이후에나 재조명될 수밖에 없었다. 신학이나 종교 철학과 관련된 서적은 구소련에 개방의 바람을 불어넣은 신호탄인 페레스트로이카 이후에나 본격적인 연구가 가능했기 때문이었다. 20세기 초 러시아는 종교 철학의 르네상스를 구가했지만, 볼세비키 혁명 이후 종교를 인민의 아편으로 규정하면서 종교 철학에 대한 연구는 사실상 불가능했기 때문이다. 비록 혁명으로 더 이상 연구 진척이 이루어지지는 못했지만 러시아의 종교 철학은 우주적 차원의 스펙트럼과 깊이를 지니며 세계의 문화담론을 주도할 저력을 지니고 있었다.

20세기 초 러시아 종교 철학자들은 자신들의 담론에 우주론적 의미를 부여했다. 종교 철학의 관점에서 우주론이라 일컬을 때는 단순히 종교 차원의 교의에 대한 탐색이 아니라 인간의 삶과 죽음과 불멸에 대한 철학, 다시 말해 희망과 구원의 철학을 의미하는 것이었다. 여기서 가장 중요한 주제는 "우주적 차원의 변형과 부활이라는 관점에서 신神의 에너지와 인간의 에너지가 결합되는 양상에 관한 문제"[117]를 이해하는 것이었다.

이와 관련해 이 책에서는 독자들의 이해를 돕기 위해 어려운 신학 전달에 천착하기보다는 우주론 차원의 종교 철학을 설파했던 사상가 가운데 국내에도 널리 알려져 있는 작가 표도르 도스토예프스키Федор Дотоевский(1821~1881)의 역할에 대해 얘기하려 한다. 도스토예프스키는 우리에게 인간 존재 문제에 대해 깊이 고뇌했던 작가로만 알려진 경향이 없지 않지만, 그는 단순한 작가의 범주를 넘어서서 러시아 종교-미학적 우주론의 선구자로도 평가되기 때문이다. 여기서 중요한 모멘텀이 되었던 것이 도스토예프스키가 앞서 언급한 바 있는 니콜라이 표도로프의 사상을 접하게 된 일이었다.[118]

이에 앞서 여기서 소개하게 될 종교 철학적 관점의 우주론자들이 당시에는 그리스도교를 단순히 옹호하는 인물은 아니었다는 점은 짚고 넘어가야 할 것 같다. 또한 그 대표적 인물이 니콜라이 표도로프였다는 점도 의미심장하게 생각해 보아야 할 문제이다. 표도로프의 종교 철학과 구원에 대한 관점은 기존 교리와 약간의 차이를 보이는 정도가 아니라 당시의 종교 교리 관점을 뒤집는 것이었다. 표도로프가 주장했던 자연과학적 관점에 대한 세간의 평가가 대체로 호의적이었던 반면, 그가 표명한 종교적 관점이 러시아 사회에 극심한 논란을 야기했다는 점 역시 이를 입증하는 것이라 할 수 있겠다.

표도로프가 그리스도교를 비판했던 주된 이유는 그것이 수세기에 걸쳐 실제적인 일을 거부하고 개인적인 구원에만 몰두했다는 점 때문이었다. 표도로프는 일반 그리스도교가 부활에 앞서 무서운 심판부터 상기시킨다는 점에서 부활이 왜곡되고 있다고 지적했다.[119] 그에 따르면 교회에서 언급하고 있는 부활은 무서운 심판의 날에 신의 의지에 의해 이루어지고 이 순간에 구원을 받는 사람들과 벌을 받는 사람들이 구분되어 진다고 가르친다. 하지만 그는 이와는 달리 지상에 살았던 모든 사람들의 부활 가능성을 언급했다. 교회에서는 영원한 천국의 복락을 누릴 자와 영원한 지옥의 고통을 받을 자가 심판대에서 결정된 다음에 부활이 결정된다고 못 박고 있지만, 표도로프는 그들이 생전에 누구였는지에 관계없이 지상에 살았던 모든 사람들이 부활하게 될 것이라고 주장했던 것이다. 더 나아가 만인의 부활을 말하며, 모든 죽은 자들의 부활을 위해 산 자들이 연합하는 것이 그리스도교의 실제적 본질이 되어야 한다고 강조했던 것이다.

표도로프가 주장했던 만민의 부활은 오늘날 우리 종교계에 화두로 던져진다고 하더라도 뜨거운 논란과 함께 '이단'의 프레임에 갇혀 매장당할 수 있는 논리이다. 하지만 그것에 앞서 평생을 타인을 위해 봉사하고 금욕수행으로 기도하며 살았던 그가 왜 이런 관점을 주장했는지 들여다봐야 한다. 표도로프가 보편적인 그리스도교 교리처럼 선인善人들만의 부활과 구원을 이야기하지 않고 인간으로 태어난 우리 모두가 구원받으리라는 믿음과 확신을 표출했던 것은 무엇보다도 우리 인간이 신의 모상대로 창조되었다는 점에 근거했다. 예수가 속죄양이 되어 그 값을 치루었기 때문에 우리에게 부활과 구원은 무상으로 주어지는 선물이라는 것이 그의 기본 생각이었다. 따라서 표도로프에게는 악인도 끊임없는 변화의 과정을 통해 결국에는 선인으로 변형되어야 하며, 그것을 통해 구원받아야 하는 존재인 것이다.

표도로프는 인류가 진정한 일치를 이룰 수 있는 새로운 종교를 모색하면서, 인류 구원 차원에서도 '전체성'을 표현하는 '만민 부활' 사상을 주장한 것이다. 그는 최후 심판에 대해 수동적으로 인내만 하는 인류와 무조건적으로 막강한 의지를 행사하는 신의 충돌이 드러나는 최후 심판론을 비판했다. 그리고 그리스도가 부활한 것은 이런 인류에 대한 위협과 왜소한 인류의 모습을 재연하기 위한 것이 아니라 만인의 부활의 당위성을 위해서였다고 기술하고 있다.

표도로프는 전통적인 그리스도교 종말론 사상의 두 가지 결점을 언급하며 그리스도교 교리의 결함을 극복하기 위해 노력했다. 그 첫 번째는 구원의 일부분성, 즉 구원의 비전체성이고, 두 번째는 적극적으로 막강한 의지를 행사하는 신에 대해 수동적으로 처분만 기다려야 하는 인류의 충돌, 즉 서로 동등하지 않은 힘 사이의 상충으로 표현되는 구원의 초자연적인 파국이었다. 표도로프는 종말론에 등장하는 예언에서 인류에 대한 위협과 왜소한 인류의 모습을 보았던 것이다. 그는 인류가 자신의 힘으로 모든 죽은 자들을 복원해야 할, 더 나아가 자신과 세계를 창조적으로 변형시켜야 할 필연성의 인식을 거부한다면 이것이 결국에는 진리에 도달하는 일을 거부하는 것이라 간주한 것이다. 그리스도교 교리가 태생적으로 안고 있는 이런 문제점을 인식하고 표도로프는 인간의 의지에 초자연적인 힘을 불어넣고 있는 것이다.

표도로프는 부유한 자와 가난한 자, 착취자와 피착취자가 계급사회 속에서도 사랑을 공유할 수 있는 것을 평등으로 보았고, '진정한 형제애'란 이러한 사랑을 통한 결합 속에서 자연을 재생시키고 아버지를 부활시키려는 노력을 할 때 가능한 것으로 보았다. 그리고 이 지점에 도달하기 위해서는 무엇보다도 인류에 '친족'의 감정을 불러일으키는 것이 필수적이라고 생각했다. 때문에 표도로프의 관념체계에서 모든 인류는 공동의 선조들과 하나의 운명으로 긴밀하게 엮여 있는 '거대한 가족'의 개념을 지니게 된다. 표도로프는 근대 이후 인류의 가장 큰 문제를 인류가 자신들이 한 뿌리에서 나왔다는 친족의 감정을 점차 망각해 가고 있다는 점에서 찾는다. 따라서 살아있는 사람들이 죽은 자들에 대해, 아들들이 아버지들에 대해 마음을 쏟는 감정의 회복이야말로 가장 중요한 과제라고 주장했다.

전술했던 관점에 입각해 볼 때 표도로프에게 종교의 기본 토대란 친족의 감정으로 선조들을 숭배하는 것이었다.[120] 그리고 동일한 맥락에서 살아있는 모든 사람들이 죽은 모든 사람들에 대해 공동의 기도를 드리지 못하고 있는 현실 종교를 비판했다. 종교에 대한 새로운 각성을 촉구하며 선조들을 숭배하는 것이 '공동의 일'을 할 수 있는 자연적인 감정의 토대라는 점을 강조했던 것이다. 그에 의하면 진정한 종교란 모든 종파의 벽을 넘어서서 하나를 지향해야 하는 것이기 때문이다. 표도로프는 또한 이 우주를 점차 보다 나은 세계로 만드는 것이야말로 인간의 삶을 위협하는 자연의 맹목적인 힘을 통제하는 것이며, 성서에서 말하는 낙원을 창조하는 것이라고 확신했다. 즉 표도로프에게 그리스도교는 이미 '성취된' 어떤 것이 아니라, 우리가 '시작해야 할' 하나의 약속이었다. '공동의 일'을 해야 하는 종교는 인류의 형제애를 통해 신의 왕국을 건설해야하며,[121] 이것을 지향할 때만이 인류의 거대한 에너지를 증대하여 인류에 대한 믿음을 확대할 수 있다고 생각했던 것이다.

2. '아버지들'을 부활시키는 '아들들'의 과학적 임무란 무엇인가?

표도로프는 자연의 진화란 의식을 지향하는 방향성을 지닌다고 주장했는데, 이는 앞서 살펴본 블라지미르 베르나드스키의 진화론에 상응하는 것으로 결국 이들은 물질변형이 자연의 토대까지 변화시킬 수 있다는 관점을 피력한 것이라 할 수 있다. 하지만 표도로프는 자신의 후배격인 베르나드스키보다도 앞선 관점, 즉 '진화'를 의식적으로 조정할 수 있는 '재생регуляция'의 개념을 도입했다. 표도로프가 자신의 구상을 통해 제안했던 자연의 '재생'은 근본적으로 진화의 새로운 단계이자 세계 발전의 의식화 단계로 사료된다. 그에게 '재생'이란 진화를 의식적으로 조정하고, 자연 속에 의지와 이성을 도입하여 실제적인 인간 부활의 역사를 지향하는 것이었다.[122]

표도로프에 의하면, '출생과 양육의 일'은 아버지들이 아들들에게 자신의 생명을 주는 것이지만, '부활의 일'이란 자식들이 부모들에게 생명을 돌려주는 행위이다.[123] 결국 아버지들로부터 생명을 취해서 그것을 수용하는 것이 출생인 만큼, 아버지들의 생명 상실에 대해서는 아들들이 아버지들을 부활시켜야 할 의무로 인식해야 한다는 것이다. 부활이란 아들들이 아버지에게 다시 생명을 주는 행위인 만큼, 진정한 부활은 바로 정신의 문제와 관련된다고 보았던 것이다.[124] 표도로프에게 진정한 부활은 바로 정신의 문제 속에 있는 것으로, 표도로프는 이것을 가장 지고한 정신성, 즉 초도덕성супраморализм이라 칭했다.[125] 표도로프는 부활을 아버지-선조들에 자식들에 대한 사랑과 의무로 간주했던 것이다. 이는 표도로프가 부활의 실제적인 행위에 대해서는 불과 몇 페이지 정도 기술하고 있을 뿐이지만, 부활의 정신적 전제에 대해서는 저작의 수백 페이지를 할애하고 있다는 것에서도 입증된다. 여기서 부활은 인간의 물리적인 필멸성必滅性에 대한 정신적인 법칙의 완전한 승리이자 완성의 표현이다.[126] 죽은 자들의 부활을 위해 사람들을 결집하려는 사실 그 자체가 영혼을 창조하고 소생시키기 위한 행위이자 형제애를 형성하는 노력으로 보는 것이다.

표도로프에게 '형제애'란 죽은 아버지들의 부활을 위해 살아있는 아들들이 하나가 되는 정신상태이다. 인류가 사랑으로 하나되어 보편적인 부활 활동을 의무로 인식하지 못하는 한, 인류의 모든 활동은 결국 상호 파멸을 향해 갈 뿐이다.[127] 때문에 아버지의 부활에 대한 표도로프의 논의는 결국 '상호 파멸해가는 역사로부터 이러한 구상을 수행해 가는 역사로 전환해 가라는'[128] 도덕적인 요청인 것이다. 표도로프가 자신의 부활론의 실현 가능성에 대한 근거를 발견한 것은 바로 '그리스도'를 통해서였다. 표도로프는 그리스도의 모습 속에서 자연을 재생시키는 전형적인 행동을 보았고, 우리 인간은 그리스도를 통해, 즉 그리스도를 닮아감으로서 그가 지니고 있던 초자연적인 힘을 얻게 된다고 생각했던 것이다.[129]

표도로프가 주장한 만민 부활 사상은 깊은 도덕성을 내포하고 있다는 점에서 열렬한 지지를 받았다. 특히 톨스토이와 도스토예프스키는 표도로프의 만민 부활 사상이 내포하고 있는 정신적 의미에 각별한 공감을 표명했다. 그것은 표도로프의 부활 사상이 모든 사람들에게 자신의 아버지를 부활시켜야 하는 의무를 이해하도록 하며, 상호 파멸해가는 역사에서 이런 거대한 계획을 수행해 가는 역사로 전환해야 한다는 도덕적이며 감성적인 요구로부터 생겨난 것이기 때문이다. 톨스토이와 도스토예프스키는 이러한 보편적인 부활 원칙의 도덕적 가치를 높이 평가했다.[130]

하지만 그의 만민부활론은 선인善人과 악인惡人의 분명한 이분법에 기초해 엄격한 신의 심판을 주장했던 종교인들에게는 심한 저항과 반감을 불러일으켰다. 특히 베르쟈예프Н. Бердяев, 일르인И. Ильин 등과 같은 종교 철학자들은 표도로프가 일반 종교에서 세상의 종말을 묵시록적인 것으로 이해했던 것과는 완전히 다른 관점을 표명하고 있을 뿐만 아니라, 부활의 문제를 지나치게 과학 지식이나 기술적인 문제에 의존한다는 점에서 통렬히 비판했다.

반론자들은 또한 표도로프가 종교적 차원의 거인주의를 표명하고 있다거나 사람들을 부활시키는 창조자의 특권을 매수하고 있다는 점을 들어 비난하기도 했다. 신학자 플로로프스키Г. Флоровский는 『러시아 신학의 길Путь русского богословия』에서 그가 인간을 신의 창조론에 대치시키고 있다며 질책했다. 또 다른 부류의 비판자들은 어떤 과학도 표도로프의 학설을 실제화할 수는 없다고 평가했다. 아카데미 회원인 프롤로프И. Фролов는 『인간과 휴머니즘에 관하여. 다양한 시대의 저작들О человеке и гуманизме. Работы разных лет』라는 글에서 표도로프의 관점은 그 본질상 휴머니즘에 반하는 것이라 기술했다. 왜냐하면 그의 논의에 담겨 있는 부활은 '모든 사람들'의 부활인데, 그렇다면 그 속에는 갖가지 죄를 지은 범죄자들도 포함되기 때문이라는 것이었다.[131]

다양한 반론은 있지만 그렇다고 해서 표도로프의 만민 부활 사상이 그리스도교 전통을 벗어난, 전혀 근거가 없는 것은 아니었다. 표도로프의 사상은 성화聖化된 상태로 예외없이 전全세계가 복원된다고 주장했던 오리게네스Origen(185~254경)의 이론에서 그 토대를 발견할 수 있다.[132] 어쩌면 표도로프가 그리스도교 논쟁사에서도 중요한 부분을 차지하고 있는 오리게네스의 관점을 복원해내고 있다고 보아야 할 수도 있을 것이다. 표도로프가 선택받은 자들만의 구원을 설파하는 그리스도교를 비판했던 근거는 그리스도교가 수세기에 걸쳐 개인적인 구원에만 몰두하고, 그리스도교가 응당 해야 할 '일'은 거부했기 때문이었다. 표도로프는 인간이 영혼의 불멸이나 사후 영혼의 운명에 대해 명상하는 정도로는 인류에 아무런 도움이 되지 않는다고 생각했던 것이다.

육신의 부활에 대한 표도로프의 논의는 우리의 조상들, 즉 우리의 '아버지들'을 소생시키는 과학적인 가능성을 탐구해 보는 것이었다. 부활에 대한 갈망은 사실상 인류 역사와 맥을 같이해 온 것이었다. 표도로프는 인류 최초의 종교적인 숭배로부터 과학과 예술 발전에 이르기까지 인간과 관련된 모든 것에는 의식적이든 무의식적이든 과거의 것을 보존하고 소생시키고자 하는 의식, 다시 말해 부활의 정신이 내재되어 있다고 보았다. 따라서 표도로프의 자연 재생 논의에 나타나는 '부활의 일'이란 단순히 선조들의 몸을 구성했던 원소를 합성해 그들의 육체를 소생시키고 복원할 수 있다는 식의 이상론적 물질주의적 관념에 국한되지 않는다. 표도로프는 생명의 복원을 가능하게 하는 지식 획득의 차원에 머물지 않고 부활을 가능하게 할 수 있는 정신적 토대, 즉 과학적 차원의 지식과 믿음을 결합시키려고 노력했다.[133]

표도로프의 부활에 대한 논의는 단순히 이론적 측면에서만 전개되었던 것이 아니라 아버지이자 그가 가장 사랑했던 후견인이었던 가가린К.И. Гагарин 공公의 죽음과 그에 대한 환상을 보았던 심적인 체험에 바탕을 두고 있었다는 점도 언급되어야 할 것 같다. 그는 모든 죽은 자들의 부활과 하나의 축제의 장이 된 새로운 그리스도 부활제를 자신의 신비체험 속에서 보았다. 그리고 이것을 계기로 부활이 단순히 의지나 지력의 '일'에 국한되는 것이 아니라 '감정'의 결과물이라는 것을 체득할 수 있었다.[134]

자신의 아버지에 대한 사랑에서 출발한 부활의 감정에서도 나타나듯이 표도로프는 부활을 조상 숭배와 같은 인간 본성의 자연스러운 발현으로 생각했다. 그에 따르면 아들들이 아버지를 부활시켜야 한다는 의무를 갖게 된 것은 동물과는 달리 인간이 '수직 상태'를 받아들이면서 가능하게 된 것이라 간주했다. 표도로프는 "수평 상태와 수직 상태－죽음과 생명горизонтальное положение и вертикальное-смерть и жизнь"이라는 글에서 인간과 동물의 삶의 방식을 각각 수직 상태와 수평 상태라는 존재 양식으로 고찰했다. 그는 수평적 상태에 머물러 있는 동물의 시야는 부분만을 보기 때문에 동물은 단지 현재의 순간만으로 산다고 표현했다. 이에 반해 인간은 수직적 상태를 취하면서 모든 것을 응시할 수 있는 가능성을 지니게 되었는데, 이것은 전체 세계를 보고자 지향하는 인간의 노력을 대변한다는 것이다.[135]

표도로프의 관념에서 수직 상태는 인간이 동물과 다른 존재로 변형하게 된, 존재의 개편을 위한 초자연적인 가능성을 부여해 준 것이었다.[136] 이것은 인간은 동물과는 달리 자신의 유한성을 넘어서려는 노력, 즉 수직적 상태를 지향하면서 부활과 불멸을 갈망하는 존재로 새롭게 규정받게 된다는 의미일 것이다. 표도로프는 인간이 사후 영혼의 불멸에 대해 명상이나 하고 앉아있는 것은 아무런 도움이 되지 않는다고 단호하게 규정했다. 이런 차원에서 불멸이란 인간이 스스로의 악을 극복하게 되었을 때에 가능한 것이며, 이 시기를 앞당기는 것이 '공동의 일'이라 생각했던 것이다. 이처럼 표도로프에게 부활과 불멸은 인류 전체의 노동으로 성취되어야 하는 것이었다.

3. 도스토예프스키는 표도로프의 사상을 어떻게 접하게 되었나?

대문호 표도르 도스토예프스키가 부활과 불멸의 철학을 설파한 니콜라이 표도로프의 사상을 접하게 된 일은, 러시아 문학사와 사상사의 흐름을 바꾸어 놓는 하나의 의미깊은 사건이었다. 도스토예프스키에게 이것은 『카라마조프가의 형제들』을 집필하는 결정적인 계기가 되었으며, 표도로프에게는 『공동 일의 철학』의 주요 부분인 "무학자가 학자들에게 보내는 글Записка от неученых к ученым"[137]을 도스토예프스키의 질문에 화답하는 형식으로 집필하는 동기가 되었다. 도스토예프스키는 1878년 표도로프의 사상에 접하고 나서 이 내용이 자신의 이야기처럼 느껴졌다고 언급하며, 이에 대한 구체적 내용을 듣고 싶어했다.

표도로프는 자신의 학설을 접하고 난 후에 이 내용을 보다 상세하게 알고 싶다는 도스토예프스키의 열망을 알고 나서, 이년 동안의 휴가 기간을 이용해 자기 학설의 개요를 다시 기술했다. 하지만 이 글은 도스토예프스키가 사망한 이후에 마무리되었기에 도스토예프스키는 이것을 실제 접할 수는 없었다. 도스토예프스키의 삶과 작품세계에 대해 깊이 연구했던 한 학자는 이에 대해 다음과 같이 기술하고 있다.

> 도스토예프스키와 표도로프는 현실적인 차원에서는 서로 아무런 관련도 없었음에도 불구하고 동일한 결론에 도달했다. 도스토예프스키는 그 자신의 인간에 대한 이해와 유사한 언급을 하고 있는 사람이 있다는 사실에 몹시 기뻐했다. 표도로프의 학설에 대해 듣고

난 후, 도스토예프스키의 기쁨은 이루 말할 수 없을 정도였다고 한다. 왜냐하면 표도로프는 자기 사상의 동조자였을 뿐만 아니라 그것을 과학적이면서도 기술적인 방식으로 뒷받침하고 있기 때문이었다.[138]

표도르 도스토예프스키

표도로프의 학설이 처음으로 체계적으로 서술된 것이라고 볼 수 있는 이와 관련된 내용이 "무학자가 학자들에게 보내는 글"의 중요한 부분을 구성하고 있다. 이 글은 무학자들이 학자들에게 보내는 서신의 형태로 기술되어 있다. 표도로프는 여기서 '배운 자'와 '배우지 못한 자' 사이의 구분을 전제로 논점을 전개한다. 자신의 관념을 이론적으로 무장하고 있는 '학자 층'과 일반적으로 노동을 하는 '무학자 층'으로 분류하는 것이 그것이다. 표도로프에게 '관념'과 '일'의 분리, 즉 학자 층과 무학자 층의 분리는 세계에 만연된 문제 중 가장 심각한 것이었다. 여기서 표도로프 논점의 중심은 비록 지식은 갖추지 못했어도 행동에 대한 진실한 감정을 상실하지 않은 '배우지 못한' 민중에 있다. 본질적으로 그에게 무학자들이란 개인화된 철학적 사색이나 데카르트의 인식론적인 '에고'와는 대립된 집단적인 사유를 표현하는 철학적 유토피아의 카테고리였다.

이 글이 도스토예프스키를 위해 쓰여진 글이었음에도 불구하고, 원고가 도스토예프스키의 사망 후에 완결되었기 때문에 오히려 이 글을 주의 깊게 연구한 사람은 다음 장에서 살펴보게 될 철학자 블라지미르 솔로비요프였다. 솔로비요프는 1882년 1월 12일 표도로프에게 보낸 편지에서 "그리스도교의 출현 이후 당신의 '구상'은 그리스도의 길을 따르는 인간의 정신을 고무시키는 첫 번째 시도"라는 찬사와 함께 그를 정신적 아버지로 모시며 존경을 표하기도 했다.[139] 비록 도스토예프스키는 표도로프가 쓴 이 글의 세부적인 내용까지 속속들이 접하지는 못했지만, 표도로프의 사상에 대한 얼개는 도스토예프스키의 『카라마조프가의 형제들』에서 나타나는 공감을 통해 분명히 표현되고 있다. 이 작품은 러시아 문학사에서 커다란 획을 그은 작품이자 작가가 자신의 삶을 반추하는 하나의 예술적 고백이기도 했다. 특히 이것은 아버지 부활에 대한 표도로프의 주장을

니콜라이 페테르손

도스토예프스키가 자기 삶의 거울처럼 수용하는 부분에서 잘 드러나고 있다.

아버지에 대한 도스토예프스키의 증오, 그의 어두운 기억의 그림자는 러시아 문학사에서 널리 알려진 얘기다. 어린 시절 도스토예프스키가 아버지와 충돌하면서 가부장적인 아버지 앞에서 느꼈던 두려움은 많은 연구에서 작가의 무의식을 읽는 지표가 되었다. 게다가 어머니가 세상을 떠난 뒤 시골에 칩거하면서 음주벽에 빠져 방탕한 생활을 했던 아버지가 1839년 농노들에게 살해당했던 사건은, 도스토예프스키에게 아버지의 죽음에 대한 죄책감과 함께 그가 평생 짊어져야 했던 십자가이기도 했다. 도스토예프스키는 신경질적인 자린고비 아버지를 사랑하지 않았다. 아버지의 인색함을 원망하면서 돌아가시기 얼마 전에도 아버지에게 짜증 섞인 편지를 보냈다. 그런데 얼마 지나지 않아 아버지가 살해당했다는 소식은 사건에 대한 직접적인 책임은 아닐지라도 뭔가 알 수 없는 무거운 자책감으로 평생동안 그를 짓눌렀다.

작가에게 어린 시절부터 쌓여있던 아버지에 대한 두려움과 증오심, 그리고 등장인물들의 아버지에 대한 부정적 태도나 작품 속 아버지의 부재 등으로 변형되어 나타나기도 했던 그 어두운 그림자에서 벗어나게 해 준 구원자가 표도로프였다. 그는 표도로프의 사상을 접하고 이를 생의 마지막에 집필했던 작품에서 풀어 놓으면서 그 억압으로부터 벗어날 수 있었다. 특히 도스토예프스키가 『카라마조프가의 형제들』에서 한 가족의 이야기를 인류에 대한 담론으로 풀어갈 수 있었던 내공 역시 인류를 거대한 가족으로 보는 표도로프의 관점에 힘입은 것이었다. 표도로프와 도스토예프스키는 서로의 사상을 접하기 전부터 '형제애'의 사도라는 점에서 공통된 의식의 소유자였다. 하지만 그 형제애가 궁극적으로는 한 '아버지'를 향한 것이어야 한다는 관념은 표도로프의 사상을 접하면서 도스토예프스키에게 싹트기 시작한 것이다.

하지만 앞서 언급한 바와 같이 도스토예프스키는 표도로프를 실제로 만나지는 못했다. 도스토예프스키는 1878년 6월 19일 페테르부르크에서 모스크바로 오자마자 루만쩨프 박물관에서 일하고 있던 표도로프를 바로 만나려 했다. 하지만 당시 박물관이 6월 15일부터 여름 휴가로 휴관을 했고, 표도로프는 박물관 당국의 허가를 받고 6월 15일부터 8월 15일까지 동료 페레르손이 있던 케렌스크로 떠났기 때문에 며칠 차이로 길이 엇갈려 만날 수 없었다.[140] 여기서 그들의 문학적-철학적 연결고리 역할을 해 준 사람이 사회사상가 니콜라이 페테르손Николай Петерсон이었다. 다시 말해 도스토예프스키가 아버지와 진정으로 화해하는데 결정적인 역할을 한 것이 페테르손을 통해 접하게 된 표도로프의 사상이었던 것이다.

페테르손은 표도로프를 만나 사회주의적 무신론에서 깊은 종교적 확신으로 사상적 전향을 했고, 표도로프의 열렬한 추종자이자 친구가 되어 물심양면으로 그의 저술활동을 도와준 인물이었다. 그는 표도로프의 원고들을 여러 차례 정서하거나, 표도로프가 구두로 전달하는 내용을 실제 기술하는 역할을 하기도 했다. 표도로프가 사망한 다음에는 친구 코제브니코프B. Кожевников와 함께 『공동 일의 철학』의 두 권을 1906년과 1913년에 편집해서 출판했다. 페테르손은 또한 도스토예프스키뿐만 아니라 톨스토이, 플로렌스키, 로자노프와 같은 당대의 작가 및 사상가들과도 친밀하게 교류했던 인물이기도 했다. 특히 1870년대 『작가 일기』에서 도스토예프스키가 표명했던 '전일사상'이나 '형제애'에 대한 관점이 표도로프의 사상과 아주 유사하다는 것을 발견하고는 도스토예프스키에게 직접 편지까지 보낸 것이었다.

도스토예프스키와 페테르손 사이의 수차례 서신교환 가운데에서 연구자들이 도스토예프스키와 표도로프의 사상적 친연성을 언급하는 직접적인 근거가 된 것이 1878년 3월 3일 페테르손이 보낸 글에 대한 도스토예프스키의 1878년 3월 24일 편지이다. 이 편지에서 도스토예프스키는 자신이 표도로프의 사상에 완전히 동조되었다며 다음과 같은 내용의 답장을 보냈다.

> 근본적으로 저〈도스토예프스키-필자〉는 이 분의 사상에 동의합니다. 저는 그 내용을 제 자신의 이야기처럼 읽었습니다. 오늘 그 내용을 누구의 글인지 밝히지 않고 솔로비요프에게 읽어주었습니다. 표도로프의 사상과 그의 견해가 일치하는 부분이 너무도 많아서 저는 당신이 설명해주신 표도로프의 사상을 읽어주려고 일부러 솔로비요프를 기다리고 있었답니다. 솔로비요프와 저는 참으로 행복한 두 시간을 보낼 수 있었습니다. 솔로비요프

또한 당신 스승의 생각에 진실로 동감하고 있습니다.[141]

페테르손이 도스토예프스키에게 표도로프의 논문을 보낸 것은 겸손한 성격 때문에 스스로 글을 발표하거나 출판하려고 하지 않는 표도로프의 사상을 세상에 알리고 싶었고, 또한 그래야 한다는 일종의 의무감 때문이었다.

4. 표도로프의 '아버지 부활' 사상에 대한 도스토예프스키 소설의 반영

도스토예프스키가 표도로프의 사상에 접하면서 특히 흥미로워했던 부분은 '아들들'이 '아버지'를 부활시켜야 한다는 내용이었다. 1870년 초부터 아버지와 아들에 관한 소설을 구상하면서 20년 전과는 완전히 달라진 젊은 세대와 현대 러시아 가정의 모습에 관심을 집중하고 있던 작가에게 표도로프의 사상은 새로운 창작의 원동력이 되었다. 현대 러시아가 직면한 문제와 관련해 도스토예프스키가 특히 관심을 가졌던 테마는 우연히 모여 이뤄진 가족이라는 의미를 지니는 '우연한 가정'[142]에 대한 것이었다. 작가는 '아버지'가 가장 불쾌한 단어가 되어 버린 러시아의 가정과 그 가족 구성원 사이의 단절의 원인을 '우연성'이라는 말로 규정했다.

특히 소설 『미성년』을 집필하면서 도스토예프스키는 "어린 시절을 괴롭히던 아버지의 광폭함에 상처받은 아이들이 있다. 그들은 아버지와 주변 환경, 특히 인생이란 혼란스럽고 우연투성이일 뿐이며, 선대의 전통이나 관습이란 것은 없다는 것을 이미 어린 시절부터 깨닫기 시작했다"[143]라고 적고 있다. 이것이 『미성년』에서는 아버지와 아들 사이의 비극으로 구체화되고 있으며, 『카라마조프가의 형제들』에서는 '아버지 살해'라는 테마로 변형되고 있다. 하지만 작품의 소재를 넘어서서 이것은 아버지에 대한 작가 자신의 독특한 내면의 울림이기도 했다.

실제로 도스토예프스키는 『카라마조프가의 형제들』을 집필하면서 줄곧 아버지를 회상했다고 한다. 추억을 되살리기 위해 이미 오래 전에 팔린 아버지 영지를 방문하기도 했다. 이 작품에서 소설의 사건이 일어나는 도시는 작가가 말년을 보낸 마을 스타라야 루사의 모습을 반영하고 있지만, 그것을 둘러싸고 있는 마을들인 다로보예, 체르마쉬냐,

모크로예는 툴라 현에 있던 아버지의 영지와 연관된다. 실제 작품에서 카라마조프가의 아버지는 비극적인 죽음 뿐만 아니라 성격 등에서도 도스토예프스키 친부의 특징을 계승하고 있다. 물론 소설에 등장하는 표도르 파블로비치 카라마조프가 작가의 아버지의 자화상이라는 얘기는 아니다. 하지만 작가가 표도르를 창조하면서 자기 아버지를 염두에 두었다는 것은 자연스럽게 인정되는 견해이다. 작가의 딸 류보프 표도로브나는 회고록에서 "나는 아버지가 카라마조프 노인을 창조하면서 늘 할아버지에 대해 생각했으리라고 여긴다"[144]고 기술하고 있다.

소설 집필 이전에 도스토예프스키가 내면 깊숙이에서 아버지와 화해하지 못하고, 비극적인 가정의 문제를 모두 아버지의 책임으로 돌리고 있는 것은 1878년 4월 18일자 편지에서도 분명히 표현되어 있다. 작가는 모스크바 대학생들에게 보내는 편지에서 '아버지와 아들'의 문제에 있어, 아들들에게는 아무런 잘못이 없으며 책임은 전적으로 아버지들에게 있다는 것과 아들들의 비극에 대해 책임져야 할 사람은 '모든 면에서 허위로 가득 찬' 아버지들이라는 입장을 분명히 하고 있다. 도스토예프스키는 이 편지에서 다음과 같이 기술하고 있다.

> 우리의 젊은이들이 지금보다 더 진지하고 정직한 적은 없었습니다. 하지만 문제는 젊은이들이 2세기 동안이나 계속된 우리 역사의 거짓을 이어받았다는 것입니다. …(중략)… 내가 보기에 여러분에게는 아무런 죄도 없습니다. 여러분은 여러분이 지금 비난하고 있는, 모든 면에서 허위로 가득 찬 '사회'의 자녀들일 뿐입니다.[145]

이렇게 표도로프 사상을 접하기 전 도스토예프스키는 젊은이들은 단지 아버지의 죄를 이어받았을 뿐이며 시대의 잘못은 전적으로 아버지들의 잘못에서 연유한 것이라고 생각하고 있었다. 하지만 아들들이 왜 아버지의 부활에 대한 의무를 지녀야 하는가를 다양한 측면에서 설명하고 있는 페테르손이 전해준 글에 감화를 받은 후, 도스토예프스키는 '아버지'에 대한 새로운 관점에 눈뜨게 된다. 페테르손은 아버지를 거부하는 젊은이들의 의식에 경종을 울리며, 현 세대들이 이미 떠나간 세대들에 대해 해야 할 '정신적 의무'에 대해 언급한다. 그는 인류의 전일성 실현을 위해서 현 세대들이 해야 할 일에 대해 다음과 같이 주장하고 있다.

> 우리들의 합일, 즉 우리들의 실제적인 형제애를 재건하기 위한 첫 걸음은 방종한 자식들인 우리들을 아버지의 집으로 되돌려 보내는 것이다. 그리고 우리의 기억을 새롭게 하여, 우리의 가슴을 모든 것들의 친족에 대한 느낌으로 채우는 것이다. …(중략)… 하지만 오늘날 대부분의 사람들은 자기 할아버지들도 기억하지 못한다. 이제 곧 아버지들도 잊어버리게 될 것 같다.[146]

페테르손 역시 아버지들과 아들들의 단절과 '친족성' 약화에 대한 문제를 제기한다. 하지만 그는 부모에 대해 아들들이 이행해야 할 사랑의 의무를 말했고, 이것은 『카라마조프가의 형제들』의 작품 구상에도 반영되었다. 페테르손의 글을 접하기 전에는 도스토예프스키가 시대의 문제를 전적으로 '아버지들의 책임'으로만 보았던 입장에서 '아버지에 대한 자식들의 의무'를 동시에 강조하는 모습으로 선회하게 된 것이다.

카라마조프 가족의 '우연성'은 가족 구성원들 사이의 소외와 단절에서 이미 내재되어 있다. 자식들에 대한 최소한의 의무도 이행하지 않는 표도르는 타락한 아버지의 전형으로 등장한다. 첫째 아내 아젤라이다가 아들 드미트리를 버리고 도주한 후 집을 방탕과 하렘의 소굴로 만들고, 자식은 하인 그리고리에게 맡긴 채 완전히 망각하고 산다. 두 번째 아내 소피아가 죽은 후에도 이반과 알료사를 그리고리의 손에 맡겨버려, 아버지 표도르가 자식을 만난 것은 이미 그들이 성년이 된 이후였다. 때문에 그들은 서로에 대해 아무런 공통의 기억을 가지고 있지 못한, 어쩌다 '우연히 모여든' 사람들과 다를 바 없었다.

하지만 작가는 비극적인 가족의 문제를 단순히 한 가족의 이야기에 국한시키지 않고, 한 시대의 문제로 환치시킨다. 호색과 방탕함의 대명사인 드미트리, 무신론자인 이반, 세상과 애매한 타협을 하지 않고 속세를 떠나 수도사의 길로 접어들었던 알료사에 이르기까지, 작가는 극단적인 것을 모두 포함하는 카라마조프적 기질 속에서 한 인간의 내면에 공존하는 이율배반적인 속성과 함께 서로 갈라져 싸우는 대립된 인류의 모습을 보고 있다. 드미트리의 공판 과정에서 카라마조프 가족이 안고 있는 문제를 날카롭게 해부하는 이폴리트 검사의 입을 통해 제시되듯이, 바로 "이 가족의 비극에 러시아의 현대 지식 사회에 잠재된 모든 근본적인 요소들이 깃들어 있는"[147](X, 237) 것이다.

도스토예프스키는 소설에서 친부 살해에 대한 욕망을 카오스로 얼룩진 사람들의 정신에서 발견하고,[148] 이것을 아버지 표도르를 실제로 살해한 사생아 스메르쟈코프의 입으로 말하게 함으로써 그 충격을 더하고 있다. 스메르쟈코프는 이반에게 누군가가 아버지를 죽여주기를 바랬던 것 아니냐고 되묻는다. 그리고 자신은 이반의 그런 생각을 행동으로 옮긴 하수인에 지나지 않는다며 이반의 무의식을 정곡으로 꼬집는다. 스메르쟈코프에게 속마음을 들키고 광분해버린 이반은 형 드미트리의 재판장에서 방청석을 향해 이렇게 이야기한다.

> 아버지의 죽음을 바라지 않는 사람이 어디 있겠소? …(중략)… 모두들 제 아버지를 죽이고는 그렇지 않은 듯 가장하고 있군요. …(중략)… 서로 서로 속마음을 숨기는 위선자들! 모두들 제 아버지의 죽음을 바라고 있지 않나요? 한 독사가 다른 독사를 잡아먹는 꼴이라니… 만일 친부 살해 사건이 없었더라면 모두들 투덜대며 돌아갔을 테죠. (X, 225)

위의 언급에서 드러나듯이 도스토예프스키는 아버지 살해에 대한 욕망을 인간의 보편적 무의식으로 표현하고 있다. 그리고 친부살해에 대한 문제를 현 인류가 안고 있는 문제로 확대시키며, 표도르와 같은 '아버지들의 책임'을 추궁하는 동시에 '아들들의 책임' 역시 엄준하게 묻고 있다. 계속해서 작가는 이반과 드미트리, 그리고 알료사에 이르기까지 아버지의 살해에 대한 책임을 묻는다. 이반과 드미트리는 능동적으로, 그리고 알료사는 수동적으로 죄를 지었다고 보는 것이다. 그들은 아버지의 살해 가능성을 알고 있으면서도 묵인했고, 또 아버지를 구할 수도 있었지만 구하지 않았다. 이것은 아들들에게 무서운 징벌이 되어 내리꽂힌다. 작가는 드미트리에게는 시베리아로의 유형을, 이반에게는 악마의 환영을 보는 고통을, 알료사에게는 끔찍한 정신적 위기를 겪게 한다. 이것을 통해 작가는 '공동의 일'의 철학자처럼 형제애의 전제가 되는 것, 즉 아버지에 대한 사랑을 통해서만 우리는 비로소 한 형제가 될 수 있다는 사상을 드러낸다. 혐오스러운 괴물 같은 아버지에 대해서조차 자식으로서의 의무를 다해야 한다고 보는 것이다.[149]

사실 『카라마조프가의 형제들』의 초안 원고에서 도스토예프스키는 아버지들의 부활에 대한 관념을 직접 표명한 바 있다. 조시마 장로 방에서 표도르와 그의 큰 아들 드미트리가 충돌하는 장면 속의 대화는 조상들의 부활에 관한 표도로프의 사상과 직접적인 관련성을 지닌다. 작가는 노트에서 "우리 조상들의 부활. 지주가 일르인스키에 대해하는 얘기. '그는 죽은 사람을 살려내지 못할 뿐만 아니라, 그들을 완전히 구워서 익힐 인간이다'"라고 기술하고 있다. 또한 작품 구상 단계에서 아버지 부활에 대한 표도로프의 사상은 장로를 방문한 손님들의 대화 주제 중 하나이기도 했다.[150] 하지만 최종 원고에서는 당시 일반 러시아 독자들에게는 잘 알려지지 않은 철학자 표도로프의 사상에 대한 언급은 삭제되었다.

도스토예프스키는 표도로프의 영향을 받은 '아버지'에 대한 관점을 예술적으로 증명하기 위해 카라마조프 가문의 형제들과 일류사라는 어린 소년의 모습을 병치시킨다. 격분해 있는 드미트리에게 수염을 잡혀 술집에서 광장으로 끌려 다니는 자기 아버지의 모습을 본 일류사는 드미트리에게 아버지를 용서해 달라며 그의 손에 입을 맞추고 매달린다. 훗날 일류사의 아버지는 아들에 대해 다음과 같이 이야기한다.

> 보통의 마음 약한 아이 같으면 그만 기가 죽어 오히려 자기 아버지를 부끄럽게 여겼을 테지만, 그 애는 아버지를 위해 혼자서 모든 아이들을 상대로 분연히 일어선 겁니다. 아버지를 위해, 진리를 위해, 진실을 위해 일어선 겁니다. (IX, 258)

'아버지를 위해' 일어서는 일류사의 모습은 아버지를 수치스럽게 여기고 아버지를 살해하려고도 했던 카라마조프 형제들과 너무나 대조적이다. 일류사의 모습은 아버지를 숭배하고 존중하려는 의식적 노력을 할 때 진정한 형제애도 가능하다고 보았던 표도로프의 사상을 체현하는 것이다. 표도로프의 관념에서 인류는 '아버지'와 하나의 운명으로 긴밀하게 엮인 '거대한 가족'이라는 점에서 이는 중국의 유교 사상과도 친연성을 지닌다고 할 수 있다. '가족과 같은 국가'나 '아버지와 같은 군주'와 같은 표도로프의 개념은 무엇보다도 고대 중국 철학의 영향을 감지할 수 있게 해 준다.[151] 표도로프에게 가족의 개념은 선조들의 의식을 계승하는 정신적 통일체에 다름 아니었다. 도스토예프스키는 아버지를 향해 위로 거슬러 올라가는 의식의 정점이 '유일한 신神인 성부'라고 했다. 『카라마조프가의 형제들』에서도 드러나 있듯이 인간이 신을 부정하고 신으로부터 멀어질 때 인간은 사라져 갈 수밖에 없지만, 인간이 자신의 십자가를 통해 아버지에게 돌아갈 때 진정한 자신의 소명을 발견할 수 있다는 것이다.[152] 무엇보다 도스토예프스키는 인류가 아버지를 향하게 될 때 표도로프가 언급한 가장 지고한 정신성인 '초도덕주의'에 도달할 수 있다는 믿음을 갖게 되었던 것이다.

5. 메멘토 모리Memento Mori! 죽음을 기억하라!

아버지들을 부활시켜야 하는 정신적 의무를 아들들에게 제시하는 표도로프의 세계관은 독특한 역사관을 낳는다. 그는 모든 초월적인 사고방식을 부정하고 실증과학에 기초한 경험적 사실 인식에만 한정하는 당시의 실증주의적 역사관이 바로 아들들이 아버지들에 대한 의무를 저버렸다는 점에서 비판하고 있다. 그리고 같은 맥락에서 실증주의자들의 '진보'에 대한 관점에 부정적 견해를 표명한다. 19세기 후반 유행했던 실증주의적 진보관을 비판하고 있는 "무학자들이 학자들에게 보내는 글"의 첫 장이 저명한 실증주의 역사가인 카레예프Н. Кареев의 『역사 철학философия истории』과의 숨겨진 논쟁 형식으로 씌어졌다는 점이 이를 반영한다. 즉 그는 실증주의자들이 역사를 일직선적인 진보라는 의미에 국한시켰다는 점에서 비판하는 것이다.

표도로프는 실증주의에서 진보의 의미는 아버지들에 대해 아들들이, 늙은이에 대해 젊은이들이, 죽은 자들에 대해 살아있는 자들이 느끼는 우월의식을 뜻하는 것이 되어 버리고 말았다는 점에 개탄한다. 이 때문에 실증주의에서 진보는 궁극적으로 전쟁과 군국주의를 정당화하게 되었다고 보는 것이다. 그는 이것을 심리적으로는 '아들들이 아버지를 무시하는 것'으로, 비유적으로는 '아들들이 아버지를 삼켜 먹어 버리는 행위'[153]-로 인식하고 있다.

이런 관점에 입각하여 표도로프는 유물사관唯物史觀의 직접적인 근거가 되었던 '과거와 단절'하고 '아버지를 부정하는 역사'가 아니라, 참된 정신을 통해 '과거를 계승'하고 '아버지를 되살리는 역사' 의식을 가져야 한다고 주장했다. 실증주의와 유물사관이 물질과 자연법칙을 토대로 세계를 바라보았다면, 표도로프의 역사관은 초자연적인 의식에 그 토대를 두고 역사를 통해 물질의 법칙과 자연의 법칙에 대한 극복을 시도하는 것이다. 또한 표도로프는 자연 법칙을 극복하는 것이 초월적이고 신비적인 차원이 아니라, 실제 행위로서 자연 속에서 실현되어야 한다고 주장했다. 자연에서 나타난 현상들을 그 근원에 이르기까지 연속적으로 '뒤로' 돌리는 '정신적 행위'를 통해 물질과 자연을 극복할 수 있다고 생각했던 것이다. 결국 표도로프가 인류에게 제시하는 정신의 출구란 자연 법칙에 따라 '앞으로' 전진하는 것이 아니라, 아버지와 선조들을 기억하고 그들을 복원하는 것과 같은 '뒤로' 돌아가는 역사의식에 토대를 두었다고 할 수 있다. 때문에 표도로프에게 과거와 과거에 대한 '기억'은 '이성'과 동의어로 쓰일 정도로 중요한 의미론적 기능을 하는 것이다.

표도로프의 사상을 도스토예프스키에게 전달해 준 페테르손은 다음과 같은 표현으로 향후 교육의 방향과 함께, 아버지 부활의 정신적 전제를 언급했다.

> 가족은 아들과 딸들을 인간적으로 교육시켜야 하며, 죽은 자에 대한 사랑과 기억의 정신으로 양육해야 한다. 그때 비로소 아이들의 출생을 통해 아들들의 의무와 그 기억이 다음 세대에까지 전달될 것이다.[154]

이것은 수평적인 형제적 관계뿐만 아니라, 선조들을 향한 수직적 의식의 중요성을 말하는 것으로, 여기서 중요하게 부각되는 것이 바로 '기억'이다. 시간의 벽을 뛰어 넘어 살아있는 자와 죽은 자를 연결시키는 것이 기억이기 때문이다. 만약 인간이 기억을 가지고 있지 못하다면 인간에게는 단지 순간의 현존現存만이 존재할 것이며, '나'라는 정체성은 찾지 못할 것이다.[155] 도스토예프스키가 작품 속에서 '기억'을 중시했다는 것은 널리 알려진 사실이다. 연구자 벨넵은 도스토예프스키가 기억의 문제에 그토록 천착했던 이유로 그의 간질 발작(그는 간질 발작 후에 현저히 기억력이 떨어지는 것을 느끼거나, 예전에는 잘 알았던 사람들에 대해서도 자주 망각하는 경우가 많았다고 기록하고 있다)과 그의 불멸에 대한 관심을 들기도 했다.[156]

여하튼 표도로프는 인간의 진화에서 의식이 싹트기 시작한 것은 죽은 자들을 매장하고 그들을 기억하고 숭배하기 시작했을 때부터라고 했다. 이런 관점에서 인류의 '역사' 역시 아버지들의 삶에 대한 '기억'을 부흥시키게 되었을 때 그 진정한 의미를 얻을 수 있다는 것이다.[157] 표도로프에 의하면 인간이 죽은 자들을 매장하기 시작했을 때, 다시 말해 죽은 자에 대해 생각하고 그를 존경하는 의식이 지각 속으로 들어오기 시작했을 때, 비로소 죽음에 대한 성찰과 더불어 조상을 숭배하고 부활을 위한 노력을 하게 되었다고 보는 것이다.[158] 표도로프는 그러한 예가 잘 나타나 있는 것으로 고대 이집트 예술을 지적했다. 주로 매장 의식과 관련되어 있는 고대 이집트 예술이 표도로프에게는 부활에 대한 인간의 열망을 보여주는 확증이 된 것이다.

실제로 이집트 고분에서는 죽은 자들을 살아생전의 모습과 동일하게 재현해 두었다. 하인이나 음식, 일상적인 삶의 장면들을 생생하게 묘사하는 것이 저승세계에서 고인을 돌보는데 반드시 필요한 것이라고 생각했던 것이다. 여기서 표도로프는 무엇보다도 가까운 사람의 죽음으로 인한 상실의 느낌과 비애, 죽은 사람에게 생명을 되돌려 주고 싶은 의식적 행위 등과 같은, 망자亡者에 대한 만가나 장례와 매장 풍습 등이 아들들의 이런 감정적 욕구를 입증하는 것으로 설명하고 있다.[159]

인간이 죽은 자들을 매장하고 숭배하기 시작했을 때부터 인간에게 '기억'이 중요해졌다는 표도로프의 관점은 도스토예프스키에게 독특한 예술적 반향을 던지고 있다. 실제로 『카라마조프가의 형제들』은 죽은 부모와 형제를 잘 기억하는 인물들과 그렇지 않은 인물들로 확연히 구분된다. 알료사는 믿음이 강했던 어머니에 대한 기억을 가지고 살아간다. 어머니 소피아가 돌아가셨을 당시 알료사는 네 살이었지만, 그는 한 평생 어머니를 기억하며 산다. 또한 어머니가 알료사를 성모께 봉헌하던 기억은 그를 수도사의 길로 들어서게 하고, 그를 새로운 존재로 변형시키는 힘이 되었다. 하지만 그의 형 이반은 어머니에 대한 아무런 기억도 가지고 있지 못하다. 알료사가 중학과정을 다 마치지도 않고 아버지 집으로 돌아온 이유 역시 '어머니의 무덤을 찾기 위해서'(IX, 30)였다. 어머니의 무덤을 찾은 이후에는 어머니에 대한 기억이 알료사를 자연스럽게 수도원으로 향하게 만들었고, 그는 그곳에서 조시마 장로를 만나게 된 것이다.

타지에 살았던 알료사가 어머니의 무덤을 찾기 위해 자신의 고향으로 돌아온 반면, 아버지 표도르는 아내의 무덤과 가까운 마을에 살고 있었지만, 자기 아내가 어디에 묻혔는지 기억하지 못한다. 서술자는 이것에 대해 표도르가 아내의 장례식 이후, 단 한 번도 무덤에 가 본적이 없기 때문(IX, 30)임을 강조하고 있다. 오히려 알료사에게 어머니의 무덤이 있는 곳을 가르쳐 준 사람은 손수 자신의 돈을 들여 묘비를 세우기도 했던 하인 그리고리였다. 그리고리는 유난히 죽은 자와 그 무덤에 대해 남다른 관심과 숭배를 기울이는 인물이다. 이것은 자신의 육손이 아기에 대한 태도에서도 잘 드러난다. 그리고리는 아기가 살아있던 2주일 동안은 그 아기를 들여다보지도 않았지만, 그 아기가 죽었을 때는 손수 시체를 관 속에 누이고 깊은 비애에 잠긴다. 그리고 흙을 덮고 무릎을 꿇고는 그 무덤을 향해 이마가 땅에 닿도록 절을 한다. 그리고 무덤에서 돌아온 이후부터 신앙적인 것에 열중하며 순교자전과 욥기를 밤낮으로 탐독한다.

많은 연구자들이 지적하고 있듯이, 일류사의 장례식과 소년들의 맹세가 묘사된 작품의 마지막 장면에서 '기억'의 중요성은 각별히 부각된다. 일류사가 묻히고 싶어했던 돌 옆에서, 알료사와 소년들은 아버지를 사랑했던 소년 일류사와 일류사가 죽기 전에 그를 행복하게 해 주려는 마음으로 서로 화해했던 그 감정을 결코 잊지 말자고 맹세한다. 그리고 가련한 일류사에게 사랑의 손길을 함께 뻗쳤던 그 아름답고 선량한 감정 덕분에 자신들은 더 훌륭한 인간이 될 수 있었다(X, 335)고 이야기한다.

알료사는 소년들과 일류사를 진정으로 화해시키고, 일류사의 무덤 위에 인류의 완전한 '보편적인 형제애'의 초석을 놓는다. 여기서 한 사람을 위한 개인적 사랑은 모두가 공유하는 공통의 사랑이 된다.[160] 그리고 알료사는 이것이 가능할 수 있었던 것은 아름다운 기억 때문이라며, '기억'이 구원의 전제이자 첩경이라는 사실을 다음과 같은 표현으로 강조한다.

> 어릴 적부터 간직되었던 아름답고 신성한 추억이 무엇보다도 가장 좋은 마음의 양식이라고 생각한다. 지난날에 그런 추억을 많이 가진 자는 전 생애가 구원받을 수 있을 것이다. 만약 그런 아름답고 신성한 추억이 하나라도 너희들의 마음속에 남아 있다면 그 추억은 언젠가는 마음의 구원으로 큰 역할을 다하게 될 것이다. (X, 335-6)

알료사와 소년들의 입을 통해 일류사에 대한 '영원한 기억'을 작가가 유난히 강조하는 이유는, 그 기억을 통해 카라마조프 형제들만큼이나 극단적인 속성을 지니고 있는 소년들이 모두 '하나' 될 수 있었기 때문이다. 이것은 도스토예프스키가 진정한 인류 합일의 토대는 죽은 자에 대한 사랑과 기억을 통해서만 가능하다는 표도로프의 관점을 그대로 수용하고 있음을 보여준다. 다시 말해 그들은 '기억하는 일'이 부활의 길을 향한 첫 걸음이 되어야 한다고 주장하는 것이다.[161]

알료사와 열두 명의 소년들의 모습은 열두 사도를 거느리고 있는 그리스도의 형상에 비유되기도 한다. 일류사가 묻히고 싶어했던 '돌'은 마치 베드로의 반석과도 같은 교회를 연상시킨다. 따라서 돌 옆의 장면은 그리스도에 의한 교회의 토대의 상황을 재현하며, 반석 위에 소년들을 결합시키는 '작은 교회'를 상징하는 것이다. 여기서 일류사가 죽어가면서 아버지에게 했던 이야기—'자신을 결코 잊지 말라', '자기의 무덤을 자주 찾아와 달라'(X, 67-8)—는 독특한 울림으로 표도로프의 관점을 대변하고 있다. 이에 일류사의 아버지는 '예루살렘아, 내가 너를 잊는다면'이라는 시편을 읊조리며 흐느낀다. 그 시편구절은 다음과 같다.

> 예루살렘아, 내가 너를 잊는다면 / 내 오른손이 말라 버릴 것이다 / 네 생각 내 기억에서 잊혀진다면 / 내 만일 너보다 더 좋아하는 다른 것이 있다면 / 내 혀가 입천장에 붙을 것이다. (시편, 137)

만약 이 소중한 기억을 잊어버리거나 다른 것과 바꾼다면 내게 벌을 내려달라는 의미의 성서 구절을 삽입함으로써, 작가는 그 기억의 중요성을 강조함과 동시에 기억을 부흥시키는 새로운 시대의 비전을 제시하고 있다.

이처럼 기억의 문제는 자연스럽게 인류의 역사 인식과 직결된다. 인류의 역사를 모든 아버지들에 관한 학문으로 보는 표도로프에게,[162] 과거 역사에 대한 부흥은 아버지들을 부활시키는 것과 동일한 의미론적 기능을 한다. 이런 맥락에서 표도로프는 참된 정신을 통해 '과거를 계승'하고 '아버지를 되살리는 역사' 의식을 가져야 한다고 주장했던 것이다. 표도로프의 논지는 도스토예프스키의 작품에서 기억을 통해 과거를 되살리는 알료사의 의식과 함께, 과거를 부정하는 인식을 드러내는 이반과 소년 콜랴의 모습으로도 표현된다. 스스로 사회주의자라고 자처하는 작은 이반인 콜랴가 존중하는 것은 수학과 자연과학이며, 그에게 고전어는 미치광이 놀음이고 세계사는 인류의 어리석은 행동에 관한 연구에 지나지 않는다.(X, 54) 이렇게 콜랴는 작품에서 '과거'와 '역사'와 '아버지'를 부정하는 대명사로 등장하고 있다.

하지만 이반이나 콜랴와 같이 '앞으로' 전진하는 역사의식을 표현하는 실증주의자들과는 달리, 표도로프는 '뒤로' 돌아가는 역사의식에서 출발하고 있다. 그리고 도스토예프스키 역시 독특한 신화적 성격을 띠는 표도로프의 역사관을 계승하고 있다. 즉 역사적인 기억을 복구하고 그 기억을 확장하는 실제적인 행위에서 새로운 인류 형성의 가능성을 보았던 것이다. 이와 같이 작가는 '거슬러 올라가는' 시간 의식인 '기억'을 통해, 인간은 자신의 거대한 정신적 근원을 잘 인식할 수 있으며, 이것이 모든 사람들의 마음속에 아버지 부활의 감정을 불러일으킬 수 있는 토대라고 보았던 것이다.

6. 표도로프의 만민구원론에 대한 도스토예프스키의 예술적 공감

도스토예프스키는 표도로프의 만민부활론을 적극적으로 옹호한 예술가로서도 유명하다. '만인'과 '전체'를 중시하는 도스토예프스키의 의식은 인류가 진정한 가족처럼 사랑으로 하나될 때 세상은 결코 파국으로 끝나지 않는다는 표도로프의 의식과 연결된다. 이것은 1878년 3월 29일 페테르손이 도스토예프스키에게 보낸 편지에서도 직접적으로 나타나고 있다. 페테르손은 다음과 같은 언급으로 최후 심판의 의미를 반박하였다.

> 모든 사람들이 생각하는 무서운 심판의 불가피성에 대한 생각은 정당하지 못하며, 이것은 그리스도의 예언에 대한 정당한 이해에 거의 토대를 두고 있지 않다는 것을 생각할 필요가 있습니다. 그리스도는 "정말 잘 들어 두어라. 내 말을 듣고 나를 보내신 분을 믿는 사람은 영원한 생명을 얻을 것이다. 그 사람은 심판을 받지 않을 뿐만 아니라 이미 죽음의 세계에서 벗어나 생명의 세계로 들어섰다"(요한, 5:24)고 말씀하고 계시지 않습니까?[163]

페테르손이 언급하고 있는 무서운 심판에 대한 거부는 『카라마조프가의 형제들』의 '지옥과 지옥 불에 관한 고찰'이라는 장에서 그대로 표현되어 있다. 조시마는 지옥을 물질적인 불의 고통이 아니라, 타인을 사랑할 수 없는데서 오는 정신적 고통이라고 본다. 유사한 관점은 모크로예로 가는 마차 안에서 드미트리가 마부에게 던진 질문에 대한 마부의 답변에도 반영되어 있다. 항상 신의 뜻과는 어긋나는 행동만 했던 자신과 같은 인간도 구원받을 수 있는지 묻는 드미트리에게, 마부는 "그리스도는 십자가에 못 박혀 돌아가시자 바로 지옥으로 내려가셔서 거기서 고통당하고 있는 죄 많은 사람들을 모두 풀어 주셨다"는 민간 전설을 이야기해 준다. 즉 그리스도는 인간이 지옥에서 고통받는 것을 원하지 않으신다는 것을 암시하며, 모든 이를 구원하려는 신의 자비를 강조하는 것이다.

'최후 심판' 대신에 표도로프가 제기하고 있는 '적극적-창조적 종말론' 개념은 도스토예프스키에게도 구원의 작업으로서의 역사의식, 즉 '만민 구원'에 대한 의식을 심어주었다. 표도로프의 이런 관점은 악마를 포함하여 모든 이는 회개의 길을 선택할 수 있다는 견해를 표명했던 오리게네스의 사상에 입각해 있다. 오리게네스의 논리에 따르면 지옥은 시간의 종말에는 존속할 수 없게 된다. 만일 지옥이 존속한다면, 그것은 죄와 악마의 승리를 나타내는 것이기 때문이다.[164] 오리게네스는 이 우주적 구원론을 '보편 구제설apocatastasis, universal salvation'이라고 부른다. 만인 구원론자들은 다음과 같이 선언한다.

> 우리가 생각할 수 있는 하느님의 특성에 의거하여 보면, 영원한 지옥이라는 가르침은 하느님에 대한 가장 비열한 모독이기 때문에 우리는 이를 철저히 거부한다. 왜냐하면 어떤 사람이라도 자신이 사랑하는 많은 사람들을 포함하여 인류의 반이 고통 속에 신음하고 있다는 것을 안다면, 심장이 돌이 아닌 이상 결코 행복할 수 없기 때문이다. 하느님을 모독하는 이 어두운 가르침 대신에, 미래의 생활은 영원한 정의와 사랑이 지배하게 될 것이라는 것을 우리는 믿는다. 그리고 지금 이 지상에서 우리가 '우리 아버지'라고 부르는 그 분이, 다가올 세상에서는 그의 모든 아이들의 확실한 아버지가 되실 것을 믿는다. 그리고 세상은 여기에서 올바르게 행동한 사람들에게 모두 영원한 선을 가져다 줄 뿐 아니라, 그릇된 행동을 한 사람에게도 영원한 희망을 선사할 것이라고 우리는 믿는다.[165]

물론 그 어떤 그리스도교 종파도 만인 구원론을 정식으로 인정하지 않는다. 하지만 표도로프는 생전에 그들이 누구였는지에 관계없이 모든 죽은 자들의 구원을 주장했다. 이것은 『카라마조프가의 형제들』에 삽입된 에피소드와 민간 전설을 통해 도스토예프스키에게 반향을 불러일으켰다. 이 작품에서는 이반이 들려주는 '성모의 지옥 편력' 내용 가운데 만인에게 자비를 내려달라고 하는 성모의 모습이 등장한다. '성모의 지옥 편력'은 성모가 지옥의 고뇌 속을 편력하면서, 불바다 속에 떨어진 수많은 죄인과 그들의 고통을 목격한다는 내용으로 되어 있다. 성모는 지옥의 모습을 보고 "지옥에 떨어진 모든 사람, 자기가 지옥에서 목격한 모든 사람에 대해 고루 평등하게 자비를 내려 달라"(IX, 310)고 기도했고, 결국 신은 성모의 간원을 들어준다는 이야기이다. 알료사와 조시마의 만민의 구원을 위한 기도 역시 동일한 관점을 드러낸다. 알료사와 조시마의 기도는 모든 사람들을 위한 기도이자, 삶에 대한 감사와 찬미이다. 알료사는 이렇게 기도한다.

> 하느님, 오늘 제가 만나고 온 모든 사람들을 불쌍히 여기시어 평정을 잃은 그 불행한 사람들을 구해 주옵소서. 그리고 그들의 마음을 바른 길로 인도해 주옵소서. 모든 길은 주님의 손 안에 있나이다. 주님의 길로 그 사람들을 구해 주옵소서. 주님은 사랑이옵니다. 제발 그 모든 사람들에게 기쁨을 내려 주옵소서! (IX, 248)

조시마 역시 다음과 같은 표현으로 만인을 위한 기도의 중요성을 설파한다.

> 무신론자, 악의 전도자, 유물론자들을 미워해서는 안 됩니다. 선량한 자들뿐만 아니라 악한 자들도 결코 증오해서는 안 됩니다. 이런 사람들을 위해서는 이렇게 기도하십시오. '주여, 아무도 기도해 줄 사람이 없는 모든 사람들을 구해 주시옵소서. 주께 기도하기를 원치 않는 사람들까지도 구해 주시옵소서.' (IX, 206)

도스토예프스키의 만민구원에 대한 관념은 그루센카가 알료사에게 이야기해 주는 '양파 한 뿌리'에 관한 우화에서 절정에 달한다. 살아생전 좋은 일이라곤 한번도 한 적 없는 어느 고약한 노파가 죽자, 사탄은 이 노파를 불바다 속으로 던져 버린다. 그런데 이를 안타까워한 그 노파의 수호천사는 노파를 구해 주고 싶은 생각에, 이 노파가 밭에서 양파 한 뿌리를 뽑아다가 걸인에게 준 일이 있다고 신에게 말씀드린다. 그래서 신은 그 양파 한 뿌리를 뽑아다가 불바다 속에 있는 그 노파에게 주고 그걸 붙잡고 나오라는 자비를 베풀어 주었다. 그런데 다른 죄인들이 자신의 파뿌리에 매달리자, 심술궂은 그 노파는 이것은 자신의 것이라며 다른 사람들을 발로 걷어차고, 그 순간 파가 끊어져 노파는 다시 불바다 속으로 떨어졌다(IX, 440)는 내용이다.

이 우화에서 나타나듯이 신은 평생에 걸쳐 남에게 '고작' 파 한 뿌리밖에 준 적 없는 인간에게까지 구원의 기회를 주고 있다. 신은 악한 인간마저도 구원되기를 바란다는 것을 작가는 이 우화를 통해 이야기한다. 하지만 자신만의 구원을 바라는 자는 다시 불바다 속으로 떨어질 수밖에 없듯이, 도스토예프스키는 구원은 개별적 차원이 아니라,

공동체적 차원이고 공동의 치유라는 점을 분명히 했다. 결국 그는 구원의 연대성과 구원의 전체성을 중시했던 것이다.

최소한의 선한 일, 즉 선한 일을 거의 하지 않은 사람들에게까지 구원의 손길이 미친다는 관점은, 알료사의 꿈에 나타나 자신이 어떻게 갈릴리 가나의 혼인잔치에 초대받게 되었는가를 언급하는 조시마의 입을 통해서 재차 확인하고 있다.

> 나도 양파 한 뿌리를 적선했고, 그 때문에 나도 여기 와 있는 거란다. 그리고 여기 와 있는 수많은 사람들도 단지 양파 한 뿌리, 고작 조그마한 양파 한 뿌리를 적선했을 뿐인데, 여기 와 있는 거란다. (IX, 451)

위의 예문을 단순히 파 한 뿌리를 적선한 사람이 구원을 받았다는 의미로 읽어서는 그 숨겨진 뜻을 파악해 낼 수 없다. '고작' 양파 뿌리를 적선했다는 것은 거의 선한 일을 한 적이 없는 사람들까지도 잔치에 초대를 받는다는 것을 암시하는 것이다. 그리고 조시마 장로의 말에서 나타나듯이 파 한 뿌리만 준 사람, 다시 말해 아주 작은 동정이라도 베푼 사람은 '누구나' 부활할 수 있다는 희망을 제시하는 것이다. 이런 관점은 작가가 표도로프의 사상에서 그 단서를 발견한 것이지만, 표도로프의 사상이 당시에는 널리 알려지지 않았다는 점을 감안하며 민간 전설에서 표도로프의 사상과 유사한 예를 취해 소설에 반영했던 것이다.[166]

개별적인 차원에서 이루어졌던 '양파 한 뿌리'의 연민은 무신론을 대변하는 이반의 예를 통해, 전 인류적 차원의 구원에 대한 암시로 기능하기도 한다. 그것은 인류의 모습을 대변하는 세 축인 카라마조프 형제들의 구체적인 모습을 통해 드러낸다. 세 형제 가운데 알료사와 드미트리의 구원에 대해서는 의심의 여지가 없다. 하지만 형 드미트리의 공판 이후, 신경성 섬망증에 걸려 죽음에 이르게 될 것으로 추정되는 이반의 구원에 대해서는 의문의 여지가 남을 수밖에 없었다. 하지만 작가는 작품 말미에 이반이 보여준 작은 선행과 동정의 에피소드를 삽입함으로써, '양파 한 뿌리' 우화와 동일한 맥락에서 이반의 구원에 대해서도 분명한 암시를 주고 있다.

이반은 형 드미트리의 공판 전에 사건의 전말을 보다 분명히 듣기 위해 스메르쟈코프를 방문하러 가던 중 자신과 부딪친 술취한 농부를 밀쳐 버린다. 그런데 스메르쟈코프를 만나고 돌아오는 길에, 그가 떠밀었던 농부가 아직도 정신을 잃은 채 눈밭에 쓰러져 있는 것을 보게 된다. 이반은 그를 붙잡아 일으켜 등에 업고는 근처 인가까지 데려가 치료를 받을 수 있도록 도와주고, 그 집 주인에게까지 후하게 사례를 한다. 이러한 이반의 선행은 그 이전까지 한 차례도 타인을 동정하거나 타인을 향해 무언가를 베푸는 모습은 찾아볼 수 없었던 그에게 낯설기조차 한 것이다.

형의 공판 이후부터는 병석에 누워 실제적 행동을 할 수 없게 된 이반에게, 작가는 거동을 할 수 있는 마지막 날, 작품 전체의 내용상 그다지 중요하지 않을 수도 있는 이 에피소드를 죽음 직전의 마지막 행동으로 묘사하는 것이다. 작가는 이반 역시 죽기 전에 타인에게 양파 한 뿌리는 적선했다는 것, 다시 말해 그 역시 구원받는다는 것을 암시하는 것이다. 이렇게 구원의 가능성에 대해 의문을 던질 수도 있는 이반에게도 구원의 빛을 던짐으로써, 무신론에 그 뿌리를 두고 있는 인간을 포함한 전체 인류의 구원을 주장했던 것이다.

살펴본 바와 같이 도스토예프스키는 표도로프의 사상에 상응하는 민간전설이나 우화를 통해 표도로프의 사상을 보다 친근하게 전달하기 위한 노력했다. 그리고 아들들이 자신의 아버지들을 복원하는 부활의 구체적 방법을 모색했던 표도로프와는 달리, 도스토예프스키는 표도로프의 사상 가운데 부활의 전제이자 첫 단계라 할 수 있는 감정의 문제, 즉 선조들에 대한 '기억'의 문제를 중시했다. 또한 그 기억을 확장함으로써 결국 우리가 한 아버지의 자식임을 강조했던 것이다. 이런 맥락에서 도스토예프스키는 인류가 이러한 의식을 증폭시킬 때 아버지 살해의 시대에서 아버지 부활의 시대로 진입할 수 있는 것이며, 만민구원의 실제적 토대를 세울 수 있음을 『카라마조프가의 형제들』에서 표현했던 것이다.

진화론과 그리스도교 관점을 연결한 블라지마르 솔로비요프의 신학 혁명

02

신神이란 우주 영혼, 혹은 우주 정신, 우주 지성이라고 해도 좋다.
그것은 하나의 거대한 사유이다.
그 사유에 따라 진행되고 있는 과정이 이 세계이다.
- 에드가 미첼Edgar Mitchell -

1. 신神과 과학, 창조론과 진화론은 화해할 수 없는 것일까?

한국의 그리스도교 풍토에서 진화론은 아직도 생경한 개념이다. 진화를 그리스도교 교리에 어긋나는 불경한 이론으로 생각하는 이들 역시 적지 않다. 그렇다면 창조론과 진화론은 여전히 건널 수 없는 강을 사이에 두고 있는가? 1859년 다윈Charles Darwin(1809~1882)은 『종의 기원On the Origin of Species』을 통해 인간의 출현을 진화의 관점에서 바라보는 인류사의 초석을 놓았다. 하지만 신이 인간을 창조했다고 주장하는 종교계와의 격렬한 충돌로 과학과 신학의 결합은 영원한 과제로 남겨지게 되었다. 이로 인해 다윈 역시 자신의 신앙과 과학적 추론 사이에서 적지 않은 갈등을 겪었다.

다윈은 창조론과 진화론을 대립적인 지적 산물로 바라보는 세간의 시선에도 굴하지 않고 끝까지 신앙심을 잃지 않으려고 노력했다. 하지만 그의 후계자들은 별다른 고민없이 진화론을 무신론과 등치시키는 행보를 이어갔다. 토마스 헉슬리Thomas Huxley는 진화가 전통적인 유신론에 반한다고 주장했고, 에른스트 헤켈Ernst Haeckel, 카를 마르크스Karl Marx, 프리드리히 니체Friedrich Nietzsche, 지그문트 프로이드Sigmund Freud는 다윈의 사상이

블라지미르 솔로비요프

자신들의 무신론에 상응한다고 간주했다. 뿐만 아니라 21세기 현 시점까지 많은 사람들이 진화에 대한 관점을 불신앙에 연결하는데 주저하지 않는다.[167] 이는 오늘날 과학계와 종교계가 끊임없는 갈등을 불러 일으켰던 단초라 보아도 과언이 아니다. 그런데 우리 사회 역시 안고 있는 이런 고민스런 문제에 대해 이미 백여년 전에 선구자적인 생각을 했던 블라지미르 솔로비요프Владимир Соловьев(1853~1900)라는 러시아의 신학자가 있다.

블라지미르 솔로비요프는 베르쟈예프Н.А. Бердяев, 불가코프С.Н. Булгаков, 플로렌스키П.А. Флоренский, 프랑크С.Л. Франк 등 러시아의 대표적인 종교 철학자들 뿐만 아니라 벨르이А. Белый 나 블록А. Блок과 같은 러시아 상징주의 시인들에게도 지대한 영향을 주었던 인물이다. 러시아의 철학을 체계화한 대철학자로 일컬어지는 그는 『추상적 원칙의 비판Критика отвлеченных начал』(1880), 『신인성神人性의 강의Чтения о богочеловечестве』(1881), 『선의 정당성Оправдание добра』(1897) 등과 같은 저작을 남겼으며, 러시아 철학 전통에서는 처음으로 그리스도교의 이상과 독일의 변증법적 관념론에 기초한 독자적인 신지학 체계를 창조했다.

더 나아가 솔로비요프는 끊임없는 지적탐색을 통해 '그리스도교'와 '진화론'이 더 이상 양립할 수 없는 다른 세계가 아니라 서로 접합하고 완성해 가는 두 가지 전망이라는 관점을 제시했다.[168] 그는 인류가 진정한 신앙을 갖지 못하는 이유는 바로 '신'과 '세계'의 분리 때문이라고 간주했다. 그는 현대 지성들이 종교와 멀어지게 된 이유를 과학 발달로 지식인들이 새로운 세계에 눈을 뜨게 된 것에서 찾으며, 그들이 세상에서 그리스도와 더불어 살게 하기 위해서는 종교 철학 체계에 오히려 자연과학을 도입해야 한다고 보았다.

솔로비요프가 과감하게 종교적 믿음에 과학적 인식의 결합을 주장할 수 있었던 배경에는 그가 소년시절 유물론에 심취했던 경험이 있었기 때문이다. 철학자 니콜라이 로스키Н.О. Лосский(1870~1965)는 무신론과 유물론에 빠져 있었을 당시 솔로비요프의 체험에 대해 다음과 같이 기술하고 있다.

> 1866년인 열세 살 무렵 솔로비요프는 일종의 종교적 위기를 체험했다. 무신론이 그를 압도했던 것이다. 솔로비요프는 마당에 성상(聖像)을 던져 버리고 유물론자 뷔흐너와 허무주의자 피사레프의 열렬한 추종자가 되었다. 당시 사회주의와 공산주의는 그의 사회적인 이상이기도 했다. 그러나 솔로비요프는 스피노자와 포이에르바흐의 사상을 읽어가면서 자신이 심취했던 유물론을 점차 극복해갔다.[169]

솔로비요프는 유물론에서 벗어난 후 자기 체험의 원인을 분석하면서, 이것은 근대 이후 지성인들에게는 자연스러운 숭배의 감정이 '세계'를 향할 수밖에 없는데 그 세계가 '그리스도교의 신'과는 대립되는 것으로 여겨지기 때문이라고 진단한다. 이러한 문제점 인식하에 탄생한 그의 신학적이며 형이상학적인 저술이 『신인성의 강의』였다. 이 책은 그의 개인적 경험을 학문화시키는 과정에서 탄생한 대작, 바로 서구 인류의 의식 속에 생겨난 위기에 대한 솔로비요프 나름의 대안이었다.[170] 그는 모든 것의 중심이 되어야 할 신과 그 방향을 상실한 인류를 하나로 결합시키길 원했다. 때문에 솔로비요프의 이 저술은 현대 인류에 대한 간략한 묘사에서 시작하며, 당시 사회에 만연된 정신적・도덕적 붕괴의 원인은 종교가 모든 것을 포용하는 중심으로서의 기능을 상실했기 때문으로 간주한다. 최상의 원리로서의 종교는 없고, 개인적 취향으로서의 종교성만 있다는 것이다. 또한 사회주의나 실증주의를 통해 인류는 신神을 없애려는 시도까지 한다면서 더 이상 인류는 이런 가련한 상태 속에 남겨져서는 안 된다고 우려를 표했다.

솔로비요프에 따르면 전통 그리스도교는 '신에 대한 믿음'에서 출발했지만, 현실은 신에 대한 믿음을 끝까지 지켜내지 못했다. 하지만 그의 관점에서 '인간에 대한 믿음'에서 출발한 서구사회 역시 그 믿음을 지속하지 못하고 그 자리에 머물러 있기는 마찬가지였다. 이 때문에 솔로비요프는 '인간에 대한 믿음'과 '신에 대한 믿음'의 결합을 '신인성神人性'에서 발견하며, 이 개념이 러시아의 새로운 정신문화의 기틀이 되어야 한다고 확신했다.[171] 이런 믿음에서 출발한 솔로비요프는 인간에 대한 연구와 신에 대한 연구, 그리고 세계에 대한 연구의 방향성을 추적하며 이 관점들을 하나로 통합시킬 수 있는 방법론을 모색해 갔던 것이다.

2. 솔로비요프, 종교 철학에 '진화'의 개념을 도입하다

오늘날 인문학의 향방을 대변하는 '통합', '통섭'이라는 관점에서 볼 때 솔로비요프는 이런 정신에 꼭 들어맞는 사상가가 아닌가 싶다. 솔로비요프는 그 누구보다도 과학의 개념을 적극 수용한 신학자였다. 그는 신의 창조로 세계가 만들어졌다는 전통적인 그리스도교 관점을 과감히 버렸다. 사실 솔로비요프는 신학이나 철학 분야뿐만 아니라 자연과학 분야에 있어서도 그 독서량이 상당했다. 저명한 역사 철학자였던 아버지의 영향으로 소년시절부터 인간 존재론적 문제를 깊이 사색했고, 과학과 철학의 문제에 몰두했다. 모스크바대학 물리 수학부에 입학해 공부한 후 역사 철학부로 옮긴 것은 그의 대학생활이 다양한 내적 탐색으로 가득 차 있었음을 보여준다. 자연과학 분야나 역사, 철학에 대한 구체적이면서도 해박한 지식은 서로 상이한 학문 분야에 내재된 공통의 뿌리를 찾아 그것을 통합시킬 수 있는 시각을 키워주었던 셈이다.

솔로비요프는 그리스도교 사상이 근대의 진화론적 세계관을 수용하고, 이것에 동화同化하는 것만이 이성과 신앙 사이의 장벽을 제거할 수 있다고 보았다. 그 일환으로 세계와 교회의 비극적인 균열을 이론적으로 뒷받침하고 인류에게 새 비전을 주는 종교의 모습을 제시하기 위해 그리스도를 새로운 세계상 안에 자리매김하려 시도했다. 즉 솔로비요프는 전통 신학에서 벗어나 새로운 시대에 적합한 신학 체계를 세우고, 그것을 당시의 '진화' 개념과 결부시켰던 것이다. 사실 그리스도교의 전통적인 신학은 우주가 정적靜的인 세계로 밖에 보이지 않았을 때에 구축된 것이기 때문에, 그 시대를 반영하는 제약된 세계상 밖에 가질 수 없었다.

전통적으로 서양에는 영혼과 육체, 정신과 물질은 전혀 다른 실체라는 생각이 지배해 왔다. 영혼과 육체의 이원론, 정신과 물질의 이원론은 플라톤을 선두로 한 서양 정신사를 대변하던 것이었다. 그러나 솔로비요프는 물질과 정신의 이분법에서 벗어나 그것을 통합적 관점에서 보는 것으로부터 출발한다. 물질을 단순히 '악'과 동일시하지 않고, 이미 물질 속에 '선'을 지향하는 정신이 내재되어 있다고 생각했던 것이다. 때문에 본질적으로는 종교 사상가임에도 불구하고, '진화'와 같은 자연과학적 개념을 도입하여 세계의 진행 과정 속에서 인간의 자리를 설명했다.

솔로비요프는 당시 급속히 발달했던 자연과학적 측면에서 보았을 때, 이미 그 생명력이 빛을 바래 더 이상 신과 인류를 결속시키지 못하던 종교 양상에 새로운 대안을 제시하기 위해, 전통적인 그리스도교 신학에서의 '창조' 개념을 수정해 그 이해의 폭을 확대하고 있다. 다시 말해 자연 과학의 '진화' 개념을 도입해 '신'이 아니라 이 '세계'를 출발점으로 하여, 신과 인간의 궁극적 만남을 점진적인 세계의 진화과정 속에서 바라본 것이다. 그리고 인류가 진화의 가장 높은 단계에 도달했을 때, 그 진화의 정점에서 이른바 신과 인간의 만남이라 할 수 있는 '신인성'이 생겨난다고 보았던 것이다.

솔로비요프는 진화의 단계를 크게 세 단계로 구분했다. 그 첫 번째 단계를 인간 출현 이전인 '자연의 진화' 시기, 두 번째 단계를 인간이 활동하는 '역사'의 시기, 세계 발전의 최종 결과물인 세 번째 단계를 '신의 왕국의 확립' 시기로 규정했다. 그리고 점차 세계 합일을 이루어 가는 진화의 과정을 '광물계', '식물계', '동물계', '인간계', '신神계' 등 다섯 단계로 구분했다. 그는 지구 역사의 진행과정을 거시적으로 보았을 때, 태초의 자연 속에서는 맹목적인 듯한 우연한 힘으로 활동했던 것이 그 이후에는 식물이나 동물과 같은 유기체를 형성하는 조직화의 원칙으로, 그 다음에는 완전한 유기체인 인간의 창조로 완성된다고 주장했다. 여기서 솔로비요프는 각각의 선행하는 계界가 그 다음에 뒤따르는 계의 재료로 기능한다는 점에 주목하였다.[172] 즉 무기물은 식물을 위한 기능의 토대를 이루고, 식물의 기능은 인간 활동의 토대를 형성하는 동물의 기능적 토대를 이룬다는 것이다. 솔로비요프는 진화가 그 과정 자체에서 결합하면서 창조해 나가는 특성을 지닌다는 점을 간파했던 것이다.[173]

많은 고생물학자들이나 지질학자들과 마찬가지로 솔로비요프 역시 진화의 역사에서 '인간의 출현', 즉 '생각을 가진 존재의 출현'은 지구의 탄생이나 생명 출현의 뒤를 잇는 아주 중요한 사건으로 생각했다. 인간에게서 진화는 해부학 차원을 넘어 개인과 집단의 정신, 그 자유의 영역으로 옮겨가게 되기 때문이다. 솔로비요프는 인간을 자연계와 신의 세계의 중간 단계로 이해하면서, 인간의 출현과 더불어 전일성의 발전 과정은 새로운 형태로 접어든다고 간주했다. 솔로비요프에게 영원한 '신의 세계'는 진眞, 선善, 미美가 실현되고, 모든 것이 이상적인 충만을 이루고 있는 세계이다. 이에 반해 '자연계'는 조건적이고 불완전하며 유동적이다. 때문에 인간은 절대적인 것과 조건적인 것, 절대적이고 영원한 본질과 가시적이고 일시적인 현상 사이의 대립적 특징을 지닌다. 즉 솔로비요프에게 인간은 신성과 비소성을 동시에 지니고 있는 존재이다.[174] 자신의 존재 의미를 생각하는 의식을 가진 인간은 자신의 신적인 근원을 내적으로 습득해가는 과정을 통해 점차적으로 영화靈化해 가게 되며, 이것이 인류의 역사적 과정을 형성한다고 보는 것이다.

솔로비요프의 사상에서 진화는 '인간'에 이르러 새로운 단계에 돌입하게 된다. 인간이라는 종種을 진화의 최종 단계로 본 자연과학자들과는 달리, 솔로비요프의 논점에서 진화는 인간에서 멈추지 않는다. 오히려 세계는 인간에 의해 이성적이며 창조적인 단계로 들어간다는 관점이다. 이것은 자연계에서 일어나는 느리고 '수동적인 진화' 양상에 비해 인간 의식이 진화의 주체가 된다는 점에서 '적극적인 진화'라고 표현되기도 한다. 솔로비요프의 적극적인 진화를 통한 세계의 의식적 발전론은 인류의 이성이나 정신상태에 의해 그 방향성을 부여받는다.[175]

솔로비요프는 세계의 진화 과정 가운데 인간에게서 비로소 나타나는, 즉 자신을 보다 더 정신적인 존재로 변화시켜가는 과정이 인류의 역사를 형성한다고 간주했다. 더 나아가 그는 지구 역사의 결정적 순간을 신의 육화肉化로 보았다. 솔로비요프에 따르면 신적인 실존 영역에서 그리스도는 우주 유기체의 영원한 중심이지만, 현상의 흐름 속으로 내려왔을 때에는 영원성의 중심에서 역사의 중심이 된다. 바로 그 단계를 '신인성神人性' 혹은 '신의 왕국'의 결과물로 인식하고, 이 새로운 역사 발전의 단계가 인간 진화의 정점이라고 보았던 것이다. 사실상 솔로비요프는 자연적인 진화 과정이 도달할 수 있는 가장 높은 단계이자 인류를 끌어올리기 위한 준비단계로서 세계의 전일성을 고찰했다고 볼 수 있을 것이다.

솔로비요프는 사람의 아들을 통해 자연은 신의 본성에 참여하며, 그 신성 속에서 인간의 모습이 나타났다고 주장했다. 그리스도는 인간의 모습으로 강림했을 뿐만 아니라, 그것을 통해 자신의 본질을 구체화했다는 관점이다. 솔로비요프는 그것을 다음과 같이 표현한다.

> 신의 근원이 영혼과 실제적으로 결합하는 것은 필연적으로 인간의 형태를 가진다. 즉 신의 로고스가 현실적인 인간으로 태어난다는 말이다. 바로 그 영혼 속으로 침투하고, 유기적으로 그 영혼과 결합하면서 새로운 정신적 인간으로 태어나는 것이다.[176]

『신인성의 강의』는 '신인성'을 세계 부흥의 근원으로 보는 견지에서 인류의 역사와 사회적 삶의 제반 문제를 해석하기 위해 쓰인 만큼, 솔로비요프에게 신인은 개체인 동시에 그 신을 통해 영화靈化된 인류 전체를 포용하는 보편적 존재였다.[177] 솔로비요프는 하락해가는 물질적인 본성의 법칙에서 벗어나 존재를 진화시키며 신의 왕국으로 진입하는 과정에서 신의 에너지와 인간의 에너지가 긴밀히 연결된다는 그리스도교 사상, 즉 신인성 사상을 전개했던 것이다. 이러한 사상들은 많은 점에서 니콜라이 표도로프의 사상과 유사한 면이 있었다. 하지만 솔로비요프의 사상은 표도로프의 사상보다는 보다 더 추상적이고 형이상학적인 측면이 강했다고 할 수 있다.

솔로비요프는 자연의 진화를 신神이 지고한 '선善'에 도달하기 위한 필수조건이기도 한 세계합일의 점진적인 발전으로 간주했고, 인간의 역사적 과정 역시 종국에는 이상적인 인간 문명의 창조인 자유로운 신정神政 체제의 창조로 귀결된다고 보았다. 즉 그는 그리스도교를 통해서 '신 안에서 이루어지는 세계의 전진적 통일'을 믿었던 것이다. 그것이 본질적으로 보편적이고 유기적인 특성을 지니는 범그리스도교적인 일원론一元論이라 할 수 있을 것이다.

살펴본 바와 같이 솔로비요프의 논점에서는 신인을 통해 인류에게 제시된 그리스도의 '육체'는 우주의 모든 것을 양분으로 하고 있다. 일치를 이루는 이 신비의 장場은 모든 에너지를 끌어 모은다. 혼의 성화聖化라는 것은 본질적으로 집체적集體的인 것이므로, 여기서 인간은 전체의 영화를 통해서 영적으로 변화한다. 즉 솔로비요프는 인간은 모든 사람과 일체화하면서 그리스도와 결합된다고 보는 것이다. 그에게 우주란 궁극적으로 그리고 영원히 인격적 관계를 통해서만 통일되는 것이기 때문에, 그의 철학에서는 존재들의 개체성을 강조하면서 하나의 전체를 만드는 '사랑'이 중요한 의미를 지니게 되는 것이다. 궁극적으로 솔로비요프에게 신은 전체화한 그리스도교적 우주 안에서 홀로 있는 것이 아니라, '만유 속에 역사하는 만유'이며 '다수성 중에 있는 일치성'을 통해 구현되는 것이었다.

3. 종교적 위기 극복의 대안: '로고스Logos'에 '소피아Sophia' 개념을 도입하다

소년시절 극심한 종교적 위기를 겪고 난 솔로비요프는 우리 인류는 그리스도 안에서의 진리를 통해서만 정신적으로 부활할 수 있으리라는 확신에 도달한다. 하지만 당시의 믿을 교리로 인정되던 신학체계에서 제시하는 비이성적인 형태는 더 이상 현대의 지성들을 만족시킬 수 없다고 판단한다. 이에 대해 그는 "영원한 진리인 그리스도교의 내용을 그것에 상응할 수 있는 새로운 이성적 형태 속에 도입해야 할 필연성에 직면해 있다"[178]고 언급했다. 그리고 모든 존재를 포괄할 수 있는 신의 모습이 투영될 수 있는 '이상적인 우주'의 모습을 플라톤 철학에서 발견한다. 신의 본질을 제시하는 객관적인 방식을 플라톤의 '이데아론'에서 찾은 것이다. 솔로비요프의 저술에서 신의 본질로서 언급되고 있는 '절대 근원'이나 '영원히 변하지 않는 모든 것' 등의 표현은 현상 속에서 영원히 변하지 않는 본질인 '이데아'를 지칭하는 것이다.

플라톤 철학은 하나의 관념론이지만 그가 말하는 '이데아'는 인간의 머릿속에 있는 관념의 범위를 벗어나서 독자적으로 존재하는 특성을 지니고 있다. 플라톤의 이데아는 존재론적으로 참된 존재, 즉 사물 그 자체를 나타낸다. 이데아는 그 자체로서 영원불변의 것이고, 신적인 것이다. 존재자의 존재인 이데아만이 참된, 그리고 본래적 의미에서의 실재이다. 이와 같은 일자로서의 이데아는 가변적인 현상적 다자들과 대립적인 관계에 있다. 또한 이데아는 목적론적으로 모든 것의 원형적인 목표, 즉 전범을 뜻하고 있다. 이데아는 이 세계의 사물들을 현재 상태 그대로 만드는 원인이자 원동력이다. 현상세계의 자연 존재자들은 이데아를 지향하고 있으며, 모든 이데아들은 이데아의 이데아인 '절대자', '스스로 만족하는 자', 즉 '선의 이데아'를 지향한다.[179]

솔로비요프 연구자 모출스키K. Мочулский는 솔로비요프와 플라톤의 이데아가 관련성을 지니는 것은 그들이 모두 이데아의 다수성을 인정하기 때문이라고 지적한 바 있다.[180] 이데아의 다수성이 점차 결합해 가는 과정을 통해서 그 다수성들이 하나의 유기적 체계를 형성하게 된다고 보는 것이다. 또한 존재들의 다수성이 보다 상위의 이데아로 점차 결합되어 가면서 종국에는 '이데아들의 이데아'인 살아있는 신의 본질에 도달하게 된다고 보는 것이다.

점차 상승해가면서 가장 보편적인 이데아까지 도달하게 된다는 것이 솔로비요프가 보는 절대 선善의 이데아, 혹은 절대 사랑의 이데아이다. 그는 여기서 나타나는 절대 사랑을 바로 신의 본질인 완전성으로 본다. 이데아의 충만이란 결국 이데아들의 기계적인 총합이 아니라 이데아들의 내적인 일치, 즉 사랑이기 때문이라는 관점이다.[181] 여기서 모든 이데아들은 결국 절대적인 사랑의 이데아에 참여하면서 내적으로 연결되게 되는데, 이것이 모든 것을 한 점으로 모으는 하나의 전체, 즉 신神이라는 것이다. 솔로비요프는 '만물이 하나'라는 전일 사상의 전구를 이루는 플라톤의 이데아론을 통해 절대 존재의 도출을 시도하는 자연 신학적 차원에서 신의 존재 증명을 시도했던 것이다.

이에 솔로비요프는 신과 인간의 만남이라는 '신인성' 개념을 세우기 위해 영원히 변하지 않는 신의 말씀인 '로고스Logos'에 '소피아Sophia'라는 독자적인 개념을 도입한다. 하지만 이것은 '소피아'라는 개념이 솔로비요프만의 순수한 지적인 사색의 결과물이라는 의미는 아니다. '소피아'는 이미 그리스도교 탄생 이전에도 존재했을 정도로 나름의 문화적 뿌리를 지니고 있었다. 구약의 외경 중에서도 솔로몬에게 헌사된 책 가운데 하나가 '소피아'라는 제목으로 쓰인 것이 있었다. 솔로비요프 역시 정전으로 인정되는 『솔로몬의 잠언』에도 "소피아는 세계의 창조 이전에도 존재했었다"고 기록된 점을 강조한 바 있다.[182] 연구자 보이코프В. Бойков 역시 "소피아는 신이 세계를 창조할 때 신 앞에 있었던 하나의 이데아이며 신은 그 이데아를 실현시킨 것"[183]이라고 언급하고 있다.

솔로비요프 종교 철학의 기본 사상이라 할 수 있는 '세계 혼-소피아'는 신과 지상 세계를 연결하는 신비적이며 우주적인 존재에 대한 것이다. 소피아는 신에 존재하는 영원한 여성성인 동시에 세계에 대한 신의 의도이다. 솔로비요프의 소피아론에 따르면, '개벽 이전' 신神 안에는 이미 이상적인 원형으로서의 세계가 존재한다. 세계가 창조되기 이전, 신 안에 존재하는 그 원형이 '소피아', 혹은 '신의 지혜'이며, 여기서 소피아는 그리스도 속에 있는 이상적이며 완전한 인류이다. 따라서 솔로비요프에게 이상적 인류는 '영원한 신의 몸'이자, '영원한 세계의 혼'이 되는 것이다.[184] 이처럼 솔로비요프는 세계의 진화과정을 설명하면서 소피아론을 전일성의 형이상학과 처음으로 연결 지은 철학자였다.

솔로비요프는 전통적인 '소피아' 개념에 '세계 혼'이나 '이상적인 인간', '이상적 인류', '그리스도의 몸', '교회' 등과 같은 다양한 의미를 부여했다. '소피아'라는 개념 속에 이렇게 다기능적인 면을 투영하고 있다는 점이 솔로비요프 철학 체계의 논리성에 대한 비판으로 나타나기도 하고, '소피아' 속에 내포된 의미가 너무 다양해 최종적으로 일정한 정의를 내린다는 것이 불가능하다고 보는 견해가 있는 것도 사실이다.

대부분의 러시아 종교 철학자들처럼 솔로비요프의 영향을 많이 받은 신학자 로스키 역시 솔로비요프가 '소피아'를 영원히 변하지 않는 존재로 규정하는가 하면, 일시적으로 신으로부터 떨어졌다가 점차 절대적인 유기체 속에서 신과 재결합하는 세계 혼으로 설명하는 등, 소피아의 개념이 불분명하다는 점에서 비판한다. 또한 로스키는 신과 세계 사이에는 분명한 존재론적 심연이 존재하고 있음에도 불구하고 솔로비요프는 '소피아'를 세계를 생성해가는 절대 요소이자 신에게 반드시 필요한 것으로 규정함으로써 범신론을 도입한다고 비난하기도 했다.[185] 연구자 보이코프 역시 '소피아'가 솔로비요프에게는 추상적인 철학적 사색의 산물일 뿐만 아니라 개인적인 명상의 대상이었다는 점을 지적하며, 태생상 이교적인 '세계 혼'이라는 개념까지 감안한다면 소피아에 대한 정의를 내린다는 것은 사실상 불가능하다고 평가하기도 했다.[186]

물론 '소피아'의 정확한 개념 적용에 대한 이들 철학자들의 지적에 필자 역시 반대할 생각은 없다. 하지만 이 의견들은 솔로비요프가 어떤 이유로 '소피아'라는 개념을 자신의 종교 철학에 도입하려 했는지에 대한, 보다 본원적인 물음에는 집중하지 않고 있다. 세계와 신을 하나의 연속선상에서 이해하고자 한 솔로비요프의 노력, 즉 '세계의 진화'와 '그리스도교'를 결합시키려고 했던 그의 의도를 헤아린다면 그가 사용하는 '소피아' 개념 적용의 다의성을 어렵지 않게 간파할 수 있다. 그것은 솔로비요프가 '소피아'의 도움으로 '신인성'의 개념을 도출해 낼 수 있을 뿐만 아니라 직관으로만 가능했던 전일성의 개념을 실제화 할 수 있다고 보았기 때문이다. 더 나아가 솔로비요프는 우주의 역사에서 인간이 출현하기 전 자연계에서도 세계에 존재하는 모든 것은 합일을 지향해 왔다는 점을 제시하고자 했기 때문이다.

살펴본 바와 같이 솔로비요프의 종교적 우주론은 신성의 지혜인 '소피아'에 관한 맥락 속에서 이해될 수 있다. 철학자 니콜라이 베르쟈예프의 솔로비요프에 대한 다음과 같은 언급은 그의 세계관에 대한 본질을 간파한 적절한 평가가 아니었나 싶다.

> 솔로비요프에게는 전일성에 대한 직관이 있었다. 그에게는 전체 세계에 대한 비전, 적의나 반목이 없는 신성의 우주에 대한 비전이 있었다. 이것이 그에게는 '미'의 이상적 모습이

자 세계 변형이 종국에 도달해야 할 비전이기도 했다. 이런 전일성의 직관이 솔로비요프를 세계주의자로 만들었을 것이다.[187]

"전일성의 형이상학을 종교, 철학, 과학의 통합, 즉 믿음과 사상과 경험의 통합"[188]으로 규정했던 러시아 철학사가인 젠코프스키B.B. Зеньковский와 인간・역사・우주라는 모든 차원의 존재 규합이 우주 철학의 존재론적 목적이 될 수 있다고 규정했던 전일성 철학 지지자들의 관점에서 볼 때, 솔로비요프는 전일성의 형이상학을 '긍정적이며, 진실하며, 절대적인 전일성'이라는 이름으로 세계 철학사에 부활시킨 인물이다. 다만 여기서 주의해야 할 점이 그들이 언급했던 전일성은 세계의 이상적인 구성을 의미하는 동시에 그 속에 모든 다수성을 흡수하는 세계라는 점이다. 모든 것을 포괄한다고 해서 결코 획일적인 하나됨, 강제적 일치를 뜻하는 것은 아니라는 얘기다. 긍정적인 전일성만이 존재하는 모든 것을 포용하는 진정 완전한 진리가 될 수 있다는 것에 가치를 두었던 것이다.

러시아 종교 철학의 중심인 '전일성'의 형이상학은 우주론적 발전의 최종 목적을 인류가 조화롭게 하나되는 것에 두고 있었다. 종교 형이상학을 기저로 하는 솔로비요프의 윤리학에서 인간의 목표는 역사 속에서 하나로 결합되는 것이며, 하나의 이상적인 인류를 실현하는 것이었다. 이러한 솔로비요프의 전일성 철학은 앞서 살펴본 철학자 표도로프의 관점과도 유사한 부분이 적지 않다. 그들은 모두 세계 진화와 역사의 과정을 통해서 하나로 결합해야 하는 인류의 모습을 제시했다. 솔로비요프가 '소피아론'을 통해 세계의 '전일성'의 과정을 보여주었다면, 표도로프는 인류가 당면한 '공동 일'의 수행을 위한 구상을 제시함으로써 인류 결합의 당위성을 강조했다.

하지만 솔로비요프와 표도로프에게 '전일성'이 도출되는 토대이기도 한, 역사 인식의 방향성은 분명히 구분되는 측면이 있었다. 세계의 전일성을 향해 '앞으로' 나아가는 사회의 의식적 움직임이 중요한 솔로비요프에게는 미래에 대한 인식이 부각되었던 반면, '뒤로' 돌아가는 역사 인식 속에서 선조들에 대한 기억을 중시하는 표도로프에게는 과거에 대한 인식이 무엇보다 중요했다. 시간과 역사 인식의 방향성에서는 차이가 난다고 할지라도 이들이 집중했던 것은 결국 현세적인 시간관념을 극복하여 전 인류를 하나되게 하는 움직임이었다. 때문에 그들 모두에게서는 존재의 개체성을 소중히 여기면서도 인류를 하나의 전체로 만드는 '사랑'이 중요한 의미를 지닌다. 과거와 단절하고 계급투쟁을 통해 인간의 평등을 지향했던 소비에트 이데올로기의 사유 방식과는 달리, 표도로프와 솔로비요프는 결과적으로 과거를 계승하고 아버지를 부활시키는 공동의 노력, 다시 말해 신의 왕국을 성취하려는 공동의 노력을 통해 진정한 진보가 가능하다고 보았던 것이다.

표도로프와 솔로비요프는 '만민의 구원' 혹은 '전 세계의 구원'을 제시함으로써 하나가 되어야 할 인류, 거대한 가족으로서의 인류에 대해 얘기했다. 하지만 그들이 언급하는 '하나됨'은 소비에트 이데올로기에서 나타나는 구성 요소들의 손실이나 희생을 통한 것이 아니라, 모든 사람들에게 유익함을 주는 '진정한 전일성'의 실현이다. 솔로비요프와 표도로프의 논의에서 이것이 가능할 수 있는 근거는 바로 사랑에 대한 성찰과 각성 때문이다. 그들은 개체가 전체에 함몰되지 않을 수 있는 것은 사랑을 통해서만이 가능하다고 보았으며, 사랑 속에서만이 생명의 중심이 타인을 향해 실제 이동할 수 있다는 것을 인식했던 것이다. 표도로프와 솔로비요프의 인간에 대한 성찰은 구소련 해체 후 새로운 인간상을 모색하고 있는 러시아 지성계에서 뿐만 아니라 현대를 사는 우리에게도 의식의 전환과 새로운 정신문화의 패러다임을 제공한다. 그들은 개개인이 자율성을 잃지 않는 독립된 개체이면서도 '큰 하나'를 이룰 수 있는 인류의 모델을 제시함으로써 세계의 정신문화에 거대한 유산을 남긴 것이다.[189]

4. 새로운 종교 문화 패러다임: 인간이여, 죄의식에서 벗어나라!

신의 사랑은 세상을 품에 안으려는 과정을 가속화하기 위해 세상을 그대로 방치하지 않고 예수 그리스도의 인성으로 육화했다는 로스키의 표현처럼,[190] 솔로비요프는 인간에 대한 사랑으로 신성을 벗어던지고 인간의 근원에 참여한 예수 그리스도를 '두 번째 아담'으로 규정한다. 솔로비요프는 '두 번째 아담'에 대해 다음과 같이 언급했다.

> 만일 그리스도 속에 첫 번째의 능동적 합일이 '활동하는 힘이자 로고스로서의 신'이며 이것이 그 본질상 신적 존재로서의 그리스도라면, 소피아라는 신비적인 이름을 부여한

두 번째의 합일은 인류의 근원이자 이상적인 인간이라 할 수 있다. 바로 이런 합일 속에서 인간의 근원에 참여하는 그리스도가 '두 번째 아담'이라 할 수 있다.[191]

솔로비요프에 따르면 이것은 죄의식에 억눌려 있는 인간의 모습과 또 그것을 속죄해야 한다는 열망으로 가득 찬 인간의 모습이 부각하는 '첫 번째 아담'과는 다른 것이다. 이 '두 번째 아담'의 형상, 즉 교의에 충실한 기존의 성직자와는 달리 끊임없는 자책과 죄의식에서 벗어나 있는 인간의 형상은 솔로비요프의 절친이기도 했던 도스토예프스키 소설의 등장인물로 표출되어 있다. 동시에 도스토예프스키는 솔로비요프가 염원했던 새로운 종교 패러다임의 면모를 소설에서 묘사했다는 점에서 그의 작품은 솔로비요프 사상의 예술적 표출을 확인하는 자료가 되기도 한다. 이런 맥락에서 여기서는 솔로비요프의 세계관을 대변하는 도스토예프스키의 작품을 살펴볼 것이다. 이는 도스토예프스키가 왜 논란의 여지가 많은 성직자 모습을 소설에 투사했는가에 대한 문제와도 직결되는 것이기도 하다.[192]

평생을 신과 인간의 문제에 몰두해왔던 도스토예프스키의 종교관 연구는 그의 작품에 대한 연구사와 맥을 같이해 왔다 해도 과언이 아니다. 하지만 도스토예프스키의 종교관에 대한 이해가 그리 간단하게 정리되는 것은 아니다. 도스토예프스키의 종교관에 대한 연구는 그의 민중 사랑에 토대를 둔 '토지주의'를 하나의 신앙으로 이해하는 데 치중해 있었고,[193] 이로 인해 그가 강하게 피력했던 민중과의 친연성이 별다른 여과 없이 그를 철저한 정교 신봉자로 분류하는 코드가 되어왔다. 하지만 도스토예프스키가 지향했던 '민중의 그리스도교'는 정교회의 규범과는 사실상 분명한 차이가 있는 것이다.[194]

유사한 문제점은 그가 작품 속에서 묘사하고 있는 성직자나 사제들의 모습을 통해서도 드러나고 있다. 성자전을 포함해 수많은 종교서적을 탐독했고, 러시아 수도사들에 대한 다양한 자료를 수집하였을 뿐만 아니라 그것을 바탕으로 하여 등장인물들을 예술적으로 승화시켰음에도 불구하고 『카라마조프가의 형제들』의 대표적 인물인 조시마와 알료사의 문학적 형상이 실패했다는 지적이나,[195] 작가 자신이 등장인물들에게 부여한 종교적 관점이 비정교적이라는 평가 등이 여기에 해당된다. 예를 들어 소설 『악령』의 등장인물 찌혼이 그를 소심한 이단자로 생각하는 수도원장의 시선으로 제시되거나,[196] 『미성년』의 순례자 마카르 이바노비치가 교회 수도원의 전통에서 벗어난 민중 출신의

옵찌나 뿌스찐의 전경

성인으로 창조되었다는 언급이 그것이다.[197] 뿐만 아니라 종교 저술가 콘스탄찐 레온찌예프K. Леонтьев는 도스토예프스키의 종교관 자체가 이단적이라며 직접적인 폄하의 발언을 하기도 했다.[198]

일반적으로 한 인물의 형상화와 심리 묘사에 있어 천재적이라는 평가를 듣는 도스토예프스키가 종교 관련 인물들을 묘사하는 데에서는 왜 적절치 못하게 묘사했다는 지적을 당하고 있으며, 그 자신이 이단에 빠졌다는 비난까지 들어야 했던 것일까? 그의 종교적 인물이 민중 친화적이기는 하지만 그럼에도 불구하고 이단자적인 모습으로 그려졌다는 관점으로 이해되었다면, 도스토예프스키는 왜 당대의 종교적 관점에서는 제대로 이해받을 수 없는 인물들을 묘사하기 위해 심혈을 기울였으며 그 이유는 무엇일까? 여기서는 도스토예프스키가 이해한 러시아 정교의 성격이 선결 과제로 대두되는 까닭에, 그의 종교 철학의 집대성인 『카라마조프가의 형제들』을 통해 이에 대한 해명을 시도할 것이다.[199]

이 작품은 평생에 걸친 작가의 사상적 탐색의 결과일 뿐만 아니라, 사랑하는 아들을 잃은 작가의 슬픔이 응결되어 예술적으로 승화된 작품이다. 1878년의 세 살 박이 아들 알렉세이의 갑작스러운 죽음으로 인한 마음의 안정을 위해, 그 해 6월 블라지미르 솔로비요프와 함께 '옵찌나 뿌스찐'을 방문했던 개인적 체험이 이 작품 속에 투영되어 있기 때문이다. 솔로비요프는 도스토예프스키가 소설 『카라마조프가의 형제들』에서 알료사 카라마조프의 이미지를 창조하는 원형이 되기도 했다.

러시아의 영적 중심지 가운데 하나인 옵찌나 뿌스찐은 고도古都 칼루가의 코젤스크 근처에 이미 14세기부터 설립된 수도원이었다. 러시아 수도생활의 특별한 형태인 '장로제도'를 부활시키고 있는 이 수도원을 도스토예프스키는 1878년 6월 23일부터 29일까지 솔로비요프와 함께 방문했던 것이다. 솔로비요프는 아들 사망 후에 힘겨운 시기를 겪고 있던 도스토예프스키를 그 곳으로 데려갔고 소설에 등장하는 일련의 에피소드가 이 여행에서 받은 인상과 수도원 암자에서 머물던 경험에서 창조되었다.

도스토예프스키 아내의 회상을 통해서도 증언되고 있듯이 도스토예프스키의 옵찌나 뿌스찐 방문은 그의 커다란 슬픔에 진정한 위로가 되었을 뿐만 아니라, 잠시 중단되었던 『카라마조프가의 형제들』에 새로운 창작열을 불러 일으켰다. 도스토예프스키의 아내 안나 도스토예프스카야는 이렇게 기술하고 있다.

> 남편은 옵찌나 뿌스찐을 방문하고는 아주 마음이 평온해져 돌아왔다. 그 곳에서의 생활에 대해 자세하게 이야기해 주었으며, 유명한 암브로시 장로와 만났던 얘기도 상세히 들려주었다. 남편은 장로를 세 차례 보았는데, 한 번은 사람들에 둘러싸인 그의 모습을 본 것이었고, 두 차례는 둘이서 직접 만나 이야기를 나누었다고 했다. 그리고 남편은 장로에게 아들의 죽음과 나의 고통에 대해 이야기했고, 장로에게서 깊은 마음의 위로와 조언을 받았다고 이야기했다.[200]

옵찌나 수도원에서 도스토예프스키가 암브로시 장로를 만났던 일은 작품에 등장하는 조시마 장로의 형상과 그에 대한 인상을 구체화하는데 큰 역할을 했다.[201] 도스토예프스키 생존 당시에도 옵찌나 뿌스찐이 유명했던 이유는 이곳이 러시아에서 거의 명맥이 끊겨버린 '장로제도'가 유지되는 곳이었기 때문이다. 장로제도는 기도와 묵상을 통해 내적인 평온을 찾고자 했던 헤시카즘hesychasm과 케노시스kenosis적 자기 비움을 지향하는 고대 동방의 영성 전통으로서, 기독교가 태동했던 초대 교회시절부터 존속했던 제도이기도 했다.[202] 도스토예프스키 자신도 『카라마조프가의 형제들』에서 시나이와 아토스와 같이 그리스 정교를 믿는 동방 국가에서는 이미 천여 년 전부터 존재하던 제도라는 점, 하지만 현재 러시아 정교에서는 전례가 없는 새 제도라 하여 심한 박해를 당해 거의 사라져 버렸음에도 코젤스크의 옵찌나 수도원에서는 그 제도가 실제적으로도 상당히 흥했다(IX, 37)는 점을 기술하고 있다.

도스토예프스키의 옵찌나 뿌스찐 방문은 그 곳을 작품 속의 배경 공간으로 설정하고, 장로의 역할과 이미지를 조시마에게 부여하는데 중요한 역할을 했다. 신학자 토마스 슈피들릭Tomas Spidlik은 러시아 영성의 특성을 포착하기 위해서는 영성 지도자를 지칭하며 우리 말로는 흔히 '장로'로 번역되는 러시아 용어인 '스타레츠старец'의 가르침이나 여러 지역의 교회 의식과 관습 등의 대중적인 신앙심 안에서 살아 숨 쉬는 전승에 주목해야 한다고 언급한 바 있다.[203] 옵찌나 뿌스찐에서 출판된 자료에서는 자신들이 지지하는 '장로'의 역할에 대해 다음과 같이 설명하고 있다.

> 한 암자의 장로는 때때로 주위 수도원의 지도자와 고해신부 역할을 하기도 했다. 장로들은 자신을 찾아오는 사람들에게 현명한 조언을 해 주고, 그들의 미래의 길을 결정해주기도 했고, 그들이 영원한 구원의 길에 이를 수 있도록 도와주었다. 그럴 때면 방문객들은 장로에게서 내면의 온화함과 가까운 사람에 대한 사랑과 헌신의 모습을 배움으로써 죄를 미워하고, 가까운 사람과 신에 대한 사랑을 마음속에 간직하게 되었다. 뿐만 아니라 장로들은 신으로부터 초자연적인 능력을 받기도 하여, 미래를 내다보는 능력을 지니거나 사람들의 육체적 질병과 영혼을 치유해 주기도 했다.[204]

'영적 사부'라는 교회 전승의 의미가 내포되어 있는 '장로'가 서방의 영적 사제와 구별되는 점은 제도적으로 사제가 아닌 보통 수도자가 그 위치를 맡는다는 점이다. 장로는 영적 성숙을 위한 인도자로서, 불교의 큰스님과 같은 수행자 역할을 했다고 할 수 있다.[205] 이처럼 도스토예프스키가 조시마에게 투사한 정신은 오랜 세월 잊혀졌던 영성의 뿌리를 재조명하려는 작가의 의지를 읽을 수 있게 한다.

조시마의 형상은 모든 지상의 것에 대한 열렬한 사랑과 함께 죄에 대한 공포심을 강조하지 않는다는 점, 신에 대한 가르침보다는 세상과 인간에 대한 가르침이 우세하다는 점이 특징이다. 또한 어머니-대지 숭배와 우주적 신비주의에 대한 믿음은 조시마를 반대하는 다른 장로나 사제들과는 차별화되는 '그'만의 고유성으로 제시되고 있다. 무엇보다 도스토예프스키는 전 세계를 변형시킬 수 있는 가능성을 선을 지향하는 의지를 지닌 조시마 장로와 같이 성스러운 인물에게 부여했다. 조시마 장로와 같은 부류의 인물들은 인간의 영혼을 이해할 수 있는 능력이 있고, 자신의 재능을 인간의 영적인 개조에 쏟아 부을 수 있는 인류의 스승이기 때문이었다. 도스토예프스키는 그런 인물에게서 우주적인 차원의 인간 변형의 열쇠를 발견할 수 있다고 본 것이다.

5. 우리 시대의 '교회'와 '사제'는 어떤 모습이어야 하는가?

솔로비요프의 사상을 들여다보고 있노라면 모두들 자신의 종교를 방패막으로 타 종교에 대해 여전히 냉랭한 우리 사회의 뿌리 깊은 아집을 냉정하게 되돌아보게 된다. 우리 사회는 동일한 그리스도교 내에서도 각 종파의 특수성으로 자신의 정체성을 규정하고, 타 종파에 대해서는 여전히 색안경을 끼는 경우가 적지 않기 때문이다. 하지만 솔로비요는 종교에 대한 인간의 편협함이 인류의 정신적 부흥에 장애가 된다면, 전 세계 그리스도교에 내재된 정신적 가치는 그 의미를 상실하게 될 것이라고 끊임없는 우려를 표명했다. 정교나 가톨릭, 개신교 등의 종파의 범주를 벗어나 항상 보편적인 그리스도인이 되기를 갈망했던 솔로비요프는 '개인적 구원' 차원이 아니라 '전 세계적 구원' 차원에서 인간과 신의 결합을 이해했기 때문이었다.

솔로비요프는 신은 인간의 성화를 위해 인간이 되신 예수 그리스도로서 지상의 역사적 과정 속으로 들어온 것이며, 인간이 된 신은 지상의 삶을 통해 모든 악과 죽음의 법칙에 대한 승리와 부활을 체현함으로써 우리 인간에게 '신神의 왕국'을 열어주었다고 했다. 그런데 '신의 왕국'으로 향하는 것은 공포와 위험을 안고 사는 지상의 인간이 혼자만의 힘으로는 어렵다고 했다. 솔로비요프는 이런 전제하에 하나의 사회를 이루면서 인간은 함께 행동해야 한다며, 그런 사회의 이상으로 '자유로운 신정神政'이 실현되어야 할 필연성을 언급했던 것이다.

솔로비요프는 '자유로운 신정'에 대한 구상으로 하나가 되어야 할 인류의 모습을 제시했으며, 그것의 주된 논점 가운데 하나로 '동방 교회와 서방 교회의 재통합'[206] 필요성을 제기했다. 솔로비요프는 서방교회와 동방교회는 외적인 불화에도 불구하고 결코 끊을 수 없는 신비적인 고리가 있음을 확신했다. 동방 교회가 신비적인 관조를 풍부하게 보존하고 있는 반면, 서방교회는 국가로부터 자유로운 초국가적인 정신적 권위를 확립했다고 보고, 이것을 기반으로 동방교회와 서방교회의 재통합을 통해 전 세계적인 신정의 토대를 세울 것을 주장했던 것이다. 솔로비요프에게 정교와 가톨릭의 통합은 시대가 요구하는 보편적인 세계관에 대한 모색이자 인류를 일치시키는 세계적인 사회 구상이었던 것이다.[207]

솔로비요프는 자신이 이상적인 교회의 모습으로 생각하는 '신의 왕국'이 실제 출현하기 위해서는 그 진행과정 중에 반드시 가장 완전한 사회 조직인 신정체제가 필요하다고 보았다. 또한 신정체제에서 민족들 사이의 문제를 해결하는데 '이웃에 대한 사랑'인 그리스도의 계율이 무엇보다 필요하다고 생각했다. 특히 솔로비요프는 '참된 그리스도교 문화'와 '자유로운 신정'은 동양과 서양 정신문화의 긍정적 요소들을 유기적으로 결합할 때 창조된다고 간주했는데, 1880년대 솔로비요프의 관심을 끌었던 동방과 서방 교회의 재통합 문제는 이를 향한 첫 걸음이었다.

솔로비요프에게 '교회'란 오늘날 우리가 쉽게 떠올릴 수 있는 건축물로서의 이미지가 아니라, 신의 원리와 결합된 인류를 지칭하는 것이었다. 그의 사상에서 교회는 모든 것이 그 스스로가 되면서 하나가 되는 신비의 장場이며, 자유로운 신인神人 유대의 완전한 실현을 의미했다. 또한 그에게 '교회'는 자연적 생성의 세계 속에서 그리스도의 인격을 통해 역사적으로 개별화된 로고스의 몸이자, 그리스도 속에 있는 이상적이고 완전한 인류인 '소피아'였다. 종교 철학자 로스키 역시 동방 그리스도교인들의 사고는 창조된 우주를 교회론적 측면에서 이해하려는 경향을 발견할 수 있는데, 이것은 솔로비요프의 종교 철학에서 잘 나타난다고 강조했다. 로스키는 솔로비요프의 교회론에 대해 동조하며 다음과 같이 언급하기도 했다.

> 우주는 창조된 이후로 완전한 충만을 소유한 새로운 몸을 지니게 되는데, 이 새로운 몸이 바로 교회이다. 교회가 소유한 충만은 은총이며, 이 에너지들이 성령에 의해 인간들에게 허락되고 공급되는 것은 오직 교회 안에서, 그리스도 몸의 통일성 안에서이다. 교회 안에서 이 에너지들은 은총으로 나타나고, 바로 이 은총 안에서 피조물들은 신과 결합된다. 세상의 마지막 날에 하나님 나라로 변형되기 위해서 우주 전체는 교회로 귀속되고 더 나아가 그 자신이 그리스도의 교회가 되도록 부름 받는다.[208]

솔로비요프가 주관한 교회의 통합은 한 교회가 일방적으로 다른 교회에 흡수되는 차원의 문제가 아니었다. 그는 각각의 교회가 적대적이며 예외적인 특성들은 제거해가면서, 각각의 고유성과 형성의 원칙은 그대로 간직하는 결합이 되어야 한다고 강조했다.[209] 신의 로고스가 인간에 대한 사랑으로 육화했듯이 인간 역시 자발적인 사랑의 힘을 결합해 가며 신으로 향하는 일치의 마음을 가져야 한다고 보았으며, 이를 통해 인류는 '신의 왕국'을 획득할 수 있으리라 믿었다. 이처럼 솔로비요프는 인간과 신의 결합을 개인적 구원 차원이 아니라 '전 세계의 구원'과 직결되는 하나의 우주적 현상으로서 이해했던 것이다. 그에게 신인이란 하나의 살아있는 교회, 하나의 신비적인 몸, 하나의 완성된 전체성을 지향하는 도정의 마지막에 완성되고 승화되는 것이기 때문이었다.

도스토예프스키의 소설 『카라마조프가의 형제들』에 등장하는 조시마는 솔로비요프가 염원했던 이러한 '교회'의 이상적인 모습을 지향하는 인물이라 할 수 있다. 조시마의 세계관은 작가가 그의 방에 걸린 이콘에 대해 다음과 같은 상징성을 부여하는 면모에서도 드러나고 있다.

> 암자 전체가 매우 비좁고 짜임새가 없었다. 비품과 가구는 모두 조잡하고 빈약한데다가, 그것도 최소한의 필수품들뿐이었다. 창문에는 화분이 두 개 놓여 있었고, 방 한쪽 구석에는 성화가 여러 폭 걸려 있었다. 그중의 하나인 커다란 성모는 교회 분리 이전에 그려진 성화였으며, 그 앞에는 조그만 등불이 켜져 있었다. 그 옆에는 금빛 찬란한 또 다른 성상이 두 점 있었고, 다시 그 옆에는 케루빔 천사상이며, 사기로 만든 달걀이며, 상아로 만든 가톨릭식의 십자가를 안고 있는 비탄하는 성모며, 과거 수세기에 걸쳐 이탈리아 거장들이 만든 판화가 몇 점 걸려 있었다. 이 화려하고 고귀한 판화 옆에 성인이며, 순교자며 성자들을 그린 아주 서민적인 러시아 석판화도 몇 점 있었는데, 그것은 시장에서 몇 코페이카만 주면 살 수 있는 그림들이었다. (IX, 52)

조시마의 방에는 통상적으로 나란히 존재하기 힘든 몇 가지 요소들이 공존하고 있다. 첫째, 아들 예수를 안고 있는 마돈나가 묘사된 가톨릭식 십자가와 이콘, 즉 성모의 가톨릭적인 이미지와 정교의 이미지와 공존하고 있다. 둘째, 성인들과 순교자들을 모사한 싸구려 그림과 고귀하고 성스러운 그림이 함께 걸려 있다. 소설 『악령』에 등장하는 찌혼 주교의 방에 있는 가구나 그림에 대한 묘사와 유사하게 싸구려와 값나가는 물건, 검소한 물품과 화려한 장식의 가구, 세속화와 성화가 나란히 놓여 있다. 또한 종교적 신심을 북돋우는 성화聖畵뿐만 아니라 세속적인 판화도 걸려 있다.

조시마의 방에는 성聖과 속俗의 특성이 공존하고 있다는 점에도 주목해야 한다. 그의 방에는 교회 분리 이전의 '구교도들의 이콘'이 걸려 있고 그 앞에 현수등이 켜져 있는데, 이것은 구교도, 즉 분리파에 대한 작가의 공감 표명이라는 측면에서 중요한 단서가 된다. 또한 이것은 17세기 정교 분열 과정과 구교도에 대한 작가의 끈질긴 관심과도 연결되는 부분이다. 도스토예프스키가 깊이 관여하고 있었던 잡지 『시대Время』가 정교분열에 대한 자료들을 널리 공개했으며, 그가 정교 분열을 러시아의 민족사에서 아주 중요한 문제로 간주하면서 이에 깊은 관심을 가지고 있었다는 사실 역시 이를 입증한다.[210] 이러한 제반 요소들은 방 안에 걸려 있는 성화들처럼 그가 모든 종파를 초월하여 근원으로부터의 '일치와 화해'를 지향하는 정신의 소유자라는 사실을 표명하는 것이다. 도스토예프스키는 모든 것을 화해시키는 사상속에 러시아 사상의 본질, 러시아의 역사적 천명의 본질이 있다고 보았다. 조시마는 이런 맥락에서 모든 것을 자신 속에 포용하는 러시아의 '전인全人', 혹은 '보편인'으로 이해되었던 것이다.[211]

열린 마음으로 소탈하게 살아가는 조시마의 모습에서도 드러나듯이 극과 극을 아우르는 도스토예프스키의 종교관은 단순히 선과 악의 이분법, 물질과 정신의 분리를 중시함으로써 선과 정신의 승리를 이야기한 것이 아니다. 극과 극은 통하듯이 악은 선으로 가는 또 하나의 길이 되며, 물질은 새로운 정신을 잉태할 수 있는 토대가 된다. '소돔'의 이상은 '마돈나'의 이상으로 가는 또 하나의 길이며, '포도주'로의 변화는 '물'이라는 자질을 통해서만, '천상'으로의 상승은 '지상'과의 만남을 통해서만 가능하다. 도스토예프스키는 이런 인식을 토대로 전 우주를 끌어안고 만물을 포용하기 위한 시도를 했던 것이다.

살펴본 바와 같이 도스토예프스키의 정신은 인간에게 부여된 삶의 과제란 신의 의지를 지상에 실현시키는 것이며, 신적인 것을 인간의 것에, 천상의 것을 지상의 것에, 영적인 것을 물질적인 것 속에 육화시킴으로써 서로 대립되는 것을 연결하는 것이 그리스도교의 이상이라고 간주했던 솔로비요프의 신학과 같은 맥락이다. 모든 교회가 자신의 특수성만을 주장하는 것은 '에고이즘'의 다른 모습일 뿐이며, 교회가 자신의 목소리만을 중시하는 것은 궁극적으로 결합된 정신으로 나아가는 '진화'라는 견지에서 볼 때도 서로를 분리시켜 물질성과 다수성으로 내려가는 것에 불과하다고 주장했던 솔로비요프의 가치관 역시 이를 대변한다. 이것은 하나된 그리스도의 몸처럼 세상을 결합시키는 것이 아니라 끊임없는 분열을 낳을 뿐이기 때문이다. 솔로비요프는 이런 자신의 관념을 『세 대화три разговора』에서 표현하며 러시아 정교, 가톨릭, 개신교가 함께 연합하지 않으면

적그리스도를 막아낼 수 없으며, 궁극적으로는 그리스도 안에서 성취되는 '세계의 완성'에 도달할 수 없다는 관점을 표명하기도 했다.

솔로비요프의 동방교회와 서방교회 통합에 대한 주장에서 한발 더 나아가, 그가 1896년 2월 그리스-가톨릭 성직자인 니콜라이 톨스토이 신부가 집전한 성찬식에 참여하며 가톨릭에 입교했다는 주장도 있다. 뿐만 아니라 솔로비요프가 가톨릭에 대한 자신의 공감을 '우주 교회'의 숭배라는 것으로 가장했다는 관점도 존재한다. 하지만 러시아 종교 철학자 로자노프В.В. Розанов는 『도스토예프스키와 솔로비요프 사이의 언쟁Размолвка между Достоевским и Соловьёвым』(1906)에서 생의 마지막 순간에 솔로비요프는 동방정교와 가톨릭교 사이의 화해 시도를 거절했다고 주장하며, 솔로비요프가 굳건한 정교회 신자로 죽음을 맞았다는 점을 강조하기도 했다.

솔로비요프가 가톨릭에 깊은 관심을 갖고 동조했다는 관점에 대해 못마땅해 한 것은 러시아 종교 철학자들이 자신들의 종교적 정체성 고수를 위한 당연한 몸짓일 수 있다. 하지만 여기서 보다 중요한 것은 솔로비요프가 교회통합 문제에 발 벗고 나섰던 실제적인 이유는 그에게 '교회'는 신의 왕국을 드러내는 실제적이고 객관적인 형상이며, '신의 로고스의 살아있는 몸'이었기 때문이라는 점을 이해할 필요가 있다.[212] 솔로비요프가 염원했던 것은 세계 안에 있는 교회가 아니라, 교회 안에 있는 세계였기 때문이다. 우주적 관점에서 보았을 때 그리스도교의 공통된 정신을 망각하고 개별적 교리의 특수성만을 내세우는 종파의 양태는 또 다른 인류 분열의 자화상이었으며, 솔로비요프에게는 반드시 타파해야 할 대상이었던 것이다. 러시아 우주론에서 인간은 역사적 · 사회적 · 실존적 주체일 뿐만 아니라, 진화하는 존재이자 창조적으로 스스로 초월하는 우주적 존재이기 때문이다.

솔로비요프의 신학은 이론이나 도덕적 계시가 아니라 살아있는 인성의 계시, 즉 육체가 된 말씀의 계시였다. 그는 그것을 통해서만 그리스도교 우주론과 인간 역사의 공존이 가능해진다고 보았다. 그리고 솔로비요프는 그리스도와 세계의 유대를 단순히 율법적 · 도덕적인 것으로서만이 아니라 유기적인 것으로 만들기 위해 노력했다. 우주 전체의 원동력이자 종극終極인, 모든 진화의 방향과 유기적인 기능을 '신인'에 부여하고, 그 결과 그리스도 생성이 우주 생성의 승화로서 나타나도록 한 것이다. 이로서 자신의 신학을 우주학과 연결 짓고, 그것을 통해 새로운 인류학의 초석을 놓았던 것이다.

소우주-대우주 상응론에 입각한 니콜라이 베르자예프의 창조적 그리스도교

03

인간이 우주의 일부분이 아니라
우주가 인격의 일부분인 것이다.
-니콜라이 베르쟈예프Nikolai Berdyaev-

1. 종교여, 정신차려라!: 새로운 영성을 염원했던 베르쟈예프

종교의 역할은 무엇인가라는 질문은 신의 이름으로 전쟁을 벌였던 십자군 전쟁부터 자신의 신을 지킨다는 명목으로 끊임없이 테러가 자행되는 오늘날까지 수많이 던졌을, 그러나 여전히 명쾌한 답변을 하지 못하는 질문이기도 하다. 굳이 전쟁을 들먹이지 않더라도 세계의 개별적인 종교 교의와 그것을 '전통'이라는 이름으로 고수하려는 몸부림은 인간의 편협함을 그대로 노출시키고 있다. 그럼에도 불구하고 근대 이후로 접어들면서 그리스도교의 부정적인 면모를 비난하는 움직임이 생겨났고, 오늘날에는 정신의 각성이 없는 타락한 종교에 대한 비판의 목소리 역시 빈번히 등장하고 있다. 그 가운데 과학자이자 인류학자, 심리치료가였던 그레고리 베잇슨Gregory Bateson은 "인류는 종교를 서서히 타락시킴으로써 자신의 정신을 부패시키고 있는 것이 아닌가?"[213]-라는 비판적인 질문을 종교에 던진다. 이는 정신이 결핍된 종교는 감상적이고, 반지성적이며, 거기에는 우주론이 없다는 점을 상기시킨다. 그에 따르면 우주 없이는 정신도 없으며, 정신이 곧 우주 안의 우리 위치에 대한 깨달음이기 때문이다.

니콜라이 베르쟈예프

요즈음 유행하는 '영성'이라는 단어에는 그레고리 베잇슨이 던졌던 변화에 대한 열망이 반영되어 있다. 영성은 새로운 시대의 인간 이해를 드러내는 키워드이자 새로운 시대에 조응하는 그리스도교의 반응이라 할 수 있다. 종교에 정신을 되돌려주는 운동이 오늘날에는 도처에서 일어나고 있지만, 러시아에서는 벌써 오래전에 이런 의식에 대한 각성을 주장했던 한 망명철학자가 있다. 국내 학계에서도 이름이 낯설지 않은 니콜라이 베르쟈예프Николай Бердяев(1874~1948)가 그 분이시다.

20세기 초 종교 철학의 부활 움직임에서 세계관의 변혁에 관심을 가졌던 베르쟈예프 가르침의 출발점은 '인간'이었다. 베르쟈예프는 인간을 신을 닮은 존재로 규정했고, 어느 정도는 인간을 신성화하기도 했다. 그의 철학의 기본 테마는 자유, 창조, 인격이며, 그에게 '자유'는 존재의 토대였다. 다시 말해 베르쟈예프의 철학은 정신의 철학이었으며, 그에게 정신은 자유이자 창조행위, 인격이자, 사랑의 교류였다.

우주론의 스펙트럼에서 자신의 종교 철학을 펼친 표도로프나 솔로비요프에게서도 공통적으로 나타나는 바이지만, 니콜라이 베르쟈예프 역시 열렬히 신을 사랑했지만 당시의 종교 교리나 가르침에 대해서는 삐딱한 시선을 지닌 사상가였다. 그는 당시의 교회 상황에 대해 다음과 같이 평가했다.

> 교회의 생명력은 실신해서 쓰러질 정도가 되었으며, 교회는 늙어버렸다. 교회의 생명은 새로운 세계의 시대에서만이, 인류의 종교적 창조행위에서만이 부활할 수 있을 것이다. 그리스도교는 뼈처럼 단단해져 경화되었다. 그리스도교는 이천년이 된 노인이다.[214]

표도로프나 솔로비요프처럼 베르쟈예프 역시 수동적으로 신앙을 받아들인 인물은 아니었다. 베르쟈예프는 솔로비요프처럼 당시의 무신론과 신앙 사이의 깊은 갈등의 골을

메우며 자신의 독특한 사상의 입지를 세운 인물이었다. 남들이 가지 않는 길을 개척하다 보니 그들 모두는 자기 사상의 실현을 위해 부단히 투쟁하는 삶을 살아갈 수밖에 없었는지도 모른다.

특히 베르쟈예프가 대학생활을 하던 1890년대는 러시아의 역사적 진로를 놓고 인민주의자와 마르크스주의자 사이에 일대 사상적인 대결이 벌어졌던 시기였다. 이때 베르쟈예프는 마르크스주의에 가담하여 반정부 투쟁을 벌이다가 제정 러시아 정권에 체포되어 볼로그다에서 유형 생활을 하기도 했다. 하지만 바로 이 시기에 베르쟈예프는 마르크시즘에서 벗어나 종교적 실존주의와 인격주의 정신에 바탕한 인격과 자유의 철학을 가슴으로 만나게 된다. 그가 신학자 세르게이 불가코프를 통해 변증법적 유물론에서 전향하여 종교 철학과 정교회 신앙에 깊이 심취하게 된 것이다.

베르쟈예프는 학문적인 명성 덕분에 러시아 혁명 직후인 1920년대에는 모스크바대학 교수로 초빙되기도 했다. 하지만 소비에트 정권은 사회주의 건설에 걸림돌이 될까 우려해 그를 국외로 추방했다. 이후 그는 베를린과 파리에서 〈종교 철학 아카데미The Religious-Philosophical Academy〉를 설립했고 활발한 강연 활동과 저술 활동을 했으며, 자유와 인격에 대한 자신의 해석을 역사철학적으로 더욱 정교하게 가다듬었다. 그리하여 『인텔리겐치아의 정신적 위기Духовный кризис интеллигенции』(1910), 『자유의 철학Философия свободы』(1911), 『창조의 의미, 인간의 정당화 경험Смысл творчества. опыт оправдания человека』(1915), 『역사의 의미Смысл истории』(1923), 『새로운 중세Новое средневековье』(1924), 『자유로운 정신의 철학Философия свободного духа』(1927), 『인간의 사명에 관하여О назначении человека』(1931), 『인간의 노예상태와 자유에 관하여О рабстве и свободе человека』(1939), 『러시아의 이념Русская идея』(1946) 등과 같은 명저들이 세상에 반향을 던지게 되었다.

베르쟈예프는 자신의 저술을 통해 스탈린 치하의 소련 공산주의, 히틀러 치하의 독일 파시즘 체제, 서구의 자유주의 체제를 독특한 관점에서 재해석했다. 그에 따르자면 이 세 체제는 얼핏 보면 서로간에 적대적인 태도를 보이는 것 같지만, 비인간화라는 점에서는 공통점을 지니고 있다. 왜냐하면 이런 체제들은 폭력적인 방식이나 자본의 힘을 사용한다는 점에서 하나같이 인격의 자유를 억압하고 있기 때문이다. 베르쟈예프는 이것을 극복하기 위한 길을 그리스도교에 근거한 인간의 영적 능력 계발에서 찾고자 노력했다.

베르쟈예프가 그리스도교에서 자유로운 인격 발현의 가능성을 찾고자 시도했다고 해서 그가 현상으로서의 그리스도교 조직에 만족했던 것은 아니다. 그의 관점에서 당시 그리스도교 체계는 물질주의와 이기주의에 젖어 진정한 그리스도교 사명을 수행할 힘을 상실했다고 해도 과언이 아니었다. 베르쟈예프는 당시 시대 상황에서는 인류가 정신적 위기에 직면할 수밖에 없을 것이라 예견했다. 그는 당시의 사회 상황 속에서 인간의 운명과 구원에 관한 문제나 삶의 비인간화에 대항하는 투쟁에 관한 문제가 제기될 때, 필연적으로 종교 문제와 정신의 위기, 새로운 영성 문제에 직면하게 될 것이라 주장했다.[215]

베르쟈예프는 그리스도교 내부의 자정自淨 노력의 필요성을 언급하기도 했다. 그에게 그리스도교에 대한 심판은 정화의 과정으로서 삶의 변화를 위한 길이었다. 더 나아가 그는 신은 스스로 거룩한 존재이기 때문에 인간에 의하여 신성시될 필요가 없다는 주장을 펼치기도 했다. 그리스도교에 대한 심판은 인간 생활과 인간 문화의 모든 영역에서 이미 진행되고 있다며, 이는 거짓된 일원론과 거짓된 이원론에 대한 심판이자 인간의 연약함을 신격화한 것에 대한 심판이며 인간의 덕성 비하에 대한 심판임을 강조했다.[216] 베르쟈예프는 다음과 같은 말로 그리스도교가 역사 속에서 저지른 실패를 폭로했다.

> 그리스도인들은 노동자들에게 그리스도교와 관련해 불쾌한 연상을 하도록 만들었다. 그리스도인들은 노동자들 사이에서 반종교적이고 무신론적인 선전이 용이하게끔 온갖 일을 자행했다. 보다 정의롭고 인간적인 사회 질서를 건설하는 과제는 그리스도인들이 아니라, 그리스도교에 적대적인 사람들의 몫으로 떨어졌다. 종교적인 일과 인간적인 일은 분리되었다. 도덕 분야에서 그리스도교에 대한 심판은 이 문제와 관련되어 있다. 종종 그리스도교는 너무나도 반인간적이었고, 반휴머니즘적이었고, 신에 대한 사랑의 계명을 실천할 것을 호소하면서도 이웃 사랑의 계명에 반대했다. 그리스도인들은 원죄에 대한 교리로부터 거짓된 도덕적 결론을 끌어냈고, 인간의 창의성을 부정했으며, 죄를 범한 인간이 억압을 받고 고통당하는 것이 유익하다고 생각했다. 그리고 억압과 고통을 낳은 사회구조를 옹호했다. 온유와 순종에 관한 교리는 극심할 정도로 왜곡되었다. 그 교리는 악 앞에서 온유하고 악에게 순종하며 자신의 양심의 소리에 거역할 것을 요구하는 양상으로 변질되었다. 사랑과 자비의 종교는 무자비하고 잔혹한 인간관계를 설교하는 것으로 퇴색되었다.[217]

베르쟈예프는 그리스도교 영성은 신의 사랑과 자비 정신을 충분히 담지하지 못했으며, 인간적인 따스함을 담아내지도 못했다고 비판했다. 그에 따르면 오직 새롭게 태어난 영성만이 왜곡된 길로 가는 그리스도교를 되살릴 수 있다. 또한 베르쟈예프는 세계의 경제적, 정치적 상황도 끔찍스럽고 참을 수 없는 지경에 이르렀지만 가장 중대한 위험에 처한 것은 정신의 문제라고 지적했다. 인간은 생에 대한 탐욕과 현세에 대한 애착심으로 균형 감각을 상실했고 현대는 비인간화의 광기에 사로잡혀 있다는 것이다. 이런 난제를 해결하기 위해서 새로운 그리스도교 영성에 대한 계발은 필연적인 것이었다. 그는 새로운 시대를 이끌어 갈 영성에 대해 다음과 같이 설명하고 있다.

> 새로운 영성은 인간이 세상에서 창조적인 일을 수행하며 왕과 같은 지위에 오르도록 요청할 것이다. …(중략)…새로운 영성을 지닌 인간은 세상의 고통을 함께 나누며, 인간의 비극을 자기 안으로 품으며, 모든 인간의 삶 속에 영적으로 자유로울 수 있는 토대를 심어주고자 노력할 것이다. …(중략)… 새로운 영성은 세계와 인간으로부터 신에게로 나아가는 길일 뿐 아니라, 신으로부터 인간과 세상으로 향하는 길이다. 즉 이것은 위로 향하는 길일 뿐만 아니라 아래를 향한 길, 즉 신인과 신인의 삶에 관한 진리의 충만함에 참여하는 길이다. 낡은 영성에 따르자면, 신에 대한 사랑은 인간에 대한 미움이자 인간에게서 외면당하고 세상을 저주하는 것이 될 수도 있다. 하지만 새로운 영성 속에서 신에 대한 사랑은 인간에 대한 사랑이 될 것이다. 인간의 정신생활은 구원을 향한 길만이 아니라 세상 안에서 창조적으로 살아가는 길이 될 것이다.[218]

위의 언급을 통해서도 드러나듯이 베르쟈예프에게 '새로운 영성'은 그리스도교가 지향해야 할 새 패러다임이었다. 그는 창조적인 종교 사상과 철학 사상만이 정결한 작업을 수행할 수 있으며, 그리스도교의 영원한 진리를 수호할 수 있다고 주장했다. 사실 과거의 그리스도교는 인간에 대한 이원론적 이해를 드러내며 육을 죄의 영역으로, 영을 신과 소통하는 영역으로만 받아들이는 경우가 많았다. 하지만 오늘날 영성에 보다 관심을 기울이고, 영성을 새로운 시대의 인간 이해를 드러내는 키워드로 간주하는 것은 이에 상응한 움직임이라 할 수 있다.[219] 영성 신학을 통해서만이 이 세계에서 인간의 창조적인 사명에 관한 진리가 드러날 수 있기 때문이다.

2. 인간을 소우주로 보는 베르쟈예프의 관점과 중세 신비철학

베르쟈예프는 1917년 혁명 이후 망명한 철학자들 가운데, 아니 러시아의 모든 철학자들 가운데 가장 알려진 인물일 것이다. 그는 많은 글을 썼고, 그의 저술들은 대부분 여러 나라 말로 번역되면서 그를 통해 혁명 이후 몇 십년 동안 러시아의 주요 사상들이 서구에 소개되었기 때문이다. 베르쟈예프는 새로운 종교적 인식의 대표자이자 러시아 정교 정신의 구현자였지만, 1930~50년대 유럽 실존주의 형성에 큰 영향을 미친 실존주의 철학자로만 알려진 경향이 있다. 하지만 그는 종교 철학적 관점의 우주론, 즉 종교사에 새 길을 연 신학자였다. 베르쟈예프의 저술에는 러시아의 철학문화와 서구적인 철학문화가 결합되어 있었으며, 그의 사상은 실제로 세계 철학 사상의 전통이라는 나무에서 성장했다. 그의 저술에서는 그리스철학, 불교 철학, 인도 철학, 카발라, 신플라톤주의, 그노시스주의, 신비주의, 우주론, 인지학, 신지학 등을 아우르는 철학적·종교적 가르침이 녹아있다.

베르쟈예프는 표도로프나 솔로비요프와 마찬가지로 인간의 개별 존재자이자 역사적 존재자로서의 의미와 전망에 관한 문제, 즉 인간과 우주의 문제를 사유의 중심에 놓았다. 그리고 자신의 세계관을 구축하는 자양분이 되었던 20세기 초 러시아의 다양한 종교 철학 테마를 "신성한 우주와 우주적 변형에 관한 테마, 인간 내면의 신성함에 관한 테마, 인간의 창조적 소명과 문화의 의미에 관한 테마, 종말론적 테마, 역사 철학 테마"[220] 등으로 규정하기도 했다. 그럼에도 불구하고, 러시아 지식인 중에서도 베르쟈예프가 과연 우주론자인가 하는 문제에 의문을 가지는 사람이 있을 정도로 그의 우주론적 사유에 대해서는 세간에 잘 알려져 있지 않다.

하지만 베르쟈예프는 러시아 우주론의 대부 니콜라이 표도로프의 사상에 누구보다도 심취했던 사상가였다. 앞서 언급한 것처럼 니콜라이 표도로프의 논의는 일반적으로 사후 구원에 무게 중심을 두었던 당시의 교회 교리에는 벗어난 것이었다. 이런 표도로프의 관점은 당시 교회 당국의 인정은 받지 못했지만 우주에서의 인간의 사명에 대해 진지하게 숙고했던 러시아 종교 철학자들, 특히 니콜라이 베르쟈예프에게 깊은 영향을 주었다. 베르쟈예프가 크게 공감했던 부분은 인간이 원죄의식에서 벗어나 현재의 삶을 은총으로 보고, 이 삶을 하나의 창조 과정으로 승화시켜야 한다는 표도로프의 관점이었다. 그리고 베르쟈예프는 인간이 진정으로 우주를 이해하는 길은 인간을 하나의 '소우주'로 인식할 때만이 가능하다는 확신을 표출했다. 그는 인간이 고립된 개별적인 존재가 아니라 소우주로 격상될 때 대우주 역시 인간에 동화될 수 있다고 주장했다.[221] 인간 내부에는 이미 우주의 모든 힘과 특성이 내재되어 있기에 이를 극대화할 때 인간은 무한한 창조력을 발산할 수 있다고 확신했던 것이다.

베르쟈예프는 표도로프의 사상뿐 아니라 블라지미르 솔로비요프의 사상에도 근접해 있다. 1915년 그리스도교에 대한 자신의 적극적인 사랑을 표출한 『창조의 의미. 인간의 정당성 경험Смысл творчества. Опыт оправдания человека』에서 베르쟈예프는 솔로비요프를 추종하며 그리스도교는 신인성神人性의 종교라고 주장하고 있다. 세상의 변화를 위해 신이 인간으로 육화했다는 논의의 연장선상에서 베르쟈예프는 인간은 성부 아버지와 함께 신이 수행했던 창조의 작업을 지속해야 한다는 논리를 펼치고 있다.

하지만 베르쟈예프가 제기한 우주 철학의 근원에는 중세 신비철학과 신비주의자 뵈머Johann Friedrich Böhmer(1795~1863)나 슈타이너Rudolf Steiner(1861~1925)의 사상 역시 자리하고 있다. 이들 신비주의자들의 주장은 인간을 소우주로 의식했던 카발라에서 분명히 드러난다. 베르쟈예프의 주장에 의하면 카발라의 중요한 서적 『조하르Зохар』와 뵈머의 『대신비Mysterium magnum』에서는 인류의 죄의식과 인간의 타락을 강조하던 노쇠한 의식들을 성서에서 떼어버리며, 우주적 인간에 관한 진리를 열어 보이기에 여기서 인간의 자아의식은 정상에 달한다. 베르쟈예프는 특히 자신의 저술에서 카발라Kabbala에서 자신이 인상 깊었던 천상의 아담에 대한 가르침을 다음과 같이 기술하고 있다.

> 인간은 창조의 정점이다. 때문에 인간은 일곱 번째 날에 창조되었다. 인간이 나타나자 높은 세계와 낮은 세계, 즉 모든 것이 완성되었다. 따라서 모든 것은 인간 속에 포함되었으며, 인간은 모든 형태들을 결합했다. …(중략)… 인간은 절대존재를 포함해 세계의 형상, 보편적인 존재일 뿐만 아니라 신의 형상이라 할 수 있다. 지상에 존재하는 신의 현존인 천상의 아담이 태초의 어둠에서 나와 지상의 아담을 만든다.[222]

신비주의자 뵈머에게서도 인류학은 그리스도교와 불가분의 관련을 지닌다. 뵈머는 독창적으로, 그리고 과감하게 그리스도와 아담을 연결 짓는다. 뵈머의 '첫 번째 아담'은 카발라의 '천상의 아담'과 같은 것이다. 그에게는 하늘과 땅, 신과 인간, 그리스도와 아담이 놀라울 정도로 신비적인 유사함을 지닌다. 뵈머에게서 신은 인간이 되어야하며, 인간은 신이 되어야 한다. 베르쟈예프에 의하면 뵈머는 이에 대해 다음과 같이 표현하고 있다.

> 아담은 신의 말씀으로 창조되었다. 그러나 아담은 사랑이신 신의 말씀으로부터 분노이신 신의 말씀으로 떨어졌다. 그 때 다시 신은 아담의 형상에 가장 심오한 겸손과 사랑과 자비의 말씀을 온화하게 불러 일으켰다. 그리고 신은 불러 일으켜진 분노의 현존에 사랑의 위대한 현존을 끌어들여 그리스도 안에서 아담을 성자로 변형시켰다.[223]

중세 신비철학은 인간은 신과 세계 사이의 중개자이며, 신은 단지 인간 속에서만 자신의 전체성을 드러낼 수 있다고 표현한다. 결국 신의 모든 창조행위를 완성하는 창조물이 인간이기에, 인간이 창조행위의 진정한 사명을 완성할 수 있는 것은 그리스도를 통해서만이 가능하다는 관점이다. 이는 "인간은 작은 우주일 뿐만 아니라 작은 신神이다. 인간은 자신 속에 신과 우주를 닮은 이중의 형상과 동형同形을 지닌다"[224]는 베르쟈예프의 관점과 일맥상통하는 것이다. 계속해서 베르쟈예프는 본성에서는 아담이자 신성에서는 그리스도인 신인神人이 하나의 몸, 하나의 나무가 되었다는 견해를 펼친다.[225] 여기서 언급되는 신 안에서 잉태된 새로운 인간이라는 것이 이상적인 인간형으로 표현하는 '진정한 인간'이며, 이것이 바로 예수 그리스도라 할 수 있는 것이다.

베르쟈예프에 의하면, 인간은 신의 모상대로 창조되었기에 인간의 본성에 이미 신의 특성이 내재되어 있는데도 불구하고, 교회 교부들은 인간의 창조적 본성의 비밀을 수용하지 않고 인간의 타락을 지나치게 강조하다보니 인간이 죄와 욕망에서 벗어나지 못하는 인간학에서 허우적댈 수밖에 없다. 베르쟈예프는 교부 인간학에서는 인간과 신 사이에 커다란 간극이 생겨날 수밖에 없지만, 인간을 '소우주'로 인식하게 되면 인간은 육체 안에 존재하는 신이며 영원한 생명을 지닌 광활한 존재이자 완전한 지혜의 모습으로 표현될 수 있다고 주장한 것이다.[226] 교부 인간학은 낡은 이교도적 인류학에 의존하고 있으며, 여기서는 인간과 신 사이에 커다란 간극이 존재할 수밖에 없다고 보았던 것이다. 이런 맥락에서 베르쟈예프는 교부들에게 인간에 관한 교리는 있었지만, 그 속에 인간은 전혀 없었다고 언급했던 것이다.

하지만 베르쟈예프에 의하면 인간은 신의 모상대로 창조되었기에 바로 그 인간적인 본성 속에 신과 닮은 특성이 있다. 여기서 '소우주'와 '대우주'의 운명은 분리될 수 없다.[227] 때문에 우주를 새로운 땅, 새로운 하늘로 변형시킬 수 있는 존재 역시 인간뿐이다. 베르쟈예프에 따르면 신의 아들인 그리스도는 태초의 절대적인, 신성을 지닌 인간이다. 사람의 아들을 통해 자연은 신의 본성에 참여하며, 이러한 신성神性속에 인간의 모습이 나타난다. 완전한 신이자, 완전한 인간인 그리스도의 자아의식은 인간을 성 삼위에까지 들어올린다. 이렇게 삼위일체 본성에 참여하게 된 인간이야말로 신과 우주의 진정한 매개자가 될 수 있는 것이다. 이것이 가능할 때 신-창조주를 닮은 창조자가 인간이 될 수 있으며, 그 때 인간은 비로소 이 세계에서 자신의 긍정적이고 창조적인 소명을 의식할 수 있다는 것이다.

3. '역사상 예수historical Jesus'에서 '우주 그리스도Cosmic Christ' 추구로의 전환

베르쟈예프가 저술 곳곳에서 교부들의 신학적 인간학을 비판했던 근본 이유는 여기서는 인간이 '소우주'라는 사실을 인정하지 않기 때문이었다. 예수를 역사상의 존재로만 생각하는 교부신학에서는 인간의 창조적인 본성의 비밀을 수용하지 않기에, 인간에 내재된 그리스도학의 진리를 규명하지 못했다는 관점이다. 인간이 부여받은 창조적이고 긍정적인 사명에 대해 눈을 감고 있을 때 신과 인간 사이의 간극은 클 수밖에 없다. 베르쟈예프의 이런 관점은 대우주로 향하는 신학과 인간학에서만 인간속의 소우주를 감지할 수 있다는 논의와 연결된다. 그리고 이것은 오늘날 '우주 그리스도Cosmic Christ'를 얘기하는 영성 신학에서만이 인간의 창조적인 사명에 관한 진리가 드러날 수 있다는 관점과도 직결된다.

'우주 그리스도'라는 용어는 정신과 우주를 하나로 보는 관점에서 생성된 단어이며, 종교에 인간 정신을 되돌려 준다는 움직임 속에서 사용되었다. 이 어휘가 내포하는 의미는 그리스도교 역사에 이미 존재하고 있었지만, 이 용어가 구체적으로 쓰인 것은 예일 신학교 교수 스티븐슨G. Stevens의 『구원에 대한 그리스도교의 신조The Christian Doctrine of Salvation』(1905)라는 책에서였다. 그리고 오늘날에는 영성운동가 중의 한 명인 매튜 폭스Mattew Fox를 통해 널리 확산되고 있다.

매튜 폭스는 건전한 종교는 정신적 각성을 창조해내지만, 정신이 결핍된 종교는 썩은 냄새가 나는 우주론적 의식에 불과하다고 규정했다. 그는 우주 그리스도는 정신적 각성을 일으키며, 이 각성은 사람들에게 그들 주위와 그들 안에 있는 신의 현존을 체험할 필요성과 권리가 있다는 것을 가르친다고 주장했다. 이 각성은 그들의 정신과 마음을 우주를 향해 열어 주며, 우주에 대해서 우리는 무엇이고, 이 우주의 어디에 우리가 자리 잡고 있는가 하는 문제를 향해 마음을 열게 한다는 것이다. 즉 그는 우리는 방대한 200억 년의 역사를 가진 우주의 시민이며, 그 우주의 역사는 아직 끝나지 않았으며, 우리의 소명은 그 역사를 완성하는 것이라는 소명의식을 촉구하는 것이다.

베르쟈예프의 인간의 창조적 사명에 대한 이해와 동일한 맥락에 있는 '우주 그리스도' 개념은 성서에 등장하는 예수의 '새 술부대'의 의미 역시 대변하고 있다. 예수 시대 문화의 술부대는 사막을 지나가는 길고도 뜨거운 여행에서 살아남기 위한 생명의 부대였다. 그 술부대가 샌다면 사느냐 죽느냐의 문제였다. 술부대 안에서 일어나는 발효는 상당한 압력을 발생시킨다. 바짝 마른 술부대를 가지고 여행을 하는 것은 위험한 일이다. 매튜 폭스가 이 표상에 대해서 이야기하면서 주장하려는 것은 우주 그리스도가 빠진 현대 종교의 술부대는 위험할 만큼 말라버렸을 뿐만 아니라 심하게 새고 있다는 것이다. 그는 포도주, 곧 복음의 힘과 능력을 담을 수 없는 이 낡은 술부대 속에서 발전과 발효는 더 이상 일어날 수 없다고 본 것이다.[228]

매튜 폭스는 의식 전환의 패러다임을 요구하며 그 전환은 인간 중심주의에서 살아있는 우주론으로, 뉴턴에서 아인슈타인으로, 분리적 사고에서 전체성으로, 합리주의에서 신비주의로, 최상의 덕성인 복종에서 최상의 덕성인 창조성으로, 개인적 구원에서 공동치유로, 유신론(우리 바깥의 하느님)에서 만유재신론(우리 안에 계시는 하느님, 하느님 안에 있는 우리)으로, 타락-구속의 종교에서 창조중심의 영성으로, 고행에서 심미로의 이행이 되어야 한다고 주장했다.[229] '역사상 예수'를 추구하던 관점이 '우주 그리스도'로 옮겨가야 한다는 의미는 과학의 패러다임 전환에 관한 고전인 토마스 쿤Thomas Kuhn의 『과학 혁명의 구조The Structure of Scientific Revolution』의 정신이기도 하다. 이 책에서 쿤은 다양한 새 패러다임의 종류로 자연을 바라보는 새로운 눈이나 시각의 전환과 같은 것들을 제시하

고 있다. 쿤은 패러다임, 세계관, 또는 시각이 개인적인 것이 아니라 공동체의 문제라고 믿는다.[230]

새로운 의식 패러다임을 주장했던 매튜 폭스의 관점은 여러 면에서 러시아 우주 철학자들의 정신을 대변하고 있다. 앞서 살펴보았듯이 니콜라이 표도로프가 한 개인의 완성과 충만은 인류 보편의 일반적인 완성 속에서만 가능하다고 했던 것처럼, 매튜 폭스 역시 우리가 새로운 영성으로서 '만인의 구원'에 대한 관념을 지녀야 한다는 점을 주장한다. 그는 '우주 그리스도'라는 이름에서 개별적인 구원이라는 것은 완전히 쓸모없는 것이라며, 이는 오직 대중적 이단을 부추긴 뉴턴주의의 분리적 세계관에서나 가능한 발상이라고 본다. 즉 상호의존적 세상에 개별적 구원이란 존재하지 않는다는 것이다.[231]

현 시대 종교계에서 활발하게 추진되고 있는 유사한 움직임들은 러시아 우주론의 정신이 시대의 요청에 의해 부활하고 있다는 인상을 받게 한다. 더 나아가 과거 러시아 우주론자들의 사상에 응축되어 있던 미래지향적인 힘 역시 의식하게 된다. 이후 많은 서양학자들이 러시아 우주론자들이 제기했던 문제와 유사한 의식을 표현했다. 사회학자 로버트 벨라Robert Belah는 "모든 것은 조각나고, 모든 연관성은 사라졌도다"[232]라고 서양의 문제점을 쓴 시인 존 돈네Jone Donne의 시를 인용하며, 서양 문화가 얼마나 '분열의 문화'가 되었는지를 설명했다. 그의 문제제기에서 드러나듯이 '우주 그리스도' 개념은 모든 사람들을 분열된 기계론적 우주에 대한 예속으로부터 해방시키는 기능을 한다. 고고학자이자 신학자였던 테야르 드 샤르댕Teilhard de Chardin(1881~1995) 역시 그리스도를 인간의 본성도 신의 본성도 아닌 우주의 본성으로 이해하는 개념이 신앙인들이나 신학자들에게 생소한 것이 되어버린 이유를 계몽주의 탓으로 보았다. 그는 계몽주의 철학이 우주 그리스도를 끌어 내렸다면서, 이성주의와 부권주의적 사고방식이 신비주의와 직관과 상상력을 몰아내게 되면 자연스럽게 우주 그리스도 역시 사라질 수밖에 없다고 주장했다.[233]

비록 오늘날에는 여러 사상가들과 신학자들도 목소리를 내고 있지만, 우주 그리스도에 대한 인식이 신학 체계에서 사장死藏되었던 배경에는 초대 그리스도교의 철학자인 아우구스티누스Aurelius Augustinus의 영향력이 버티고 있었다.[234] 데카르트 철학에 큰 영향을 끼친 아우구스티누스 신학은 우주 그리스도에 대한 인식을 소진시켜 버렸다. 인간의 죄와 구원, 그리고 내적 양심에 큰 관심을 표명했던 아우구스티누스는 우주와 정신의 모성적 근원 및 우주 그리스도를 없애려는 당대 문화운동에 그다지 저항하지 않았고, 신학자들 역시 우주 그리스도라는 개념을 밀쳐 버림으로써 계몽주의에 화답했던 것이다. 이렇게 오랜 세월 신학사에서 배척당하고 박해받았던 우주 그리스도에 대한 믿음이 중세 신비철학에 깊은 관심을 갖고 있었던 러시아의 우주 철학자, 특히 니콜라이 베르쟈예프에게서 복원되고 있는 셈이다.

다음 장에서 구체적으로 살펴보겠지만, 베르쟈예프의 우주 그리스도에 대한 인식에서 출발한 그리스도교 내의 대립되는 의식의 양태는 도스토예프스키의 소설 『카라마조프가의 형제들』에 등장하는 조시마와 페라폰트라는 두 명의 성직자의 모습에서 구체화된다. 앞서 이 작품을 언급하며 도스토예프스키가 러시아의 '장로제도'의 원형을 부활시키려 했다는 점을 언급한 바 있다. 하지만 도스토예프스키가 장로제도 정신이 부흥되길 염원하긴 했지만, 단순히 그 제도 자체를 무조건적으로 옹호했던 것은 아니었다. 이는 장로제도를 신봉하는 수도원 내에서 조시마와 페라폰트라는 등장인물의 대립을 통해 동일한 믿음의 뿌리에서 갈라져 나온 인물의 대립상을 제시한다는 점에서 분명히 드러난다.

특히 이름난 침묵 수행자이고 보기 드문 단식주의자이며, 조시마의 적수로 등장하는 페라폰트 역시 '장로'로 제시되고 있다는 점이 이를 입증한다. 페라폰트를 처음 소개하는 부분에서 서술자는 분명히 그를 '장로старец'(IX, 208)라고 규정한다. 하지만 객관적으로 직분을 묘사하는 이 한 차례를 제외하고는 페라폰트를 '신부отец'라고 표현하고 있다. 이것은 작가가 일반적으로 '장로'들의 역할을 고려하여, 페라폰트를 온화하고 자애로운 조시마와 변별시키기 위한 하나의 의도라고도 볼 수 있다.

그리하여 작가 자신이 "사실상 장로제도는 인간을 노예상태로부터 구제하고 정신적으로 완성하여 재탄생시키는 무기로 벌써 천 년 이상이나 시험을 받아온 셈이지만, 그럼에도 불구하고 때로는 양쪽에 날이 선 흉기로 변모되기도 한다는 점"(IX, 39), 다시 말해 장로제도가 반드시 인간에게 좋은 결과만을 보여주는 것이 아니라, 그 속에서는 사람을 철저한 자기 극복과 복종으로 이끌기는커녕 오히려 가장 악마적인 오만으로, 즉 자유가 아닌 속박으로 이끄는 자도 나오게 마련이라는 점을 지적하는 것이다. 결국 그들이 '장로'라는 점이 중요한 것이 아니라, 그들이 종교에 대해 어떤 의식을 가진 인물들인가가 더 중요한 문제인 것이다. 이것은 그들이 신에 도달하는 방법, 신과 일치를 이루는 방법에 있어서 완전히 다른 의식을 표현하기 때문이다. 이제 베르쟈예프가 도스토예프스키의 소설에 등장하는 이 인물들에 대해 어떤 방식으로 접근하고 있는지 보다 면밀히 들여다보도록 하자.

4. '검은' 그리스도교와 '흰' 그리스도교의 충돌

베르쟈예프는 『카라마조프가의 형제들』에 나타나는 페라폰트와 조시마의 대립을 '낡고', '검은', '화석화된 미신적 그리스도교'와 '새롭고', '흰 그리스도교' 사이의 충돌이라고 규정하고 있다.[235] 베르쟈예프가 극단적으로 '검은'과 '흰'이라는 대조적 형용사를 사용해 두 등장인물의 종교관을 비판했던 양상이 소설에 어떻게 묘사되고 있는지 살펴볼 필요가 있다. 이 작품에서 조시마와 페라폰트는 외모, 성격 차원에서부터 끊임없이 대조된다. 조시마의 외모는 다음과 같이 묘사된다.

> 조시마 장로는 키가 작고 허리가 굽은 데다가 다리가 매우 허약한 사람으로 이제 겨우 예순 다섯 살밖에 안 되었지만 병 때문에 자기 나이보다 십년은 더 늙어 보였다. 여윈 그의 얼굴은 자글자글한 잔주름으로 덮여 있었는데, 눈 언저리가 특히 심했다. 조그맣지만 맑은 두 눈은 두 개의 빛나는 점 마냥 반짝반짝 빛을 내며 재빨리 움직였다. 하얗게 센 머리는 관자놀이 위에만 조금 남아있을 뿐이고 숱이 적은 턱수염은 쐐기처럼 뾰죽했다. 그리고 자주 미소를 띠는 입술은 마치 두 개의 노끈처럼 얇았다.(IX, 53)

이에 반해 페라폰트의 외모에 대한 묘사는 다음과 같다.

> 그는 고령인데다가 엄격한 금식생활을 하고 있음에도 불구하고 겉보기엔 아직도 건강한 노인으로 보였다. 키도 크고 허리도 굽지 않았고 얼굴이 여위기는 했으나 아직 쌩쌩하고 건강해 보였다. 그의 몸에 아직도 상당한 체력이 남아 있다는 것은 의심할 여지가 없었다. 체격 역시 장사의 몸집 그대로였다. (IX, 210)

도스토예프스키는 페라폰트 신부를 묘사할 때 육체적인 강건함을 언급했던 것과는 달리, 조시마를 묘사할 때는 '병약한 육체'와 '눈'을 강조함으로써 노쇠한 육체에서도 살아있는 맑은 정신을 강조하고 있다. 위의 인용문에서 페라폰트를 규정짓는 것은 대부분 무뚝뚝한 태도와 침묵, 그리고 금식과 같은 어휘들이다. 그는 평소에 약간의 빵 이외에는 거의 아무것도 먹지 않으며, 그의 금식은 만인이 기뻐해야 할 부활절에도 계속된다. 그는 빵에 미련을 가지고 있는 대부분의 사람들을 악마에게서 떠나지 못하는 사람들에 비유하기도 한다. 어쩌다 방문객들과 말을 주고받는 일이 있어도 그것은 매우 무뚝뚝하며, 혹시 그의 수수께끼 같은 말에 방문객들이 궁금해 다시 물어 보아도 절대로 설명해 주는 일이 없다.

삶을 고행으로 보는 페라폰트와 대조적으로 조시마를 규정짓는 것은 웃음, 미소, 기쁨 등이다. 조시마는 기쁨과 환희의 이론가일 뿐만 아니라, 그 이론을 생생하게 몸으로 체현한다.[236] 조시마의 정신적 가치와 자산은 소설 『악령』의 찌혼과 『미성년』의 마카르의 형상을 계승한 것이라 할 수 있다. '쾌활한 마음'은 도스토예프스키 작품의 의인들 모두가 지니는 특징이며, 도스토예프스키의 소설에서 그것은 정신적 도정의 최정점이자 신의 왕국을 반영한 것이다. 그들은 모두 육체적으로는 허약하거나 지병이 있지만, 미소를 잃지 않는다. 조시마는 찌혼이나 마카르처럼 거대한 이론을 펼치지는 않으나 항상 겸손과 상냥한 태도, 그리고 영혼의 평화 속에서 살아간다. 조시마는 심지어 악마에 대해서도 겸허한 태도를 견지해야 한다고 본다.[237] 이에 반해 페라폰트는 '최후의 심판'과 '사탄'에 대해 지나치게 의식을 집중하며, 어디를 가나 악마를 쫓는 구마驅魔식을 한다. 이것은 악마의 환영 때문에 고통스러워하는 한 수도승에게 평범하게도 약을 먹으라고 권하는 조시마의 모습과는 대립된다.

삶을 기쁨으로 보는 조시마의 내면은 온통 꽃으로 둘러싸인 그의 암자의 모습에서도 드러난다. 꽃을 화려한 삶의 일부로 보고 그것을 꺼려했던 다른 장로들과는 달리, 조시마가 거주하는 암자의 울타리, 교회당 둘레와 무덤 사이사이는 온통 꽃밭으로 가꾸어져 있는데, 이것은 '지상의 천국'을 지향했던 그의 삶을 대변하는 외적인 단서라 할 수 있다.[238]

조시마가 지닌 세계관은 하늘, 땅, 인간을 하나로 보는 통합적 영성 속에서만 가능한 것이다. 그 '통합'에 대한 인식이야말로 만물의 내적 연관성을 응시하는 것이라 할 수 있다. 연관성과 관계성이 만물을 관통하고 있다는 의식 속에서 인간은 서로에 대해 죄와 책임이 있다는 조시마 장로의 가르침 역시 이해될 수 있는 것이다. 지상의 천국이란 바로 하늘과 땅이 조우할 때 가능한 것이며, 대지에 대한 사랑과 인간에 대한 사랑을 통해 신을 사랑하는 마음으로 확장되는 조시마 장로의 모습에 하늘과 땅을 분리하는 페라폰트가 대칭축으로 사용되는 것은 그 때문이다. 대지에 대한 사랑을 통해서 하늘로 시선을 돌리는 조시마와는 달리, 도스토예프스키는 소설에서 "페라폰트 사제는 하늘의 정령과만 소통하고 있어 언제나 이들 정령하고만 이야기한다. 그것이 그가 지상의 인간하고는 말을 하지 않는 이유였다"(IX, 209)라고 기술하고 있다. 대지와 인간의 고통을 외면한 채 하늘만을 흠숭하는 페라폰트의 모습은 역으로 조시마가 지닌 관점의 중요성을 부각시킨다.

베르쟈예프는 조시마와 페라폰트의 이러한 대조에 주목하며 페라폰트는 정교에 마비 상태와 죽음을, 조시마는 부활과 새로운 생명력을 부여하고 있다고 표현했다.[239] 사실 서로 대립되는 것을 포용하는 조시마의 모습은 권위를 내세우는 교회의 부성父性적 원리에서는 허용될 수 없는 것이다. 이것은 교회의 모성母性적 토대 속에서만 이해될 수 있는 것으로, 상하 귀천을 막론하고 장로 앞에 모여와 충고와 교훈을 청하는 민중들에게 뿐만 아니라, 수도자들에게도 매일 저녁 하루 동안에 범한 죄와 사소한 말다툼까지 죄다 고백하도록 하여 그것을 하나하나 화해시키고 훈계하며, 일일이 축복을 내려 돌려보내곤 하는 조시마의 자애로운 모습을 통해 잘 나타난다. 이러한 수사들의 참회에 대하여 장로제도 반대자들은 비난의 화살을 퍼부으면서, 이것은 성비례聖秘禮로서의 참회의 신성을 더럽히는 것으로, 독신죄瀆神罪와 다를 바 없다는 주장을 하기도 한다.

'자애로운 교회', 즉 '어머니-교회'의 모습을 강조하는 조시마의 형상은 모든 권위를 거부하고, 여성들의 아픔을 따뜻하게 어루만져 주는 모습에서도 나타난다. 서술자는 조시마 장로의 은혜와 축복을 받으려는 다양한 순례객의 모습뿐만 아니라, 치유의 은총을 받기 위해 몰려드는 병든 여인들과 미친 여자들의 모습을 자세하게 묘사하고 있다. 그리고 서술자는 이 여인들이 결국은 부권주의의 희생양임을 암시한다. 『카라마조프가의 형제들』의 서술자는 여성들의 광증은 특히 러시아에서 볼 수 있는 무서운 부인병이며, 가부장적 사회와 그 제도 하에서 생겨나는 러시아 시골 아낙네들의 비참한 운명을 입증하는 병이라고 설명한다. 이것은 연약한 여성의 본성으로는 도저히 감당해 내기 어려운 숙명적인 비탄이라든가 구타 등에 의해서 일어나는 것으로, 서술자는 이 증상을 당시의 가부장적 사회에서 여성으로서 필연적으로 짊어져야 했던 숙명으로 묘사하고 있다. 여기서 조시마는 모든 가부장적 원리에 의해 고통당하는 시골 아낙네들의 아픔, 그 대지의 고통을 어루만져 주기 위해 노력한다. 이러한 조시마의 행동은 사람들과의 접촉, 특히 여자들과의 만남조차 엄격히 금하고 있는 페라폰트의 모습과 또 다시 대조된다.

조시마가 보여주는 '어머니-교회'의 모습과는 대립되는 '부성적 원리'는, 교회사 내에서 점점 득세하게 된 부권주의가 교회 내의 모성에 대한 추방을 표명하면서 팽배하게 되었다. 매튜 폭스는 종교사에서 교부시대가 압도하게 된 이유를 서구 그리스도교가 312년 밀라노 칙령으로 로마 제국을 계승하면서부터라고 설명한다. 당시 부권주의적이고 이분법적인 신학자였던 히포의 아우구스티누스는 어머니 사랑의 결핍을 정당화하는 신학을 전개했다. 그리고 여성을 그늘로 밀어 넣고 희생양으로 삼으면서, "여성이 아닌 남성만이 하느님의 모상대로, 하느님과 유사하게 창조되었다"고 기록했다는 것이다. 매튜 폭스는 그 시대를 '교부시대patristic age, age of the father'라고 표현하는 것은 그 때문이라고 주장한다.[240] 하지만 조시마는 자비로움의 대명사, 즉 '신의 모성'을 대변하는 사람이다. 이는 조시마가 교회에서 파문된 사람, 국가의 범죄자, 그리고 자살자들에 대해서도 모두 자비를 베풀어야 한다고 생각하는 점에서 잘 드러난다.

페라폰트와 조시마의 모습에서 도출되는 문제는 '신비'에 대한 정의의 필요성, 즉 엄격한 고행을 통해 신에 도달하는 것과 기쁨을 통해 신과 일치하는 체험 가운데, 작가가 무엇을 진정한 신비로 보고 있는가 하는 것이다. 사실상 신비주의는 그 어원에서부터 양면성을 내포하고 있다. 신비주의라는 말은 그리스어 '미스티코스mystikos'에서 나온 것인데, 그것은 '감각을 닫는다'는 의미와 '신비로 들어간다'는 서로 연관된 두 가지 의미를 지닌다. 왜냐하면 감각의 문을 닫는 방법을 배우게 되는 그만큼, 역설적으로 더 완전히 신비에 대해 눈을 뜨게 된다고 보기 때문이다.

서양의 두 영적 전통, 즉 '금욕주의적 타락-속량 영성'과 '원복原福(original blessing)의 창조 중심 영성'은 '미스티코스'라는 말을 서로 다르게 해석한다. 전자는 '감각을 닫는다'는 말을 '고행'이라는 의미로 해석한다. 타락-속량 영성 저자들에게는 '감각의 죽음'이라는 것이 중요하며, 이것이 육체와 본성에 대한 불신과 결합되면 열정과 감각, 그리고 자아에 대한 통제라고 이해되는 금욕주의와 신비주의를 동등한 것으로 여기게 된다. 이에 반해 창조 중심의 영적 전통은 '감각을 죽이는 것'과는 별로 통하는 것이 없다.

이 전통은 열정과 육체, 감각과 관능을 신이 준 선물의 일부, 원복의 일부로 여기기 때문이다. 창조적 영적 전통에서는 육체를 가진 존재라는 것이 별로 한탄할 일도 아니며, 육체에 벌을 주거나, 육체나 그 외의 것들을 극복하기 위해 애쓸 필요가 없다. 이런 전통에서는 자비가 기초적인 힘의 원천이며 도덕의 참된 규범이 된다.[241]– '원복 영성'과 '타락–속량 영성'은 조시마와 페라폰트의 가치관을 이해하는 것에도 그대로 적용될 수 있다.

현대 영성 전문가 매튜 폭스의 관점에 의하면, 금욕주의적 관점은 인간, 만물, 어머니 땅, 창조 자체 위에 힘으로 군림하는 근본적인 가부장적 이념에 잘 이용되어, 감각을 죽이라고 강력하게 주장한다. 페라폰트의 형상에 부정적 이미지를 투사함으로써 그의 지향이 참된 영성, 참된 신비주의가 아니라는 것을 암시하는 도스토예프스키의 관점은 이런 맥락에서 이해될 수 있다. 이에 반해 조시마가 보여주는 자비는 일치의 체험에서 생성된 신비주의라 할 수 있다. 자비는 서로가 서로의 일부이고, 모든 살아있는 존재 사이의 상호 의존에 대한 의식이다. 사실 조시마가 보여주는 자비에는 인간과 인간, 인간과 만물을 결합시켜, 모든 피조물들이 참여하는 공동의 장場이 내재되어 있다. 이처럼 '참된 종교란 우리 인간을 더 큰 우주적인 근원과 묶어주는 탯줄'[242]–로 보는 도스토예프스키의 의식속에서 우리는 어머니–대지, 어머니-지구의 치유를 통해 새로운 미래를 응시하는 작가의 시선을 느낄 수 있다.

살펴본 바와 같이 도스토예프스키의 이상과 같은 만유재신론은 당시의 관점으로 보면 '새 술', '새 술부대', '새 패러다임'과 같은 기능을 하는 것이었다. 이러한 패러다임의 전환이 이루어질 때, 만유재신론은 지혜에 대한 새로운 각성이라는 의미를 획득하게 된다. 그 전환은 분리적 사고에서 전체에 대한 이해로, 합리주의에서 신비주의로, 개인적 구원에서 공동 치유로, 유일신론에서 만유 재신론으로, 타락-구속의 종교에서 창조적 영성으로, 고행에서 심미로의 전환인 것이다. 결국 만유재신론에 대한 이해는 '지식'보다 '지혜'를 소중히 여기고, 결국 예수를 '지혜'라고 강조하는 길이며, '지혜의 참된 기능은 연결시키고 조화시키는 기능'[243]–이라는 것을 인식하는 것이다. 이러한 지혜로 향하는 길이 바로 예언자의 길이고 변화의 길이라고 도스토예프스키는 생각했던 것이다.

페라폰트와 조시마, 모두 신의 진리를 찾고 신과 합일을 이루기 위해 노력했던 사람들이지만, 도스토예프스키는 페라폰트에게는 침묵과 고행의 사슬을, 조시마에게는 겸손하고 온화한 기쁨을 부여함으로써 완전히 다른 색채를 부여했다. 작가는 유일신론의 신봉자인 페라폰트와 만유재신론의 대변자인 조시마를 대립시키면서, 교회의 부권주의에 대항하여 '죽어가는 어머니 교회'를 되살리고자 하는 의지를 보여주었다. 그의 종교 사상적 분신인 조시마에게서 나타나는 어머니-교회에 대한 관심은 어머니-대지에 대한 사랑, 모성에 대한 사랑, 그리고 학대받는 여성들에 대한 사랑과 동일한 의미론적 함의를 지닌다. 부권주의와 하늘 중심 사상에서 끊임없이 박해를 받아왔던 여성과 땅에 대한 보속은 새로운 정신적 가치에 눈뜨게 된 도스토예프스키의 주인공들이 모두 공유하는 의식이다. 갈릴리 가나의 혼인잔치에서 '새 술'을 마셔야 한다는 조시마 장로의 언급처럼, 도스토예프스키는 종교계 역시 새로운 의식 전환이 필요하다는 것을 주장했던 것이다.

5. 신神과 함께 하는 창조행위, '테우르기야'로서의 예술

'창조 중심의 신비주의'는 새로운 의식 패러다임의 전환을 촉구하는 베르쟈예프의 종교적 관점의 핵심 키워드일 것이다. 베르쟈예프는 인간이 원죄의식에 억눌려 속죄의 삶을 사는 모습에서 벗어나 삶 자체가 은총이며, 삶은 또 다른 창조의 과정이 될 수 있다고 보았다. 창조성과 새로운 영성의 필요성에 대한 테마는 그 누구보다도 베르쟈예프에게서 강력하게 울려 퍼진다. 그는 "새로운 영성은 무엇보다 창조적 에너지와 영감에 대한 체험이어야 한다. 창조성은 새로운 영성의 기본 문제이다"[244]라고 주장한다.

베르쟈예프의 사상 이해에 있어 결정적 역할을 하는 '자유'와 '창조'는 그의 『자유의 철학Философия свободы』과 『창조의 의미Смысл творчества』에서 분명히 드러난다. 그에게 '자유'는 창조의 유일한 원천이자 토대이며, 창조는 인간의 가장 중요한 의무이자 종교적 책임이기도 하다. 베르쟈예프는 인간의 목적은 구원이 아니라 창조에 있다고 주장하며, 창조행위는 그 자체로 가치가 있다는 점을 역설했다. 선과 악의 이분법적 프레임에서 벗어나 창조의 윤리학을 설파했던 베르쟈예프는 이러한 점에서 그리스도교 전통에서는 한 발 물러나 있었고, 창조의 역할을 과소평가했다는 점에서 그리스도교를 비판했던 것이다.

더 나아가 베르쟈예프는 인간의 창조성과 영성의 상관관계를 언급하며 '예술'의 중요성을 설파했다. 그에게 "예술은 창조적 변형이며, 실제적 변형 이전에 변형을 미리 체험하는 것"[245]이었다. 베르쟈예프는 신神은 우리의 자유로운 창조적 행동을 고대한다며, 창조성은 신에 대한 인간의 의무에 다름 아니라고 했다. 그는 다음과 같이 언급했다.

> 인간의 창조성은 인간 편의 요구나 권리가 아니라 하느님께서 인간에게 요구하고 요청하는 것임을 반드시 기억해야 한다. 하느님은 인간의 창조행위를 기다리고 있으며, 그것은 하느님의 창조행위에 대한 응답인 것이다.[246]

그렇다면 베르쟈예프에게 '창조'가 그렇게 중요했던 이유는 무엇인가? 그것은 그에게 '창조'가 자신의 세계관의 핵심인 '자유'와 직결되는 개념이었기 때문일 것이다. 베르쟈예프는 정신적인 초월과 자유를 인간의 지평을 넓혀 줄 수 있는 가장 기본으로 인식했다. 그에게 초월과 자유는 예술행위의 동력이 되는 기본 의식이었다. 베르쟈예프는 창조를 어떤 유한한 대상물에 형식을 부여하는 행위에 국한되는 것이 아니라, 오히려 무한한 것에 대한 열림의 의식이자 무한성에 대한 비상飛翔으로 규정했다.

앞서 여러 차례 언급했던 것처럼, 베르쟈예프에게 인간은 우주의 한 부분일 뿐만 아니라 인간 자신이 내적으로 완결된 하나의 우주였다. 바로 이런 점에 근거해 인간의 '창조행위'는 우주적인 의미를 지닐 수 있는 것이다. '소우주'인 인간은 '대우주' 속에서 역동적으로 자신을 표현하는 강인한 존재이자 또 다른 새로운 존재를 창조하는 권위자가 될 수 있다는 것이다.[247] 하지만 여기서 찌들려 있는 죄의식에서 창조적 비상이라는 의식 전환을 위해 인간이 노력해야 하는 것은 필수 요소였다.

베르쟈예프의 논의에서 창조행위는 신의 부름에 대한 인간의 응답이자 세계 창조의 지속이라는 의미로 확대된다. 세계 창조의 지속과 완성은 신인神人적인 작업으로, 이는 인간의 창조행위를 매개로 지속되는 것이다. 신이 인간의 응답과 인간의 창조를 필요로 한다는 생각은 대단한 모험일 수 있지만, 이러한 모험 없이 신인神人의 계시라는 것은 그 의미를 잃고 만다는 것이 베르쟈예프의 기본 생각인 것이다. '창조행위'는 새로운 생명, 새로운 존재, 새로운 하늘과 땅, 세계의 변용을 지향하는 것이기 때문이다.

베르쟈예프의 '창조'와 '예술'의 힘에 대한 인식은 외부세계에 대한 경이로움을 일깨우고, 그것을 표현할 수단을 제공함으로써 존재에 대한 경외심을 표현할 수 있게 해

주는 것으로 예술가의 임무를 확장하는 현대 정신문화에서 새롭게 각광받고 있다. 이는 "과학과 예술의 전체 목적은 우주적인 종교적 감각을 각성시키는 것"[248]이라고 했던 아인슈타인의 주장에도 상응하는 것이다. 이것은 예술을 통해 우주적인 종교적 감각을 체험할 수 있다는 관점, 즉 새로운 우주론적 각성이야말로 인류를 새롭게 재형성할 수 있는 원동력이 된다는 의미이기도 하다. 정신분석학자 오토 랑크Otto Rank에 의하면 이런 의식은 수백만 년 전에 우리 혹성에 의식을 싹트기 시작한 것에 못지않은 도약이 될 수 있다. 더 나아가 오토 랑크는 진정으로 인류를 재형성하기 위해서는 창조성에 대한 폭넓은 각성과 더불어 근본적인 변화를 낳을 수 있는 '새로운 인격형'이 요구된다고 주장한다. 그때서야 비로소 새로운 형태의 인류가 탄생할 것이라며 그는 다음과 같이 언급한다.

> 새로운 형태의 인류는 …(중략)… 예술 생산에 대해 초연한 경지에 도달한 예술가들 안에서 탄생해야 한다. 인격 형성을 위해서 예술 표현을 포기할 수 있는 창조적 능력을 가진 사람은 자신의 창조적 욕구를 직접 자기 자신의 인격을 위해서 사용할 수 있을 것이다.[249]

오토 랑크의 관점과 일맥상통하는 주장, 즉 우리 인류가 새롭게 지향해야 할 창조 모델로서 베르쟈예프가 언급했던 '테우르기야Теургия'로서의 예술에 대해서도 언급해야 할 것 같다. 베르쟈예프는 신과 함께 하는 인간의 행위, 즉 테우르기야에 대해 다음과 같이 설명했다.

> 테우르기야는 문화를 창조하는 것이 아니라 새로운 존재를 창조한다. 테우르기야는 문화를 초월하는 것이다. 테우르기야는 다른 세계, 다른 존재, 다른 생명, 본질로서의 아름다움을 창조하는 예술이다. …(중략)… 테우르기야는 신과 함께 하는 인간의 행위이다. 신인의 창조행위이다.[250]

다른 세계, 다른 존재, 본질적으로 다른 삶과 미를 창조하는 테우르기야는 창조 에너지를 새로운 삶으로 향하게 한다. 우리 말로 적확한 표현은 어렵지만 '마술로서의 예술' 정도로 번역될 수 있는 '테우르기야로서의 예술'은 말씀이 육체가 되는 신비를 구현하는 것이라 할 수 있다. 여기서 마술을 행하는 주체자인 예술가는 '테우르그теург'와 동일시 된다.[251]- 테우르그는 신과 결합한 상태에서 완전한 미美인 코스모스를 창조한다. 테우르기야를 통해 예술은 새롭게 변형된 자연이 되어야만 한다.

'테우르기야'에 대한 믿음은 베르쟈예프 뿐만 아니라 솔로비요프에게서도 공통적으로 나타나는 것이다. 생명을 창조해내는 '기적' 혹은 '마술'을 의미하는 '테우르기야'라는 적극적인 신의 행위를 통해 영적으로 변화된다는 관점이다. 이것은 인간 내에서 신이 하나의 에너지로 활동하고 있다고 보기 때문에 가능한 것이다. 솔로비요프와 베르쟈예프의 테우르기야적 믿음에서 예술은 삶을 창조적으로 재건시킬 수 있는 관념의 토대이자 신인神人적인 창조행위, 종교와 미학이 어우러진 새로운 정신의 패러다임을 창조하는 작업이 될 수 있다. 이것은 그들이 '예술'에는 인간 안에 잠들어 있는 영성을 깨우고 그 세계와 소통할 수 있는 매개가 될 수 있는 가능성이 내재되어 있다고 보았기 때문에 가능한 발상이었다.

바로 이 지점에서 예술가에게는 미학과 윤리학이 등가적 기능을 하게 된다. 그들에게 예술은 본질상 종교적인 것으로, 진정한 예술가는 영원한 생명을 창조하는 임무를 지닌다고 생각했기 때문이다. 러시아 우주론의 미학적 반영이라 할 수 있는 '예술'이 하위 차원에서 상위의 차원으로 정신에너지의 상승을 촉진시키는 매개체 역할을 한다는 견해 역시 이와 맥이 통하는 관점이다.

살펴본 바와 같이 러시아 우주론에 대한 논의에서 '예술'은 새로운 생명을 창조하고 그것을 통해 세계의 변형을 염원하는 '테우르기야'적 행위로 격상된다. 우주론적 관점을 표출하는 예술가들의 창작행위를 신의 전일성全一性을 드러내는 것에 비유한 것이나, 예술의 창작행위를 신神과 함께 하는 인간의 행위로 간주했던 점, 그리고 생명과 미와 조화를 통해 세상을 변화시킬 수 있다고 믿었던 사실은 이를 반영한다. 그들에게 예술은 저급한 삶의 차원에서 보다 상위 차원으로 정신에너지를 상승시키는 통로 역할과 함께, 존재의 근원으로 회귀할 수 있는 추동력을 내포하는 것으로 인식되었던 것이다.

우주론적 인식에서 '예술'은 인간 영혼을 일깨워 소우주인 인간이 대우주와 소통하는 진정한 창조행위로 확장된다는 점에서 의미가 있다. 사실 서양 문명에서는 신비주의를 죽이고 합리주의만을 내세웠던 뉴턴주의적 사고방식 이후에 예술가들은 전문직업인이 되어 버렸으며, 예술가와 신비가의 역할은 과소평가되어 온 경향이 지배적이었다. 철학자 에리히 프롬Erich Fromm의 표현에 의하면 서양 문명의 예술가는 전문 직업인이 되어 버렸다. 이로서 우리 세계에서 폭넓고 일반적인 의미의 예술, 일상생활의 일부분인 예술은 설 자리를 잃어버렸다는 것이다.[252]

에리히 프롬이 주장했던 것은 인간 모두가 자신의 내면에 잠자고 있는 예술가를 깨워서 그것을 인류를 각성시키는 데 사용해야 한다는 의미였다. 하지만 우리는 이미 러시아 우주론의 예술적 특성에서 예술가를 단순한 직업인의 의미로 보는 것이 아니라 인간의 내면에 잠자고 있는 정신의 부활을 일깨우는 사람으로 간주하는 특성을 발견하고 있다. 또한 이는 누구보다도 신과 함께 하는 창조행위를 중시했던 베르쟈예프에게서 강력히 울려 퍼진다. 그는 예술이 인간의 삶에서 비롯된 활동이고 삶의 의미와 깊은 관련을 지니는 활동이라면, 예술 속에는 인간 안에 잠들어 있는 영성을 깨우고 그 세계와 소통할 수 있는 가능성 역시 응축되어 있다는 점을 직관하고 설파했던 것이다.

동양의 신비철학적 우주론을 대변했던 영성가들의 사상

제4장

진리의 전도사 옐레나 블라바츠카야의 신지학과 통합사상
니콜라이 레리흐와 옐레나 레리흐의 영적 탐색과 문예 운동
동양의 신비주의를 유럽에 전파한 게오르기 구르지예프의 수행철학

진리의 전도사 엘레나 블라바츠카야의 신지학과 통합사상

01

인드라의 하늘나라에는 진주 구슬로 짜인 그물망이 있다고 한다. 그것은 지극히 정교하게 짜여 있어서 그 중의 한 구슬을 들여다보면 그 속에 다른 모든 구슬이 비쳐 보인다. 그리고 그 한 부분을 건드리면 그물망의 모든 부분, 곧 실재의 모든 부분으로 울려 퍼지는 종소리를 낸다. 마찬가지로 이 세상의 모든 사람, 모든 사물은 단지 그 자체일 뿐만 아니라, 다른 모든 사람, 사물과 한데 엮이어 있다. 사실, 어떤 차원에서는 모든 개인과 사물은, 곧 다른 모든 사람이요, 사물이다.

–화엄경華嚴經–

1. '신지학'에 대한 정의와 블라바츠카야가 세계 지성계에 남긴 영향

러시아 우주론이 내포하고 있는 또 다른 힘은 동양 사상과의 친연성이다. 특히 인간의 영혼을 우주적 현상으로 보았던 동양의 신비주의는 옐레나 블라바츠카야Елена Блаватская(1831~1891)라는 한 여인을 통해 영혼의 철학으로 격상된다. 그녀는 불교, 힌두교, 브라만교를 아우르는 동양의 신비를 서양의 과학이나 인식체계와 결합해 세계 지성사와 영성 문화사에 큰 발자취를 남겼다.[253] 놀라운 과학적 식견과 종교 철학적 안목, 게다가 훌륭한 예술가로서의 면모까지 지닌 그녀는 그 존재만으로도 세상을 압도하기에 충분했다. 사람을 끌어당기는 강력한 자력을 지닌 인상과 뛰어난 재능을 지닌 그녀는 레오나드로 다 빈치Leonardo da Vinci(1452~1519)나 미하일 로모노소프Михаил Ломоносов(1711~1765)와 같은 천재에 비견되곤 했다. 동서양을 넘나드는 해박한 지식으로 고대 상징의 비밀을 추적하며 신비 철학의 체계를 세웠으며, 세계 곳곳에서의 모험은 문학적 재능까지 겸비했던 그녀의 펜을 통해 새롭게 빛을 발휘했다.

19세기 러시아 여성의 보편적인 삶을 넘어서는 그녀의 행보는 당시 언론에서도 자주

옐레나 블라바츠카야

보도되었다. 미국 시민권을 획득한 첫 번째 러시아 여성으로 여러 잡지에서 떠들썩하게 보도되기도 했고,[254] 자신을 공격하는 블라지미르 솔로비요프Владимир Соловьев(1853~1900)를 비롯한 당대의 쟁쟁한 종교 철학자들과 논쟁하며 저널을 통해 자신의 주장을 펼치는 당당한 여성으로서의 면모를 드러내기도 했다. 세상의 관습을 벗어던지고 무려 세 차례나 세계를 일주했던 놀라운 저력은 훗날 '세계 100인의 모험가'에 선정되는 명성으로도 이어졌다.[255] 하지만 그녀를 둘러쌌던 후광만큼이나 그녀가 짊어져야 했던 십자가 역시 만만치 않았다. 그녀는 '19세기의 스핑크스'로 불리우는 심령학자의 능력으로 동시대인들을 매혹시켰지만, 또 그것 때문에 온갖 의심과 비난의 대상이 되기도 했다. 추종자들 사이에서 통용되던 그녀의 머리글자 'H.P.B.'는 근대 신지학神智學Theosophy 역사의 문을 연 위대한 선각자의 이름이었지만, 일부 종교계에서는 아직까지도 여전히 비난받는 이름으로 남아 있는 것이 사실이다.

그렇다면 블라바츠카야 자신이 '보편적인 진리와 사랑과 지혜의 끝없는 바다'라고 표현하였던 신지학이란 무엇인가? '신들이 가지고 있는 신성한 지혜Theosophia'를 뜻하는 신지학은 사실 수천년에 걸친 전통을 지니고 있다. 신지학이라는 명칭은 3세기 무렵 절충 신지학 체계Eclectic theosophial system를 세웠던 알렉산드리아의 철학자 암모니우스 사카스Ammonius Saccas(175~242A.D.)와 그의 제자들로부터 시작되었다.[256] 신지학은 철학, 형이상학, 신학이 신神과 세계와 인간에 대해 말하려는 시도에 만족하지 않으며, 믿음을 바탕으로 더 높은 형태의 진리 인식에 이르고자 시도한다. '신학'이 성경 등의 경전과 교회 전통에 기초하는 반면, '신지학'은 경험을 더 중요하게 여기는 점도 주요한 특징이 될 수 있다. 합리적이고 과학적으로 작업하는 '신학'이 종교적 내용을 주로 사변적으로 다루는 것과 달리, '신지학'이 영감과 정신적 직관에 기초하는 것도 그 때문이다.[257] 하지만 고대의 신지학이 기독교와 서양의 정신에 기초해 발달한 것과 달리, 블라바츠카야의 신지학 체계에서는 기독교의 영성과 동양 종교의 영성을 결합하고 그 속에서 공통된 '진리의 핵심'을 찾아내려고 시도한다.

블라바츠카야의 저술은 그녀의 생존 당시부터 오늘날까지 세계 문화사에 새로운 인식의 패러다임을 제시하였으며, 실제 많은 지성인들이 그녀의 사상에 매료되었다. 다양한 종교의 공통된 상징을 밝혀 종교를 통합하게 되면 유일하고 영원한 진리를 얻게 된다는 블라바츠카야의 관점은 모든 종교에 공통으로 내재하는 진리의 핵심과 모든 인간들이 공유하는 본원적 지혜에 주목하게 했다. 이는 종교적 독단에 맞서 인종에 상관없이, 선하고 순수한 모든 인간들이 서로간의 차이를 이해하며 형제애를 확립해야 한다는 가치관의 추동력이 되었다. 때문에 통합으로 이끄는 모든 것은 '선'이며, 해체로 이끄는 모든 것은 '악'이라는 그녀의 관점은 인종적·종교적·계급적 차별이 없는 인류의 보편적인 형제애를 창조하는 토대가 되었고, 발명가 토마스 에디슨Thomas Edison(1847~1931)을 비롯하여 마하트마 간디Mohandas Gandhi(1869~1940)와 자와할랄 네루Jawaharlal Nehru(1889~1964), 그리고 그 밖의 많은 저명인사들이 이 주장에 심취하였다.[258]

블라바츠카야의 아우라가 감지되는 사상계를 비롯한 여러 분야 가운데 그 가시적인 영향력이 가장 강하게 드러나는 영역은 문화와 예술계였다.[259] 블라바츠카야의 시적 가설과 오컬트적 파토스는 미국과 영국에서 활동하던 윌리엄 예이츠William Yeats(1865~1939)나 제임스 조이스James Joyce(1882~1941)와 같은 작가들의 창작력을 자극했으며, 러시아의 은세기 시인들 역시 그녀의 주장에 심취하였다. 그녀의 학설은 19세기 러시아 문학의 대가 레프 톨스토이Лев Толстой(1828~1910)에게도 깊은 공감을 받았다. 엘레나 블라바츠카야는 저서 『침묵의 목소리Голос Безмолвия』를 레프 톨스토이에게 선물한 바 있는데, 이에 대해 톨스토이는 이 책의 격언을 자신의 책에서 '브라만의 지혜'로 인용하며 화답하였다. 또한 톨스토이는 1903년 2월 12일자 일기에서 자신은 블라바츠카야가 발행하는 『신지학 저널теософический журнал』에 대해 깊이 공감한다는 표현도 하고 있다.[260]

작곡가이자 피아니스트인 스크랴빈의 전기 작가들 역시 그가 신지학에 깊이 몰두했으며, 블라바츠카야를 존경했다는 점을 증언하고 있다. 연구자들은 스크랴빈의 책상에는 항상 블라바츠카야의 『비경Тай ная Доктина』이 놓여 있었으며, 그는 마치 아이가 부모님에게 의지하듯이 블라바츠카야에 대한 믿음을 가지고 있었다고 표현한다.[261] 구스타프 말러Gustav Mahler(1860~1911), 얀 시벨리우스Jean Sibelius(1865~1957), 알렉산드르 스크랴빈Александр

Скрябин(1871~1915)과 같은 대 작곡가들 역시 블라바츠카야의 신비주의적 이상과 신지학적 교의에 매료되었다.[262] 특히 스스로 '신비화음'으로 명명한 화음을 창작의 원천으로 삼았던 스크랴빈은 "신비극Мистерия"에서 신지학적인 우주발생 과정을 음악으로 표현했으며, 블라바츠카야에게 깊은 존경심을 표했던 바실리 칸딘스키Василий Кандинский (1866~1944) 역시 신지학 원칙에 입각해 자신만의 독특한 미학적 개념을 정립했다.[263]

오늘날 블라바츠카야의 사상은 인도를 비롯해 미국, 영국, 독일, 이탈리아 등 전 세계로 확산되었고, 여러 국가에서 신지학센터가 활동하며 블라바츠카야의 사상을 연구하고 있다. 블라바츠카야가 세계의 학문과 정신문화에 남긴 공훈은 국제연합 교육과학문화기구인 유네스코UNESCO가 그녀의 사망 100주년인 1991년을 '블라바츠카야 회고의 해'로 선포하고 성대하게 기념하는 밑거름이 되었다.[264] 국제기구의 활발한 움직임에 힘입어 블라바츠카야의 추종자였던 옐레나 레리흐Елена Рерих(1879~1955)가 1930년에 러시아어로 번역했던 『비경』이 1992년에 출판되었다. 블라바츠카야는 『비경』을 영어로 집필한 이유에 대해 영어가 진리 전달을 위한 가장 확산된 수단이기에 진리를 선포하는 의무를 지닌 자신은 영어를 선택했다고 밝히고 있다.[265] 이런 시대적 변화에 힘입어 포스트소비에트 러시아에서도 신지학에 대한 관심이 부활하고 관련 연구 역시 새로운 봄을 맞이하게 되었다.[266]

2. 기술의 발전과 과학의 미래를 예견했던 심령학자

블라바츠카야가 자신의 저술을 통해 언급했던 내용이 오늘날 다양한 과학 이론의 근거가 되었다는 점 역시 그녀의 지적 능력과 통찰력에 주목하게 하는 단초가 되고 있다. 그녀가 생존했을 당시에는 과학계에서 부정되었던 논제들이 이후 과학의 발달로 실제적으로 입증이 되고 있기 때문이다. 그 대표적인 것이 '원자론'에 대한 것이다. 블라바츠카야가 활동했을 당시의 학자들은 원자는 나누어지지 않으며, 어떤 상태에서도 움직이지 않는다고 간주했다. 하지만 그녀는 『비경Тай ная Доктрина』(1888) 제1권에서 이미 원자는 분리될 수 있으며 항구적인 운동의 특성을 지닌다고 주장하고 있다. 또한 19세기 과학은 1905년 아인슈타인의 공식 E=mc2가 나오기 전까지 물질과 에너지의 상호 환원성을 부정했지만,

블라바츠카야는 원자가 에너지의 특성을 지닌다는 점 역시 『비경』에서 언급하고 있다.[267]

블라바츠카야가 했던 많은 예언들은 거의 100년이 지난 후 천문학자, 물리학자, 생물학자, 고고학자들의 연구를 통해 사실로 확인되었다. 2006년 5월 16일, 레리흐 국제센터는 엘레나 블라바츠카야 기념제를 개최했는데 여기서 레리흐 국제센터 소장이자 러시아 과학아카데미 회원인 샤뽀슈니코바Л. Шапошникова는 세계에 인식의 전환을 가져다 준 블라바츠카야의 공적은 새로운 진화의 방향에 반드시 필요하다는 점을 강조했다. 또한 레리흐 국제센터 상트 페테르부르크 지부 명예회장인 치랴찌예프М. Чирятьев 역시 "과학의 발전을 위한 블라바츠카야 사상의 의미"라는 발표에서 블라바츠카야는 1896년 뢴트겐의 엑스레이와 방사능이나 전자의 발견에 이미 몇 십년전 앞서 그 과학적 발견을 예견했다고 주장했다.

1970년대부터 다양한 방식으로 시작된 인간 '심리에너지' 연구 역시 블라바츠카야가 제기한 인간에 대한 새로운 이해가 베르나드스키의 '정신권noosphere'에 대한 과학적 인식과 조우하는 지점이라는 관점이 제기되었다.[268] 알버트 아인슈타인Albert Einstein(1879~1955)은 동료들에게 블라바츠카야의 『비경』을 꼭 읽어볼 것을 추천하기도 했다. 뿐만 아니라 다양한 민족의 고대 교의와 방대한 상징체계를 통합했던 그녀의 시도는 20세기 러시아 과학계의 거성 블라지미르 베르나드스키Владимир Вернадский (1863~1945), 콘스탄찐 찌올콥스키Константин Циолковский (1857~1935), 알렉산드르 치젭스키Александр Чижевский (1897~1964)와 같은 학자들이 동양철학에 내재된 과학적 가치에 눈뜨게 하는 주요 동인이 되었다.[269]

우주의 삼라만상은 서로 연결되어 있으며, "원자는 끊임없이 변형되고, 분해되며, 또 창조된다"는 찌올콥스키의 관점은 신지학의 창시자 엘레나 블라바츠카야의 사상에서 깊은 영향을 받은 것이다. 동서양의 과학과 종교를 아우르는 블라바츠카야의 철학적 유산들은 찌올콥스키가 동양철학에 내재된 과학적 가치에 눈뜨게 하는 주요 동인이 된 것이 사실이다. 실제로 블라바츠카야는 "죽음이 없으면 생명은 불가능하며, 해체가 없다면 복원은 불가능하다"[270]며 죽음을 변형의 시발점으로 이해했다. 이처럼 인간 불멸에 대한 엘레나 블라바츠카야의 이론은 찌올콥스키 원자론의 실증적인 연구의 근간이 되었다.

블라바츠카야 활동 당시 여러 사상가, 과학자, 예술가가 그녀의 사상에 큰 영향을 받았지만 소비에트 체제라는 질곡의 시간을 거치면서 그녀의 정신적 유산은 오래도록 사장死藏될 수밖에 없었다. 소비에트 시절 블라바츠카야의 저술은 소련 문학에도, 소련 철학에도 속하지 못했다. 문화와 철학 분야 전문가들은 블라바츠카야의 업적에 대해 스치듯이 언급하는 정도에 머물며, 러시아 사상과 그녀의 연결고리를 축소 혹은 은폐하기에 급급했다. 그녀가 남긴 철학적 유산들은 공식적 국가 이데올로기에 부합하지 않다는 이유로 금지되고 추방되었으며, 신지학은 반동적인 부르주아 비문화주의의 하나로 평가되었다. 특히 소비에트 시대에 신지학협회 회원들에 대한 정권의 박해 역시 혹독했다. 러시아에서 가장 큰 신지학협회였던 칼루가 협회의 경우에도 16명의 회원들이 체포되면서 1929년에 결국 폐지될 수밖에 없었다.[271]

20세기 초 50여 종의 저널 출판과 함께 100,000명 이상의 회원이 활동할 정도로 번성하였던[272] 신지학협회는 소비에트 체제에서 극심한 박해를 받고 국가의 공식 이데올로기에 부합하지 않는다는 이유로 연구가 금지되었다. 이러한 시대적 상황에서 1980년대 중반 도입된 페레스트로이카의 분위기를 맞기 전까지 블라바츠카야 저술의 출판과 연구는 사실상 불가능했다. 하지만 20세기 말, 블라바츠카야에 대한 연구가 소위 '블라바츠카야 현상'이라고 할 정도로 고조되고 그녀의 저술들이 재출판되면서 신지학에 대한 관심 역시 폭발적으로 증가하게 되었다. 이로서 과거 미치광이 심령학자로 비난받기도 했던 그녀는 인도와 티벳을 비롯한 고대의 지혜 부각과 함께, 과학과 종교와 철학을 통합하며 조화된 세계관을 정립했다는 점에서 오늘날 선구자적 학자로 새롭게 주목받게 된 것이다.

물론 이러한 변화된 사회 분위기는 유물론적 관점을 이데올로기의 근간으로 삼았던 소비에트 체제의 종교와 정신문화 탄압에 대한 오늘날의 반동일 수도 있다. 하지만 보다 근본적으로는 물리적 세계를 넘어서는 정신의 법칙이 지배하는 세계와 동양의 영성에 기초한 영혼의 철학에 대한 세간의 관심을 반영하는 것이라 할 수 있다. 또한 인종과 성性, 계층, 종교로 인한 차별에서 벗어나, 인류의 정신력을 믿고 세계의 종교와 다양한 학문을 편견없이 연구하며, 인간 내부에 감추어졌던 심령 능력과 대자연의 숨겨진 비밀을 탐구하려했던 신지학협회의 목적이 오늘날 학문의 '통합'과 타 종교나 타자와의 '소통'을 중시하는 인문학 진화 방향에도 부합하기 때문일 것이다.

어떤 종교도 진리보다 우월하지 않으며 모든 종교의 바탕에 영적 핵심이 존재한다는 원칙에 근거한 신지학은 오늘날 우리가 초자연적 현상이라 부르는 자연의 힘에 관한 지식들을 복구시키며, 현대 과학사상과 여러 종교의 공통된 근원을 밝혀 다양한 종교 지식을 융합하며 새로운 사고 패러다임을 창조했다는 점에서 큰 의미를 지닌다. 물론 이것이 뉴에이지의 사상적 배경으로 거론되어 종교계 일부에서 비난받는 이유가 되기도 하지만, 이제는 시대변혁의 필요성을 절감한 사람들이 새로운 사회 질서 창조의 대안으로 블라바츠카야의 관점에 다시 주목하고 있는 것이다.

오늘날 블라바츠카야의 신지학 운동이 더욱 중요한 의미를 지니는 것은 과거 소수의 사람들에게만 비밀스럽게 전해지던 가르침들이 대중에 널리 알려지게 된 계기가 되었다는 점이다. 오컬트의 가르침이 비전 형식으로 전수되어왔고 초자연적인 신비영역을 다루었기 때문에, 그 가르침을 접하고 이해할 수 없었던 일반 대중들은 그 피상적인 면만 보고 이를 '심령적인 것', '마술적인 것', 혹은 단순히 '신비적인 것'으로 오해했던 것이 사실이다. 신지학이 형이상학적인 측면이 강하고 계시에 의한 정보가 많아 자주 종교에 가까운 것으로 잘못 이해되는 경우도 적지 않지만, 신앙을 강요하지 않는 점이나 자연의 숨겨진 작용에 관한 정확한 지식을 바탕으로 합리적으로 실천하려고 노력한다는 점에서 오히려 과학과 유사한 점이 더 많다는 점 역시 강조되어야 할 것 같다. 전 지구적 차원에서 치우침 없는 과학의 정신을 확산시키려고 노력했던 태도는 "진리보다 더 나은 종교는 없다"[273]는 신지학의 슬로건에서도 분명히 드러나고 있다 할 것이다.

3. 비범했던 여인 블라바츠카야의 영적 성장과 '샴발라Shambhala' 잠입

일반적으로 옐레나 블라바츠카야의 인생은 다음의 세 시기로 구분되고 있다.[274] 그 첫 번째 시기는 1831년 출생부터 결혼 직전인 1848년까지, 두 번째 시기는 결혼 이후 20년 정도인 1848년부터 1872년까지, 세 번째 시기는 신지학자로서 본격적으로 활동한 1872년부터 죽음까지로 구분된다. 먼저, 1831년 예카쩨리노슬로프에서 출생한 블라바츠카야 인생의 제1기는 그녀의 유년시절과 청년시절을 포함한다. 블라바츠카야의 여동생 베라 젤리호프스카야Вера Желиховская(1835~1896)의 회상에 의하면, 블라바츠카야는 어렸을 때부터 천리안적인 능력을 지니고 있었다. 또한 블라바츠카야는 범인凡人에게는 보이지 않는 영계를 투시할 수 있는 능력이 있었고, 현실에서도 실제 두 세계를 오가며 살았다고 한다.[275]

블라바츠카야의 재능과 비범함, 그리고 정신세계에 대한 그녀의 관심은 이미 유전자에 내재되어 있었던 것인지도 모른다. 그녀의 외증조부인 파벨 돌고루코프Павел Долгоруков(1755~1837)는 쿠투조프 장군의 동료로 성 게오르기 훈장을 받은 인물이었다. 몇몇 저술가들은 그가 유명한 프리메이슨이자 장미십자회원이었다고도 전한다. 류리크로 거슬러 올라가는 키예프 루시의 명문가 출신이었던 외할머니 옐레나 돌고루카야Елена Долгорукая(1788~1860)는 지질학, 동·식물학, 고고학 등의 자연과학에 관심이 깊었고, 5개국어 구사 능력과 예술적 재능도 겸비한 뛰어난 여성이었다.[276] 어머니 옐레나 강Елена Ган(1817~1842) 역시 당시 '러시아의 조르쥬 상드'로 이름을 떨치던 작가였다.[277]

남부러울 것 없는 집안에서 훌륭한 교육을 받으며 성장했지만 블라바츠카야의 운명은 순탄치 않았다. 28세 급성 폐결핵으로 요절한 어머니는 어린 시절부터 초자연적인 힘과 비범함을 보였던 딸의 평범치 않은 운명을 예견했다. 베라 젤리호프스카야에 의하면 어머니는 임종 직전 "옐레나가 고된 운명을 사는 것을 보느니 내가 죽는 것이 더 나을지도 모른다. 그 애의 운명은 여자의 운명이 아니며, 그 애는 많은 고통을 겪게 될 거다"[278]라는 말을 남겼다고 한다. 어머니 사망 후 블라바츠카야의 조부모님은 손주들을 자신들의 거주하던 사라토프로 데려갔고, 그곳에서 블라바츠카야는 완전히 새로운 운명을 맞이하게 된다.

빌헬름 훔볼트Wilhelm Humboldt(1767~1835)와 서신왕래까지 하는 작가였던 외할머니 덕분에 조부모 댁은 사라토프의 지성인들이 모여드는 곳이었다. 이로 인해 블라바츠카야 역시 자연스럽게 여러 학자들과 지적 교류를 할 수 있었다. 사교계에도 나가며 나름 상류층의 삶을 영위하던 16세 무렵 그녀는 마치 운명처럼 할아버지 서재에 발을 들여놓게 된다. 방대한 양의 도서를 소장한 할아버지의 서재는 수백권의 연금술 서적, 마법과 오컬트학에 관한 중세 신비주의 서적이 가득한 보고寶庫였다.[279] 할아버지의 서재는 마치 또 하나의 '마법의 문'처럼 우주의 초자연적 현상을 막연하게 직감하던 그녀에게 이를 증명할 수 있는 지적인 장場이 되었다. 두 말할 나위 없이 이 경험은 훗날 그녀가 신지학자로서 성장하는 의식의 토양이자 중요한 밑거름이 되었다.

블라바츠카야의 결혼과 함께 시작되는 인생 제2기는 1848년부터 1872년까지 그녀를 둘러싼 신비의 시기이기도 하다. 그녀는 채 17세가 안 되었을 때인 1849년, 당시 42세였던 관리 니키포르 블라바츠키Никифор Блаватский와 결혼을 하게 된다. 그는 결혼 약속

후 얼마 되지 않아 예레반의 부지사가 될 정도의 권력자이기도 했다. 하지만 블라바츠카야는 결혼 후 몇 달 되지 않아 남편의 곁을 떠난다. 그녀의 갑작스러운 결혼과 이혼을 두고 연구자 가운데는 그녀의 결혼이 당시 기혼 여성에게만 교부되었던 여권을 얻는 수단이었다고 주장하기도 한다.[280] 그러나 여러 증언자들의 언급대로 그녀가 결혼을 통해 가족으로부터 완전히 독립하고 싶어했다는 관점이 보다 신빙성 있을 것이다.[281]

여하튼 자유의 몸이 된 블라바츠카야는 상선을 타고 콘스탄티노플로 가서 오래전부터 알고 지내던 소피야 키셀레바София Киселева 백작부인을 만나 함께 여행을 시작한다.[282] 그녀는 유럽, 북아프리카, 소아시아, 북미와 남미, 인도, 중국 등을 여행하는 과정에서 미래를 예언하는 이슬람교의 탁발승, 여러 고행자와 마법사들을 만나게 된다. 그리고 그들에게 신령학神靈學을 배우면서 타고난 재능을 연마했다. 특히 북인도에서는 언어를 익히고 산스크리트 문헌과 위대한 성자들의 저작을 연구했다고도 한다. 하지만 연구자들도 언급하고 있듯이, 블라바츠카야는 결코 일기를 쓰는 법이 없었기 때문에 1849년에서 1873년까지 그녀에 대한 객관적인 자료와 정확한 여행 경로를 확인하는 것은 쉽지 않다.[283] 그럼에도 불구하고 이것이 그녀가 신지학자로 성장하는데 있어서 가장 중요한 시기였던 것은 분명하다.

블라바츠카야가 전 세계를 여행하면서 찾고자 했던 것은 진정한 삶의 의미와 우주의 비밀이었다. 그리고 그 비밀을 찾기 위해 그것이 숨겨져 있다는 티벳의 신성한 나라, '샴발라Shambhala'로 잠입하기 위해 시도했다. 샴발라 전설은 기원후 7세기경부터 티벳의 불교문헌에 등장하며, 샴발라를 성스러운 연꽃으로 비유한 만다라가 제작되기도 했다. 이 전설은 17세기에 F. 카브랄 등 예수회의 동양포교 보고를 통해서 유럽에 전해졌다.[284]

샴발라로 잠입하기 위한 시도는 목숨을 건 게임이나 다를 바 없었다. 당시에는 밀입국을 할 경우 사형에 처해지는 경우도 있었다. 그럼에도 불구하고 블라바츠카야는 이에 아랑곳하지 않고 목표를 달성하기 위해 집요하게 노력했다.[285] 어떤 경우에는 건초 더미를 실은 수레에 숨어서 국경을 넘으려는 시도를 하다가 발견되어 되돌려 보내지기도 했다. 하지만 '샴발라'로 숨어들려는 네 번째 시도는 결국 성공했고, 거기서 인류의 위대한 스승인 '마하트마Махатма'를 만나 그들에게 고대 밀교의 지식들을 얻게 되었다고 한다.[286] 사실 마하트마와 블라바츠카야가 만나게 된 과정에 관해서는 정확하게 알려진 것이 거의 없다. 그리고 관점에 따라서 이것 역시 일종의 신화라고 볼 수 있을지도 모른다. 하지만 블라바츠카야는 마하트마가 하늘이 정한 그녀의 운명, 다시 말해 밀교 지식의 빛을 사람들에게 전하고 영적인 것을 설교해야 하는 천명을 알려주었다고 증언한다.

훗날, 블라바츠카야의 연구자들은 그녀가 그토록 집요하게 샴발라를 찾아갔던 이유를 스승 모리야가 준 '과업'이었기 때문이라고 주장한다. 밀교에서 지혜의 문을 지키는 위대한 수호자로 불렸던 인도인 모리야는 그녀의 '구루Guru'였다. 블라바츠카야는 제1회 세계박람회가 열렸던 런던에서 1851년 그와 처음으로 만났다. 여기서 모리야는 그녀가 신지학협회를 조직해야 하는 사명과 이 중요한 과업을 준비하기 위해서는 그녀가 티벳에서 3년을 보내야 한다고 말했다는 것이다.[287] 블라바츠카야는 여러 차례 자신에게 나타나 병마와 어려움에서 구해주기도 했던 스승-구루의 전능함을 굳게 믿고 있었고, 이것이 평생에 걸쳐 그녀 자신의 사명에 최선을 다했던 행동의 원동력이 되었다. 제3기는 블라바츠카야의 신지학협회 창립을 비롯해 그녀의 여러 저술들이 집필되어 세상을 향한 소명이 구체적으로 발현된 시기였으며, 그녀의 운명을 결정적으로 바꾼 한 남자를 만난 시기이기도 하다. 이제 그 얘기에 들어가보도록 하자.

4. 신지학협회의 창립 과정과 사명

1872년 블라바츠카야는 뉴욕에 도착한 후 얼마 지나지 않아 헨리 스틸 올코트Henry Steel Olcott(1832~1907) 대령이라는 인물을 만나게 된다. 그들의 만남은 당시 미국에서 강신술이나 심령술이 크게 유행하던 시대적 분위기와 무관하지 않다. 올코트는 미국 내전 때 대령의 지위에 있었으며 그 뒤 에이브러햄 링컨Abraham Lincoln(1809~1865) 대통령 암살 사건 조사단의 특별 수사단장으로 활약한 인물이기도 했다. 하지만 우연한 기회에 심령 현상에 몰두하게 된 올코트를 블라바츠카야는 버몬트의 치텐덴에서 만나게 된다. 연구자 릭 필즈Rick Fields는 헨리 올코트 대령과 블라바츠카야가 만나게 된 과정을 다음과 같이 기록하고 있다.

1874년 7월 어느 날, 헨리 스틸 올코트 대령은 뉴욕 시 법인과 수량계량기가 관련된 복잡한 사건을 떠맡아 사무실에서 업무를 처리하다가 특별한 이유도 없이 불현듯 자신이 심령주의 운동에 대해 너무 모른다는 생각이 들었다. 그래서 대령은 사무실을 나와 신문가판대로 가서 당시 좀 더 진지한 영적 잡지들 가운데 하나인 『빛의 깃발The Banner of Light』 최신호를 샀다. 잡지에서 그는 버몬트의 치텐덴에 소재한 에디 형제 농장에서 발생한 '어떤 믿기지 않는 현상'을 다룬 기사를 읽었다. 이 잡지에 따르면, 이 농장을 방문하는 사람들은 죽은 친척들의 혼을 보고 심지어 만져볼 수 있으며 대화를 나눌 수도 있다. 올코트 대령은 만일 이것이 사실이라면 '현대과학에서 가장 중요한 현상'이 되리라고 생각했다. 그는 직접 찾아가서 확인해 보기로 했다. 올코트 대령은 첫 방문에서 에디 농장에 3, 4일밖에 지내지 않았지만, 위층 옷장에서 자기보다 바로 한 걸음 앞에서 목격한 '살아 있는 듯이 움직이는 이 형체'가 정말 또 다른 세계에서 온 방문자라고 확신하게 된다. 그리고 뉴욕으로 돌아가 『뉴욕 선New York Sun』지에 발표된 기사에서도 그것을 그대로 기술한다. 올코트 대령은 『뉴욕 그래픽New York Graphic』지에 좀 더 자세한 연재기사를 쓰기 위해 그해 가을에 화가 직원 한 사람을 데리고 치텐덴 농장으로 다시 갔다. 그리고 10월 14일, 대령은 몸집이 크고 산발한, 짧고 곱슬곱슬한 금발머리를 지닌 여인 블라바츠카야를 만나게 되었다.[288]

당시에 치텐덴의 농장에서 일어났던 초자연적 현상은 사회적으로도 큰 이슈가 되었다. 하지만 블라바츠카야는 이 치텐덴의 사건이 저급한 비술에 불과하다는 점과 그 위험성을 폭로해야 한다는 사명을 느꼈다. 그리고 나아가 진정한 영혼의 세계를 알리고 동양의 영성에 기초한 영혼의 철학을 올코트 같은 사람들에게 전파해야 한다고 인식했다. 그녀는 사람들이 한편으로는 시대의 흐름을 좇아 유물론자로 행세하면서 다른 한편으로는 현 세계에서 사자死者의 영혼 같은 관념들을 접목하는 것이 잘못되었다고 생각했던 것이다.[289]

여하튼 치텐덴에서 운명적인 만남을 갖게 된 두 사람은 진정한 영혼의 과학과 철학을 전파해야 한다는 점에 뜻을 같이한다. 올코트 대령과 의기투합한 블라바츠카야는 정신적인 목표를 추구하는 독자적인 운동을 확산시키기 위해 노력했고, 그들과 유사한 생각을 지닌 상당수의 사람들이 몇 달 사이에 모여들기 시작했다. 이에 블라바츠카야는 올코트 대령 및 아일랜드계 변호사인 윌리암 저지William Judge(1851~1896)와 함께 1875년 11월 17일 뉴욕에 '신지학협회'를 창립한다. 여기서 올코트는 회장으로, 윌리엄 저지는 서기

1888년, 옐레나 블라바츠카야와 올코트 대령의 모습

로, 그리고 블라바츠카야는 통신원으로 선출되었고, 그들의 적극적 활동으로 신지학협회 미국지부는 점차 그 토대를 갖추어간다. 그리고 3년 정도 미국에서 활동한 후인 1878년 그들은 인도로 이주하기로 결정한다. 무엇보다 고대의 정신문화를 간직하고 있는 인도가 향후 신지학협회 발전을 위한 가장 좋은 장소라는 결론을 내렸기 때문이다.[290] 이에 따라 그들은 1879년 2월 17일 봄베이에 도착했고, 처음에는 봄베이에, 그 후에는 마드라스 근처 아디야르에 신지학협회를 설립했다. 이 당시 신지학협회는 급속하게 확장되었고, 인도와 세계 곳곳의 뛰어난 인물들이 협회에 합류하였다.[291]

인류의 정신 문화사에 큰 영향을 남긴 거인이었던 블라바츠카야의 치열했던 행보 가운데에서도 인생의 주요 전환점이 된 것이 1875년 신지학협회 창립이었다. 당시 올코트 대령의 신지학회 창립 연설에서도 제시되고 있듯이, 협회는 다음의 세 가지를 목적으로 했다. 첫째, 인종, 피부색, 성, 계급, 종교로 인한 차별이 없는 전 인류의 보편적 형제애의 핵심을 구축하는 것, 둘째, 세계의 종교와 다양한 학문을 연구하여 바라문교, 불교, 조로아스터교 철학과 관련된 고대 아시아 사료들의 중요성을 입증하는 것, 셋째, 인간 속에 감추어진 심령 능력 및 모든 관점에서의 대자연의 숨겨진 비밀을 탐구하는 것이 핵심이었다.[292] 우주를 관할하는 법칙과 지식을 널리 알리며, 영원한 진리에 근거한 보편적인 윤리학 체계를 통해 모든 종교, 종파, 민족을 화해시키는 것을 과업으로 제시한 것이다.

1887년 블라바츠카야는 자신의 위업을 계승하는 또 하나의 중요한 협조자를 얻게 된다. 당시 블라바츠카야는 영국 신지학자들의 초대에 따라 런던으로 이주했는데,[293] 그곳에서 영국의 사회개혁가이자 신지학자였던 애니 베전트Annie Besant(1847~1933)를 만나게 된다. 그녀는 블라바츠카야 사망 이후 영국 신지학협회의 중심축 역할을 하며 국제신지학협회 회장을 역임한다. 블라바츠카야와 애니 베전트는 실용주의가 중심이 되는 서양은 자유로운 사상의 개화를 촉진시킬 수 없다는 것에 공감했으며, 인도의 정신적 힘이 유럽보다 심오하다는 점을 확신했다.[294] 이런 과정을 통해 신지학협회의 구심점을 이양한 블라바츠카야는 1891년 5월 8일 조용히 눈을 감았다. 당시 그녀의 유해는 화장되었고, 그 재는 유골 항아리에 담겨 신지학 운동의 세 중심지인 런던, 뉴욕, 인도의 아디야르로 나누어졌다. 그녀의 사망일은 추종자들 사이에서 '백련화의 날'로 기념되었고, 오늘날에도 신지학 센터가 있는 곳이면 어디서나 매년 그 날을 기념하고 그녀의 정신과 위업을 기억하고 있다.[295]

애니 배전트

5. 블라바츠카야의 영혼의 철학을 통해 부활한 과학 · 종교 · 철학의 통합정신

세계 지성사에 큰 획을 그은 신지학협회 창립 후 블라바츠카야의 명성은 하늘을 찌를 듯 높아갔다. 블라바츠카야는 물리적인 세계 이면에 물질이 아닌 정신의 법칙에 따르는 불가사의한 세계가 존재한다는 것을 사람들에게 납득시키려 노력했다. 여기에 지향을 두고 그녀는 기적을 보여주기도 했고, 천리안적인 능력이나 텔레파시 현상을 증명하기도 했다. 당시 그녀의 초자연적인 행위에 대해 많은 사람들은 놀라움을 금치 못하며 그 가르침을 확신했다. 하지만 그녀의 행위를 거짓으로 치부하며 이를 비판하는 사람들도 적지 않았다. 그들이 블라바츠카야를 비난한 주요 이유는 그녀가 악마와 접촉하며 강신술을 한다는 것이었다. 그들은 그녀의 행위에 불신과 회의를 표하며 사기행각으로 몰아 부치기도 했고, 신문이나 잡지에서도 블라바츠카야에 대한 가시 돋친 기사들이 쌓여갔다.

물론 이 글을 통해 당시 블라바츠카야의 행위를 굳이 옹호할 필요는 없을 것이다. 하지만 그녀가 심령술에 관심을 가진 궁극의 목적은 다른 곳에 있었다는 점을 염두에 둘 필요는 있을 것이다. 블라바츠카야는 강신술에 몰두하며 사람들에게 그것을 드러내 보이기도 했지만, 동시에 그녀는 이런 경험들이 평범한 사람들의 정신건강에는 오히려 위험할 수 있다며 오랜 세월 심령주의에 맞서 싸웠다. 그녀는 아직 사람들이 기존의 세계관을 버리고 새로운 통합적 세계관을 받아들일 준비가 되어 있지 않다고 생각했다. 그래서 사람들에게 새로운 우주관과 인간학을 제시하는 출발점으로서 스스로 기이한 현상들을 일으키기도 했다. 하지만 그녀에게 심령술이나 영매술은 결코 목표가 될 수 없었다.

그럼에도 불구하고 블라바츠카야를 비난하는 세간의 칼날은 날카로웠고, 그 일에는 저명한 정교 역사가 세르게이 솔로비요프Сергей Соловьев(1820~1879)의 큰아들이자 철학자 블라지미르 솔로비요프의 형인 프세볼로드 솔로비요프Всеволод Соловьев(1849~1903)도 한 몫을 했다.[296] 정신적으로 불안정했던 프세볼로드 솔로비요프는 처음에는 블라바츠카야를 환희와 숭배로 지지했지만, 순식간에 그녀에 대한 불신과 혐오의 단계로 마음이 돌변했다.[297] 뿐만 아니라 블라지미르 솔로비요프를 위시한 몇몇 종교 철학자들은 신지학을 불교가 유럽의 무신론적인 사유에 영합한 것으로 간주하며 맹렬히 공격했다. 1890년 블라지미르 솔로비요프는 『러시아 평론Русское обозрение』에서 블라바츠카야의 저술 『신지학에 대한 열쇠Ключ к Теософии』(1889)를 비판했으며, 정교회 측 역시 그녀의 신지학이 교회 교리와 양립할 수 없다며 결국 그녀를 파문했다. 하지만 블라바츠카야는 당대의 실증주의 과학이나 편협해진 신학과 교회의 독단적인 태도에 대해 전혀 아랑곳하지 않았고, 그 어떤 중상모략도 달게 받아들였다. 그녀는 사회에서 절대 지배력을 행사하던 제도나 규범에 대해 반항의 깃발을 들기 위해서는 특별한 용기가 필요하다고 생각했던 것이다.

신지학자로서의 블라바츠카야의 위업은 저술활동에서 확연히 드러나고 있다. 그녀는 1879년부터 1888년까지 저널 『신지학자Теософ』의 편집자로 활약했다. 그리고 그 기간 동안에 『베일을 벗은 이시스Разблаченная Изида』(1877), 『비경』, 『신지학에 대한 열쇠』 등의 저작을 남겼다. 1875년 그녀는 『베일을 벗은 이시스: 고대와 현대의 과학과 신학을 이해하는 열쇠』의 원고 작업을 시작했고 1877년 뉴욕에서 이를 출판했다. 당시 첫 발행 부수인 1000부가 이틀만에 매진된 것으로 보아 이 책이 지성계에 미친 강력한 영향력을 짐작할 수 있다.[298] 자연과 마법의 기원, 그리고 기독교의 근원 등을 밝히는 이 저술의 중심에 놓인 '이시스'는 고대 이집트의 여신이자 비밀 지식의 상징이고 또한 수호자이기도 하다.

이 책에서 블라바츠카야는 전 세계의 종교를 비교 분석하면서 초기 기독교와 불교 사이의 연관성을 제시하기 위해 노력했다. 동시에 감추어져 있던 서양의 신비주의 흐름들을 모아 이를 동양철학의 패러다임 하에서 재정리했다. 여기서 블라바츠카야가 언급한 동양철학은 대체로 베다Veda에 근원을 두고 있다. 그녀는 베다의 진리를 인격화한 수행전문가들을 인간 영혼 진화 단계에서 가장 상위 존재로 간주하며,[299] 그들을 우주의 객관적인 인과법을 터득한 일종의 영적 과학자로 인식하고 있다.

『베일을 벗은 이시스』의 제1권은 '과학', 제2권은 '신학'을 주제로 하는데, 블라바츠카야는 제1권에서는 엄밀성을 추구하는 과학을, 제2권에서는 독단과 독선에 빠진 종교를 공격한다. 그녀는 서양의 교회를 비난하며, 교회 당국의 교칙보다 자신의 경험을 더 신뢰하는 용기를 지녔던 이단자들을 옹호하기도 한다. 그리고 카발라와 복음서를, 성경과 베다를 대담하게 대비시키며 비교 고찰한다. 블라바츠카야는 저술의 머리말에서 자신이 이런 일을 할 권한이 있다고 느끼는 까닭은 동양 스승들의 지혜를 확신하기 때문이라고 주장하고 있다. 여기서 그녀는 '공인된 종교'와 '신지학' 사이에는 큰 차이점이 있다고 전제한다. 그녀에 따르면 '종교'는 권위에 대한 믿음을 지향하며 미신에 근거하는 데 반해, '신지학'은 확신에 근거를 두며 자신의 정신적 직관에 대한 믿음을 지향한다. 블라바츠카야는 빛을 두려워하는 종교는 진리나 철학에 근거를 둔 종교가 될 수 없으며, 그러한 종교는 거짓된 것임을 주장하고 있다.[300]

인도와 티벳을 비롯한 세계 각지에서 숨겨진 고대의 지혜를 접했던 블라바츠카야는 '과학, 종교, 철학의 통합Синтез науки, религии и философии'이라는 부제가 붙은 대작 『비경』을 집필했고, 4년간의 작업을 거친 이 저술은 1888년 가을 런던에서 출판되었다.[301] 여기서 블라바츠카야는 힌두교, 기독교, 조로아스터교, 그노시스, 불교 원전 분석을 통해 모든 종교와 철학의 단일한 본질을 직시한다. 그리고 그것들 사이에 내재되어 있는 조화로운 세계관을 결합한다. 모든 종교에 숨겨진 본질을 주시하고, 교의학과 시간의 왜곡에 의해 쌓아올려진 종교의 외적인 부분, 즉 사회 역사적 표피로부터 정화시키기 위해 노력했다.[302] 그녀에 의하면 신비의 지혜를 연구하는 진정한 철학자는 특정 종교의 도그마나 개성으로부터 진정 자유로워야 하기 때문이다.

'우주발생설Космогенез'이라는 부제가 붙은 『비경』의 제1권에서는 세계의 기원과 우주의 성장 과정이, '인류기원설Антропогенез'이라는 부제가 붙은 제2권에서는 인간 영혼의 육화 결과와 이성의 진화가 논의되고 있다. 여기서 블라바츠카야는 '자연'은 원자들이 우연히 결합된 것이 아니며, 우주에서 '인간'은 태초부터 그 합당한 자리를 차지하는 존재라는 점을 증명하며 인간의 위상을 재정립했다. 또한 그녀는 그리스도교에서 언급하는 인간과 동형同形인 '신神 – 창조주'의 존재는 부정했으며, 대신 보편적인 '절대자Абсолют'에 대한 믿음을 표명하고 있다.

그 다음해인, 1889년에 출판된 『신지학에 대한 열쇠』에서 블라바츠카야는 신지학에 대한 정의부터 신지학협회의 활동체계, 자연과 인간에 대한 신지학의 기본적 가르침, 윤회의 신비를 비롯한 인간 사후의 다양한 모습들, 정치개혁을 포함한 실천적 신지학, 그리고 신지학협회에 대한 오해에 대한 규명까지 방대하게 논의를 전개하고 있다. 철학적 대화 형식으로 집필된 이 책에서 신지학자는 신지학에 대해 궁금해 하는 질문자의 물음에 답하고 있다. 그리고 블라바츠카야는 서문에서 이 책은 "철저한 신지학 교본이 아니라 더 깊은 연구로 들어가기 위한 '입문의 열쇠'에 불과하다"[303]고 주장하며, 다시 한번 신지학은 종교가 아니라 신성한 지식이자 신성한 과학이라는 점을 강조한다.

블라바츠카야는 신지학과 오컬티즘의 차이를 언급하며 신지학협회 회원이거나 아니거나, 전연 오컬티스트가 아니더라도 진정으로 좋은 신지학도가 될 수 있다고 언급했다. 하지만 그녀에 따르면 진정한 신지학도가 아니고서는 진정한 오컬티스트가 될 수는 없다. 진정한 신지학도가 아니면 의식적 또는 무의식적 흑마술사 밖에 될 수 없다는 관점이다. 그녀에 따르면, 진정한 신지학도는 가장 고상한 도덕적 이념을 실천해야 하며, 전 인류의 화합을 실현하도록 노력해야 하고, 다른 사람들을 위하여 끊임없이 일을 해야 하는 존재이다. 또한 신지학과 심령주의의 차이점에 대해서도 심령주의자들이 무언가 이상한 현상이 보이는 것을 심령주의라고 한다면, 자신들은 전연 심령주의를 믿지 않는다고 밝힌다. 심령주의자들은 이런 현상들이 모두 망자亡者의 혼에 의해 일어나며, 일반적으로 자신들의 친척의 죽은 영이 행하는 것으로, 이 영들은 자기가 사랑한 사람들과 연결하기 위해 이 세상으로 돌아온다고 말하고 있지만 자신은 이 점을 확실히 부정한다고 밝힌다.[304]

블라바츠카야의 이런 방대한 저술을 살펴보면 적어도 별도의 고등교육 과정을 마친 적이 없는 19세기 여성이 과연 이 저술을 실제로 집필했을까 하는 의문이 드는 것이 사실이다. 그녀의 저술은 종교학자나 과학자가 썼다고 하는 것이 더 어울릴 만큼 매우 포괄적인 주제와 내용을 다루고 있기 때문이다. 이에 대해 블라바츠카야는 자신은 들은 것을 받아 적은, 깨달음을 얻은 자들의 수신기일 따름이라고 했다. 자신을 이러한 체계를 창조한 사람으로 지칭하지 않고, 다만 자신은 비밀스런 지식을 보유한 마하트마의 '지시에 따라' 기술했을 뿐이라는 것이다. 블라바츠카야의 '자동기술법'에 대해 유리 베젤란스키는 다음과 같이 언급한다.

> 1875년 올코트의 이야기에 따르면 블라바츠카야는 어느 날 그에게 문서들을 보여주면서 이것들을 간밤에 '지시에 따라' 썼다고 말했다. 그러나 블라바츠카야는 그런 일이 무엇을 뜻하는지 자기도 모르겠다고 했다. 그로부터 2년이 채 지나지 않은 1877년 9월에 드디어 약 1400쪽의 두 권짜리 저작이 인쇄되어 나왔다.[305]

게하르트 베르 역시 올코트는 블라바츠카야가 사망(1891)한지 1년 뒤부터 신지학 운동의 역사를 이해하는데 소중한 자료인 그녀의 기록을 펴내기 시작하면서 올코트가 다음과 같이 언급했다고 전하고 있다. 여기서 그는 '『베일을 벗은 이시스』의 진정한 저자는 누구인가?'라는 그동안 늘 제기되었던 물음에 대해 다음과 같이 기록하고 있다.

> 그녀가 동양에서 미국으로 건너와 『베일을 벗은 이시스』를 쓰기 시작했을 때 그녀는 영어를 거의 하지 못했다. 그런데도 그녀의 손을 통해서 이 책의 가장 중요한 부분들이 교양있는 훌륭한 영어로 쓰였을 뿐만 아니라 거기에는 온갖 언어로 된 유식한 인용들이 믿을 수 없을 만큼 많이 담겨 있었다. 이 책을 쓰는 동안에 그녀는 그 자신이나 제삼자의 장서를 이용한 적이 없다. 그러면서 올코트는 그것을 입증할 만한 증인들의 이름을 여러 명 들었다.[306]

블라바츠카야에 따르면, '마하트마'라는 존재는 특별한 훈련과 교육을 통해서 수준높은 능력을 발전시키며 자기 진화에 도달한 사람들이다.[307] 블라바츠카야의 기록이 마하트마와의 정신적 접촉을 통한 '자동기술법'에 입각한 것이라는 주장은 오늘날 학자들 사이에서도 이견이 있는 것이 사실이다. 하물며 이런 무의식적 글쓰기를 아예 불가능한 일로 간주했던 그 당시의 분위기를 감안한다면, 동시대인들이 수수께끼 같은 블라바츠카야의 행동을 사기나 노골적인 속임수로 단죄한 것은 어쩔 수 없는 일이었을 수도 있다.

오늘날 블라바츠카야의 가르침이 혼합적인 종교 철학, 뉴에이지로 표현되는 것은 블라바츠카야 교리의 기본적인 사상은 주로 유럽 신비주의와 오컬티즘 문헌, 그노시즘과 카발라 문헌, 그리고 불교와 힌두교 가르침에서 차용된 것이기 때문이다. 블라바츠카야의 교리는 처음부터 다양한 시대와 민족의 철학적 관점과 종교적 형태의 통합으로서 형성되었던 것이 사실이다. 그녀의 신지학은 과학적, 그리고 과학외적 지식의 통합 방식으로 새로운 사고의 패러다임을 제시했던 시도 중 하나라고 할 수 있다. 그녀의 『비경』은 20세기에 걸쳐 물리학, 천문학, 생물학에서 입증할 수 있는 과학적 예측을 드러내기도 했다. 이것이 블라바츠카야의 신지학이 뉴에이지의 사상적 배경으로 거론되어 종교계 일부에서 비난받는 이유가 되기도 한다.

하지만 이제는 시대변혁의 필요성을 절감한 사람들이 네트워크를 통해 새로운 질서 혹은 새로운 세계를 만들어 낼 수 있는 방법의 대안으로 블라바츠카야의 관점을 제시하려는 움직임이 실현되고 있다. 일련의 종교혼합에 바탕을 둔, 혹은 종교일치를 지향하는 문화운동의 가치에 눈뜨고 있는 것이다. 이런 맥락에서 블라바츠카야가 인류의 부활은 고결한 영적인 철학의 진리체계를 통해 이타주의의 발전에 입각해야 한다고 주장했던 것을 오늘날의 새로운 윤리로서 귀 기울여 보아야 할 필요가 있는 것이다. 아주 오래전에 숨겨진 동양의 사상과 지혜와 철학의 보물들을 새롭게 발견하기 위해 그녀보다 더 애쓴 사람은 없었다는 점, 또한 그녀가 저술을 통해 펼친 과학적·철학적·종교적 지식에 대한 통합이 보편적 세계인식의 수준에 상응하고 있다는 점은 오늘날 왜 블라바츠카야에 다시 주목해야 하는가를 설명하는 단초가 될 것이기 때문이다.

니콜라이 레리흐와 엘레나 레리흐의 영적 탐색과 문예 운동

02

우리는 모두 연결되어 있다. 다만 보이지 않을 뿐이다.
사실 '바깥'이나 '안' 따위는 없다.
우주 만물은 연결되어 있다.
하나의 에너지 장으로.
-존 아사라프John Assaraf-

1. 영적 동반자 니콜라이 레리흐와 엘레나 레리흐의 만남과 동양에 대한 관심

신지학자 엘레나 블라바츠카야의 사상과 활동은 이후 두 명의 걸출한 인물을 낳았다. 신비철학과 문예운동 면에서 엘레나 블라바츠카야의 정신을 온전히 계승했던 니콜라이 레리흐Николай Рерих(1874~1947)와 엘레나 레리흐Елена Рерих(1879~1955)가 그들이다. 니콜라이 레리흐는 화가이자 철학자, 신비주의자, 작가, 여행가, 고고학자, 사회활동가, 시인, 교육자로서 다양한 영역을 넘나들었던 인물이다. 그는 평생동안 7000여점 정도의 그림과 30여권 정도의 저술을 집필했으며, 어린 시절부터 회화, 고고학, 역사, 동양의 풍부한 문화적 유산에 마음이 끌렸다. 1893년 페테르부르그 대학 법학부와 황제예술아카데미에 입학했으며 1895년부터는 예술가 아르힙 이바노비프 쿠인지의 스튜디오에서 그림을 그렸던 레리흐는 이 시기에 당시 유명한 예술가였던 스타소프, 레핀, 림스키 코르사코프, 쟈길레프 등과 친밀하게 교제하기도 했다. 1897년 레리흐는 페테르부르그의 예술 아카데미를 졸업했는데, 졸업 작품인 〈파발꾼Гонец〉은 유명한 예술작품 수집상 트레찌야코프П. Третьяков의 손에 들어갔고, 당시 저명한 평론가였던 스타소프 역시 이 그림을 높이 평가했다.

니콜라이 레리흐

파발꾼(1897)

니콜라이 레리흐는 초기 작품에서 고대의 이교도적인 루시와 민족 서사시를 바탕에 둔 이미지 창조에 주력했다. "도시 건설Город строят", "불길함Зловещие", "바다에서 온 손님들Заморские гости"과 같은 작품이 그것이다. 레리흐는 특히 역사 장르에서 많은 작품을 남겼다. 그것과 관련된 초기 작품이 "야로슬라브나의 애가Плач Ярославны", "루시의 기원. 슬라브인Начало Руси. Славяне", "우상들Идолы", "구교도들의 회합Сходятся старцы", "선박 주조Строят ладьи" 등이다. 1903~1904년 사이에 니콜라이 레리흐는 아내와 함께 과거의 기념비적인 도시로 유명했던 40여 곳 이상의 도시를 여행하였다. 이러한 고도 여행의 목적은 러시아 문화의 뿌리를 연구하기 위함이었다. 그가 역사 현장을 몸소 찾았던 것은 역사적 사료와 실제에 충실한 예술적 모티프들을 발견하기 위해서였다. 자료에 입각한 철학적 내용뿐 아니라 역사, 신화, 구비문학 등이 화가 레리흐가 화폭에 담은 소재가 되었다.

니콜라이 레리흐가 초기 작품에서 고대의 이교적 루시나 민족서사시에 등장하는 이미지들을 회화의 플롯으로 사용했다면, 동양철학을 접하게 된 1905년 중엽부터는 많은 그림에서 '인도'를 소재로 사용하였다. 러시아와 인도의 고대 문화와 그 공통의 근원은 레리흐가 예술가로서뿐만 아니라 학자로서도 관심을 가졌던 문제였다. 레리흐는 1924년부터 1928년까지 중앙아시아 학술탐사단을 조직해 인도, 중국, 알타이, 몽골, 티벳을

1	2	5
3	4	

1_ 도시 건설
2_ 바다건너에서 온 손님들
3_ 구교도들의 회합
4_ 선박 주조
5_ 우상들

탐험하는 모험을 감행하기도 했다. 그리고 이 과정에서 역사학, 고고학, 민속학, 철학사, 종교사, 예술사, 지리학 분야의 광범위한 연구가 행해졌다.[308]

니콜라이 레리흐는 문화, 예술, 철학 등 다양한 인문학의 영역에서 최고의 지성으로서의 면모를 보여준 인물이었지만, 오늘날 그가 더욱 찬란히 빛을 발하는 위인으로 자리매김 되었던 배경에는 아내 엘레나 레리흐의 협력과 사랑이 있었기 때문일 것이다. 니콜라이 레리흐가 엘레나 레리흐를 만나게 된 것은 1899년이었다. 그들은 주위의 반대에도 불구하고 열렬히 사랑했고 1901년 10월 결혼했다. 엘레나 레리흐는 니콜라이 레리흐에게 믿음직한 동반자였을 뿐만 아니라 창조적 영감의 근원이었다. 그들은 한평생 협력하며, 창작활동 면에서나 정신적인 면에서나 서로를 보완하며 세계 지성사에 큰 위업을 남겼다.

엘레나 레리흐는 뛰어난 작가이자 사상가, 용감한 여행가였다. 또한 위대한 예술가이자 휴머니스트, 철학자, 역사가이기도 했다. 그리고 무엇보다 엘레나 블라바츠카야의 업적을 계승한 여인이었다. 엘레나 블라바츠카야를 인류의 큰 스승으로 평가했던 니콜

옐레나 레리흐

라이 레리흐와 옐레나 레리흐는 그녀의 사상을 세상에 전파하는 일을 평생 소명으로 삼았다. 특히 옐레나 레리흐는 세상의 질투와 중상모략과 무지함이 블라바츠카야를 죽였다며, 그녀를 위대한 순교자로 부각시켰다. 그리고 다음과 같은 표현으로 러시아 역사에서 블라바츠카야를 자리매김했다.

> 나는 우리의 위대한 조국에서 태어난 이 여성의 불타는 심장과 위대한 정신에 경탄한다. 또한 나는 미래 러시아에서 그녀의 이름이 존중과 숭배의 최고 자리를 차지하게 될 것을 알고 있다. 진실로 옐레나 블라바츠카야는 우리 민족의 자랑이다.[309]

어린 시절부터 총명했던 옐레나 레리흐는 문학과 종교사와 철학사를 공부했고, 인도 철학가들의 사상 독해에 몰두했다. 니콜라이 레리흐를 만난 후, 조부모의 반대에도 불구하고 그를 열렬히 사랑해 결혼하여 두 아이를 낳았으며, 아이들에게는 현명한 어머니로서의 역할에 누구보다도 헌신적이었다. 1902년에 태어난 큰 아들 유리는 세계적인 이름을 떨친 동방학 학자로 성장했으며, 1904년에 태어난 둘째 아들 스뱌토슬라프는 화가이자 사상가, 사회운동가로 이름을 떨쳤다.

사실 옐레나 블라바츠카야와 그녀의 저술을 번역했던 옐레나 레리흐는 단순한 저자와 역자의 관계를 넘어선다. 학자들도 언급하듯이 두 여인은 실제로도 많은 공통점을 지니고 있었다. 어린 시절부터 환각 증세를 보이며 트랜스trans 상태에서 영계靈界를 투시할 수 있었던 옐레나 블라바츠카야처럼 옐레나 레리흐 역시 유사한 능력을 지니고 있었다.[310] 뿐만 아니라 옐레나 레리흐와 니콜라이 레리흐가 공동 집필한 『불의 구도자Агни Йόга』혹은 『생生의 윤리학Живая Этика』(1938)은 옐레나 레리흐가 블라바츠카야의 세계관과 정신세계를 계승하고 있다는 점을 분명히 인지하게 한다. 이런 이유로 블라바츠카야가 사망한 이후, 영국 신지학자들은 옐레나 레리흐가 옐레나 블라바츠카야의 육화肉化라는 믿음을 갖고 이를 여러 차례 확인하고자 시도하기도 했다.[311]

엘레나 레리흐는 1930년 상반기에 엘레나 블라바츠카야가 집필한 『비경Тай ная Доктрина』을 두 권의 러시아어 책으로 번역했으며, 마하트마가 보낸 서한을 발췌한 『동양의 운명Чаша Востока』을 출판하기도 했다. 또한 그녀는 1940년 『불교 입문Основы буддизма』이란 책을 통해 '러시아 전통정신과 불교 정신은 하나'라 강조했던 자신의 관점을 일반인들이 쉽게 이해할 수 있도록 했다. 이 책에서는 부처의 근본적인 철학적 가르침, 니르바나, 카르마의 법칙, 환생에 대한 내용이 기술되어 있다. 이로서 엘레나 레리흐는 러시아의 뉴에이지 운동 발전에 특별한 영향을 주었다고 평가받기도 한다.[312]

이처럼 20세기 말 오랜 사상의 단절과 화석화된 이데올로기의 벽을 넘어 러시아에서 블라바츠카야의 사상이 재조명된 것은 니콜라이 레리흐와 그의 믿음직한 동반자였던 엘레나 레리흐의 사상을 계승하는 '레리흐주의자'들에 의해서였다. 그들은 평생에 걸쳐 블라바츠카야의 사상 전파를 소명으로 삼았던 레리흐 부부의 사상과 활동을 전 세계로 확산시키면서 블라바츠카야의 세계관을 연구하는 작업에도 자연스럽게 앞장서며 러시아 신비철학을 맥을 부활시켰던 것이다.

2. 인도와 중앙아시아에서의 학술 탐험 활동

오늘날 러시아 학계에서는 자신들의 정신문화 유산을 재정립하며 레리흐 부부에 대해서도 활발한 연구를 개진하고 있다. 하지만 실상 레리흐 부부는 러시아에서보다는 해외에서 더 적극적인 활동을 했다. 물론 이것은 소비에트 혁명으로 인한 어쩔 수 없는 상황 때문이기도 했다. 1916년 니콜라이 레리흐는 심각한 폐렴 증세로 의사의 강청에 따라 가족과 핀란드로 이주해 요양을 하고 있던 상태였다. 그런데 1917년 볼세비키 혁명 이후 핀란드가 러시아와 인접한 국경을 폐쇄하면서 레리흐 가족은 고국으로 돌아갈 수 없게 된 것이다.

이후 레리흐는 고국 러시아로 돌아가지 못하고 해외 여러 나라를 전전하며 자신들의 영적 탐색을 계속하게 된다. 1919년에는 스웨덴에서 초청을 받고 스칸디나비아 국가들에서 박람회를 개최했던 레리흐는 추후 인도에 갈 것을 염두에 두고 일단 런던으로 향할 계획을 세우기도 했다. 그리고 1920년 7월, 엘레나 레리흐와 니콜라이 레리흐는 런던에 위치한 신지학협회 영국 지부를 맡고 있던 애니 배전트가 서명한 환영편지와 공식 증서를 받고 블라바츠카야가 창립한 신지학협회에 가입한다.[313]

니콜라이 레리흐의 신지학에 대한 관심은 그가 동양의 종교 이미지와 동양풍의 회화 스타일에 매력을 느꼈던 부분에서도 잘 나타난다.[314] 그리고 1923년 레리흐 가족은 인도로 출발했다. 사실 인도에 대한 몰두와 인도의 정신문화는 이 시기 러시아의 지식인들에게는 어떤 특별한 것이기도 했다. 레리흐가 작품 창작을 시작했던 이른바 '은세기Silver Age'는 정신문화 고양의 시기였고, 이것은 당연히 예술가 레리흐의 개성을 형성하는 데에도 큰 영향을 미쳤다. 솔로비요프В. Соловьёв, 트루베츠코이Е. Трубецкой, 로자노프В. Розанов, 플로렌스키П. Флоренский, 불가코프С. Булгаков, 베르쟈예프Н. Бердяев와 같은 은세기의 사상가들은 러시아 문화에 심오한 철학 관념을 도입하며 특히 동양 문화에 특별한 관심을 표출했다.[315] 19세기 말 20세기 초 러시아는 자신들의 정신적 탐색이 인도의 전통과 조화를 이루는 것을 발견했고, 인도에 대한 무한한 끌림을 경험했던 것도 사실이다.[316]

니콜라이 레리흐와 엘레나 레리흐가 동양에 심취했던 것 역시 블라바츠카야의 사상의 맥이 자신들에게서 생생하게 흐르고 있다는 점을 직접 인지했기 때문이었다. 블라바츠카야는 오직 '신비학의 요람'인 동방에서만 수천 년 동안 손상되지 않은 순수한 신비주의를 전수할 수 있는 현인을 만날 수 있다고 주장했다. '인도를 인류의 요람'[317]으로 간주했던 그녀의 사상이 레리흐 부부에게 그대로 전승된 셈이었다. 물론 레리흐 가족에게 인도에 대한 동경이 갑자기 생겨난 것은 아니었다. 사실 니콜라이 레리흐는 어린 시절부터 동양에 관심이 많았고, 특히 1900년대 초부터는 인도로부터의 거부할 수 없는 부름을 느꼈던 것 같다. 당시 그는 인간 삶의 의미와 가치를 탐색하면서 라마크리슈나Ramakrishna(1836~1886), 비베카난다Vivekananda(1863~1902), 라빈드라나드 타고르Rabindranath Tagor(1861~1941)와 같은 인도 철학자들의 사상 역시 깊이 연구했다.

니콜라이 레리흐가 동양 철학을 접하게 된 것은 그의 창작에도 독특한 반향으로 나타난다. 그의 초기 작품에서 고대의 이교적 루시, 민족서사시의 이미지들이 소재로 빈번하게 사용되었다면, 1905년 중엽부터의 작품들("인도의 길Индий ский путь", "크리슈나Кришна", "인도의 꿈Сны Индии"등)에서는 인도가 그 배경이 되었다. 그리고 이후 『생의 윤리학』의 정신에 입각한 우주적 이상이 깃든 작품을 통해서는 몽골, 티벳, 히말라야의 성스러움과 신비스러운 원초력을 화폭에 담았다.[318]

인도와 '샴발라' 사상을 소재로 한 작품들

레리흐 부부는 동양으로 원정과 학술탐사를 거듭하면서 티벳, 히말라야, 몽골, 인도가 모든 인류 정신문화의 근원이라는 확신을 갖게 되었다. 그들의 중앙아시아 학술원정은 1923년부터 1928년까지 진행되었는데, 당시까지 접근하기도 힘들고 잘 알려지지도 않았던 이들 지역이 포함되어 있었다. 이 학술탐험을 통해 역사, 고고학, 민속학, 철학사, 종교사, 예술사, 지리학 분야의 연구가 행해졌으며, 풍부한 언어학적 자료들 역시 수집되었다.[319]- 원정에 참여했던 레리흐 부부의 큰 아들 유리 레리흐는 원정의 목적과 과제를 다음과 같이 밝히고 있다.

원정의 주된 목적은 중앙아시아 내륙의 민족들과 이 지역 풍광에 대한 생생한 묘사를 얻기 위함이었다. 니콜라이 레리흐가 제작한 오백여점의 그림이 그 성과물이라 할 수 있다. 원정의 두 번째 목적은 지금까지 잘 알려지지 않은 이 지역에 대한 고고학적인 탐색이었다. 마지막으로 큰 의미를 지니는 것이 지역의 고대 문화를 알 수 있는 민속자료와 언어자료 수집이었다.[320]-

중앙아시아 원정 당시 니콜라이 레리흐가 그린 히말라야 산맥

실제로 이 탐험기간 동안에 미지의 아시아 지역에서는 니콜라이 레리흐를 중심으로 고고학과 민속학에 대한 연구가 활발히 진행되었으며, 진귀한 언어학 자료와 구비문학 자료를 비롯한 고대의 희귀원본 역시 다수 발견되었다. 이 시기의 활동이나 문화적 자산에 대한 내용은 훗날 『아시아의 심장Сердце Азии』, 『알타이-히말라야Алтай -Гималаи』 등의 책을 통해 발표되었다.

수년간에 걸쳐 진행된 이런 과정을 통해 레리흐 가족은 티벳, 히말라야, 인도가 인류의 영적 지식을 분출하는 근원지라는 사실을 확신했다.[321] 1930년대 중반부터는 레리흐 부부의 항구적 거처가 된 곳이 히말라야의 쿨루 계곡이었다. 그곳에서 그들은 힌두교와 불교를 공부하면서 정신적 삶에 관한 자신들의 기록을 써 내려갔다.[322] 그리고 그 곳에서 힌두교와 불교, 러시아와 인도의 고대 문화와 그것들의 공통 근원을 연구했으며, 서양의 문화와 동양의 지혜가 결합된 여러 체계들을 기록으로 남겼다.

히말라야 쿨루 계곡에서의
레리흐 가족 모습

3. 『생生의 윤리학』: 인간의 심리에너지와 인류의 우주적 진화에 대한 영적 계발서

엘레나 블라바츠카야의 인간적인 면모뿐만 아니라 학문의 선각자로서의 위용까지 깊이 존중했던 레리흐 부부는 자신들의 창작 활동에서도 블라바츠카야 사상을 적극적으로 계승했다. 레리흐 가족은 특히 인간의 숨겨진 심리적 힘, 인간의 우주적 기능, 인류의 우주진화의 문제에 대해 흥미를 지니고 있었으며, 관련 문제들을 연구하면서 과학에도 관심을 가졌다. 1920년 봄부터 그들의 집에서는 강신술 모임이 이루어지기도 했다. 이 자리에서 엘레나 레리흐는 마하트마 모리야가 보내는 메시지를 받는 전령사 역할을 하곤 했다. 엘레나 레리흐를 통해 받은 메시지는 종교-철학적 가르침인 『생의 윤리학Живая этика』으로 이후 출판되었다.

니콜라이 레리흐와 엘레나 레리흐는 『생의 윤리학』은 엘레나 블라바츠카야와 교신했던 티벳-히말라야의 마하트마 모리야가 '인류의 의식개혁'을 위해 텔레파시로 그 가르침을 전달해 주었다고 주장했다.[323] 엘레나 레리흐의 주장에 의하면 종교와 모든 수행의 통합을 주장하는 『생의 윤리학』은 마하트마 모리야와의 '대담'의 결과로 기술되었다. 엘레나 레리흐는 마하트마 모리야로부터 받은 메시지를 분명하게 듣는 방식으로 이루어졌으며, 그 교서는 14권의 저서 시리즈로 출판되었다. 『생의 윤리학』 혹은 『불의 구도자』는 서구의 오컬트-신지학적 전통과 동양의 신비주의를 결합한 혼합적인 종교-철학 가르침이다.

마하트마 모리야와 동일시 될 수 있는 사람의 존재에 관한 물음은 오늘날까지도 여전히 논쟁 상태로 남아 있는 것도 사실이다. 여하튼 레리흐 부부가 이러한 샴발라의 스승들을 처음으로 만난 것은 1920년 3월 24일 런던에서였다고 알려져 있다. 아마 이 시점은 1920년 레리흐 부부가 신지학협회 영국 지부를 총괄하던 애니 베전트의 초청으로 영국에 가서 블라바츠카야가 창립한 신지학협회에 가입한 시기와도 관련이 있을 것이다.[324] 레리흐 부부는 자신들의 샴발라 스승들과의 교류는 1920년부터 1940년에 걸쳐 지속적으로 이루어졌다고 주장한다.

레리흐 부부의 관념에 따르면, 히말라야의 형제회라고도 불리우는 '백색 형제회Белое Братство'의 회원들인 마하트마는 지상과 천상의 두 차원에서 존재한다. 엘레나 레리흐

사자使者

『생의 윤리학』의 이미지

는 '샴발라' 전설에서 형성된 티벳에 대한 비교적祕敎的 성지숭배관에 힘입어 "많은 신지학자 가운데 블라바츠카야가 티벳의 위대한 스승으로부터 가르침을 전수받는 행운을 지닌, 백색 형제회가 파견한 불의 사도였다"[325]고 언급했다. 또한 니콜라이 레리흐는 땅과 하늘에 존재하는 마하트마들의 두 거처를 '샴발라'로 명명하며, 그것은 지상 세계가 지고한 의식의 상태와 접촉하는 성스러운 장소라고 간주하였다.[326] 티벳의 오지에 존재한다는 불교도의 유토피아인 샴발라에 관한 이야기가 단순히 전설이나 메타포가 아니라며 그 속에 담긴 역사적 사실을 통찰했던 레리흐는 이 전설을 본격적으로 소련과 미국의 화해와 심령적 세계연방수립을 위한 매개로 삼기도 했다.

샴발라에 대한 믿음은 오늘날 '불의 구도자'로 지칭되는 레리흐주의자들의 의식에 굳건하게 뿌리내려 있으며, 그들은 이에 대해 그 어떤 의심도 품지 않는다. 때문에 그들은 레리흐의 가르침을 그 어떤 신비로 채색하는 행위를 거부한다. 그리고 그 가르침 속에서 통합적인 과학 지식의 요소를 강조한다. 하지만 이와는 완전히 다른 관점을 주장하는 종교학자들은 『생의 윤리학』을 옐레나 블라바츠카야의 신지학에 토대를 둔 새로운 뉴에이지 종교 중 하나일 뿐이라고 폄하하기도 한다. 레리흐 부부의 중심 사상에 대해서뿐만 아니라 그들의 저술에 대해 이렇게 두 가지의 극단적인 접근법이 존재하는 것이 사실이다.

여하튼 엘레나 레리흐는 샴발라의 마하트마로부터의 지시 전달은 블라바츠카야가 사망한 이후에도 이어졌다고 주장했다. 그녀는 1925년에 니콜라이 레리흐가 블라바츠카야를 상징하는 작품 "사자Вестник"를 그려 블라바츠카야 박물관 건립에 희사하라는 명령을 받았다고 기록한다. 그리고 이에 따라 니콜라이 레리흐는 이 완성된 작품을 1925년 1월 18일, 인도의 아디야르에 위치한 신지학협회에 기증했다는 것이다.[327]

『생의 윤리학』은 블라바츠카야의 신지학처럼 통합의 원칙에 입각해, 동서양의 철학, 문화, 종교, 과학의 전통을 결합하는 종교 철학적 교의이다. 이 책에서는 블라바츠카야의 신지학과 마찬가지로 혼합적인 종교-철학적 관점이 전개되어 있다. 레리흐 부부의 가르침은 동양과 서양의 철학, 문화, 종교, 과학의 통합 전통을 계승하며 '신비주의 형태로서 고무된 신지학'으로 간주되기 때문이다. 엘레나 레리흐는 『생의 윤리학』을 정의하는 분명한 원칙이 바로 통합의 원칙이라고 언급하기도 했다.

인류의 우주적 진화에 대한 『생의 윤리학』은 동양과 서양의 지혜를 하나의 유기체로 통합한 책이다. 이 책에 의하면 우주는 지구 생명의 근원이다. 우주의 법칙들은 지상의 진화를 조종하므로, 이러한 법칙들을 연구하는 것은 인류를 위한 중요한 일이다. 그런 맥락에서 이 책에서는 인간과 우주의 상호관계에 대한 우주론의 보편 사상, 과학에 대한 입장, 우주의 변형과 생태학의 문제가 논의되는 것이다.[328] 또한 이 책을 통해 니콜라이 레리흐는 러시아의 영성 전통과 동양문화의 심오한 영적 토대인 조로아스터교, 티벳 불교의 결합 양상을 펼치기도 한다. 『생의 윤리학』은 인류가 다양한 풍습, 신앙, 언어를 가지고 있음에도 불구하고 인류 전체를 위한 공통적이며 보편적인 문화 운동의 필요성과 그로 인한 삶의 변형 가능성을 제기한다는 점에서 주요한 의미를 지닌다. 이 책의 가르침에 따라 윤리적 원칙을 준수하는 것은 인류의 정신적・육체적 진화를 위한 가장 중요한 수단이 된다는 관점이다.

『생의 윤리학』에서는 우주의 다차원적인 구조와 그 이론, 인간 유기체의 다차원적 본성, 의식의 사후 상태, 환생과 전생에 대한 기억, 다양한 질환에 대한 심리에너지 차원의 원인과 새로운 치료법이 기술되기도 한다. 현대 과학이 그 문제들을 연구하기 이전에 레리흐 부부가 당시의 여러 과학적 난제에 대해 그 근거와 해결책을 제시했던 부분은 오늘날에도 여러 학자들에 의해 집중적 관심을 받은 부분이기도 하다.[329] 이 책에 의하면 우주에는 두 개의 힘이 끊임없이 대립하고 있다. 엔트로피의 성장에서 나타나는 카오스적인 파괴의 힘이 그 하나이며, 여기에 대항해 물질에 일정한 질서와 형태를 가져오는 창조의 힘이 또 다른 하나이다. 여기서 '생명Жизнь'과 '이성Разум'이 이러한 반엔트로피적 기능을 수행한다는 주장이다.[330]

더 나아가 『생의 윤리학』의 가르침은 인간의 자기완성의 주된 두 가지 측면, 즉 존재의 도덕적 근원을 수용하는 윤리적 변형과 이를 위해 필수적인 잠재력인 소위 '심리에너지'의 습득을 중시한다. 개별 인간과 인류 앞에 거대한 전망을 펼쳐놓고 있지만, 무엇보다 이 전망은 '생명'을 향한 길임을 역설한다. 여기서 우주의 시민이자 우주의 건설자인 인간은 자신의 역할과 책임을 인식해야 하고, 자기완성의 길을 가야하는 필연성을 지니는 것이다.[331]

사실 니콜라이 레리흐와 옐레나 레리흐가 주장했듯이 인간을 우주적 힘의 가장 강력한 변형자, 지식의 근원, 우주 에너지의 부분으로 보는 관점[332]과 '의식의 발견'이나 '의식의 확장'을 중시하는 관점[333]은 블라바츠카야의 반향을 강하게 감지할 수 있는 부분이다. 니콜라이 레리흐가 예술과 과학에 대한 전일적 접근으로 지식과 예술적 감흥을 유기적으로 통합한 점 역시 블라바츠카야의 예술관을 계승한 것이다. 연구자들이 니콜라이 레리흐의 작품에 대해 인간의 정신영역에서 수 세기에 걸쳐 형성되어 온 과학과 형이상학, 과학적 지식과 예술이 하나로 융합되었다고 평가하는 것은 그 때문이다.[334] 뿐만 아니라 니콜라이 레리흐 역시 "예술은 여러 다른 민족들 사이를 연결하는 가장 짧은 다리"[335]라는 옐레나 블라바츠카야의 표현을 인용하며 블라바츠카야의 예술관에 공감을 표했고, 이를 예술 창작의 모토로 삼았다.

4. '문화', 그 신성함과 인간 변형의 모태여!

옐레나 레리흐는 1920년대 미국에서 니콜라이 레리흐의 지도하에 펼쳐진 문화-계몽운동 조직에도 동참했다. 당시 미국에서는 니콜라이 레리흐의 지도하에, 그 이후에는 옐레나 레리흐의 직접적인 참여에 힘입어 광범위한 문화 활동이 전개되었다. 그 정점이 된 것이 니콜라이 레리흐 박물관 건립이나 예술통합연구소와 같은 문화 조직의 창립이었다. 레리흐 부부는 20세기 초 몰아닥친 전 세계 물질문명의 광풍 속에서 '문화'가 인류에게 어떤 의미를 던질 수 있는지를 설파하고 문화적 인식의 중요성을 확산시켰다.

문화에 대한 옐레나 레리흐의 관점은 그녀의 서간체 작품에서 잘 드러난다. 옐레나 레리흐는 자신의 편지에서 『생의 윤리학』의 토대가 되는 복잡한 철학적·학문적 문제들을 해명하며 위대한 우주의 법칙, 인간 존재의 의미, 인류의 진화와 문화의 의미 등에 대해 기술하고 있다. 그녀는 문화는 그 본질상 진화이므로 문화를 부정하면 진화를 거부하는 것이자 우주법칙을 파괴하는 것이라고 역설하기도 했다.

니콜라이 레리흐는 새 시대의 문화의식의 필요성을 제시하며 완전히 다른 것처럼 보이는 세계 여러 지역의 문화가 사실상 유기적으로 결합되어 우주적 존재로서의 인간의 신비를 보여준다고 주장했다. 그리고 자신의 그림이나 시를 통해 지상의 모든 존재와 모든 사람의 합일 감정을 전달하기 위해 노력했다. 니콜라이 레리흐는 인류가 주위 세계에서 생명의 아름다움을 볼 수 있어야 한다고 호소하며, '문화'의 공적으로 인류가 삶을 변형시킬 수 있는 힘을 키울 수 있으리라 확신했다. 이러한 지향점을 두고 『생의 윤리학』 속에서 인간 의식을 우주적 수준까지 끌어올리며 인간 의식의 변형이라는 필연성을 제시했던 것이다.

레리흐 부부가 인류의 의식 변형의 가능성을 여는 단초로 생각되었던 것이 인간이 지니고 있는 '심리에너지'에 내재된 강력한 우주 에너지였다.[336] 그들은 미래에는 전력의 응용에 뒤이은 에너지의 많은 근원들이 발견될 것이라고 예언하면서 사람들이 자신의 소우주, 세계의 모든 에너지가 잠들어 있는 자신의 심장에 주의를 기울여야 한다고 주장하기도 했다.

레리흐 부부는 '문화'에 대한 관점에서도 옐레나 블라바츠카야의 정신을 계승 발전시키고 있다. 블라바츠카야가 '문화'와 '문명'의 차이를 분명히 구분하며 문화에 내재된 정신적 측면을 강조했던 것처럼, 니콜라이 레리흐 역시 '문화'가 인간의 정신세계와 관련된다면 '문명'은 물질적 측면에서 삶의 외적인 차원을 보여준다고 언급했다. 니콜라이 레리흐에 따르면 '문명'은 인간 사회의 외적인 형태를 의미하기 때문에 일시적인 것이다. 따라서 '문명'은 이집트, 그리스, 로마 문명이 멸망했던 것처럼 파괴될 수 있다. 이에 반해 '문화'는 인간 삶의 내적·정신적 가치를 중시하기 때문에 이집트, 그리스, 로마 문화가 불멸하는 것처럼 문화는 불멸한다. 때문에 문화는 결코 파괴될 수 없는 상위의 표현이라는 것이다.[337]

더 나아가 니콜라이 레리흐는 지금까지 특별한 의식적 구분없이 '문명'과 '문화'를 동일시해 왔던 것이 인류 발전사에서 정신적 요소를 과소평가하는 결과를 빚게 되었다고 비판하기도 했다. 그리고 이러한 관점에 입각해 『생의 윤리학』의 이상에 기초한 '문화Культура'의 개념을 재정립한다. 니콜라이 레리흐는 저술에서 '문화'를 강조하려는 의도로 이를 항상 대문자로 표기하고 있다. 그는 도스토예프스키의 명언 "아름다움이 세상을 구원할 것이다Красота спасает мир"를 자기 식으로 변형해 "아름다움을 인식하는 것이 세상을 구원할 것이다Осознание Красоты спасет мир"라는 모토를 내걸고 '문화'의 개념에서 정신 조화의 에너지를 대변하는 미美를 가장 우선시했다. 그에 의하면 '문화'에는 카오스에서 질서로 향하는, 그리고 단순한 것에서 복잡한 것으로 향하는 우주 진화의 의미가 실제적으로 포함되어 있다. 따라서 니콜라이 레리흐는 "문화는 미와 지식에 근본을 두어야 하며,"[338] "미는 문화를 통해서만 인간에게 지각된다"[339]는 관점을 펼치고 있다.

문화의 개념에 '신성함'을 부여하는 니콜라이 레리흐에게 문화는 빛의 숭배이자 인간에 대한 사랑이며, 구원이자 불멸의 정신이었다. 따라서 문화에 내재된 이 속성을 모두 결합한다면 창조의 미와 계몽의 근원을 하나로 융합할 수 있다고 본 것이다.[340] 니콜라이 레리흐는 '문화'가 창조적 자기 표현에서 인간의 정신적 세계에 대한 태도를 보인다면, '문명'은 모든 물질적 측면에서 단지 인간적 삶의 외적인 설비를 보여줄 뿐이라고 규정하였다. 그는 문명과 문화를 동일시하는 것이 이에 대한 혼란과 인류의 발전에서 정신적 요소를 과소평가하는 결과를 빚게 되었다고 주장하였다.

옐레나 레리흐 역시 문화와 계몽의 중요성을 언급하며 "문화의 본질이 진화이기에 문화를 부정하면 진화를 거부하는 것이며, 우주법칙을 파괴하는 것"[341]이라고 주장하기도 했다. 이처럼 레리흐 부부는 '문화'의 범주에 종교적 체험, 과학, 예술, 교육 영역의 최고 성과들을 포함해 인간 의식을 우주적 수준까지 상승시키며 이를 통해 궁극적으로 인류의 삶이 변형될 수 있는 가능성을 제시했던 것이다. 살펴본 바와 같은 옐레나 블라바츠카야의 저술에 반영된 통합정신과 샴발라 사상, 문화에 대한 관점은 니콜라이 레리흐와 옐레나 레리흐의 세계관과 창작활동, 그리고 그들의 문화론에 강력한 영향을 주었다. 동양과 서양의 심원한 철학에서 이끌어낸 정신적 진화론과 초인적 지혜를 가진 존재의 역할을 강조하며 인류의 정신력에 대한 믿음을 확산시킨 옐레나 블라바츠카야의 신지학에 대한 가르침이 두 위대한 사상가, 니콜라이 레리흐와 옐레나 레리흐에게서도 찬란히 만개했다고 할 수 있을 것이다.

5. 레리흐 부부의 문화재 보호운동과 문화를 통한 평화운동

레리흐 가족의 종교적·철학적 지향점은 그들의 활동을 지지하는 세계 여러 국가에서 다양한 협회와 연구소가 창립되어 그들의 정신을 교육하는 사업에서 꽃을 피우게 되었다. 앞서 잠시 언급한 바가 있지만, 레리흐 부부의 문화-계몽 활동은 1920년대 미국에서 활발하게 전개되었다. 당시 니콜라이 레리흐는 시카고 예술대학교 총장의 제안으로 미국 30여개 도시들을 순회하며 대규모 박람회를 개최하기도 했다. 미국에서 예언자, 구루, 반전주의자라는 평을 얻었던 그는 레리흐 박물관 설립과 예술통합연구소 개설로 문화 운동의 최정상에 우뚝 섰다. 1921년 뉴욕에 문을 연 예술통합연구소는 문화와 예술을 통해 민족을 가깝게 할 수 있다는 레리흐의 세계관을 반영한 곳이었다. 그는 연구소 설립 취지를 다음과 같이 기술하고 있다.

> 예술은 인류를 하나로 결합시킨다. 예술은 하나이며 분리될 수 없다. 예술은 무수한 가지를 지니고 있지만, 그 뿌리는 하나이다. 각각의 모든 사람들이 미(美)의 진리를 느낀다. 모든 사람들을 위해 성스러운 근원의 문을 열어야 한다. 예술의 빛은 새로운 사랑으로 수많은 사람들의 심장을 비춘다.[342]

문화와 예술의 가치를 중시했던 니콜라이 레리흐의 이러한 세계관은 소중한 문화유산들이 훼손되거나 파괴되지 않도록 보호해야 한다는 세계적인 문화재 보호운동으로 이어졌다. 『생의 윤리학』에 의하면 문화에 내재된 정신적 가치의 창조와 보존과 전파는 인류 진화의 가장 중요한 기반 중의 하나이다. 이런 관점에 입각해 옐레나 레리흐 역시 문화와 예술이 인류의 정신 진화에 중추적 역할을 한다는 점을 부각시키며 적극적으로 남편을 도왔다.[343] 니콜라이 레리흐는 파리 대학의 정치학 및 국제법 박사인 슈클랴베르와 함께 문화적 가치의 수호에 대한 협약을 위해 노력했고 그 결실이 마침내 1929년, 문화재 보존을 위한 '레리흐 협약Пакт Рерих' 프로젝트 준비 착수로 이어졌다.

그림으로 표현된 '평화의 깃발'(1931년作)

레리흐 협약 체결 당시의 모습

더 나아가 레리흐는 이 협약과 함께 '평화의 깃발Знамя мира'이라고 하는 보존 가치가 있는 대상들을 규정하는 특수 표시를 제안했다. 흰색 천에 붉은 원이 그려진 이 '평화의 깃발'은 영원을 상징하는 원의 형상과 그 속에 과거와 현재와 미래의 합일을 상징하는 세 개의 붉은 원을 포함하고 있다.[344]

1935년은 평화와 문화를 지키기 위한 레리흐 운동이 정점에 이른 시기였다. 당시 레리흐의 이름을 부여한 수백개의 위원회가 유럽, 미국, 아시아, 아프리카에서 활동했다. 그리고 1935년 8월 15일, 프랭클린 루스벨트Franklin Roosevelt(1882~1945) 대통령이 참석한 가운데 백악관에서 비로소 '레리흐 협약'이 체결되었다.[345] 당시 아메리카 대륙의 10개국이 비준했던 레리흐 협약은 미국과 유럽에서 커다란 반향을 불러 일으켰다. 그리고 실제 제2차 세계대전 중에 세계의 많은 문화유산들이 이 협약에 힘입어 파괴되지 않고 보존될 수 있었다. 레리흐 협약은 1954년 국제연합 유엔UN에서도 채택되어 전 세계에 역사와 문화재 보호의 중요성을 상기시켰으며, '문화를 통한 평화운동'의 가치 역시 고양시켰다.

니콜라이 레리흐와 엘레나 레리흐가 평생을 통해 보여주었던 인류의 의식 진화와 문화의 가치 전달과 계승을 위한 노력은 새로운 문화운동으로 전개되고 있다. 이른바 '레리흐 운동'이라고 하는 이 움직임은 『생의 윤리학』의 종교-철학적 가르침을 토대로 하는 새로운 종교 운동이다. 이 운동은 엄격하게 조직화된 구조를 갖고 있지는 않지만, 문화론적이며 휴머니즘적인 세계관에서부터 종교-신비주의적인 세계관에 이르기까지 다양한 경향을 포함하고 있다. 특히 동양의 영적 스승에 의해 레리흐 가족에게 그 가르침이

동양의 신비주의를 유럽에 전파한 게오르기 구르지예프의 수행철학

03

허망한 것에서부터 진실한 것으로 나를 인도해 주옵소서.
어두움으로부터 밝음에로 나를 이끌어 주옵소서.
죽음에서 영생으로 나를 인도해 주옵소서.
－브리하드 아라냐카 우파니샤드Brihad-aranyaka Upanishad－

1. 동서양 철학을 넘나들며 세계 정신문화사에 새 역사를 쓴 구르지예프

20세기 서구 유럽의 지성사에 가장 커다란 영향을 미친 영적 세계의 개척자 게오르기 구르지예프Георгий Гурджиев(1866~1949) 역시 러시아 우주 철학에 대한 논의에서 주요한 입지를 차지하는 사상가이다. 인도의 대철학자 오쇼 라즈니쉬Osho Rajneesh(1931~1990)는 구르지예프를 자신에게 가장 큰 영향을 준 인물 중 하나로 꼽으며, 인간 의식의 자유에 관한 메시지를 던진 그를 보디달마나 장자에 비견했다.[348] 이렇듯 20세기의 가장 위대한 영적 스승 중 한명으로 칭송받는 구르지예프는 서양인들이 동양의 정신수행을 접근할 수 있는 새로운 길을 제시한 인물이다.[349] 이른바 '비교秘敎의 지혜esoteric wisdom'를 전파했던 그는 의식을 일깨워 줄 수 있는 여러 명상법을 통해 인간 내적변형의 가능성을 보여주었던 선각자였다. 비교의 지혜란 공교公敎(exotericism)의 지혜에 대응하는 말이다. 해석할 수 있고 설명할 수 있는 지적 양식을 갖춘 가르침을 '공교'라 한다면, '비교'는 지적인 인지나 설명을 넘어서서 영적 자각의 길에 들어서는 체험의 가르침을 일컫는다.

서구 유럽에서 게오르기 구르지예프의 사상이 큰 호응을 받을 수 있었던 이면에는

계오르기 구르지예프

20세기 초 만연했던 물질만능주의와 실증주의에 환멸을 느낀 지성인들의 진리에 대한 탐구 열망이 한 몫을 했다. 구르지예프가 물리학, 화학, 생물학, 천문학, 심리학 등의 다양한 학문을 통찰하는 지적 능력으로 동양 철학과 서양 과학사 사이에 소통의 다리를 놓았던 점 역시 서양인들에게는 신선한 충격이었다.[350] 뿐만 아니라 구르지예프의 가르침들은 새로운 종교의 태동이나 심리치료 및 음악, 연극, 무용, 문학 등의 예술 영역에서 인간 의식 연구에 관한 새로운 문을 열면서,[351] 서구 유럽 사상계와 예술계의 거물들에게도 지대한 영향을 미쳤다.

러시아의 저널리스트이자 수학자이며 『인간 진화의 심리학The Psychology of Man's Possible Evolution』이라는 저서를 통해 '자기관찰'과 '자기완성'의 길을 제시한 표도르 우스펜스키Федор Успенский(1878~1947)를 비롯해 구르지예프의 사상을 음악으로 표현했던 작곡가 토마스 드 하트만Thomas De Hartmann(1886~1956), 영국의 철학자이자 『뉴에이지The New Age』 저널의 편집자이며 구르지예프의 저술을 영어로 번역했던 알프레드 오리쥐Alfred Orage(1873~1934), 초현실주의를 이끈 대표적인 화가 살바도르 달리Salvador Dali(1940~1989), 1925년 노벨문학상을 수상한 영국 극작가 조지 버나드 쇼George Bernard Shaw(1856~1950), '의식의 흐름' 기법으로 서구 문학사에 한 획을 그은 영미 소설가 캐서린 맨스필드Katherine Mansfield(1888~1923), 미국에 선불교를 보급한 저술가이자 명상가였던 앨런 왓츠Alan Watts(1915~1973)에 이르는 20세기 전반기의 유명한 문화 활동가들이 구르지예프에게서 깊은 감흥을 받았다.

구르지예프가 사망한 지 반세기 이상이 지난 오늘날까지도 그의 가르침의 근원에 대해서는 여전히 수수께끼로 남아있는 부분이 있지만,[352] 그럼에도 불구하고 서구 지성사의 전설로 일컬어졌던 그의 행적이 일부라도 세상에 알려지게 된 것은 그를 추종하는 제자들의 회고록을 통해서였다. 서양의 정신문화사에 동양의 철학과 수행체계를 도입하여 세계인들의 의식 혁명을 주도했던 카프카즈의 신비가 구르지예프에 대한 심도있는 연구는 제자들이 1960년대부터 본격적으로 스승의 사상을 전파하고, 이에 대한 서양 학자들의 관심이 증대되면서 체계화된 것이다. 그들은 구르지예프에게서 큰 감화를 받고 스스로 제자가 되어 스승의 마지막까지 함께 하며, 그 경험을 바탕으로 구르지예프의 사상 연구에 보고寶庫가 되는 자료를 남겼다.

표트르 우스펜스키

그 대표적인 기록으로는 1915년부터 8년 동안 구르지예프와 함께 했던 표도르 우스펜스키가 스승의 강연 내용을 정교하게 정리한 『위대한 가르침을 찾아서In Search of the Miraculous』를 비롯하여 1917년 혁명 중에 페트로그라드에서 티플리스까지 구르지예프와 함께 한 피난길의 경험을 기록한 토마스 드 하트만과 그의 부인 올가 드 하트만Olga De Hartmann의 『구르지예프와 함께 한 우리의 삶Our Life With Mr. Grudjieff』,[353]- 고아 출신 작가 프릿츠 피터스Fritz Peters(1913~1980)가 어린 시절 5년간 구르지예프의 성에서 거주했던 당시의 기억을 기술한 『구르지예프와 함께 한 어린 시절Boyhood with Gurdjieff』,[354]- 구르지예프의 저술 출판을 도왔던 스탠리 노트Stanley Nott(1887~1978)가 자신의 경험을 기술하고 있는 『구르지예프의 가르침Teachings of Grudjieff』,[355]- 나치 치하에서 피난길을 거부하고 구르지예프를 찾아 왔던 르네 쥬베르Rene Zuber(1902~1979)가 스승을 둘러싼 일들에 물음을 던지며 삶을 성찰하는 『구르지예프 선생님, 당신은 누구십니까?Who Are You, Monsieur Grudjieff』,[356]- 수학자이자 과학자이며 심리학자로도 널리 이름을 떨친 존 베넷트John Bennet(1897~1974)와 그의 아내 엘리자베스 베넷트Elizabeth Bennet(1918~1991)가 구르지예프 모임에서 행해지던 의례를 생생히 묘사하고 있는 『파리의 바보들Idiots in Paris』[357]-을 들 수 있다.

회고록 출판을 계기로 구르지예프의 학문적 성과가 확산되기 시작한 것은 그가 사망한 후 십여년이 지난 1960년대였다. 이것은 구르지예프의 제자들이 그때까지만 해도 자신들만 알고 있었던 스승의 사상을 세상에 알릴 필요가 있다는 결정을 내리면서 가능한 일이었다.[358]- 이후 구르지예프의 사상은 새로운 영적 탐구를 시도하는 그룹들에 깊

켄 윌버

이 계승되었고, 오늘날에는 그를 트랜스퍼스널 심리학transpersonal psychology의 아버지로까지 추앙하고 있다. 구르지예프의 사상이 확산되면서 그의 글이 트랜스퍼스널 심리학의 기초 이론서인 켄 윌버Ken Wilber(1949~)의 『의식의 스펙트럼The spectrum of consciousness』의 토대가 되었기 때문이다.

켄 윌버는 자아초월심리학 분야의 대가이자 현 시대의 가장 위대한 사상가 중 한 사람으로 일컬어진다. 여러 학문을 넘나드는 그의 통합적 관점은 심리학과 철학, 동서양의 종교뿐만 아니라 신과학, 사회학, 인류학 등을 총망라하고 있다. 그는 의식 연구의 아인슈타인으로 불리며, 그의 심리학에 대한 기여는 지그문트 프로이드, 칼 융, 윌리엄 제임스의 기여와 비견되기도 한다. 인간 발달과 의식의 진화이론에 대한 근본적인 재조직화를 통해 그는 학자이자 명상가, 영적 지도자로서 광범위한 분야의 수많은 전문가와 지식인들로부터 존경과 국제적 명성을 얻고 있다. 이는 오늘날 구르지예프의 인기를 실감하게 하는 것이기도 하다.

살펴본 바와 같이 20세기 중반부터 활발해진 서구 유럽의 관심에 비해 소비에트 체제에서 구르지예프 사상 연구는 진행될 수 없었으며 그의 이름조차 거론되지 않았다. 인간 심리나 영성에 대한 연구가 소비에트의 이념에는 상응하지 않는 것이었으며, 더구나 볼세비키 혁명 직후 유럽으로 망명한 인물의 성과를 국가가 홍보하는 일은 용납될 수 없는 일이었기 때문이다. 구소련 체제가 붕괴된 직후에도 러시아는 구르지예프의 사상에 그다지 주목하지 않았으며 연구 역시 침체되기는 마찬가지였다. 하지만 이천년대에 접어들면서 러시아 인문학계는 완전히 전향된 모습을 보이고 있다. 구르지예프가 제정 러시아 시기의 인물임을 부각하면서, 그의 사상에 내재된 러시아적 특성에 대한 강조를 통해 그의 학문체계를 견인하려는 노력을 하고 있다. 이것은 러시아 학계가 구르지예프의 사상을 모델로 하여, 일반적으로 기존의 철학에서 제시하던 '서양-유럽'의 기독교적 세계관과 '동양-아시아'의 비기독교적 세계관의 대립을 아우르는 유라시아적 특성이 러시아에 뿌리를 두고 있다는 것을 부각시키는 것이다. 또한 이는 현재 서구의 학문을 이끌어가는 주류에 러시아 사상가의 동서양 융합철학이 그 주춧돌이 되었다는 점을 은연중에 내비치는 문화 전략도 감지되는 대목이다.

완전히 달라진 현 러시아 학계의 동향을 염두에 둘 때, 동양의 지혜를 서양 사회에 최초로 소개한 선구자로 평가받는 게오르기 구르지예프의 유라시아적 특성에 주목할 필요가 있다. 아시아와 유럽의 정체성을 포용하는 다문화 공존의 관점에서 구르지예프의 정신세계를 조망하며, 그의 성장 환경과 교육과정을 비롯한 사상의 토대가 오늘날 인문학의 관점과 조우하는 방식, 더 나아가 그의 세계관의 토대에 유라시아적 인자가 발아하여 성장하고 확대되어 간 양상을 한 걸음씩 추적해 보도록 하자.

2. 카프카즈의 신비가, 구르지예프의 성장환경과 구도여행

게오르기 구르지예프 세계관의 기저를 형성하는 유라시아적 특성은 그의 어린 시절 체험, 교육, 환경, 구도여행 등에서 이미 드러나고 있다. 그는 아르메니아와 터키의 경계 지역에서 태어나, 그리스도교와 이슬람의 종교의식을 자연스럽게 체득했다. 구르지예프의 유년시절은 자서전적 저술인 『놀라운 사람들과의 만남Meeting with Remarkable Men』을 통해 비교적 상세히 전해지고 있다. 이 책 서두에서 구르지예프는 어린시절 자신을 둘러싼 주변 환경을 묘사한다. 특히 구전 전승된 고대 문화의 계승자였던 아버지로부터 받은 영향과 함께, 카르스 육군 대성당의 보르쉬Borsh 사제 밑에서 교육을 받았던 경험을 상세히 기술한다.

구르지예프는 1866년, 오늘날 아르메니아의 귬리 지역인 알렉산드로폴에서 그리스인 아버지와 아르메니아인 어머니 사이에서 태어났다. 구르지예프의 아버지는 조상이 비잔티움에서 이민 온 그리스계 혈통이었으며, 콘스탄티노플 정복에 따른 터키인의 박해를 피해 아르메니아로 이주하게 되었다. 그는 『길가메시』와 같은 고대 이야기들의 전승자인 '아속ashok' 전통의 대표자이기도 했다.[359] 구르지예프는 자신의 아버지를 다음과 같이 회상하고 있다.

20세기 초, 나의 아버지는 아쇽, 즉 시인이자 이야기꾼으로 제법 널리 알려져 있었다. 사람들은 아버지를 '아다쉬'라고 불렀다. 아버지는 전문적인 아쇽이 아니라 아마추어이긴 했지만, 그의 명성은 트랜스코카서스 전역을 넘어 소아시아 지역까지 알려져 있었다. 아쇽은 소아시아 발칸 반도 지역의 음유 시인들에게 붙여진 이름으로, 대개 노래를 직접 작곡하여 부르기도 하고 전래되어 오는 시와 노래, 전설, 민간 설화 등을 노래로 부르기도 했다.[360]

구르지예프의 아버지는 아들에게 놀라운 이야기를 끊임없이 들려줌으로써 어린 구르지예프의 마음에 시적 상상력과 숭고한 이상을 심어주었다. 또한 그는 페르시아, 터키, 카프카즈, 심지어 투르케스탄에서도 참여하는 아쇽 경기시합에 아들을 데리고 다녔는데, 이런 경험은 훗날 구르지예프가 예술 창작이나 저술 작업시에 다양한 테마를 끌어올리는 원천이 되었다.[361]

이후 구르지예프 가족은 알렉산드로폴에서 카르스 근처로 이주를 하게 되는데, 구르지예프는 이곳 카르스에서 자신이 훗날 제2의 아버지라고 불렀던 러시아군 대성당의 사제장 보르쉬 신부를 만나게 된다. 아들을 성직자로 만들고 싶었던 구르지예프의 아버지는 보르쉬 신부에게 신학교육을 부탁했지만, 그는 오히려 구르지예프가 성직자의 길을 가는 것을 반대했다. 그리고 성직자는 신자들의 영혼을 보살펴 주어야 할 뿐만 아니라 육체의 질병과 그것을 치료하는 방법에 정통해 있지 않으면 안 된다며, 구르지예프가 사람들의 육체적 질병을 치료하는 동시에 그들 영혼의 소리를 경청하고 도와줄 수 있는 의사가 되길 희망했다.[362]

보르쉬 사제는 구르지예프가 학교를 그만두게 하고, 자신이 직접 종교적 훈련을 시키는 한편, 의학을 비롯한 여러 학문을 가르칠 교사들을 손수 배정했다. 그는 성직자였지만 현대 과학의 중요성을 강조할 만큼 남다른 식견을 지니고 있었다. 구르지예프의 기록에 따르면 보르쉬 신부는 자신에게 주어진 의무를 다하기 위해서 여가시간을 온통 과학 연구에 쏟았다고 한다. 특히 천문학과 화학에 매진했고, 머리를 식히고 싶을 때는 바이올린 연주나 성가 작곡같은 음악 작업을 했다. 그가 작곡한 성가 중에는 러시아에서 제법 잘 알려진 곡도 있었다고 한다. 보르쉬 신부의 이런 면모는 훗날 구르지예프가 의식적·무의식적으로 그의 영향을 얼마나 많이 받았는가를 상기시키며,[363] 이는 구르지예프를 위한 교육철학에 그대로 반영되었다. 훗날 동양과 서양의 사유체계를 넘나들고, 신학과 철학, 자연과학을 통합적으로 사유했던 구르지예프 세계관의 밑거름은 여기서 형성되었다 할 것이다. 구르지예프 자신이 "보르쉬 신부는 인간으로서의 나의 개체성을 낳아준 모태이자 창조자"[364]라고 언급했던 것은 이런 맥락이었다.

구르지예프가 유년시절을 보낸 고향과 그를 둘러싼 주위 환경 역시 유럽과 아시아의 신비 전통이 내재된 지형들이었다. 그가 성장했던 알렉산드로폴과 카르스는 다양한 고대 문화와 여러 인종, 그리고 수많은 언어와 종교가 만나는 교차로였다. 알렉산드로폴은 노아의 대홍수 신화와 관련된 아라라트산의 전설을 간직한 곳으로, 곳곳에서 운명을 점치는 점술사들과 강신술이 펼쳐지던 독특한 공간이었다.[365] 특히 구르지예프는 여기서 소위 '악마 숭배자'들이라 일컬어지던 예지디 사람들의 의식을 통해 보편적인 지각으로는 이해할 수 없는 여러 초자연적인 법칙에 관심을 갖게 되었다. 알렉산드로폴에서 구르지예프는 그 자신이 경험했던 도저히 설명할 수 없는 현상을 목격하고, 이에 대해 다음과 같이 서술하고 있다.

> 땅바닥에는 원이 하나 그려져 있고, 그 안에 조그만 소년이 한 명 있었다. 소년은 원 안에서 흐느껴 울며 이상한 몸짓을 하고, 나머지 아이들은 원에서 조금 떨어진 곳에서 소년을 보며 웃고 있었다. 어리둥절해진 나는 아이들에게 도대체 무슨 일이 일어난 거냐고 물었다. 아이들에게서 들은 이야기는 이랬다. 원 안에 있는 소년은 야지디 교도의 아이로, 누군가 그 아이 주위로 원을 그렸고, 원을 지우지 않는 한 소년은 원 밖으로 나올 수 없다는 것이었다. 실제로 소년은 이 마법의 원 밖으로 나오기 위해서 온갖 노력을 다했지만 별 성과가 없었다. 나는 당장 소년에게 달려가서 발로 원의 한쪽을 지워버렸다. 그러자 소년이 즉시 원의 지워진 부분으로 뛰쳐나와 재빨리 도망을 쳤다. …(중략)… 야지디 교는 트랜스코카서스 지역에 퍼져 있는 종파로, 교도들 대부분은 아라라트 산 인근에 살고 있었다. 그들을 악마 숭배자라 부르는 사람들도 있었다. 이 일이 있고 나서 여러 해 뒤, 나는 이 현상을 검증해 줄 특별한 실험을 해보았고, 실험을 통해 야지디 교도 주위로 원을 그리면 그 사람은 자신의 자유 의지로는 결코 원을 빠져나올 수 없다는 사실을 알았다. …(중략)… 오직 야지디의 사제만이 특정한 주문을 이용해서 그들을 보통 상태로 돌아오게 할 수 있었다.[366]

구르지예프는 이런 현상의 원인에 대한 답을 구하고자 수많은 수도원을 찾아가고 신심이 깊은 종교인들을 만났으며, 성경이나 성인전을 탐독하거나 과학에 능통한 사람들을 찾아다녔다.[367] 카르스로 이사를 하고 난 이후에도 영적 세계에 대한 구르지예프의 갈망은 식지 않았다. 카르스 역시 영원한 물음에 대한 해답과 비교秘敎적 지혜의 원천을 발굴할 수 있는 풍부한 토양을 지닌 곳이었다. 이곳은 흑해에서 카스피해로 이어지는 육상 및 해상 교통의 요충지였으며, 그 주변은 유럽과 아시아가 만나는 교차 지역이었다. 또한 그리스정교, 불교, 이슬람교, 조로아스터교를 비롯해 아라비아문화와 아시리아문화의 여러 비교 전통이 용해된 다양한 문화의 발원지이기도 했다. 동시에 카르스는 여러 지배세력들이 정복하면서 사회적 · 경제적 · 정치적으로 급격한 변화와 커다란 고통을 겪어야 했던 지역이었다. 하지만 구르지예프를 둘러싼 이런 환경은 그가 수십여개의 언어를 구사하고, 다양한 종교와 정치 이데올로기를 경험하는 추동력이 되었다고 할 수 있다.[368]

그럼에도 불구하고 구르지예프는 모국에서 체험했던 다양한 문화적 · 종교적 경험이 자신이 제기했던 내면의 문제를 근본적으로 해결하지는 못했다고 간주했다.[369] 그는 세상의 지식으로는 설명할 수도 없는 신비한 현상들을 목격하며 유사 이래 인류를 이끌어 온 기존의 어떤 철학이나 이론으로도 세상이 구제될 수는 없다고 생각하기에 이른다. 그래서 어딘가에 틀림없이 감추어져 있을 것이라 믿었던 비밀스러운 가르침을 찾아, 동쪽으로는 티벳으로부터 서쪽으로는 에티오피아에 걸친 광대한 지역으로 20여 년 이상 구도여행길을 나서게 된 것이다.[370]

구르지예프는 구도여행을 준비하면서, 뜻을 같이 하는 동지들과 1895년 '진리의 탐구자들the Seekers of Truth'을 결성하게 된다.[371] 무모해 보일 수도 있는 이런 모험을 감행하게 된 것은 그가 우연히 고대 아르메니아 수도였던 '아니'의 지하통로에서 발견한 편지에서 전설에 등장하던 '사르뭉 형제회Sarmoung Brotherhood'의 이름을 발견하고 그 존재에 대한 확신을 하게 되었기 때문이었다. 유명한 비전秘傳 학교의 이름이었던 '사르뭉'은 기원전 2500년 경 바빌론에 세워졌으며, 기원후 6세기에서 7세기까지 메소포타미아의 어딘가에 존재했다고 전해져 왔다. 또한 이 학교에서는 수많은 신비를 풀 수 있는 지식들이 전수되고 있었다고 알려져 있었다.[372]

고대 현자들의 집단인 사르뭉 결사의 존재를 추적하여 중앙아시아를 비롯해 북시베리아 유역 구석구석을 답사하던 구르지예프는 마침내 1898년, 이곳에 잠입하게 된다. 이것은 그의 오랜 친구이자 이슬람교 수도승 데르비쉬dervish였던 보가－에딘Bogga-Eddin이 사르뭉 형제회에 속한 사람을 우연히 만나게 되어 그를 인도하면서 가능한 일이었다.[373] 일각에서는 이 사르뭉 수도원에 대한 이야기를 공상에 불과하다고 치부하는 경우도 있다. 하지만 구르지예프가 『놀라운 사람들과의 만남』에서 전하고 있는 정밀한 서술을 감안할 때, 그가 아프가니스탄의 힌두쿠시 산맥에 존재하던 사르뭉 수도원을 찾아가 수행한 것은 사실로 인정되고 있다.[374]

그토록 갈구하던 진리에 도달하게 된 구르지예프는 1913년경부터 구도여행을 통해 얻은 이슬람 신비주의 교파인 수피sufi의 가르침을 토대로, 독자적인 사상체계를 모스크바에 전파하기 시작한다. 하지만 그는 제1차 세계대전과 1917년 혁명으로 인해 모스크바를 탈출해 코카서스의 에센투키로, 다시 티플리스로 이동을 해야만 했다. 이 혼란스런 과정 속에서도 구르지예프의 사상에 공감했던 사람들은 그가 이주한 티플리스까지 모여들었다. 그 중에는 멀리 페테르부르크나 모스크바, 유럽에서 온 사람도 있을 정도였다고 한다. 그러나 수개월 후 혁명의 여파가 티플리스에까지 미치게 되자 구르지예프는 일행을 이끌고 콘스탄티노플로, 다시 독일을 거쳐 프랑스로 이동하게 된다.

프랑스에 정착하기로 결심한 구르지예프 일행은 1924년 4월 8일, 퐁텐블로Fontainebleau 근처에 있는 저택 샤또 프리외르에 '인간의 조화로운 발전을 위한 학교Institute for the Harmonious Development of Man'를 설립하고 고대 동양의 지혜를 서양 사회에 본격적으로 전하기 시작했다. 이곳은 이내 언론의 주목을 받았고, 신문에서는 구르지예프와 그 수련생들을 '숲 속의 철학자'라고 부르기도 하였다. 당시 구르지예프는 학교의 운영 재정문제를 해결하기 위해서 알코올중독이나 약물중독 환자들의 심리치료를 비롯하여 몽마르트에 레스토랑 사업이나 금융투자를 하기도 했고, 유럽과 미국을 오고가며 다양한 공연과 강의를 시행하기도 했다. 하지만 구르지예프의 이런 초인적 활동도 1925년 미국 강연을 마치고 돌아온 직후 발생한 교통사고로 중단될 수밖에 없었다. 이 교통사고는 그가 생명을 잃지 않고 살아난 것이 믿기지 않을 정도의 대형 사고였다. 하지만 이 불행이 오히려 그의 사상을 후대에 남기는 귀중한 기회가 되었다.

3. 동서양의 경험과 양식을 결합하는 사유체계와 글쓰기 시도

교통사고로 더 이상의 해외 강연이 쉽지 않게 되었던 상황은 그 이전까지 결코 글을 남기지 않던 구르지예프가 저술에 몰두하는 시간을 주었다. 구르지예프는 병상에서 전체 10권으로 구성된 '전체와 모든 것All and Everything' 시리즈를 구상했는데 그 가운데 『베엘제부브가 손자에게 들여주는 이야기Beelzebub's Tales to his Grandson』, 『놀라운 사람들과의 만남Meeting with Remarkable Men』,[375] 『내가 나로서 존재할 때만, 삶은 실재한다Life is Real Only Then, When I am』[376]는 세 권의 저서를 집필했다.

특히 『베엘제부브가 손자에게 들려주는 이야기』는 우주선 카르낙호로 항해하는 동안, 베엘제부브가 그의 손자 하세인에게 혹성 지구에 서식하고 있는 '3종의 뇌를 지니고 있는 존재three-brained-beings(인류)'에 관해서 전하는 이야기를 다루고 있다. 베엘제부브는 여섯 번에 걸쳐 이 혹성을 방문할 때마다 보고 들었던 것, 즉 그곳에 서식하고 있는 생명체의 기능은 어떠하며, 또 우주의 여러 힘에 의해서 어떤 원조책이 취해졌으며, 사태는 얼마나 악화될 것인가에 대해 언급한다.[377] 여기서 구르지예프는 베엘제부브의 서술을 통해 우주에 대한 자신의 인식을 드러내고 있다.

하지만 구르지예프의 글을 이해하는 것은 쉽지 않은 것으로도 유명한데, 이것은 그가 일부러 어렵게 쓰는 전략을 택했기 때문으로 알려져 있다. 구르지예프는 책을 집필할 때 한 장을 쓰고 나서 제자들에게 그것을 읽게 했다. 그리고 한 제자가 글을 읽을 때 다른 제자들의 반응을 유심히 관찰했다. 만일 제자들이 쉽게 이해하면 "바보들도 이해하는 책은 출판할 가치가 없어"라며 계속 고쳐 썼다. 이런 식으로 작업을 20~30년 동안 지속하며, 다시 고쳐 쓰고 다시 읽게 했다. 듣는 이가 하품을 하거나 조는 글이라면 출판할 가치가 없는 것으로 간주해 한 장을 수백 번 고쳐 쓰는 경우도 있었다.[378] 이를 두고 제자 존 베넷트는 구르지예프의 저술은 '동양과 서양의 경험 모드를 결합'하는 새로운 글쓰기 형식을 시도한 것이라고 언급하고 있다.[379]

동·서양 양식의 결합에 대한 구르지예프의 갈망은 어린시절부터 다문화성을 체험해 왔던 그가 서양에 정착하여 가르침을 전파하면서 어떤 방식으로든 해결해야 할 문제였을 것이다. 동방으로의 탐험과 구도여행 과정을 몸소 체험하면서, '유럽적인 것'과 '아시아적인 것'의 특성과 차이점에 대해 숙고했을 구르지예프는 훗날 동양에 대한 서양인들의 선입견을 다음과 같이 개탄하기도 했다.

> 이 글을 쓰고 있노라니 아시아 곳곳으로 내달렸던 원정길과 방랑길에 대한 기억이 되살아나면서, 대부분의 유럽인들이 아시아 대륙을 뭔가 기이한 곳으로 여기던 모습들이 떠오른다. 서양에서 15년간 살아오면서, 그리고 다양한 국적 사람들과 지속적으로 접촉해 오면서, 나는 유럽에 살고 있는 사람 누구도 아시아에 대해 제대로 알지 못한다는 결론에 이르게 되었다. 대다수 유럽인이나 미국인은 아시아가 유럽에 인접한 아주 큰 대륙이며, 야만인 혹은 기껏해야 우연히 정착하게 된 짐승과도 같은 반야만인들이 그곳에 살고 있다고 여기고 있었다. …(중략)… 게다가 이 '야만인 집단' 안에서는 의학, 점성학, 자연과학 같은 것들이 발달해 있으며, 이미 오래 전에 유럽 문명이 수백년 후에나 도달할 정도로 뛰어난 단계에 이르렀다고 믿기도 한다. 그럴듯한 아무런 설명도 없이 말이다.[380]

구르지예프의 언급은 아시아에 대한 서양인들의 무지가 어느 정도인지를 목격했던 그의 솔직한 술회가 아닐 수 없다. 바로 이런 문제점을 염두에 두고 그는 유럽에서 활동 계획을 구상하며 학교 설립지를 물색하던 시점에, 과연 어디에 정착해 가르침을 펼칠가를 오랫동안 고민했던 것이다. 결국 그는 여러 차례 유럽을 여행하면서 학교 기반을 다지기에 가장 적합한 장소는 독일도, 영국도 아닌 프랑스라는 결론에 도달한다. 그는 당시 프랑스가 정치적으로나 경제적으로 다른 나라보다 훨씬 안정되어 있으며, 모든 인종과 국가의 교차로라는 점에서 사상을 보급하는 가장 적절한 기지가 될 수 있다고 확신했다.[381] 구르지예프는 프랑스라는 전략적 교두보를 통해, 자신의 사상을 서구로 확산해 유라시아적인 다문화성을 획득하는 것이 인류의 보편성으로 나아가는 길이라고 생각했기 때문이다.

동양과 서양의 영적 자산을 결합할 수 있는 체계를 세우려 노력했던 구르지예프는 때때로 지식은 '훔치는steal' 것이 필요하다는 언급도 했다. 그는 자신의 사상 체계는 동양의 다양한 원천들, 즉 티벳, 사르뭉 수도원, 그 외에도 이름이 알려지지 않은 수피 사원에서 취한 것이라는 사실을 숨기지 않았다. 뿐만 아니라 그는 힌두교, 불교, 유대교, 그리스도교, 이슬람의 교의에서 뿐만 아니라 서양의 오컬트 전통에서도 많은 지식을 취한 것으로 알려져 있다.[382] 아르메니아와 터키의 경계 지역에서 태어나, 다양한 종교에서 얻은 지식과 진리를 서양으로 전달한 구르지예프의 통합적 사상 모델은 이러한 그의 태생적·환경적·실천적 요인을 기저로 구축된 것이다.

4. 구르지예프의 '제4의 길the fourth way'과 에니어그램Enneagram

게오르기 구르지예프가 구도여행을 통해 얻은 사상의 토대는 그가 제시한 '제4의 길'과 '에니어그램'에서 분명히 드러난다. 그가 20여년 이상 생사를 넘나드는 탐험을 통해 힌두쿠시의 한 수피 수도원에서 깨달은 것은, 인간이 당면하고 있는 모든 문제의 근본원인은 인간이 잠들어 있기 때문이라는 것이었다. 그에 의하면, 모든 인간은 의식의 계발을 통해 내면의 성장을 이룰 수 있는 권리와 잠재력을 가지고 태어난다. 하지만 대부분의 인간은 자신의 영적 잠재력을 구체화시키지 못한 채 삶의 대부분을 의식의 수면상태에서 보내다가 생을 마감한다는 것이다. '인간은 기계다'라는 구르지예프의 관점은 인간이 자극에 반응하는 인형처럼 기계가 되어 가고 있다는 그의 의식론에서 연유한 것이다.[383]

구르지예프는 "인간은 감옥에서 살고 있다"고 했으며, 때로는 "당신 자신이 바로 감옥이다"라고 단도직입적으로 표현하기도 했다. 그에 따르면, 인간이 감옥에서 나오고 싶다면 먼저 인간 자신이 감옥에 있음을 깨달아야 한다. 이런 맥락에서 그에게 가치있는 삶의 목표란 보다 높은 의식상태로 '깨어나는' 것이어야 했다.[384] 구르지예프는 인간의 의식 상태와 수준을 잠에 빗대어, 태어날 때부터 형성된 성격에 맞춰진 기계적 삶을 살아가는 '수면sleep상태', 선잠을 깬 정도의 상태라 할 수 있는 '통상적인 각성상태ordinary walking state', 자신을 의식할 수 있는 '자기의식self-consciousness상태', 존재하는 것들을 꿰뚫어 볼 수 있는 '객관의식objective consciousness상태'와 같이 네 단계로 구분하였다. 기계로서의 인간 상태에서 벗어나기 위해서는 잠에서 완전히 깨어나 스스로를 각성하는 객관적인 단계로까지 발달시켜야 한다는 것이 구르지예프의 주장이었다. 그가 20세기 그 누구보다 많은 사람들을 명상의 길로 인도할 수 있었던 것은 이 관점에 입각해 있다.

구르지예프는 통상적인 각성상태에 있는 사람들이 지향하는 노력을 육체의 억압과 통제를 통해 자기의지를 강화하는 '파키르fakir의 길', 헌신과 종교적 희생을 중시하는 '승려monk의 길', 생각하는 인간으로서의 논리적인 사고와 지식을 중시하는 '요가 수행자yogi의 길'로 구분한다. '파키르의 길'은 육체의 억압과 통제를 통해서 자기 의지를 강화시키고자 한다. 그들은 고통스러운 요가 동작과 같은 자세를 반복적으로 수련함으로써 육체적 욕망을 통제할 수 있는 절대 의지에 도달하려고 한다. '승려의 길'은 감정센터의 억압을 통해 신에게 도달하고자 한다. 헌신과 종교적 희생을 중시하며 신의 사랑에 도달하기 위해서 모든 사소한 욕망을 정복하고 감정을 초월하는 것을 수련의 가장 중요한 목적으로 삼는다. '요가 수행자의 길'은 생각하는 인간으로 논리적인 사고와 정확한 해설을 중요시한다. 지식의 길이자 앎의 길로, 행위의 중요성을 부정하고 문제가 무엇인지 알아내는 것으로 명료함에 도달할 수 있다고 믿는다.[385] 이 세 가지 길의 공통점은 세상을 포기하고 가족과도 떨어져 오로지 개인적 계발에 모든 에너지를 쏟아야 한다는 데 있다.

하지만 구르지예프는 이 세 길과는 달리 모든 것이 그대로 존재하며, 모든 것을 있는 그대로 수용하는 길을 제시한다. 그가 '제4의 길the fourth way'로 규정한 이것은 '세상 속에 살고 있되, 세상이 그 안에 살게 되지 않기'를 원하는 사람들의 길이다.[386] 구르지예프의 제자 우스펜스키는 이에 대한 스승의 가르침을 보다 구체적으로 다음과 같이 전달하고 있다.

> 제4의 길은 고행자, 수도사, 요가 수행자의 길처럼 확실한 형태가 없습니다. 무엇보다도 먼저 제4의 길은 발견되어져야 합니다. 이것이 첫 번째 시험입니다. 이 길은 전통적인 세 가지 길처럼 잘 알려져 있지 않습니다. 제4의 길에 대하여 전혀 듣지 못한 사람들도 많고, 그것의 존재나 가능성에 대해 부정하는 사람들로 있습니다. …(중략)… 동시에 제4의 길의 시작은 고행자, 수도사, 요가 수행자의 길을 시작하는 것보다 더 쉽습니다. 제4의 길에서는 하던 일을 그대로 계속하고 사람들과 이전에 맺었던 관계를 지속하며, 아무것도 포기하지 않고 평소의 생활환경을 유지한 채 수련하면서 이 길을 추구하는 것이 가능합니다.[387]

'일상생활'과 '수행생활'의 병행 가능성을 주장하는 이 관점은 구르지예프 사상의 출발점이자 목표점에 해당한다. 삶의 현실에서 유리되지 않는 비전 지식을 획득하고자 했던 그에게 모든 것은 삶 자체의 존재론적 의미에 상응해야 하는 것이었다. 인간의 발전이란 '지식의 노선line of knowledge'과 '존재의 노선line of being'이라는 두 노선을 따라 이루어진다고 보았던 그는 인간 진화가 올바로 전개될 때에는 이 두 노선이 동시에 발전하면서 서로를 뒷받침하게 된다고 주장했다. 우스펜스키가 전하는 바에 의하면, 구르지예프는 '존재'의 의미를 깨닫지 못하고 '지식'만을 중시하는 대다수 서양인의 관점에 다음과 같은 우려를 표명했다.

> 사람들은 일반적으로 지식이 존재에 의존하지 않는다고 생각합니다. 서양 문화권의 사람들은 한 개인의 지식수준에 큰 가치를 부여합니다. 하지만 존재수준에는 관심을 기울이지 않으며 자신의 존재가 낮은 단계에 있어도 부끄러워하지 않습니다. 그들은 이것이 무엇을 뜻하는지 알지 못하고 있는 것입니다. 또한 그들은 한 개인의 지식이 그의 존재 단계에 의존한다는 것 역시 이해하지 못하고 있습니다.[388]

우스펜스키가 전하고 있는 이 언급은 "유럽에서는 지식을 쌓으면 지성인이 되지만, 동양에서는 지식의 축적뿐만 아니라 존재의 내적인 상태까지 포함하여 지성인이라는 표현을 쓴다"[389]고 했던 구르지예프 자신의 표현에 상응하는 것이다. 구르지예프는 '지식의 길'과 '존재의 길'의 결합을 통해 자신의 내면을 상승시키는 동양의 지성인 개념을 서구사회에 확산시키려 했던 것이다.

구르지예프가 '지식과 존재의 결합the union of knowledge and being'에 대한 대표적 모델로 제시한 것이 인간의 내적 발달의 상태와 움직임을 대변하는 '에니어그램Enneagram'이었다.[390] 에니어그램은 구르지예프의 사상 가운데 가장 대중적으로 널리 알려진 상징이기도 하다. 오늘날 에니어그램은 비즈니스, 심리치료, 예술, 보건, 교육, 정신성장 등 많은 영역에서 적용되고 있다. 우리나라에 에니어그램이 보급된 것은 약 15년 정도 되었으며 주로 가톨릭 성직자, 수도자들 사이에서 자기 내면의 성찰을 위한 도구로 활용되어 오다 약 5, 6년전부터 대중적으로 확산되기 시작하였다.[391]

에니어그램이라는 용어는 그리스어 '에니어ennea'와 그림이라는 뜻의 '그라모스grammos'에서 유래했으며, 아홉 가지로 이루어진 인간 성격 유형과 그 유형들의 연관성을 표시한 기하학적 도형의 형태를 취하고 있다.[392] 아홉 개의 점을 이은 별 모양의 에니어(9)그램 도형은 인간이 인간으로서의 길을 간다는 것이 무엇인지를 밝혀주는 지도이자, 인간을 둘러싸고 있는 세계를 이해하는 지혜의 도구로 활용되어왔다.

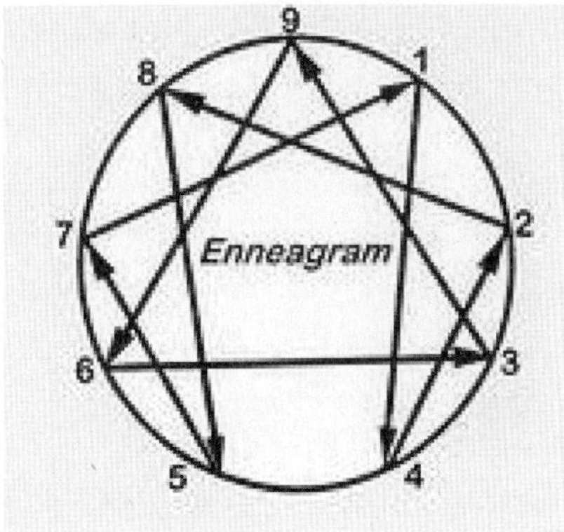

에니어그램

에니어그램의 정확한 기원은 역사속에서 소실되었지만, 학자들은 에니어그램이 기원 전 2500년에 바빌론에서 시작되었다고도 하고, 고대 근동 지방(아프카니스탄)에서 약 3000년 이전부터 존재했다고 주장하기도 한다.[393] 또한 중세 10세기를 전후해 이슬람교의 신비주의 수도승들인 수피파에 의해서 구전으로 전해져 온 것으로 알려져 있기도 하다.[394] 하지만 오늘날에는 에니어그램이 어떤 한 가지 근원에서 온 것이 아니라, 수많은 고대의 전통과 수천 년 동안 그리스도교, 불교, 이슬람(특히 수피즘), 유대교(카발라)에 의해 축적되어 온 영적·종교적 전통이 결합된 것으로 알려져 있다.[395] 에니어그램의 기원에 대해서는 학자들에 따라 여러 주장이 있지만, 에니어그램의 상징을 1916년에 최초로 서양 사회에 도입한 인물이 구르지예프라는 것에는 이견이 없다.[396]

구르지예프가 제시한 에니어그램에서 9개의 점은 현대 심리학에서 행동과 사고방식에 따라 특징적인 아홉가지 인간 유형을 제시하는 것으로 발전되어 왔다. 하지만 구르지예프가 제시한 에니어그램은 자연법칙의 모델이었지 오늘날과 같은 성격 유형론 모델은 아니었다. 구르지예프의 가르침의 목적은 사람들로 하여금 우주 안에서 자신의 위치를 이해하고 자기 삶의 객관적인 목적을 알도록 일깨우는 것이었다.

구르지예프가 서양 사회에 에니어그램 체계를 전파하면서 강조했던 기축에는 동방수도원의 헤시카즘Hesychasm을 계승한 러시아정교의 영적 전통이 자리하고 있었다는 점을 이해할 필요가 있다. 에니어그램은 아홉 가지 성격 유형을 세 개의 그룹, 즉 본능형, 감정형, 사고형으로 분류한다. 이들 세 기능은 인간 신체의 미묘한 '중심들'과 연관되어 있으며, 성격의 고착은 주로 이 세 중심들 중 하나와 관련이 된다. 앞의 에니어그램 도형에 따르면, 8번, 9번, 1번에 해당하는 유형은 '장-본능형'이며, 2번, 3번, 4번 유형은 '가슴-감정형', 5번, 6번, 7번 유형은 '머리-사고형'의 인간 부류에 해당된다.[397]

에바그리우스 폰티쿠스

구르지예프는 현대의 인간은 전인적인 존재로 사는데 실패했다고 간주했으며, 분열 상태에 있는 인간이 존재의 중심을 바로 세우기 위해서는 '셋으로 나누어진 나'에 대한 자각과 통찰이 필요하다고 주장했다. 때문에 구르지예프는 그가 프랑스에서 운영했던 '인간의 조화로운 발전을 위한 학교'에서 가장 중시했던 것 역시 에니어그램 도형에서 유출된 '본능형-감정형-사고형'을 대변하는 '장-가슴-머리'라는 세 가지 센터가 통합된 인간으로의 성장이었다. 구르지예프가 인간 존재를 이해하기 위한 전제로 세 에너지 센터를 강조한 기저에는 동방정교회 수도원 영성과 신학을 대표하는 에바그리우스 폰티쿠스Evsgrius Ponticus(345~399)의 사상이 강하게 감지된다.[398] 구르지예프가 아르메니아 출신이며 오늘날까지도 아르메니아에서 에바그리우스는 존경의 대상이라는 점, 또한 에바그리우스의 저술이 보존되어 있는 곳 역시 아르메니아뿐이라는 점[399]은 에바그리우스에서 구르지예프를 지도한 보르쉬 사제로, 그리고 다시 구르지예프에게로 이어진 그들의 영적 계승 지형도를 충분히 감지하게 한다.

폰투스(현재 그루지야)에서 주교의 아들로 출생한 에바그리우스 폰티쿠스의 가르침은 수도승 전통에 비옥한 토대를 마련했고, 이후 그리스도교 영성 발전에도 지대한 공헌을 했다.[400] 영성생활을 '프락티케praktike'를 통해 '그노스티케gnostike'로 나아가는 과정, 즉 '수행'에서 '관상'으로 나아가는 과정으로 간주했던 에바그리우스는 인간 영혼이 '이성부Reasonable part'와 '정념부Irascible part'와 '욕망부Concupiscible part'로 구성되어 있다고 주장했다. 이러한 영혼의 삼중 구분은 그리스철학 전통, 특히 플라톤에게서 유래하는 것으로, 여기서 세 부분으로 구성된 영혼은 타락한 정신의 구원을 목표로 하며 에바그리우스 인간학의 주요 토대가 된다.

이성부는 영혼의 가장 고귀한 부분으로, 타락한 정신의 직접적 연장延長이라 할 수 있다. 따라서 이성부를 통해서 정신은 여전히 그 본디의 능력(본질적 인식)을 소유하게 된다. 흔히 욕정부Passionate part로 통칭되는 정념부와 욕망부는 영혼이 육체에 연결되는 부분들이다. 본질적 인식에서 멀어진 타락한 정신은 한 육체안에 있는 영혼으로 확장되었다. 그러므로 육체를 정화하고 영혼의 욕정부를 정화함으로써 이성부는 다시 본질적

인식을 얻게 된다.[401]

에바그리우스에 의하면, 프락티케는 '영혼의 욕정부를 정화하는 영적 방법'[402]으로, 이는 수행을 통해 인간을 괴롭히는 모든 욕정에서 자유로워진 내적 평정상태인 '아파테이아apatheia'를 지향한다. 아파테이아는 감정이 없는 상태나 감각이 없는 상태를 말하는 것이 아니라, 수행을 통해 욕정을 극복한 상태, 더는 욕정으로 동요하지 않는 초연한 상태를 말하는 것이다. '아파테이아'는 영혼을 구성하는 세 부분이 치유되어 각각 본성에 따라 움직일 때 얻게 되는 것으로, 구르지예프가 제시한 이상적 인간의 토대가 되었던 것이다.[403]

이런 과정을 통해 구르지예프는 고대의 영적 전통을 가시화한 에니어그램에 에바그리우스의 정신을 부각시킨 체계를 서양사회에 보급하였다. 당시 동방 수도원의 영성을 잘 알지 못했던 서양인들에게 모국 아르메니아에서 습득한 종교 전통과 동방 구도 여행에서 얻은 수피의 가르침을 통합해 인간 의식 개발의 한 유형을 제시한 것이다. 바로 이 점이, 기계적 법칙에 묶여 사는 인간이 자기 초월과 수행의 길을 갈 수 있도록 혼신의 힘을 다한 그를 '영적 세계의 개척자'라 부르는 이유일 것이다.

5. 구르지예프 무브먼트Movement: 유라시아적 융합의 명상 예술행위

인간의 고정관념과 기계적인 행동방식을 철저히 부수려 했던 구르지예프는 자신의 수행체계에 대해 구두의 형태로든, 문자의 형태로든, 직접적인 설명을 하는 법이 없었다.[404] 일반적으로 영적인 전통에서 수행법이란 스승과 제자가 깊은 신뢰를 바탕으로 침식을 같이 함으로써 몸과 가슴으로 계승되는 것이 원칙이기 때문이기도 했다. 구르지예프는 제자들을 수련하는 과정에서 관념적이며 인지적인 이해가 아니라 철저한 실천적 체험을 강조했다. 수련의 성과도 개인의 내적 성장과 자기변혁을 위한 의지와 노력을 통해 얻어지는 경험의 질과 양에 따라 달라지게 된다고 간주했다.

구르지예프 서클에서 '워크Work'란 인간의 잠재력과 초월 가능성을 개발하는 필수 과정이었다. 물질적인 기계 법칙하에 있는 인간을 해방시키는데 목표를 둔 구르지예프의 워크 이론은 현세를 살면서 현세를 초월하는 '제4의 길'을 걸어가려는 사람들을 위한 것이었다. 구르지예프는 1922년에서부터 1933년에 걸쳐 '워크'를 지도하는 데 집중하였다. 그는 인간의 가능성을 발현시키는 '워크'의 일환으로 자기 관찰, 지적 학습, 명상, 무브먼트, 예술의 모든 분야를 통합하는 활동을 추구했다. 특히 그가 집필한 『베엘제부브가 손자에게 들려주는 이야기』도 '워크'에 사용되었는데, 이것은 이 책이 단순히 지知를 전달하는 매체가 아니라 고대의 예지를 전달하는 매체인 레고미니즘legominism의 성격을 지니고 있었기 때문이다.[405]

구르지예프가 '워크' 과정에서 가장 중요한 위치에 놓았던 것은 구르지예프 무브먼트Gurdieff Movement로 일컬어지는 '신성무Sacred dance'였다.[406] 그가 신성무를 접하게 된 것은 힌두쿠시 산맥에 위치한 수도원의 사르뭉 형제단을 통해서였다.[407] 구르지예프는 그 곳에서 여승들이 신성무를 가르치는 모습을 지켜보면서 그 안에 깊은 의미체계가 담겨 있다는 것을 발견하였다. 이 춤을 '신성무'라 칭하는 것은 고대로부터 보존된 지식이 이 춤 속에 기록되어 있다고 여겼기 때문이었다.[408]

구르지예프에게 '신성무'는 '에니어그램'을 역동적이며 살아있는 상징으로 받아들이는 하나의 방법이었다.[409] 에니어그램이 의식의 변혁을 통해 인간의 깨어남을 강조했듯이, 신성무는 인간 내부에 입력되어 있는 조건반사적 기제들을 제거하여 의식의 각성을 시각적으로 재현하고 있기 때문이다. 감정과 사고의 자동성과 한계 속에서 살아가는 대부분의 사람들은 이 신성무를 통해 자신의 악순환을 끊고 변성의식 상태를 체험할 수 있다는 것이 구르지예프의 관점이었다. 의식적인 깨어남이 없다면 고차원의 세계로부터 오는 메시지를 알아차릴 수 없다고 보았기 때문이다.

일반적으로 구르지예프의 신성무는 무의식적인 일상의 삶을 의식적인 것으로 전환하며 동작 하나에도 주의력을 집중해 행동하도록 하는 수행법으로 알려져 있다. 무브먼트에 제대로 임하기 위해서는 주의력을 적절히 배분해야 하는 동시에 자신을 실감하는 자기 상기의 노력이 요구된다. 왜냐하면 무브먼트의 동작을 할 때 머리, 어깨, 손, 다리가 각각 다른 박자에 따라 움직이는 경우가 있어서, 어느 정도의 주의 집중력 없이는 제대로 무브먼트를 할 수 없기 때문이다. 특히 정확한 무브먼트를 실현하기 위해서는 무엇보다 낮은 수준의 사고, 감정, 동작, 본능, 성性의 중추와 높은 수준의 사고중추와 감정중추들이 정상적으로 기능해야 하는 것이 그 선행조건이 된다.[410] 왜냐하면 여기서는 개별 동작을 하기 위해 요구되는 집중력과 전체와 조화를 이루는 의식이 동시에 이루어져야 하기 때문이다. 바로 이 점에서 구르지예프는 신성무란 행성의 운행을 지배하는 법칙을 재현하는 것이자, 우주의 지식이라는 상위 질서를 표현해 줄 수 있는 언어가 될 수 있다고 확신했던 것이다.[411]

유럽에서 구르지예프의 무브먼트는 동양과 서양의 영성과 예술 체계가 결합되면서 진일보하였다. 1919년 티플리스로 구르지예프를 찾아와 그의 제자가 되었던 알렉산더 폰 잘츠만Alexander von Salzmann(1874~1934)과 잔 폰 잘츠만Jeanne von Salzmann(1899~1990)이 에밀 자크 달크로즈Emile Jaques-Dalcroze(1865~1950)의 리듬체조에서 가져온 요소들을 신성무에 결합했기 때문이다. 제1차 세계대전 이전에 드레스덴의 헬라우에서 달크로즈의 제자였던 잔 폰 잘츠만을 통해,[412] 구르지예프는 '유리드믹스Eurythmics'를 신성무에 결합시킨 것이다.[413] 1905년 경 제네바 음악학교의 화성악 교수였던 달크로즈에 의해 개발된 '유리드믹스'는 정신집중과 민첩한 신체적 반응을 위해 고안되었으며, 조화로운 신체동작을 통해 정신을 개발시키는 훈련이었다.

스위스의 음악가 달크로즈Dalcroze는 음악의 박자나 리듬을 몸의 움직임으로 표현하는 '리듬체조'를 고안했다. 달크로즈가 남긴 유산들은 엄격하게 말하면 교수법이라기보다는 철학에 가깝다. 달크로즈에게 영향을 받은 많은 사람들을 통해 그의 교수법은 다음세대로 전해졌고, 그의 생각은 현대 무용, 연극, 디자인, 체조, 창의적 움직임 등 다양한 장르에 영향을 미치며 전 세계적으로 퍼져나갔다. 오늘날 유리드믹스 교사들은 달크로즈 교수법의 철학적 기초를 전승하면서도 현 시대에 맞게 실용적으로 접근할 수 있는 방법들을 광범위하게 모색하고 개발하고 있다.[414]

구르지예프가 달크로즈 유리드믹스에 공감했던 것은 이것이 19세기에는 서로 상반되는 개념으로 인지되었던 '마음과 몸의 조화를 지향'[415]했기 때문이다. 이러한 과정을 거쳐 1차 세계대전 후 독일 경제가 몰락하면서 독일에서는 더 이상 확대가 불가능했던 유리드믹스 체계가 퐁텐블로의 프리외르 성에서 뿌리를 내려 성장하게 된 것이다.[416] 그리고 구르지예프는 생애 말년에 잔 폰 잘츠만에게 무브먼트를 발전시키는 작업을 위임하게 된다. 그녀는 구르지예프가 사망한 1949년부터 1990년 자신의 사망 직전까지 거의 40년간, 구르지예프의 저작을 발표하고 번역을 지도하면서 구르지예프 재단을 이끌었다.[417]

'신성무' 공연 장면

구르지예프의 사상 체계에서 신성무가 중요한 또 다른 이유는 이것이 그가 규정한 진정한 예술에 상응하는 '객관적 예술objective art'의 한 형태이기 때문이었다. 구르지예프에게 '객관적 예술'이란 예술가의 연상력에 기인한 '주관적 예술'과 달리, 감상자의 정서 체험을 통해서 진리를 인식할 수 있는 것이었다. 구르지예프는 자신의 주요 개념인 '객관적 예술'에 대해 다음과 같이 언급하고 있다.

> 진정한 예술에는 우발적인 요소가 없습니다. 그것은 수학입니다. 진정한 예술 안에 있는 것은 모두 계산 가능하고 예측 가능합니다. 예술가는 자신이 전달하고자 하는 바를 알고 이해합니다. 그의 작품이 한 사람에게는 이런 인상을 주고 다른 사람에게는 저런 인상을 주지 않습니다. 물론 사람들이 동일한 수준에 있다는 가정 하에서 말입니다. 진정한 예술 작품은 언제나 수학적인 확실성으로 하나의 동일한 인상을 줍니다.[418]

우발적 요소가 없는 객관적 법칙에 입각한 예술을 진정한 예술로 간주했던 구르지예프에게 '신성무'란 수련을 통해 인간을 변형시킬 수 있는 예술이었던 것이다. 구르지예프가 주도한 최초의 신성무 공연은 1919년 티플리스에 있는 오페라하우스에서 상연되었으며, 1919년 12월 13일부터 25일에는 파리의 샹젤리제 극장에서 공연이 진행되기도 했다. 당시 토마스 하트만이 이끄는 오케스트라와 함께 무대로 올려진 신성무 공연은 파리의 지식인들에게 신성한 충격을 안겨주었다. 그리고 1924년에는 미국의 뉴욕과 보스톤, 시카고 등지에서도 신성무 공연이 시행되었는데, 특히 카네기홀에서의 공연은 미국의 수많은 지식인들이 구르지예프 모임에 참여하는 계기가 되었다.[419]

앞서 언급했듯이 구르지예프는 목숨의 위협을 느낄 정도의 자동차 사고를 겪은 후, 대부분의 에너지를 저술과 작곡에 쏟아 붓게 되는데, 이 시기 그는 토마스 하트만의 도움으로 기억 속에 저장되어 있던 멜로디를 무수한 피아노곡으로 완성해 냈다. 사실 구르지예프가 작곡한 작품이 오늘까지 전해오는 것도 그의 가장 가까운 제자이자 동반자로 12년을 함께 해 온 토마스 하트만이 있었기에 가능했다.[420] 그들은 300곡 이상을 함께 작곡했으며, 1923년에서 1927년 사이에만 100여곡의 동양적 분위기가 풍기는 음악을 완성했다.[421] 그들이 작곡한 곡들 중 일부는 오늘날에도 신성무를 위한 춤곡으로 시연되고 있다.

구르지예프의 무브먼트에 동반되는 음악은 인간 보편의 감정을 터치하며 인간이 자신의 충동을 감정 사슬에서 해방시키는 역할을 한다고 알려져 있다. 이것은 그의 음악이 어느 한 종교나 종파의 색채를 강조하지 않고, 수피즘, 불교, 그리스도교 및 여러 동양의 음악 전통을 포괄하고 있기 때문이다.[422] 모든 명상음악이 지향하는 자아의 각성을 위한 필수도정인 이른바 '객관적 음악'을 통해, 인간은 자신의 신체 감각을 지각하는 힘과 의식적으로 생각할 수 있는 능력을 동시에 향상시킬 수 있다는 것이 구르지예프의 관점이었던 것이다.

전술한 바와 같이 구르지예프는 제자들의 수행을 돕기 위해 다양한 방식으로 워크를 진행했으며, 그 주요한 부분으로서 자신의 가르침과 함께 『베엘제부브가 손자에게 들려주는 이야기』에 대한 독서, '제4의 길'에 대한 수행방식과 '신성무'를 도입하였다.[423] 이러한 구르지예프 '워크'는 지성인들을 중심으로 서구 사회에 널리 확산되었으며, 그가 세상을 떠날 무렵에는 뉴욕과 파리를 중심으로 문하생 수만 수백 명에 달할 정도였다. 구르지예프의 위업은 그가 사망한 후에도 북남미, 유럽, 아시아, 아프리카, 오스트레일리아 등 동·서양 곳곳에서 놀라운 파급력을 보여 주었다. 동양의 수행법을 서양 사회에 전파했던 구르지예프의 영적 유산이 감옥에 갇힌 자아를 해방하고 고차원적 인식세계에 도달하고자 했던 이들에게 새로운 문을 열어 주었던 것이다.

구르지예프가 수행과정에서 발견한 인간의 본질적인 문제, 즉 이슬람, 불교, 힌두교,

수피즘, 러시아정교 등 세계의 거의 모든 종교를 포함하는 원천과 접촉하면서 그가 발견한 것은 인간의 의식이 '잠들어' 있다는 것이었다. 때문에 그에게 인간이 자신의 가치를 회복하는 유일한 방법은 보다 높은 의식상태로 '깨어나는' 것이었다. 이에 구르지예프는 의식을 깨우기 위한 수행체계로서 '제4의 길'을 제시했으며, '에니어그램'과 '신성무'를 비롯한 고대의 지혜와 명상법을 발견해 그 원형을 복원했던 것이다. 이 과정에서 자신의 에니어그램에서는 러시아정교 전통에서 강조하는 인체의 세 에너지 센터에 대한 조화를 강조하거나, 신성무를 보급할 때에는 서양의 달크로즈 유리드믹스를 결합 발전시키면서, 유럽과 아시아의 영성 전통과 수행법을 융합하였다.

구르지예프의 세계관에서 이러한 유라시아적 영성 모델 구축이 가능했던 것은 그에게 인간과 세계를 일원론적인 관점에서 보는 관점이 내재되어 있었기 때문이라고 추정해 볼 수 있다. 그는 여러 스승들의 가르침과 구도여행을 통해 접할 수 있었던 철학과 자연과학, 종교를 연구하면서 동·서양 사상을 근원적으로 아우르는 인식의 뿌리를 직관했을 것이다. 그는 모든 현상의 통일성과 상호연결을 강조하는 동양사상이 '전일성全一性 철학에 기초하는 러시아정교의 신학사상'[424]과 동일한 원천을 지닌다는 점을 통찰했으며, 이를 통해 세계를 구성하는 일체의 물질과 우주의 생명을 다스리는 힘과 법칙을 포착할 수 있었기 때문이다.

오늘날 구르지예프의 사상은 나와 타인, 나와 자연, 나와 우주가 본래 하나였던 경지, 즉 주객 미분화의 순수경험을 통해 트랜스퍼스널 심리학에서 말하는 자기초월의 가능성을 제시했다는 점에서도 큰 의미를 지닌다.[425] 구르지예프 사상의 주축이 되는 이러한 정신이 오늘날 전 지구적 차원에서 탈경계를 지향하는 인문학 연구의 향방에 부합되어 그의 사상에 대한 재조명의 필요성을 부각시키기 때문이다.[426] 또한 일원론에 입각한 존재론, 인식론, 수행론을 펼쳤던 그의 행보 역시 여전히 동양과 서양의 사상 사이에서 괴리와 상충을 체험하고 있는 현대인에게 시사하는 바가 크기 때문이다.

러시아 지성사에서 오랫동안 단절되었던 구르지예프에 대한 연구가 오늘날 러시아 학계에서 활발해진 원인과 그 메커니즘에 대해서는 별도의 보다 면밀한 조사가 진행되어야 할 것이다. 하지만 구르지예프에 대한 러시아의 가속화된 조명 작업은 철학이나 통합심리학 분야에서 러시아 인문학계가 주도권을 확보하려는 노력의 일환이자, 동·서양 학문 전통을 러시아에 자연스럽게 접합시키는 문화적 동향과 무관하지 않을 것이다.

최근에는 서구의 사상가들 역시 켄 윌버 사상의 토대를 형성해 준 구르지예프의 사상이 러시아의 영적 · 철학적 환경에서 크게 영향을 받았다는 점에 주목하고 있다.[427] 오늘날 러시아가 아시아의 가치와 연대한 '유라시아성'을 부각시키려는 시도 역시 러시아 정치권의 유라시아주의에 대한 지향과도 맥을 같이하는 부분이 있다. 또한 볼셰비키 혁명으로 프랑스에 정착하여 그곳에서 세계 학문의 꽃을 피운 인물이 러시아인이었다는 사실을 부각시키는 점 역시 러시아통합사상의 우수성을 역으로 서구유럽에 홍보하는, 유라시아주의의 세계화 전략을 위한 문화 거버넌스의 일환이라 할 수 있을 것이다.

러시아 우주론에서 확장된 현대 문화담론

제5장

러시아 우주론과 생태학의 문제
트랜스휴머니즘Transhumanism 사상과 사회문화 담론

러시아 우주론과 생태학의 문제

01

은혜로운 신의 현존, 신의 지혜, 능력을 주는 모형母型,
우리를 그 안에 살게 하고, 우리의 존재를 유지시키는,
그녀가 온다. 그녀가 여기에 있다.
-로즈마리 류터Rosemary Ruether-

1. 생물평등주의 관점에서 재정립해야 할 인간과 자연의 관계

19세기 말 20세기 초 진일보한 과학과 기술의 발달로 우주적 차원의 세계인식 역시 보다 보편화되었다. 이에 따라 인간과 자연의 관계에 있어서도 자연을 보호할 것인가, 아니면 자연을 이용할 것인가에 따른 극단적인 상반된 태도가 표면화되었다. 한편에서 이것은 인간 이성의 활동에 기초한 과학-기술적 진보의 무한한 가능성을 확산하는 거대한 자부심과 연결되었다. 여기서는 인간은 지속적으로 자연을 변화시킴으로써 오늘날 문명의 최고점에 도달하게 되었다는 것을 강조한다. 주위의 환경은 인간을 완전히 충족시킬 수 없기에, 인간은 자신의 손으로 주위의 환경을 자신에게 적응시킨다는 관점이다.[428]

하지만 또 다른 한 편에서는 인류의 과학-기술 창조행위의 이면에 인간과 자연 체계의 균형을 무너뜨릴 수 있는 무서운 결과를 보고 이를 염려하는 목소리 역시 적지 않다.[429] 사실 인간과 자연의 위상을 정립하는 문제에서 인간을 어떻게 규정하는가 하는 관점은 한 시대와 문화의 지배 담론을 그대로 반영해왔다. 강력한 기독교 영향권에 있었던 서구에서는 인간이 신의 형상에 따라 창조되었으므로 인간이 다른 피조물에 비해

특별한 도덕적·형이상학적 지위를 지닌다는 관점이 팽배했다.

오늘날 환경위기의 근본 원인을 유대교와 기독교의 전통에서 비롯된 것으로 간주하는 린 화이트 2세Lynn White, Jr.는 특히 창세기의 전통적 해석이 인간을 모든 피조물 가운데 특권적 지위를 갖는 것으로서 인간 이외의 모든 존재를 지배하고 그 위에 군림할 수 있는 것으로 비춰지게 했다고 언급한다. 이와 관련된 창세기의 구절은 다음과 같다.

> 하느님이 자기 형상대로 사람을 창조하시되 남자와 여자를 창조하시고 하느님이 그들에게 복을 주시며 이르시되, 생육하고 번성하여 땅에 충만하라, 땅을 정복하라, 바다와 고기와 공중의 새와 땅에 움직이는 모든 생물을 다스리라 하시니라.
>
> 창세기 1: 27~28

이는 신이 우리 인간에게 인간을 제외한 모든 자연에 대한 소유권은 물론 그것을 정복하고 관리할 자격을 부여했다는 관점인 것이다. 자연에 대한 이러한 전통적 기독교식 접근은 생태학적 파괴를 조장하는 주요 요소가 되어 온 것이 사실이다. 여기서 나타나는 내세에 대한 강조는 현 물질적 세계에 대한 경시와 착취까지도 초래했다. 자연과 인간의 세계인 속세는 저속하고, 타락하고 하잘 것 없는 것이었다. 자연 세계는 단지 다음 세계로 가는 여행에서 잠시 쉬어 가는 곳 정도로 여겼기 때문이다.

생태학적 관점에서 보았을 때 오랜 세월 만연되어 왔던 기독교 교리의 또 다른 결함은 창조에 대한 창세기의 표현에서도 드러나듯이 '자식을 낳아 수를 불리고 땅을 정복하며, 바다의 물고기와 하늘의 새들과 땅 위에 움직이는 모든 생명을 지배하라'는 가르침이었다. 여기서의 지배라는 개념이 사람들에 의해서 자연의 무모한 조작과 착취를 정당화하는데 일조한 것은 분명하다. 물론 이같은 기독교 가르침이 오늘날 우리 인류가 겪고 있는 엄청난 환경 위기에 얼마나 원인 제공을 했는지는 별도로 분석해야 할 몫이지만, 인간을 자연의 한 부분으로 생각하고 자연과 조화를 이루며 살도록 가르친 대부분의 동양 사상과는 차이가 있는 것이 사실이다.[430]

학계를 비롯한 사회 곳곳에서 제기된 이런 의식의 문제점은 기독교 교리에 대한 재해석과 기독교 신학자들이 주도한 지배에 대한 재정의를 시도하는 노력으로 이어졌다. 이제 새로운 신학적 의의 부여에서 '지배권dominion'은 더 이상 자연을 착취하는 권리를 의미하지 않는다. 여기서 지배권이란 자연에 대한 경영 관리를 의미한다. 기독교 윤리학자 바넷Henlee Barnett 역시 저서에서 인류의 성서적 자연관은 사실은 "지구의 경영자, 관리인, 보호자라는 개념"[431]-이라는 점을 상기시키고 있다.

일반적으로 자연을 정복하고 지배할 수 있다는 생각은 자연이 인간과 다르다는 관점에서 비롯된다. 하지만 러시아 우주론에 뿌리를 두고 있는 사상가들은 지구 진화의 역사에서 인간을 '자연의 정복자'라는 관점으로 이해하지 않았다. 특히 러시아 과학자 블라지미르 베르나드스키는 '생명권' 개념을 통해 인간이 동식물을 포함한 지구 생태계의 전체 구조 안에서 태어났다는 것을 분명히 했다. 즉 인간 중심주의적인 사고방식에서 인간을 하나의 현상으로 보는 생물평등주의적인 시각을 제시했던 것이다. 생명현상을 현상학적으로 기술하는데 그치지 않고 윤리학을 향한 지평으로까지 확장시켰던 그의 관점을 통해 과학과 윤리학은 한 점에서 조우하고 있다.

러시아 우주론에서 '생명권'을 생명체와 비생명체 사이의 유기적인 상호작용을 가능케 하는 지질학적인 힘으로 규정한 베르나드스키의 관점은 생물과 무생물 사이의 상호작용에 대한 이해가 생물과 환경의 상호관계에 토대를 두는 '생태학ecology' 분야에 큰 영향을 주었다. 이는 소비에트 시대 무자비한 자연개발에 대해 반대하는 관점을 문학으로 구현했던 작가들에게도 무한한 상상력과 이론적 타당성을 제공하는 역할을 했다. 여기서는 생태학의 관념과 러시아 우주론의 인식이 연결되는 지점에 대한 이해와 함께 이를 작품으로 구현했던 작가들의 인식을 보다 상세히 살펴보도록 하자.

2. 베르나드스키의 '생명권'과 제임스 러브록의 '가이아Gaia' 가설

지구 전체의 진화과정은 인간의 출현이라는 목표를 향해 왔다고 주장한 베르나드스키에 의하면 지구는 장구한 세월 동안 점점 더 복잡해지는 양상으로 진화해왔다. 앞서 잠시 살펴보긴 했지만, 베르나드스키의 논점에 따르면 지구 중심에는 금속으로 된 지핵이 있으며, 그 위에는 바위로 된 '암석권'이 있고 그 위에는 물이 흐르는 '수권水圈'과 '대기권'이 있다. 이 네 겹의 표면에다 동식물의 띠가 이룬 생명의 막이 더해지는데, 그것을 베르나드스키는 '생명권biosphere'으로 불렀다.[432]- 하지만 '생명권'이라는 용어를 사용한 것은 베르나드스키가 처음은 아니다. 이 용어는 프랑스의 진화론자 장 바티스트 라마르크Jean Baptiste Lamarck가 지구에 존재하는 살아있는 유기체를 표현하기 위해 1804년에 처음 사용한 용어이다. 그 이후 19세기말 요한 볼테르Johann Voltaire라는 독일 학자 역시 '생명권'이라는 용어를 사용했는데, 그는 라마르크처럼 해양에 존재하는 유기체를 표현하는 것과 유사한 개념으로 이해했다.[433]

하지만 베르나드스키는 이 용어에 보다 더 광범위한 의미를 부여하였다. 그는 지구에 사는 유기물의 총체를 표현하기 위해 '살아있는 물질живое вещество'이라는 용어를 도입했으며, 살아있는 물질이 존재하는 모든 환경을 '생명권'이라고 정의했다. 이것은 그가 1914~1916년에 발표했던 살아있는 물질이 집중되어 있는 '지구의 막'에 관한 학설을 변형시켜 표현한 것이기도 했다.[434] 베르나드스키는 살아있는 유기체들이 대양의 깊숙한 곳에도, 곤충과 새가 날아다니는 대기 하층부에도, 그리고 살아있는 박테리아가 존재하는 지구의 단단한 덮개 상층부인 암석권에도 존재한다는 관점을 분명히 했다. 다시 말해 그의 '생명권' 개념에는 지상, 대기, 바다 등 생명이 사는 모든 공간이 포함된 것이다. 베르나드스키는 '생명권'의 공간적 개념을 확장시켰을 뿐만 아니라 지상, 대기, 해양의 전 공간을 생태학의 범주에 넣었다. 이러한 베르나드스키의 관점은 환경과 인간의 상관관계를 새롭게 환기시킨 것이다.

결코 인간만을 위한 성역을 허용하지 않았던 베르나드스키를 이해하는데 있어 무엇보다 중요한 것이 그가 인간을 특별하게 보는 인간중심주의적인 시각을 배제했다는 것이다. 우리 인간이 행성에 존재하는 살아있는 물질과 긴밀하게 연결되어 있다는 것을 분명히 했던 그의 관점은 다음의 표현에서 잘 드러난다.

> 생명권에 존재하는 각각의 살아있는 유기체들은 살아있는 자연의 몸이며, 생명권의 살아있는 물질은 그 생명권 속에 생존하는 살아있는 유기체들의 총화이다. …(중략)… 살아있는 자연의 몸으로서의 인간은 우리 행성의 지질학적 막과 긴밀히 관련되어 있다.[435]

인간이 지구의 지질학적인 막과 연결되어 있다는 관점은 생태계를 총체성·유기성을 지닌 것으로 보는 전체론적 시각을 제시하는 것이다. 즉 생태학적 세계관은 세계를 하나의 통합적인 유기체로 보는 세계관인 것이다.[436] 물론 베르나드스키의 논의에 등장한,

지구가 거대한 생명체라는 생각은 서구 문화권에서 처음으로 제기된 것은 결코 아니다. 하지만 베르나드스키는 막연했던 생각을 객관화하여 그 개념을 과학 전반에 새롭게 정립했다. 다시 말해 베르나드스키는 '살아있는 지구'의 개념을 되살린 인물인 것이다.

근대 과학이 확립된 이후 현재까지 과학계의 주류적 시각은 생물이 지상에 출현한 이후 끊임없이 주위 환경의 변화에 적응하면서, 점진적으로 진화되어 마침내 오늘에 이르렀다는 것이었다. 하지만 베르나드스키의 '생명권'은 지구상의 생물이 고정된 환경에 둘러싸여 있으며 그 환경에 적응한다고 하는 이전의 과학개념으로부터 벗어난다. 그의 견해에 따르면 생물은 그의 주변과 상호작용하며 결국 그 환경이 되며, 생물은 지구의 물리적 속성들과 상호작용하며 그 속성들을 조절한다는 것이다.

베르나드스키의 이러한 관점은 1970년대에 영국의 생물학자 제임스 러브록James Lovelock이 린 마굴리스Lynn Margulis와 함께 주창한 이른바 '가이아 가설Gaia Hypothesis'에 영향을 주었다. 러브록에 따르면 우리가 살고 있는 지구는 삶을 유지하고 양육하기 위하여 고안된 하나의 살아있는 체계이다. 대기화학자 제임스 러브록이 개진했고, 미생물학자 린 마굴리스가 뒷받침하였으며, 소설가 윌리엄 골딩William Golding이 명칭을 부여한 '가이아 가설'은 하층의 대기온도뿐만 아니라 반응하는 모든 기체의 합성이 수십억년에 걸쳐 비교적 일정하게 유지되어 왔다고 주장한다.

러브록은 지난 30여억년 동안 대기권의 원소 조성과 해양의 염분 농도가 거의 일정하게 유지되어 왔었다는 사실에 주목했는데, 이것은 만약 생물이 지상에 출현하지 않았다면 절대로 그렇게 될 수 없음을 간파한 것이다. 그는 탄소, 질소, 인, 황, 염소 등 지구를 구성하는 주요 원소들이 대륙과 해양을 오가며 순환하고 있다는 사실과 함께, 이런 물질들의 매개자가 전적으로 생물이라는 점 역시 밝혀냈다. 그에 따르면 생물들은 기후를 조절하고, 해안선을 변화시키고, 때로는 대륙을 이동시킬 수 있는 능력을 지닌다. 이런 관점에 입각해 러브록은 이 지구가 생물과 무생물의 복합체로 구성된 하나의 거대한 유기체라고 단정 지으며, 이러한 지구의 실체를 일컬어 '가이아'라고 명명했던 것이다.[437]

가이아론을 내놓은 러브록과 린 마굴리스는 지상의 생물이 지구의 대기권 조성을 비롯하여 해양, 대륙, 암석 등의 무생물적 환경에 어떤 영향을 미쳤는지를 범지구적 차원에서 검토했는데, 이들은 '가이아'가 스스로를 조절해가며 항상성을 유지하는 지성적이고 생리적인 살아있는 시스템이라고 결론지었다. 그들은 가장 일반적인 형태의 '가이아'

가설은 온도와 지구 대기의 형성은 지구상의 생물에의 총합biota에 의해서 활발하게 조절된다고 보았다. 바이오타에 의한 지구 표면의 조절은 널리 분포된 생물이 최초로 출현한 후로부터 지속적으로 이루어져 왔다는 것이다.[438]

지구상에 살고 있는 물질, 대기, 대양, 그리고 지표는 하나의 복잡한 유기체를 구성하고 있으며, 우리의 지구를 생명에 알맞은 장소로 유지시켜 주는 능력을 지니고 있다는 것이 가이아론의 '항상성homeostasis' 혹은 '자기 조절성' 개념이라 할 수 있다. 이 개념의 원조격인 베르나드스키는 다음과 같은 표현으로 '항상성'의 개념을 전달했다.

> 생명권의 생명이 없는 부분들과 생명권의 활발하지 않은 자연의 몸과 살아있는 물질들 사이에는 끊임없는 에너지 교환이 일어난다. …(중략)… 이러한 원자들의 생물발생의 흐름 및 그와 관련된 에너지에서 '살아있는 물질'의 행성적이고 우주적인 의미가 드러나게 된다. 왜냐하면 생명권은 단일한 지상의 막이며, 그 속에서 우주적 방사(放射), 무엇보다도 역동적인 균형을 유지하는 태양의 발광(發光)이라 할 수 있는 우주 에너지가 끊임없이 스며들기 때문이다.[439]

베르나드스키의 관점을 이어받고 있는 가이아 가설이 추구하는 목표 역시 태양으로부터 오는 외부 에너지와 지구 내부의 에너지는 생물들의 생존에 적합한 환경을 끊임없이 조성해 나간다는 것이었다. 이런 '항상성'에 대한 의식이 추후 상세히 살펴보게 될 빅토르 아스타피예프Виктор Астафьев(1924~2001)의 작품 『물고기-대왕Царь-рыба』(1976)에 등장하는 "만일 우리가 정당하게 행동한다면, 우리도, 식물과 동물도 수천억년에 걸쳐 존재하리라. 태양에는 많은 연료가 축적되어 있고 그 소비는 훌륭히 조절되기 때문이다" (137)[440]라는 에피그라프에서 그대로 재연되고 있다. 이러한 작가의 언급은 우리 인류가 모든 생물과 마찬가지로 탄생 초기부터 가이아의 한 부분이었으며, 또 그들과 마찬가지로 무의식적으로 지구의 항상성 유지에 기여해 왔다는 의식을 표출하는 것이라 할 수 있다.

3. '가이아'의 시적 형상화와 에코페미니즘ecofeminism

베르나드스키의 '생명권' 개념은 지구를 거대한 살아있는 몸으로 인식했던 고대 희랍의 작품이나 생명에 대해 철학적인 의미를 부여했던 학자들의 직관에서도 발견된다. 하지만 막연했던 생각을 객관화하여 그것에 과학적 당위성을 부여했다는 점에서 베르나드스키가 주장한 사상의 의미를 찾을 수 있다. 생물과 무생물, 생명체와 비생명체 사이의 유기적 상호작용에 대한 이해는 기존의 과학에서 대립적인 것으로 인식되었던 무기물계와 생명계가 하나의 단일한 몸이라는 것을 지구화학적 차원에서 입증한 것이다. 또한 '살아있는 물질', 즉 생명권을 에워싸는 생화학적 지구 에너지가 지구 진화를 이끌어가는 추동력이 된다는 인식은 새로운 관점에서 물질을 이해하여 물활론을 정당화시켜 주는 것이기도 했다.

사실 지구 전체를 마치 한 인간의 몸처럼 취급하는 가이아 이론은 사실 '모든 것은 하나'라고 보는 고대의 주술-종교적 감정과도 연결된다. 가이아론에 따르면 우리가 살고 있는 지구는 그 자체로도 온갖 생명 현상을 나타내는 커다란 생명체이다. 지구 생물권 전체는 단순히 지구 환경에 적응하며 적자 생존하는 소극적 존재가 아니라, 여러 가지 물리화학적 환경을 활발히 변화시키는 살아가는 능동적 존재로 이해된다.[441] 가이아론에 따르면 결국 가이아란 물리적, 화학적 환경을 스스로 조절함으로써 지구를 건강하게 유지시켜 주는 자기 조정 능력을 지니는 생명권인 것이다.

가이아 이론은 고대의 직관적 정서가 현대에서 합리적으로 정형화된 것이라 해도 과언이 아니다.[442] 어떤 의미에서 이것은 여신을 숭배하던 선사 시대의 신념 체계를 과학적으로 설명한 것이라 할 수 있다. 모든 형태의 삶을 창조해 내고 양육하는 살아있는 실체인 대모신大母神은 그 역할과 기능에 있어 가이아와 크게 다르지 않다. 실제로 가이아라는 말은 지구나 대지를 뜻하는 그리스어이고, 지구나 대지는 서양에서나 동양에서나 여성의 속성을 지닌 것으로 간주되기 때문이다.

이처럼 별개로 보이는 사물이나 상황의 본질이 서로 다르지 않다는 것을 알아보는 능력은 에코페미니즘ecofeminism이 내포한 '감수성'과 '영성'에서 비롯된 것이라 할 수 있다. 근대 과학이 자리를 잡아가면서 자연은 신비스런 존재가 아니라 인간의 손아귀에 붙잡힌 실험 재료가 되었고, 감성이나 영성과 같은 여성적인 요소는 악마에게 영혼을 빼앗긴 표시로 처단하였다. 하지만 에코페미니스트들은 '하늘 신sky God'과 같은 초월성의 개념을 거부하며, 지구를 '가이아Gaia'라는 대지의 여신으로 칭하면서 '성스러운 전체sacred whole'의 개념을 수용했다.[443] 이러한 '전체'의 개념 속에 모든 것의 내적인 관련성을 비롯한 삶과 죽음의 연속성 역시 포함되는 것이다.

'에코 페미니즘'은 인간에 의한 인간 지배와 자연의 계층화된 사슬 구조와 사회 계층화를 생태위기의 원인으로 본 '사회 생태주의social ecology'와 달리 전통적인 남성 중심의 가부장제와 세상을 지배와 복종, 정복과 착취의 관계로 인식하는 남성지배원리를 환경위기의 중요한 원인으로 지적한다.[444] 일반적으로 남성문화의 바탕에는 남성/여성, 인간/자연, 정신/육체, 문명/원시, 이성/감성처럼 모든 현상을 대립적이고 배타적인 것으로 파악하려는 이원론적 사고가 존재한다.[445] 여기서 몸과 자연과 여성은 하나의 연속선상에 위치하는 열등한 존재이므로 이성과 과학과 남성의 지배를 받아야 하는 차별적 존재로 인식되며,[446] 이런 이분법적 사고에서 여성과 자연에 대한 억압은 동시에 일어나게 된다.

인간은 인간 이외의 자연보다 위에 있거나, 우월하기 때문에 자연을 계속 지배할 것이라는 서양의 형이상학적 세계관이나 전망은 '인간중심주의anthropocentrism'에서 나온 것이다. 신이 인간에게 자연을 정복하고 모든 생물을 지배하는 권리를 주었다는 창세기의 언급은 데카르트의 이론에도 영향을 주어 인간을 자연의 주인이요 소유주로 보는 관점을 굳히는데 일조했다. 인간 스스로를 '만물의 영장'이자 '모든 생물의 중심'이라고 생각하는 편협한 인간중심주의는 성 차별주의와 유사한 것으로 여기서는 '남성' 대신에 '인간 종'으로, '여성' 대신에 '다른 모든 종'으로 대치될 뿐이다.[447] 가부장적인 남성 권리 강화의 뒤편에는 남성에 의한 여성 지배와 학대의 현장이 있다. 에코 페미니즘에서는 인간이 자연을 정복과 착취의 대상으로 삼는 것이 남성이 여성을 지배하거나 억압하는 행위와 결코 다르지 않은 것으로 간주하기 때문이다. 다시 말해 에코 페미니즘 이론가들은 남성의 여성 지배와 자연의 억압, 여성 억압과 자연 착취 사이에는 아주 깊은 함수관계가 있다고 보는 것이다.

에코 페미니즘은 전통적인 페미니즘이 그 동안 가부장적 질서를 비판하고 무너뜨리는 데에 큰 업적을 이룩했지만, 생태계 문제의 해결에는 도움이 되지 않았다는 인식에서 출발한다. 남성주의를 무너뜨리는 일 못지않게 환경 문제 해결이 중요하다는 전제 하에 여성적 원리의 회복을 주장하는 것이다.[448] 에코 페미니즘이라는 용어에서 나타나듯이, 생태학과 페미니즘의 결합은 여성의 잠재력을 생태학적 혁명으로 끌어 올리려는 시도에서 시작되었다. 이 용어는 여성의 잠재력을 생태학적 혁명으로 끌어들이려는 프랑소아즈 드본느에 의해 1974년에 처음 사용되었다.[449] 이것은 대부분의 고대 인류가 자연을 모성의 상징으로 보고, 생태계를 그리스 신화의 '가이아'라는 여신에 비유하고 있다는 점에서 서로 연결된다.[450] 자연은 여성적 원리의 화신인 동시에 생명을 생산하고 생계를 제공할 수 있도록 여성적 원리에 의해 양육되기 때문이다. 끊임없이 생성과 소멸을 거듭하는 자연의 생명체들은 그 자체가 생식력을 가진 인간의 몸과 다름이 없다는 관점에서 인간의 생식력을 대지의 생산력과 같은 것으로 인식하는 것이다.

빅토르 아스타피예프

이러한 관점에서 볼 때 시베리아 출신 작가 빅토르 아스타피예프의 『물고기-대왕』은 시베리아의 타이가 숲과 예니세이 강변의 자연 파괴 상황을 생생하게 묘사하며 자연 파괴 이면에 내재하는 여성의 학대, 인간 감성의 학대, 영성의 학대로 논의를 확대하고 있는 대표적인 작품이라 할 수 있을 것이다.[451]

자연과 여성을 유사선상에서 이해했을 때, 남성이 여성을 지배하거나 억압하는 행위는 인간이 자연을 정복과 착취의 대상으로 삼는 것과 조금도 다르지 않다. 가부장적인 남성 권리 강화의 뒤편에는 남성에 의한 여성 지배와 학대의 현장이 있다. 『물고기-대왕』에서 여성의 억압과 자연 착취의 함수관계는 밀어꾼들이 술을 마시고 아내를 폭행하는 모습이나, 잡은 물고기를 마구 짓밟는 잔혹한 모습에서 그대로 드러난다. 이 작품에 등장하는 인물들은 대립적인 군상들로 채워져 있는데, 자연에 대한 태도는 그들의 인격을 드러내는 역할을 한다. 아스타피예프에게 자연은 인간의 내면세계, 인간의 영혼을 반영하기 때문이다.[452] 아스타피예프는 여성에 대한 폭력과 자연에 대한 폭력을 유사한 차원에서 이해하는 것이다.

작가는 여성과 자연이 동격이라는 자신의 관점을 암 철갑상어와 사투를 벌이는 등장인물 이그나찌치를 통해 상징적으로 표현한다. 이그나찌치는 자신의 주낙에 걸린 철갑상어와 팽팽하게 대결을 벌이다가 물고기가 배에 부딪쳐 배가 뒤집어지면서 철갑상어와 같은 그물에 걸려 발버둥치게 된다. 그런데 이런 죽음의 순간에 기이하게도 과거 자신의 죄업이 필름처럼 지나간다. 젊은 시절 그는 여자 친구 글라시카를 겁탈했던 중위에 대한 복수심과 그에게 자기 여자를 빼앗겼다는 자존심의 상처로 그녀에게 심한 모욕을 준 일이 있었다. 그리고 글라시카가 다른 남자에게 겁탈을 당한 분풀이로 그녀를 강제로 추행했던 것이다.

하지만 이 사건은 이미 오래 전의 일이었고, 이그나찌치 역시 이미 기억에서 완전히 사라졌다고 생각했다. 그런데 기이하게도 죽음에 직면한 순간에 그 사건이 떠오르는 것이다. 암 철갑상어에게 가한 고통은 부메랑이 되어 그에게 전달되고, 그를 더욱 고통스럽게 한다. 하지만 고통을 주었던 여자 친구에게 진정으로 참회하는 마음으로 용서를 빌면서, 그리고 암 철갑상어를 놓아줌으로써, 점점 더 죄어 오는 그물에서 벗어나서 해방감을 느끼게 된다. 여기서 이그나찌치의 여성에 대한 모욕이 그가 자연에 대해 가한 모욕과 연결선상에서 이해되었다면, 그가 진정으로 그 여성에게 용서를 구하는 것은 바로 자연에게 용서를 비는 것에 상응한다.

『물고기-대왕』에 설정된 인물 구도에서 흥미로운 위치에 서 있는 사람이 주인공 아킴의 어머니이다. 시베리아의 자연 환경과 하나가 되어 살아가는 아킴은 아버지가 계시지 않는 집안의 가장 노릇을 도맡아하는 불굴의 용기를 지닌 인물이다. 또한 자신만의 이익을 구하지 않는 그는 각기 아버지가 다른 일곱 아이를 돌보는 희생정신의 소유자로 묘사되어 있다. 그런데 작가는 그의 어머니의 형상에 '자연' 그대로의 이미지를 투사하고 있다.[453] 그녀가 아킴을 낳은 것은 열여섯 무렵, 생리적으로 임신이 어떤 현상인지도 알지 못했던 때였다. 그리고 아킴을 낳은 이후로 거의 십여 년에 걸쳐 일곱 명의 아이를 더 낳는다. 그녀는 대규모 북방 건설현장에 생선을 공급하는 협동조합에서 일하는 어부들과 어울리다가 그냥 '생기는 대로' 아이를 낳는 것이다. 이것은 그 누가 씨를 뿌려도 변함없이 그대로 생명을 잉태시키는 '대지'의 이미지를 정립시키려는 작가의 의도에 의한 것이다.

일곱 아이의 엄마였지만 몸도 마음도 철부지 소녀나 다를 바 없는 그녀의 잦은 임신을 두고 동네 여자들은 바람둥이라고 놀리기도 한다. 하지만 이 말이 지니는 모욕적인 뜻을 알아들을 수가 없었던 그녀에게 이것은 아무런 효과도 거두지 못한다. 그러자 차츰 무위자연처럼 천성 그대로의 낙천성을 유지하며 사는 그녀를 마을 사람들도 더 이상 업신여기지 않고, 오히려 도와주게 된다.

하지만 아버지의 얼굴도 기억하지 못하는 일곱 명의 아이를 낳은 그녀가 드디어 여덟 번째 아이를 임신하게 되자 동네 아낙들의 시선 역시 그리 곱지 않다. 그들은 하나같이 더 이상 돌보지도 못할 아이는 제발 그만 낳으라며 낙태약을 권유한다. 망설이던 그녀 역시 동네 여인들의 말을 듣고 그 약을 마시게 되는데, 그 이후부터 그녀에게 과거의 모습은 흔적도 없이 사라진다. 허리는 굽고 안짱다리가 되더니 볼에는 핏기가 사라지고 병들어 가는 추한 모습으로 변해간다. 작가는 생명을 잘라내는 낙태 행위를 하면서 아킴의 어머니가 더 이상 '자연'으로서의 역할을 다 하지 못하고 시들어가다가 죽는 모습을 묘사하는 것이다.

작가는 낙태약과 술에 의한 폭력의 결과, 즉 반여성적인 문화의 결과물이 모두 여성성을 파괴하는 비극적 상황을 불러일으키고 있다는 것을 암시하는 것이다. 이에 반해 작가 의식을 대변하는 주인공 아킴이 보여주는 여성 보호와 포용의 자세는 그를 다른 등장인물들과 구별하는 자질이라 할 수 있다. 계속해서 아이를 낳아 자신에게 무거운 짐을 던지는 어머니를 용서하고 돌보는 모습이나, 병들어 죽어가는 엘랴라는 여인을 죽음에서 구하는 자비심을 보여주는 것에서 그의 가치관이 드러난다. 이처럼 보이지 않는 인연의 끈을 소중히 생각하는 것은 아킴의 세계관을 지배하는 가장 중요한 모토이자 인간과 자연을 동일선상에서 이해하는 작가 아스타피예프가 독자에게 제시하고자 했던 시베리아의 정신이었던 것이다.

4. 시베리아의 생태 중심주의에 내재된 샤머니즘 의식

인간과 자연을 엄격히 구분했던 서양과는 달리 훨씬 더 자연친화적인 동양에서는 인간과 자연을 그렇게 엄격히 구분하지 않았다. 이는 인간이 곧 자연이요 자연이 곧 인간이라고 생각했던 동양의 자연관을 대변하는 물활론적 관점에서 잘 드러난다. 주술적이고 신비주의적인 샤머니즘 역시 바로 이런 물활론적 세계관에 기대고 있다.[454] 이 세계관에서는 인간은 물론이고 동물이나 식물 심지어는 돌과 강물도 영혼을 가지고 있다고 본다.

근대 과학은 합리주의적이며 공리주의적 사고로 인해 물질과 정신이 아무런 관계가 없는 것처럼 취급하거나, 물질은 생명도 없고 영혼도 없는 죽은 질료의 개념으로만 이해하려는 경향을 보여주었다.[455] 하지만 이와 대조적으로 인간과의 사이에서 인격적 접촉이 전제되는 자연, 곧 유기적 자연에 대한 요구가 샤머니즘에서는 자연스런 현상이었다.[456] 자연 속에서 영혼의 세계를 볼 수 있는 이런 시각이 오늘날 '생태 중심주의 ecocentricism'나 '신환경운동'과 관련된 문제가 시베리아 샤머니즘의 관점에서 본격적으로 제기될 수 있는 근거가 되었다. 새롭게 부상한 샤머니즘 운동이 전통적 샤머니즘의 통합적 세계관을 끌어내어 현대의 환경문제와 연결된 것이다. 샤머니즘은 인간과의 관계에서 인격적 접촉이 전제되는 자연, 곧 유기적 자연에 대한 요구와 맞닿아 있기 때문이다.[457]

시베리아 지역을 중심으로 적극적으로 제기되는 신환경운동을 통해서도 드러나듯이, 이러한 문제인식은 시베리아 출신 작가들에게서 민감하고 중요한 문제로 다가올 수밖에 없었다. 그들은 인간과의 사이에서 인격적 접촉이 전제되는 유기적 자연에 대한 요구를 시베리아 샤머니즘 정신과 연결 지으며 무한한 상상력으로 표출했다. 시베리아 출신 작가들은 인간 중심적인 태도에서 벗어나 만물에 영혼이 깃들어 있다는 의식을 적극적으로 드러낸다.

서구 이성주의에서 배태된 동물의 영혼 부정은 앞서 언급했던 작품인 『물고기 대왕』의 배경이 되는 시베리아 예니세이 강변에 거주하는 원주민들의 믿음과는 상반되는 것이다. 실제로 이 작품에서 작가 아스타피예프는 동물에 인격성을 부여하기도 했다. 특히 작품에 등장하는 개는 인간보다도 믿음직한 영혼의 소유자로 묘사되기도 한다. 화자의 동생 콜랴의 개 보이예는 그의 아버지를 강제로 끌고 가는 호송병을 저지하며 달려들다가 총에 맞아 죽는가 하면, 아킴의 개 로즈카는 아킴이 혹한에 산을 넘는 위기 상황에서 그가 넘어질 때마다 목덜미를 핥아서 온기를 불어 넣어 그가 의식의 끈을 놓치지 않도록 한다. 뿐만 아니라 화자는 "북극의 미신에서 개는 개가 되기 전에 사람이었고, 그것도 좋은 사람이었다"(142)라며 시베리아에서 인간과 동물은 윤회의 고리로 연결되어 있다는 관점을 분명히 한다. 이처럼 죽은 생명체의 영혼이 새로운 외형을 부여받는다는 영혼전이에 대한 믿음은 작가가 성장한 시베리아의 지리학적 영향이 샤머니즘과 조우한 예라 할 수 있을 것이다.[458]

발렌친 라스푸친

시베리아의 샤머니즘에 대한 인식이 환경문제와 직결되어 표출된 또 다른 대표적 작품으로는 발렌친 라스푸친 В. Распутин(1937~)의 『마쪼라와의 이별Прощание с Матерой』(1976)을 들 수 있다.[459] 이 작품은 안가라 강 하류에 발전소를 짓기 위한 댐의 건설로 마쪼라 섬이 수몰되는 사건을 통해 자연 환경의 파괴가 생태계 파괴뿐만 아니라 인간 영혼의 파괴로 이어지는 양상을 잘 묘사하고 있다. 여기서 작가는 마쪼라 섬의 수몰사건을 통해 당시 소비에트 체제의 집단화・산업화 정책으로 위협받는 농촌 마을과 사람들의 운명을 그리며, 댐 건설로 주민들이 이주를 할 수밖에 없는 인간 존재의 '한계상황'을 표현하고 있다.[460] 사실 제한된 공간과 시간 속에서 인간이 직면하는 여러 존재론적 문제들은 라스푸친의 작품 세계를 관통하는 주된 특징이기도 하다.

특히 『마쪼라와의 이별』은 1950, 60년대 소비에트 국가 시책과 맞물려 수많은 러시아의 농촌 마을이 짊어져야 했던 문제를 제기한다는 점에서 많은 시사점을 내포하고 있다. 당시 소비에트 체제는 값싼 전력을 얻을 수 있는 강력한 수원에 대한 필요성으로 댐을 건설했지만, 이로 인해 짊어져야 했던 결과는 심각한 것이었다. 인위적인 자연 환경의 변화로 인한 생태계의 파괴뿐만 아니라, 몇 세대를 걸쳐 이어져 온 삶의 터전의 상실은 그들에게 죽음을 의미하는 것이나 마찬가지였다.

한 세계의 파멸과 등가를 이루는 마쪼라 섬의 수몰이 그려진 이 작품에서 '물'은 섬을 수장시키는 재앙으로 기능한다. 일반적으로 물은 인간 존재의 근원이자 원천으로서, 모든 형태에 선행하는 창조의 근원을 상징한다. 여기서 섬은 하나의 신화적 공간으로서 죽음과 탄생, 생명의 모체로서의 원형 상징을 뜻한다. 물 위로의 부상浮上이 우주 창조의 형성행위를 재현한다면, 마쪼라 섬의 수몰과 같은 침수는 형태의 해체, 형태 이전의 퇴행을 상징한다.[461] 『마쪼라와의 이별』의 '마쪼라'라는 섬 이름에서 드러나듯이, 이것은 러시아어의 '어머니мать'라는 어간을 사용한 것이다. 이로써 '어머니'라는 어원을 갖는 마쪼라 섬의 수몰 사건은 그 자체가 '어머니의 익사'라는 의미작용을 하게 된다. 이 작품을 현대의 새로운 신화 창조로 보고, 이것을 '신화시학'적 측면에서 분석하는 것은 그 때문이다.[462]- 수력발전소 건설을 위해 수몰되는 섬 마쪼라는 어머니 죽음, 다시 말해 소비에트 자연 생태의 죽음이라는 함의를 지니게 되는 것이다.

5. 기억하라! 너의 뿌리를 잊지 말아라!

작가 라스푸친은 『마쪼라와의 이별』을 통해 시베리아의 생태운동의 기본 정신이 되는 주요 덕목과 가치 역시 제시하고 있다. 이는 생태계의 보호자, 생명 수호자의 이미지를 지니고 있는 작품의 주인공 다리야의 형상을 통해 잘 드러난다. 그녀는 마을 사람들 가운데에서 정신적으로 우월한 인물로 제시되고 있다. 그녀가 마을 주민들에게 하나의 정신적 지주 역할을 하는 모습은 섬의 수몰 날짜가 가까워졌을 때, 노파들이 정신적으로 강인할 뿐만 아니라 힘없고 고통 받는 사람을 돌보아주는 그녀에게 모여드는 것에서 잘 드러난다. 또한 다리야는 자연과 교감을 이루며 살며 자연과 인간, 과거와 현재의 연속성을 직관하는 인물이기도 하다.

생명과 시간의 연속성을 강조하는 다리야에게 기억을 잃는 것은 삶의 의미를 상실하는 것과 마찬가지이다. "작은 행동 하나도 사라지지 않고 축척되어 후대에 그 흔적을 남기게 된다"[463]-(149)는 말로 '기억'의 중요성을 언급하고 있는 다리야는 아버지에게로, 선조들에게로, 죽은 자들에게로 시선을 돌리는 책임과 의무의 감정을 지닌 여인이다. 기억하지 못하는 것은 '영혼의 파괴'와 마찬가지라고 보는 다리야는 "기억 속에 진실이 있으며, 기억이 없는 사람에게는 삶도 없다"(200)며 인간의 기억을 생명력과 동일하게 생각한다. 그리고 "주여, 기억하지 못하고 영혼이 파괴되어 버린 저희들을 용서하소서"(173)라고 기도한다.

인간의 본질에 대한 기억은 자연과 인간의 관계를 바라보는 관점에서도 커다란 차이를 야기한다. 자연에 대한 구세대와 신세대의 차이는 마을의 정신적 지주라 할 수 있는 다리야가 손자 세대인 클라프카와 안드레이에게 하는 말을 통해서 나타난다. 여기서 인간을 '만물의 제왕'으로 보는 신세대들과 '잠시 땅을 사용할 권한을 받은 자'로 보는 다리야의 관점의 차이가 드러난다. 다리야에게 모든 인간은 더 이상 생명의 주인, 즉 생명의 지킴이가 아닌 '가련한 존재'(160)에 불과하다. 이 작품을 단순히 시베리아에 있는 한 섬의 수몰에 대한 이야기가 아니라, 정신의 한계에 대한 문제를 제기하는 철학 이야기로 보는 것은 그 때문이다.[464]

다리야는 신세대들에게 "너희 젊은 세대들은 몸은 그토록 아끼면서도 혼은 이미 오래전에 잊어버렸다"(161)며, 비가시적인 혼의 세계를 소중히 여겨야 하는 이유를 언급한다. 다리야가 조상의 무덤에 대해 그토록 애착을 보인 이유 역시, 그녀에게 무엇보다 중요했던 것은 인간 영혼의 세계였기 때문이다. 다리야는 마쪼라의 수몰에 대한 이야기가 나돌 때부터 자기 조상의 무덤이 물속에 잠기에 된다는 걱정으로 잠을 이루지 못한다. 그녀에게 무덤이 그토록 중요한 이유는 그것이 조상에 대한 기억의 물리적 현현이기 때문이다. 이것은 수몰 직전 자신의 부모님 묘소를 찾은 다리야의 의식을 통해 전달된다.

> 그녀는 왼쪽으로 돌았고, 깊은 숲 속에서 흙무덤을 발견했다. 그 아래에는 그녀에게 생명을 준 부모들이 누워있었다. …(중략)… 무덤의 머리맡에 있는 약간 경사진 곳에는 다리야가 오래 전에 심은 마가목이 자라고 있고, …(중략)… 발이 놓인 곳에는 소나무가 자라고 있다. 무덤을 만들 때는 없었는데, 흩어진 씨앗이 스스로의 힘으로 이렇게 자라났던 것이다. …(중략)… 마가목과 소나무의 가지들이 꼭대기에서 서로 겹쳐 있었다. 나무의 뿌리들이 영양분을 취하는 땅 속에 누워 계신 부모님이 나무들의 성장과 어느 정도 관련이 있다는 생각을 했을 때에는 무섭고 죄스러웠으며, 만족스럽기도 했다. 이 주위에 있는 모든 것은 하나의 가족이었다. (197)

부모님의 무덤과 나무의 뿌리가 연결되어 있다는 다리야의 생각은 죽은 이의 남은 생명이 나무의 수관을 타고 흐른다는 샤머니즘적 의식을 볼 수 있는 단서가 된다. 여기서 나무뿌리는 산 자와 죽은 자를 연결해 주는 역할을 하며, 인간과 나무가 생명으로 연결되어 있다는 생각에서 다리야는 모든 것으로부터 '친족성'을 발견하게 된다. 돌아가신 부모님과 무덤 옆의 소나무와 마가목이 연결되어 있다는 생각은 살아있는 나무뿌리와 부모의 시신, 그리고 그런 부모로부터 생명을 부여받은 다리야가 모두 연결되어 있다는 의식으로 확장되는 것이다.

결국 작가가 제기하는 문제는 "사람들이 그들 모두가 혼자가 아니라는 사실을 잊어버려 지금은 서로가 필요치 않게 되어 버린 것,"(116) 즉 그들이 하나로 연결되어 있다는 사실을 '망각'해 버렸다는 점이다. 나무의 뿌리와 나무의 가장 높이 자란 가지가 분리될 수 없듯이,[465] 작가는 인간들은 자신이 한 나무의 뿌리이자 가지로 연결되어 있다는 사실을 기억해야 하며, 그것을 잊어버린 것을 인류의 비극으로 표현하는 것이다.

일반적으로 생명의 전일성에 대한 시각은 '인간과 나무는 하나'라는 상상력을 표출하는 것이 낯설지 않다. 라스푸친 역시 『마쪼라와의 이별』에서 인간의 모습을 나무에 비유하는 다양한 표현을 사용하고 있다. 작가는 마쪼라에서 새 정착촌으로 이주해야 하는 한계 상황을 '나무를 옮겨 심는 것'으로 묘사한다. 작품에 등장하는 노파 나스타시야는 도시로 이주해야 하는 자신의 상황을 "그 곳에 살다가는 일주일 안에 죽고 말 것 같아. 누가 고목古木을 옮겨 심을 수 있어?"(70)라고 호소하며 자신을 직접 나무에 비유하기도 한다.

뿐만 아니라 작품 서술자는 서두에서부터 마쪼라 섬의 운명을 나무의 '뿌리'에 비유하고 있다. 여기서는 마을이 '잘린 나무처럼 뿌리를 잃은 채'(63) 자연의 법칙을 떠나 사라져 가는 것을 보고 있는 서술자의 의식이 그려진다. 작가는 '수몰되는 마을'과 '잘려진 나무'를 의미상 등가적으로 표현하는 것이다. 또한 21장의 수몰 직전 모인 노파들의 의식에서 마쪼라의 종말은 '뿌리를 상실했다는 느낌'(218)으로 묘사되기도 한다.

한 세계의 파멸, 즉 엔트로피로 치닫고 있는 마쪼라 섬의 운명은 우주의 침하, 침강 과정으로 환치되어 종말의 시간처럼 표현된다.[466] 이것은 이미 마을이 불태워지기 시작하면서 '마쪼라가 점점 더 거칠어지고 황량해짐에 따라'(190) 모든 것에 종말이 올 것임을 보고 있는 다리야의 시선을 통해 드러난다. 여기서 묘사되는 대왕 낙엽송의 죽음에 대한 암시는 "목초지에는 우듬지가 잘린 대왕 낙엽송이 거대한 가지를 내뻗은 채 눈이 멀어 굳어 있었고, 녹색 들판은 핏기 없이 죽은 듯했다"(92~93)에서 드러나고 있다. 이미 대왕 낙엽송의 죽음을 보고 있는 다리야에게 '우듬지가 잘렸다'는 것은 마지막 세대의 죽음을 뜻하는 것이 되어, 결국 미래에 대한 비전의 상실을 드러내는 것이다. 『마쪼라와의 이별』에서 대왕 낙엽송은 소우주인 마쪼라 섬을 환유적으로 재생산할 뿐만 아니라, 하늘과 지상, 지하세계의 통합점이자 세계축이며 하나의 우주적 상징으로 제시되고 있다.

인간과 자연의 죽음을 동시에 응시하는 시선의 문제는 아스타피예프의 『물고기 대왕』에서도 다양한 층위에서 제기되고 있다. 작가는 주낙 방식으로 밀어 행위를 한 다음에 그 물고기를 마구 버리는 현실에서 자연에 자행되는 비윤리성 문제를 제기하기도 했다. 예전 같으면 바늘에 찔려 죽은 물고기는 둑으로 실어다 파묻곤 했지만, 그러한 포획이 부정한 밀어행위로 되면서부터 감시관에게 현장을 발각당하지 않으려고 허겁지겁 강으로 던져 버리게 되었다는 것이다. 작가는 이것을 마치 죽은 시신을 장례도 치루지 않고 그대로 물에 떠내려 보내는 것과 동일한 행위로 간주한다. 사람을 묻어주지 않는 것과 죽은 물고기를 묻어주지 않는 것이 등가로 표현되는 것이다.

작가는 자연에 가하는 인간의 학대에 대한 징벌을 밀어꾼 코만도르가 죽은 시신을 그대로 방치했던 날, 그의 딸이 죽는 서사 전개로 표명하기도 한다. 한 여름밤에 몰래 고기를 잡고 있을 때, 철갑상어가 나타났다고 생각해서 끌어올린 낚시줄에 온 몸이 물고기와 수달에게 물어뜯긴 어린아이 익사체가 걸려 올라온다. 그런데 코만도르는 마치 죽은 물고기를 그냥 강에 던져 버리듯 그 어린아이 시체를 낚시에서 벗겨 그대로 강으로 흘려보냈는데, 바로 그 날 자신의 딸이 술 취한 운전자의 차에 치여 죽음을 당한다. 작가는 코만도르가 익사체를 잘 묻어주지 않아서 그의 딸이 죽음을 당한 것처럼, 딸의 이유 없는 죽음과 익사체에 대한 그의 행동의 관련성을 설정하고 있다. 다시 말해 작가는 아무런 관련이 없어 보이는 일들이 사실은 그 이면에서는 하나의 전체로 묶여 있다는 것을 드러내는 것이다. 보이지 않는 끈들이 서로 연결되어 있다는 의식은 역으로 보복과 응보의 악순환으로 표현되기도 한다. 모든 것은 다른 모든 것과 연관되어 있기에 자연의 어느 한 부분이라도 파괴한다면 인간을 포함한 다른 모든 부분에 그 영향이 돌아갈 수밖에 없다는 것이다.

인간의 영혼에 대한 인식은 죽음에 대한 새로운 각성이며, 죽음에 대한 성찰은 자아각성의 계기가 된다. 모든 생물은 다른 모든 생물과 깊이 연결되어 있으며, 이 세계에서 없어지는 것은 아무것도 없다는 점, 즉 하나의 분자에서 다른 분자로 그 모습을 바꾸어 생물체 안의 생명의 변환 과정에 영향을 끼치면서 모든 것은 다만 한 장소에서 다른 장소로 옮겨갈 따름이라는 점[467]-이 라스푸친과 아스타피예프의 작품 속에서 그려지는 것이다.

특히 『마쪼라와의 이별』이나 『물고기 - 대왕』에서 작가들은 생존에만 바빠서 죽음을 잊고 사는 현실을 개탄한다. 이들 작품에서 죽음을 잊고 사는 세태에 대한 상징적 표현은 수력발전소 건설로 표현된다. 이것은 산자와 죽은 자를 이어주는 묘지들이 있던 공간에 수력발전소가 들어서거나 묘지를 없애버림으로써 죽음을 생각하지 않게 된 현실, 산 자와 죽은 자의 연결고리가 상실되어 버린 것을 비판하는 것이다. 더 나아가 이들 작가들은 작품 주인공들을 통해 죽음을 단순히 암흑, 덧없는 것, 무상한 것, 영구히 사라져 버리는 것으로 인식하는 현실에 경종을 울리는 것이다.

살펴본 바와 같이 이들 시베리아 출신 작가들에게 죽음에 대한 성찰은 결국 삶을 직시하는 또 다른 힘으로 승화된다. 여기서 이들 작가들은 인간의 눈에는 보이지 않는 비가시적인 영의 세계를 믿고, 아무런 관련도 없어 보이는 일들이 영적인 힘에 의해 서로 연결되어 있음을 제시했다. 그리고 우리 인간이 생각할 수 있는 범위를 벗어나 있는 것, 다시 말해 사람들 사이의 보이지 않는 인연의 끈에 집중한 것이다. 이는 삶과 죽음, 그리고 아무 연관성도 없어 보이는 사람들이 거미줄이나 망처럼 서로 얽혀있고 연결되어 있다는 사실 주장과 함께 세상에서 일어나는 모든 행동 하나 하나가 그 이전에 있었던 모든 것의 영향을 받고 있으며, 미래에 존재하게 될 모든 것에 영향을 주는 하나의 '연속체'라는 의식을 표출하는 것이다.

트랜스휴머니즘Transhumanism 사상과 사회문화 담론[468]

02

나는 경계에 서 있다. 나는 경계선 위를 걷는다.
나에게 당신네 법과 규칙에 대해 말하지 말라.
나는 이 물을 포도주로 만들려고 하고 있으니.
－이글스Eagles, "경계에서On the Border"－

1. 러시아 트랜스휴머니즘 운동의 배경: 휴먼에서 포스트휴먼으로

21세기 인문학과 자연과학의 공통 화두로 부각되는 트랜스휴머니즘transhumanism은 첨단과학 발전과 병행하여 인간 신체의 한계를 극복하는 무한한 가능성에 도전하는 학문이다. 사회운동의 한 형태이기도 한 트랜스휴머니즘은 인간의 육체적・지적・심리적 가능성을 강화하고, 인간이 노화와 죽음에서 벗어날 수 있도록 과학의 전망과 성과를 활용하는 이성적 세계관에 입각해 있다. 인간 종種이 물질 진화의 마지막 단계가 아니라 오히려 진화의 시작이라는 관점을 옹호하는 트랜스휴머니즘 지지자들은 인류가 기술에 의해 '포스트 휴먼post human'으로 진화할 것이라는 신념을 공유하고 있다.[469]

트랜스휴먼들은 오늘날의 급진전한 기술 개발로 인류가 호모 사피엔스의 역사와는 완전히 다른 시기로 접어들었다는 점에 주목한다. 그리고 그 예로서 인공지능, 로봇, 생명공학, 인간복제, 냉동 보존술, 나노테크, 대체 에너지, 마음 업로딩, 사이보그, 분자화학, 통신, 인체 통신, 우주탐험, 가상현실, 수명 연장, 불멸 등의 기술이 인간의 신체적・정신적 진화를 이끌고 있는 상황을 제시한다.[470] 유전공학Genetics, 로봇공학Robotics,

정보기술Information technology, 나노기술Nano technology의 머리글자를 따서 'GRIN 기술'이라고 불리어지는 이 네 분야는 서로를 보강하면서 인간이 이전에 경험하지 못했던 변화상을 창조하며 발전하고 있다.

하지만 트랜스휴머니즘에 대한 관점은 윤리적 차원에서 부정적인 시각과 마주하게 되는 경우가 적지 않다. 인간의 잠재력에 대한 트랜스휴먼들의 확고한 믿음은 신神에 대한 불경, 자연을 훼손하는 행위, 인간에게 주어진 본질을 망치는 행위 등으로 여러 논쟁을 야기했다. 미래 과학기술의 발전이 인류에게 주는 혜택만큼이나 이를 잘못 활용하면 돌이킬 수 없는 불행을 야기하는 것은 분명하기 때문이다.[471] 그럼에도 불구하고 '진화'라는 거시적 프레임 하에서 인류의 역사를 고찰할 때, 인간이라는 종에는 인간 이전의 과거와 인간 후(포스트 휴먼)의 가능성들이 존재한다는 것에 학자들은 인식을 공유한다.[472] 무조건적이고 단호한 윤리적 잣대로 새로운 과학기술에 대해 보수적인 입장만을 견지하기보다 과학기술 정책을 장려하여 미래에 더 많은 가능성을 확보하려는 노력이 필요한 것은 그 때문이다.

'트랜스휴머니즘'이라는 용어 자체가 학계에 도입된 것은 1957년 영국의 생물학자 줄리앙 헉슬리J. Huxley에 의해서였다.[473] 하지만 그의 주장 이전에 과학기술로 인간과 사회의 상태를 개선할 수 있다고 주장했던 생물학자 존 스콧 홀데인J.S. Haldane(1860~1936)이나 영구거주 목적의 우주식민지 디자인을 제시했던 물리학자 존 데스몬드 베르날J.D. Bernal(1901~1971), 그리고 프랑스 예수회 사제이자 고생물학자였던 테야르 드 샤르댕Pierre Teilhard de Chardin(1881~1955)의 사상에서 유사한 논의들의 선구자적 면모를 엿볼 수 있다. 물론 그 당시에도 과학의 진보에 대한 우려의 목소리는 존재했다. 버트란트 러셀의 에세이 『과학의 미래The science outlook』(1924)나 올더스 헉슬리의 소설 『멋진 신세계Brave New World』(1932)에서는 선한 의지를 지니지 못한 테크놀로지는 인간에게 위험을 가져올 수밖에 없다는 페시미즘적 시각이 분명히 드러나고 있다.

'트랜스휴머니즘'이라는 용어가 책에 등장한 것은 1957년이었지만, 인간human과 포스트휴먼posthuman 사이의 중간 진화단계를 의미하는 '트랜스휴먼transhuman'이라는 용어 자체는 최근에야 공식적으로 인정되었다. 이것은 주로 FM-2030(Fereidoun M. Esfandiary로 알려진)의 강의와 글을 통해 전파되었다. 미래학 분야의 선구자였던 그의 저서에서는 트랜스휴먼의 개념을 포스트휴먼으로 진화하는 다리로 규정한다. 필명으로 사용했던 'FM'

불리었던 그는 전 학문분야에 걸친 박학다식한 지식 체계로 당대의 지식인들에게 큰 영향을 주었으며, 금욕적이고 겸허한 삶의 자세로 동시대인들에게 깊은 존경을 받았던 철학자였다.[479] 하지만 소비에트 체제에서 그의 글은 금서禁書로 지정되었고, 그의 사상에 대한 연구 역시 불법으로 간주되어 그는 세간에서 잊혀진 존재가 되어갈 수밖에 없었다.

“러시아트랜스휴머니즘운동”의 로고

표도로프의 사상에 대한 일반인들의 관심이 부활한 것은 1980년대 고르바쵸프 정권에 의해 추진된 페레스트로이카 정책 확산으로 학계에 민주화와 자유화의 물결이 유입되면서 가능했다. 이에 힘입어 1988년에 〈표도로프 협회Общество им. Н.Ф. Федорова〉가 모스크바에 창립되었고, 오늘날까지도 물리학자, 생물학자, 철학자, 인문학자, 정치가, 경제인들까지 참여하는 과학-철학 세미나가 정기적으로 개최되고 있다.[480] 여기에 2003년에 시작된 “러시아트랜스휴머니즘운동”이 〈표도로프 협회〉 활동과 연계되면서, 활발한 학제 간 세미나 개최나 트랜스휴머니즘에 대한 저술 발표로 시너지 효과를 얻고 있다.

오늘날 러시아 학계의 이런 추세와 동향을 추적하며, 〈세계트랜스휴먼협회〉 사상의 영향을 받아 제기되었을 것으로 사료되었던 “러시아트랜스휴머니즘운동”의 뿌리가 사실은 러시아적 토양에서 자생하고 있었으며,[481] 러시아에서는 오랜 세월 정치적 상황으로 단절되었던 그 기조들이 서구 지식사회로 이식되었던 상황에도 주목해야 한다. 이와 관련해 니콜라이 표도로프 및 그의 사상의 영향을 받은 러시아의 과학자와 철학자들의 담론 가운데 현재 세계트랜스휴머니즘 추세와 그 의식과 접점을 이루는 부분을 고찰하여 그 의미를 복원할 필요가 있다. 이러한 시도를 통해 트랜스휴먼운동의 사상적 기조가 되는 인간 진화에 대한 전망과 함께, 특히 우주 개척이나 죽음 극복에 대한 시도로 인간의 한계를 극복하려 했던 러시아 철학자들의 사상적 토대가 서구 트랜스휴먼운동에 미친 영향을 규명하고 그 의미를 조명해 보도록 하자.

2. 트랜스휴머니즘의 원조 러시아, '신新인류' 개념을 제시하다

러시아의 트랜스휴먼 운동가들은 니콜라이 표도로프가 이미 19세기 중반에 트랜스휴머니즘 발전의 추동력인 과학기술의 필요성을 적극적으로 제기하고 이를 통해 '새로운 인간'의 탄생을 예고했다는 점에서 그를 선각자로 꼽는데 주저하지 않는다. 오늘날과 비교하면 걸음마 수준이었던 19세기의 기술을 두고도 인간에게 미칠 수 있는 위협만을 두려워했던 당시의 학문 풍토에서 니콜라이 표도로프와 같은 인물은 급진적인 학자로 분류될 수밖에 없었다. 과학 연구에서 '지식'과 '일'을 분리해서는 안 된다고 강조했던 그는 당시의 행동하지 않는 지식을 쏟아내는 철학자와 과학자의 습성에 개탄하였다. 이런 상황에서 인간 진화의 산물인 사고행위가 자연에 변혁을 가져오는 '새로운 과학'으로 탄생될 때, 즉 '지식'을 '공동의 일'로 전환시키게 될 때 인간과 일시적으로 적이었던 자연이 결국 영원한 친구가 된다고 간주했던 것이다.

표도로프가 인간을 세계변형의 주체로 본 이유는, 그에게 인간의 의식 혹은 인간 현상은 우연히 생겨난 것이 아니라 지구의 진화 과정에서 필수적인 것이었기 때문이다. 이것은 인간의 이성이 진화하면서 인간과 자연은 세계를 형성하는 공동의 창조자가 될 수 있다는 가능성을 제시한 것이기도 했다.[482] 니콜라이 표도로프가 주장했던 관점, 즉 인간 이성을 자연 진화의 의식적 추동력으로 보는 견해는 지구의 역사를 진화적 관점에서 고찰해 온 여러 러시아 과학자들에게 계승되었다. 특히 인간은 진화의 종점에 도달한 존재가 아니며 현재보다 더 강력한 존재로 변형될 것이라는 오늘날 트랜스휴머니즘의 관점은 표도로프의 영향을 받은 블라지미르 베르나드스키Владимир Вернадский(1863~1945)의 사상에서 구체적으로 발현되었다.

블라지미르 베르나드스키는 지구화학과 지질학, 생물학 분야에 탁월한 업적을 남긴 소비에트 과학자로 이성론에 입각한 현대의 세계관 형성에 중요한 기여를 한 인물이다. 그는 당시까지 밝혀진 물질과 생명에 대한 이해를 기초로, 오랜 세월동안 점점 복잡해져 온 지구의 진화 양상을 현상학적으로 연구하였다. 물론 베르나드스키 이전에도 지질학자들은 지구를 몇 개의 영역으로 나누어 지구 중심에는 금속으로 된 지핵이 있으며, 그 위에는 바위로 된 '암석권'과 함께 물이 흐르는 '수권水圈'과 '대기권'이 있다고 보았다. 그리고 '암석권'과 '대기권' 사이에 수권을 중심으로 하는 생명의 막을 '생명권

biosphere'이라 칭했다. 이후 지질학자들은 지구가 '암석권', '대기권', '생명권'에 연이어 또 하나의 영역을 추가하게 되는데, 이것이 인간의 출현을 통해 나타나는 사고하는 영역, 즉 '정신권 noosphere'[483]으로 확장된다는 견해를 수용하게 된다.

테야르 드 샤르댕

그런데 이 지점에서 '정신권'이라는 용어를 누가 먼저 사용했는가 하는 문제로 학자들 사이에 논쟁이 펼쳐졌다. 서구의 학자들은 '정신권'이라는 용어와 개념을 확산시킨 학자로 테야르 드 샤르댕을 언급하며, 그가 진화론을 기조로 하는 트랜스휴머니즘 사상의 토대 구축에 큰 역할을 했다는 점을 강조하였다. 트랜스휴머니즘 사상과 '정신권' 개념의 연계성이 중요한 이유는 이러한 과학적 인식을 통해 '인간 이성의 진화'가 지구의 진화과정과 연결되는 필연적인 학문 영역이라는 타당성을 확보할 수 있기 때문이다. 하지만 러시아 학자들은, 테야르 드 샤르댕이 '정신권' 개념을 발전시켰다는 것을 기정 사실로 받아들였던 이 관점에 문제를 제기한다.

러시아 학자들에 따르면, '정신권'의 주요 개념이나 내용은 1921년 말, 파리의 소르본 대학에서 개최된 앙리 베르그송의 세미나에서 지구화학에 대한 베르나드스키의 발표를 경청했던 프랑스 철학자 레 루아Le Roy가 이에 관심을 가지면서 확대되었다. 프랑스 측에서 요청했던 베르나드스키의 강의는 당시 전 세계 과학자들 사이에서 베르나드스키의 명성을 드높이는 계기가 되기도 했는데,[484] 바로 이 자리에서 레 루아가 베르나드스키의 '생명권' 개념에 이미 인간 이성을 강조하는 특성이 내재되어 있음을 간파하고, 이것을 '정신권'으로 규정했다는 것이다.[485] 이러한 관점을 통해 서구의 지식사회에서 '정신권'이라는 용어를 처음으로 사용한 사람은 철학자이자 수학자였던 레 루아이며, 이 개념을 확산시킨 학자는 테야르 드 샤르댕이라고 알려지게 되었다는 것이다.[486] 즉 러시아 트랜스휴먼 이론가들은 테야르 드 샤르댕은 자신의 저서 『인간 현상The Phenomenon of Man』에서 이 용어를 실제적으로 사용하면서 확산시켰던 반면, 새로운 용어를 도입하는 것을 좋아하지 않았던 블라지미르 베르나드스키는 자신의 연구 활동에서 마지막 십년 정도에만, 그것도 아주 조심스럽게 사용했다고 주장하는 것이다.

학자들은 베르나드스키가 '정신권'이라는 용어를 자신의 편지와 원고에서 처음으로 사용한 것은 1936년부터였지만, 그 이전에 베르나드스키가 이 개념을 사용하고 있는 여러 증거를 제시한다. 그들은 베르나드스키가 1926년에 집필한 논문 "인류 역사의 현대적 의미에 관한 단상Мысли о современном значении истории нашей"에서도 과학의 발전으로 생명권에 강력한 변화가 도래했으며 이러한 과학사상이 자연을 변화시키고 있다고 주장했다는 것을 강조한다.[487] '생명권'의 진화 과정은 '정신권'으로 이동하면서 비로소 완성되는 것이라고 주장했던 베르나드스키는 우리 행성의 새로운 지질학적인 현상인 '정신권'이 도래할 때 인간에게는 가장 큰 창조적 가능성들이 펼쳐지게 된다고 언급하였다.[488] 지구 진화의 과정을 에너지 차원에서 설명하기도 했던 그는 '생명권'을 구성하는 화학 요소들의 이동과 교환을 통해 보다 큰 새로운 형태의 에너지, 즉 급속히 성장하는 인간 활동과 관련되는 '정신권'을 형성한다고 주장했다.[489]

그런데 베르나드스키가 1936년 이전에는 '정신권'이라는 표현을 적극적으로 사용하지 않았던 이유는 무엇일까? 이에 대한 베르나드스키 자신의 기록이나 연구자들을 통해 정설로 인정된 견해는 없다. 하지만 마르크시즘을 체제 이데올로기가 한창 강화되었던 시대에 '정신권'에 대한 관점은 자본주의적 사회-경제체제의 정착이나 새로운 생산방식 도입으로 인한 자본주의 경영 체제에 대한 정당화로 인식되는 측면이 있었다는 학자 슬료킨С. Шлёкин의 견해는 당시 베르나드스키의 입장을 이해하는데 도움이 될 것이다.[490] 물론 '정신권'이라는 어휘를 두고 그 개념 정립이 중요한가, 용어 확산이 중요한가 하는 문제로 서구 학자와 러시아 학자들 사이에 논쟁은 있지만, 20세기 초 소르본에서 강의를 한 베르나드스키의 영향이 없었다면 레 루아나 테야르 드 샤르댕의 사상이 오늘날 트랜스휴머니즘의 토대로까지 구축되기는 어려웠을 것이라는 관점에는 이견이 없어 보인다.[491]

뿐만 아니라 러시아 학자들은 오늘날 트랜스휴머니즘 운동의 취지에 보다 적합한 것은 샤르댕의 '정신권' 개념보다는 베르나드스키의 '정신권' 개념이었다고 주장한다. 평생을 자연과학자로 활동했던 베르나드스키는 생명권 진화의 생물지구화학적인 과정을 면밀하게 연구하며 이 개념을 사용했던 반면, 가톨릭 사제였던 샤르댕은 초기 생명체가 진화하여 결국 신神과 결합되는 방향성을 제시하기 위한 목적으로 이것을 사용했다는 것이다.[492] 그럼에도 불구하고 현대 트랜스휴먼 물리이론가 프랭크 티플러F.J. Tipler의 이론에 토대를 놓는데 사용되었던 '정신권' 개념은 티플러의 저서에서도 테야르 드 샤르댕에 의해서 발전된 것으로만 인식되어[493] 베르나드스키는 전 세계 과학계에서 소외되어 있었다는 것이다.

'정신권' 개념과 연계된 트랜스휴머니즘 운동에서 무엇보다 중요했던 문제는 이 개념의 발현을 어떻게 가시적으로 볼 수 있는가 하는 것이었다. 샤르댕은 『인간 현상』에서 인류가 과학기술을 통해 '정신권'의 단계로 접어들 때 인류가 궁극적 진화 상태로 밀어 올려지게 될 지점을 '오메가 포인트Omega Point'라고 불렀다.[494] 이는, 진화의 목표는 각 개인의 정신이 서로 연결되어 더 큰 지능으로 분출되고, 이 거대한 총체적 의식은 결국 과학기술의 발명과 이용을 통해 인류가 하나의 전체로 결합된다는 러시아 우주론의 관점에도 상응하는 것이다.[495] 여하튼 이러한 샤르댕의 사상은 '월드 와이드 웹world wide web'이 출현했을 때, 1969년 노벨 물리학상 수상자인 머리 겔만Murrary Gell-Mann(1929~)을 위시한 과학자들에게 샤르댕 주장의 타당성을 확산시키는 계기가 되었다. '인터넷의 발전'은 기술발전에 의해 연결될 수 있는 인간 정신이 지구 생명권 전체의 뇌로 기능하게 될 것이라는 샤르댕의 주장을 상기시키는 것이었기 때문이다.

트랜스휴먼들의 계획 실현에 있어 가장 큰 장애는 현대 인간 사회를 대중적으로 결집시키는 것이다. 이를 위해서는 대규모 사회에서 유기적으로 빠른 시간내에 상호작용을 가능하게 하는, 정보 테크놀로지와 텔레커뮤니케이션 테크놀로지의 이용이 필수적이다. 멀리 떨어진 공간에서 많은 사람들과 의견교환을 할 수 있는 글로벌 정보망인 인터넷이 그런 역할을 할 수 있다. 트랜스휴머니즘 사상이 지구촌 사람들의 교제를 촉진시키고 서로의 사상을 더욱 쉽게 교환할 수 있도록 새로운 텔레커뮤니케이션 공학과 정보 공학 발전을 가속화하려는 것은 그 때문이다.[496]

사실 이러한 샤르댕의 사상은 "20세기에 이르러서야 비로소 인간은 자신의 문화로 전 생명권을 점령했으며, 하나의 전체가 되었다"[497]고 표현한 베르나드스키의 사상에도 부합하는 것이었다. 베르나드스키에 따르면, 하나의 전체가 된 인류는 강력한 지질학적인 힘이 되어 인간 실존의 영역까지 변형시킬 수 있다. 사유능력의 권圈인 '정신권'은 처음에는 개별적 사유능력자였지만, 점차 전체 지구 차원에서 '두뇌들의 두뇌'인 '초두뇌

超頭腦'를 형성하여, '하나의 전체'가 되는 초개인적 의식으로 결집되기 때문이다. 물론 소비에트 체제에서 베르나드스키가 제기한 이런 주장은 소비에트 민중의 결합을 호소하고 이를 정당화하는 근거로 남용되었던 측면도 없지 않았다. 하지만 유기체의 정신활동인 이성의 성장을 추적하여 인류 미래에 낙관적 전망을 제시했으며, 향후 트랜스휴머니즘의 주요 토대를 구축했다는 점에서는 그의 위업을 높이 평가하지 않을 수 없을 것이다.

3. 러시아, 인간에게 우주로의 진출 가능성을 최초로 제시하다

오늘날 트랜스휴먼들은 인공지능을 가진 기계의 출현으로 우주공간 개척을 현실화시키기 위해 노력하고 있다. 그들의 관점에 따르면 인간은 우주공간에서 생존할 수 있는 여건을 점차 갖추어 가고 있으며, 이에 대해서는 우주에 대한 발상의 전환을 이룬 영국의 물리학자 스티븐 호킹Stephen Hawking(1942~) 역시 유사한 언급을 했다고 주장한다. 우주공간 개척이 과학 발전의 주요 화두가 된 상황에서, 서구의 학자들은 인간의 우주식민지 개척 가능성에 대해 언급한 존 데스몬드 베르날의 관점을 선구적인 것으로 간주한다. 하지만 존 데스몬드 베르날의 이론에 대한 발표가 1929년에 이루어졌다는 점을 감안한다면, 이 분야에서는 니콜라이 표도로프와 그의 영향을 받은 콘스탄찐 찌올콥스키Константин Циолковский(1875~1935)의 주장이 시기적으로 앞서 있다는 것을 유추할 수 있다.

러시아 학자들이 우주 정복의 새로운 길을 놓은 인물로 평가하는 찌올콥스키는 우주 전체가 유기적 생명으로 가득 차 있다는 사실을 과학적 · 철학적으로 증명하며 새 우주 시대를 개척한 인물이다. 그리고 찌올콥스키가 자신의 영적 스승이었던 표도로프를 만난 것은 젊은 시절 한 때였지만, 이 만남은 그의 인생 전체에 걸쳐 깊은 영향을 미쳤다.[498] 실제로 표도로프와 찌올콥스키는 철학적-휴머니즘적 관점에서 많은 공통점을 지녔다. 우주학과 인류학의 통합을 주장하는 표도로프의 저술『공동 일의 철학』에서는 인간은 우주의 주인이 되기 위해 우주로 진출해야 한다는 주장이 전개되고 있다. 표도로프는 여기서 인간은 궁극적으로 의식을 통해 자연의 진화를 조종할 수 있다는 급진적인 주장까지 펼쳤다.

앞서 살펴보았듯이 인간이 자연을 변화시키는 주체라는 믿음은 표도로프의 '재생'에 대한 논의에서 분명히 드러난다. 여기서 '재생'이란 인간이 만물을 자유롭게 조정하고 다시 살릴 수 있다는 개념이다. 하지만 표도로프는 지구 내에서는 완전한 재생에 도달하는 것이 불가능하다고 생각했고, 인구 증가에 따른 지구의 자원 고갈이나 지구 종말의 문제를 염두에 두고 새로운 거주지를 찾는 일이 중요하다고 피력했다. 그의 세계관은 오늘날 트랜스휴머니즘에서 인간 존재의 영역 확장을 전제로 인류가 우주로 적극 진출하여 이 공간을 자유자재로 사용할 수 있어야 한다는 논의를 이미 내포하고 있다.[499]

알렉산드르 치젭스키

인류가 우주로 진출할 수밖에 없다는 표도로프의 논리는 결코 유토피아적 발상에 머무르지 않았다. 이성을 지닌 인간이야말로 우주에서 가장 중요한 역할을 하게 된다는 전제하에 완전히 성장한 인류는 우주공간을 자유자재로 활용할 수 있다는 사상은 실제로 러시아 우주과학의 선구자인 찌올콥스키에게 계승되었다.[500] 러시아의 우주항공학에 지대한 공헌을 한 찌올콥스키는 바로 표도로프의 이론을 근거로 인간이 다른 행성들의 환경을 재설계할 수 있게 되는 시대, 즉 행성의 지구화가 가능한 시대의 도래를 예견하였다.

찌올콥스키의 연구를 오래도록 옆에서 지켜보았던 과학자 알렉산드르 치젭스키Алекса́ндр Чижевский(1897~1964)는 "인류의 놀랄만한 역사는 이 지구에서 종결되었으며, 이제는 무한한 가능성이 놓여 있는 우주의 부유함을 이용해야만 한다"[501]는 찌올콥스키의 주장을 전하고 있다. 이러한 찌올콥스키의 관점은 인간의 이성은 진화하는 우주 속에서 과학기술로 더욱 성장할 것이라며 새로운 우주시대를 주도하며 살기 위해서는 "모든 자연과학이 하나로, 완전하게 천상의 것이 되어야 한다"[502]는 표도로프의 주장과 맥을 같이하는 것이다. 인류가 하나로 결합되는 것은 결국 과학기술로 가능해질 것이라는 확신하에 찌올콥스키는 우주항공학의 과학적 토대를 구축했던 것이다.[503] 1895년에는 우주 비행에 관한 최초의 논문을, 1896년에는 외계 지능과의 교신에 관한 책을 집필하여 세계 최초로 다단계 액체 연료 로켓을 이용해 우주여행을 할 수 있는 실제적인 방법을 기술했

세르게이 코롤료프

던 것은 이런 맥락 하에서였다.[504]

찌올콥스키의 이론에 따르면 인간의 이성은 지구를 변형시키고 태양계를 비롯한 전 우주를 점령할 수 있는 가능성을 내포하고 있다. 이런 점에서 일반적인 진화론이 인간을 진화 단계의 최정점으로 본 것과는 달리, 표도로프, 베르나드스키, 찌올콥스키와 같은 러시아 사상가들에게 현재의 인간은 결코 창조의 정점이 아닌 것이다. 니콜라이 표도로프의 사상은 비단 찌올콥스키의 이론 연구뿐만 아니라 러시아 우주항공학 분야의 여러 후학들에게 고무적인 영향을 주었다. 1903년 표도로프가 사망하자 코제브니코프와 페테르손이 공동으로 『공동 일의 철학』이라는 이름으로 그의 저서를 출판했을 때, 이를 주의깊게 읽은 세르게이 코롤료프Сергей Королёв(1907~1966) 역시 그 중 한 명이었다. 이후, 세르게이 코롤료프는 찌올콥스키로부터 실제적인 로켓의 원리를 배우게 되면서 소련의 로켓 개발을 주도할 수 있는 힘을 얻게 된 것이다.

소련의 우주 개발을 이끈 코롤료프의 이름은 2차 세계대전 이전까지 세간에 알려지지 않았다. 소련 로켓 엔진의 개발 성과들이 전 세계에 알려졌을 때도 그의 이름은 철저히 베일에 가려져 있었다. 1966년 1월 14일 사망 후 10년 동안 그는 단순히 '수석 설계사'로만 알려져 있었다. 하지만 그는 1932년 '로켓연구 개발 센터GIRD'의 설계와 생산부 관리를 맡았으며, 1934년에는 성층권에서의 로켓 비행에 관한 책을 썼는데 이 책은 로켓 추진 글라이더나 비행기 개발에 큰 영향을 주었다. 1954년에는 카자흐스탄 근처의 티우라탐 부근 비밀 기지에서 첫 대륙간 탄도탄 개발을 지휘하기도 했다.[505] 이후 독일의 V2 로켓기술을 바탕으로 자율적인 R-7 로켓을 개발하여 1957년 세계 최초의 인공위성인 스푸트니크 1호를 우주궤도에 올려놓았다. 이에 충격을 받은 미국은 1958년 미국항공우주국NASA을 설립하여 맞대응에 나서게 된 것이다. 이처럼 찌올콥스키의 지적 자산과 창조적인 유산이 코롤료프에게 이어져 전 세계 우주항공학을 주도할 수 있었던 것이다.[506]

흔히 소련의 우주항공학 발전에 대해 언급할 때 냉전체제 하에서 미국과의 군사력 경쟁에 의한 우주개발 정도로만 이해하는 측면이 없지 않다. 하지만 1960~1970년대

유리 가가린

소련의 위성 발사와 우주선 개발의 역사 뒤에는 이보다 백여년 전에 니콜라이 표도로프의 우주 철학이 깊이 내재되어 있었고, 그의 사상이 러시아 지성사에 면면히 이어져 왔다는 것이 강조되어야 할 것이다. 1961년 4월 12일, 소련의 유리 가가린 Юрий Гагарин(1934~1968)이 인류 최초로 우주 비행에 성공했을 때, 이 위대한 사건에 대해 언론이 '두 명의 가가린의 위업'이라는 기사로 응답했던 것은 니콜라이 표도로프 역시 가가린 공公의 혼외 자식이라는 점을 염두에 둔 것이다. 이렇게 유리 가가린과 니콜라이 표도로프는 러시아 우주항공사에서 그 계보를 공유하는 두 거성이었던 것이다.[507] 살펴본 바와 같이 실제적인 우주항공학의 토대가 되는 철학이 러시아에서 탄생하였으며 최초의 우주비행을 실현시킨 인물 역시 러시아인이었다는 것은 단순한 우연이 아니며, 이는 러시아적 풍토에서 발아되어 오랜 세월 성장해온 필연적인 결실인 것이다.[508]

러시아 우주론의 토대를 놓았던 표도로프의 논의는 아직까지도 현대 과학의 결론들을 앞질러 가는 내용들이 많다. 하지만 오늘날 유전학이나 우주항공학, 그리고 환경 재생 프로그램 등으로 표도로프의 사상은 이미 현실화되고 있다. 그가 개진했던 터무니없어 보이던 많은 계획들, 예를 들어 항성 상호간의 거류지 개척이나 대기 조건의 조절 역시 이제는 과학적 가능성을 인정받아,[509] 오늘날 트랜스휴머니즘운동의 주요한 논의의 축이 되고 있다. '포스트 휴먼'에 관해 책을 집필한 프랑스의 미래학자 도미니크 바뱅 Dominique Babin 역시 표도로프의 의견에 동조하며 '부활한 자들을 위한 공간'으로 우주공간 개척을 언급한 바 있다.[510] 도미니크 바뱅에 의하면 죽지 않고 영원히 사는 것을 전제로 하는 포스트 휴먼의 미래는 우주를 우리의 것으로 만드는 위업과 연결될 수밖에 없다. 그에 따르면 우주 식민지야말로 신종 인간이나 부활한 인간 모두를 아우르는 새로운 모험의 장이 될 것이기 때문이다.

4. 러시아, 인간의 노화와 죽음 극복에 대한 다양한 가능성을 제시하다

과거에는 노화를 멈추거나 지연시킬 수 있는 방법은 아무것도 없다는 전제 아래, 불가피한 죽음에 대해서도 초조해하는 것보다 마음의 안정을 찾기 위한 철학을 받아들이는 것이 권장되었다. 하지만 오늘날에는 노화를 억제하는 완전한 방법을 찾지는 못했다 하더라도 가까운 미래에 그러한 방법을 개발할 수 있으리라고 믿게 되었다. 노화는 더 이상 피할 수 없는 자연의 섭리가 아니라 인간의 발달 과정 프로그램이 착오를 일으켜 발생하는 하나의 현상에 불과하다고 간주하기 때문이다. 노화로 인한 세포 손실과 노화 방지에 대해 연구하는 케임브리지대학 유전학자인 오브리 드 그레이Aubrey De Grey 교수는 머지않아 최대한 오래 살 수 있는 웰빙 시대가 올 것이라며 그 결과가 10년 내에는 쥐에, 다음 10년 내에는 인간에 적용할 수 있을 것이라고 했다.[511] 러시아의 아니시모프 В.Н. Анисимов 교수 역시 노화 메커니즘 연구가 계속 진행된다면 10~20년 내에 이 분야의 중요한 결과가 도출되어 2050년 정도면 인간에게 '영원한 젊음'을 주는 일이 실현된 것이라고 주장하고 있다.[512]

하지만 트랜스휴먼들의 목표에는 단순한 젊음 유지나 노화 지연이 아니라, 죽음 자체를 극복하려는 다양한 시도가 내재되어 있다. 이와 관련된 연구 동향에서 러시아의 트랜스휴먼들은 일반적으로 종교적 차원에서나 언급되었던 '부활'이나 '불멸'에 대한 관념을 자연과학적 원리와 연결지었던 니콜라이 표도로프의 사상을 전면에 내세운다. 표도로프의 철학 가운데 중요한 위치를 차지하는 죽음 및 질병의 극복과 불멸의 성취가 오늘날 트랜스휴머니즘에서 가장 중시되는 화두이기 때문이다. 표도로프는 언젠가 지구에 살았던 모든 사람은 과학적 방법으로 육체적 불멸을 획득하게 될 것이라고 주장하며, 이 문제의 해결은 전 인류가 함께 참여하는 공동의 일을 통해 가능하다고 강조했다. 표도로프 사상의 가치를 인정하고 있었던 시인 브류소프В.Я. Брюсов 역시 죽음과 부활은 과학으로 해명할 수 있으며, 특히 부활은 과학을 통해 연구 가능한 과제라고 간주하였다.[513]

표도로프는 죽음을 '몸의 완전한 해체', 즉 몸을 구성하고 있던 모든 물질이 사방으로 분산되는 '감각의 이탈상태'로 보고 있다. 또한 그는 대기 공간의 물질들을 선조들의 유해로 간주하면서, 현미경을 통해서나 볼 수 있는 미세한 입자들 속에서 그 흔적을 발견할 수 있다고 주장했다.[514] 더 이상 나눌 수 없을 것 같은 입자들이 원래 인간을 구성했던 흔적들을 보존하고 있으며, 대기 공간에 흩어져 있던 그 입자들이 훗날 과학의 발전을 통해 서로를 인지하고 완결된 하나의 물질로 결합하게 된다는 것이다.

흩어진 유해들을 모아서 몸으로 구성한다는 논리[515]는 아리스토텔레스의 뒤를 잇고 있는, 몇몇 그리스도교 종말론자들의 철학적 직관으로 거슬러 올라갈 수 있다. 그들에게 이러한 상상이 가능했던 것은 결국 인간의 '혼'은 자신의 거처였던 몸을 구성했던 물질들을 구별하고 인식할 수 있다고 보았기 때문이다. 인간의 혼은 아무것도 씌어져 있지 않은 깨끗한 종이가 아니라는 표도로프의 주장[516]은 바로 이 지점에서 종교적 관점과 조우한다.

보편적인 부활에 관한 학설은 결국 인간의 혼에 그 사람만의 고유한 정보가 내재되어 있음을 말하는 것이다. 인간 혼의 문제는 과학자들에 의해서도 새롭게 조명되고 있는데, 특히 벨라루시의 마네예프A.K. Манеев와 같은 물리학과 생물학 분야와 관련된 철학적 문제들을 연구하는 학자는 고대로부터 '혼'이라고 불렸던 개별적 자의식의 소지자는 인간의 죽음 이후에도 보존되는 생명 영역의 항엔트로피적 본성을 소유하게 되는 것으로 간주하였다. 유기체의 파멸에도 불구하고 그 속에 모든 정보를 가지고 있는 '방사된' 생명영역이 존재할 수 있다는 것이다. 마네예프는 생명 체계의 정보 프로그램의 토대에 기초해, 죽은 사람들에게 생명을 되돌려 주고 그 존재를 더 새롭고 완전하게 만들어주는 지식에 대한 확신을 표명하였다. 이것은 죽음 이후에도 인간에게 남는 불멸의 본질인 혼을 통해 점차적으로 인간 본성의 변형을 이끌 수 있다는 가능성을 입증하려는 시도였다.[517]

5. 러시아의 생명체계 복원을 위한 노력, 나노공학과 인체냉동 보존술로 다시 보다

표도로프의 부활 개념을 현대의 과학적 언어로 치환한다면 유전학적 정보에 기초한 생명 체계의 복원이라고 표현할 수 있다. 이것은 결과적으로, 죽은 자들의 복원을 위해 유전의 비밀을 밝히는 것과도 연결된다. 아들은 자기 자신으로부터 아버지를 부활시키며, 또한 아버지는 그 자신의 아버지를 복원하는 방식으로 태초의 인간까지 거슬러 올라간다는 것이다. 선조가 후손에게 전달해 주었던 유전학적 정보에 의거해서 선조의 복원

가능성이 예측되는 것이다. 결국 표도로프는 이미 지나간 옛 세대를 복원하는 조건으로서, 먼저 전 인류의 유전학적인 계승 코드를 밝혀내야 하는 과제를 제기했던 셈이다.[518]

표도로프가 후손들에게 부여하는 과제, 즉 공기 중으로 분산된 선조들의 유해遺骸 입자를 모으는 과제는 사실상 오늘날 나노공학에 대한 최초의 제안으로 간주될 수 있다. 물질이나 기계를 분자 혹은 원자의 크기로 만드는 나노공학은 우리의 미래를 바꾸어놓을 수 있는 21세기 신기술로 주목을 받고 있다. 나노라는 말은 본래 밀리, 마이크로, 나노 등 물체의 크기를 측정하는 단위에서 원용된 말이다. 주사 터널링 현미경STM: Scanning Tunneling Microscope과 같은 최신 장비로 우리는 나노의 세계를 볼 수 있다. 이 나노미터(10억분의 1미터) 영역을 다루는 분야는 물리학, 화학, 재료공학, 화학공학 등 물성과학의 대부분을 포함하고 있으며, 과학자들이 말하는 나노 기술은 대개 10에서 100나노미터 수준에서 이루어진다.[519] 원자나 분자적 수준에서 초미세 장치를 제작하는 나노공학을 통해 인류는 이제 분자와 원자를 하나하나 집어내어 물건이나 장치를 만드는 놀라운 시대에 접어들게 되었다. 러시아의 트랜스휴먼들은 이것이 이미 표도로프에게서 제시되었다는 점을 인식하게 된 것이다. 원자들의 존재 자체가 아직 하나의 가설에 불과했던 19세기에 표도로프의 주장은 그야말로 선구자적인 과감한 테제가 아닐 수 없다.[520]

표도로프가 제시한 인간 불멸과 부활에 대한 과학적 가능성에 대한 인식은 1920년대 소비에트 시대의 생명우주론에도 큰 영향을 던지며 인류 과학사에 새로운 전기를 제공하였다. 물론 이것이 표도로프의 사상과 생명 우주론자들의 관념을 동일하게 이해할 수 있다는 의미는 아니다. 표도로프가 유해 입자를 모아 아버지들을 부활시켜야 한다는 관점을 지니고 있었다면, 생명 우주론자들은 살아있는 자들의 개인적인 불멸을 실현하려는 지향을 지니고 있었기 때문이다. 그럼에도 불구하고 당시 표도로프의 사상은 생명우주론 관련 잡지에 수록되면서 그들에게 큰 영향을 주었다.[521]

니콜라이 표도로프의 '불멸'에 대한 사상은 오늘날 서구 트랜스휴머니즘 발전에 가장 큰 공헌을 한 학자로 평가되는 로버트 에틴거Robert Ettinger(1918~2011)[522]에게도 지대한 영향을 주었다. 그는 자신의 저서 『불멸에의 전망Перспективы бессмертия』과 『인간에서 초인간으로От человека к сверхчеловеку』의 러시아어 초판 발행 서문에서 니콜라이 표도로프의 『공동 일의 철학』을 직접 언급하고 있다.[523] 1964년 『불멸에의 전망The Prospect

로버트 에틴거　위의 사진은 냉동 보존된 사람들의 초상 사진

Of Immortality』을 통해 '냉동 보존cryopreservation' 학설의 토대를 놓은 그는 화학적 반응이 상당히 낮은 온도에서는 신체 기능이 정지되기 때문에 환자를 동결시키는 것이 가능하며, 그 환자를 과학이 충분히 발달한 시점까지 보존하는 것 역시 가능하다고 기술하였다. 또한 저온생물학의 장래는 시체를 냉동시킨 뒤 되살려내는데 달려있다고 강조하며, 영하 1백96℃가 시체를 몇 백년 동안 보존하는데 적합한 온도라고 제안했다. 그의 책이 계기가 되어, 인체 냉동 보존술이라는 미지의 의료기술이 모습을 드러내게 된 것이다.

널리 알려져 있듯이 에틴거 교수의 인체 냉동보존 아이디어는 1960~1970년대 미국 지식인들의 상상력을 자극했다. 특히 1972년부터 냉동보존 서비스를 제공하고 있는 세계 최대 인체 냉동보존 서비스 조직인 〈알코르 생명연장 재단Alcor Life Extension Foundation〉에 따르면, 세계적으로 1천여명 가까이 상담을 진행중에 있으며 냉동보존된 사람은 1백여명에 이른다고 한다. 알코르 재단의 홈페이지(www.alcor.org)에는 다음과 같은 내용이 기술되어 있다.

> 우리는 뇌 세포와 뇌의 구조가 잘 보존되는 한, 심장 박동이나 호흡이 멈춘 뒤 아무리 오랜 시간이 흘러도 그 사람을 살려낼 수 있다고 믿는다. 심박과 호흡의 정지는 곧 '죽음'이

포르피리 바흐메찌예프

라는 구시대적 발상에서 아직 벗어나지 못한 사람들이 많지만, 죽음이란 제대로 보존되지 못해 다시 태어날 수 없는 상태일 뿐이다.

물론 현대과학은 아직까지 냉동인간을 소생시킬 수 있는 상태에는 도달하지 못했지만, 나노미터 크기의 로봇이 손상 세포를 치료하게 되면 냉동인간의 부활 역시 시간문제라는 것이 에틴거를 비롯한 전문가들의 관점이다. 그들에 의하면 인체 냉동 보존술이 실현되려면 반드시 두 가지 기술이 개발되지 않으면 안 된다. 하나는 뇌를 냉동상태에서 제대로 보존하는 기술이고, 다른 하나는 해동상태가 된 뒤 뇌의 세포를 복구하는 기술이다. 뇌의 보존은 저온 생물학과 관련된 반면, 세포의 복구는 분자수준에서 물체를 조작하는 나노기술과 관련된다. 말하자면, 인체 냉동 보존술은 저온 생물학과 나노기술이 결합될 때 비로소 실현 가능한 기술이다.[524]

하지만 러시아의 트랜스휴먼들은 에틴거보다 50년 앞서서 그가 훗날 '냉동 보존'이라고 부른 사상을 러시아의 생물물리학자인 포르피리 바흐메찌예프Порфирий Бахметьев(1860~1913)가 증명했다고 주장한다. 포르피리 바흐메찌예프는 삶과 죽음의 경계에 있는 유기체의 상태는 삶의 과정이 일시적으로 중단된 것이며, 실제적 죽음이 도래한 것은 아니라고 간주하였다. 따라서 그러한 상태에 있는 유기체는 좋은 조건에서 '소생анабиоз'의 과정을 통해 생명을 찾을 수 있다고 주장한 것이다.[525]

그들에 의하면 바흐메찌예프는 역사상 처음으로 포유류가 0°C 이하의 냉각을 견딜 수 있다는 것을 실험으로 증명했으며, 과학과 기술이 허용하는 미래에 해동되는 것을 목적으로 인간이 동결 상태로 장기간 보존될 수 있는 가능성에 대한 근거를 정립했다고 설명한다. 20세기 초 당시에 그의 사상은 이미 유명세를 타고 있어서 미래를 위해 위험을 무릅쓸 준비가 되어있는 상당수의 추종자들이 모여들었다고 한다. 하지만 1913년 바흐메찌예프가 갑자기 별세했고, 이후 세계 대전과 두 차례의 혁명, 시민전쟁과 사회적

격변으로 그의 학문적 결과물과 사상이 잊혀졌다는 것이다. 이런 연유로 냉동인간에 대한 실험 수준까지 진행되었던 바흐메찌예프의 사상은 서구에 알려지지 못한 채 남겨지게 되었다는 것이다.

바흐메찌예프가 제기했던 '냉동 인간'에 대한 논의는 오랫동안 과학의 성과라기 보다는 공상과학 가까운 개념에 머물러 있었다. 하지만 오늘날에는 과학이 이룬 괄목할 만한 성과 덕분에 그 논의 역시 실체화되었다. 냉동 상태로 보관되었던 인간 배아와 뇌 세포가 성공적으로 생명을 되찾는 사례가 증가하고 있기 때문이다. 물론 의식을 포함한 생명체 전체를 부활시키는 일까지 가능할지에 대해서는 회의적인 시각이 적지 않다. 하지만 나노과학의 괄목할 만한 성장으로 이에 대한 가능성이 배가되었다는 점에서, 과학이 또 어떤 새로운 역사를 쓰게 될지 지켜볼 일이다.

6. 러시아 망명 과학자들과 현대 트랜스휴머니즘 운동의 전망

최근 들어 과학기술의 발달로 인한 시대 변화로 국내에서도 트랜스휴머니즘 운동에 대한 서적 출판과 함께 이 분야에 관심을 표명하는 사람들이 늘고 있다. 하지만 관련 연구서에서는 이 분야를 개척했다고 인정받는 학자들이 거의 영어를 사용하는 서구 출신 연구자로 알려져 있다. 전 세계적 트랜스휴머니즘 활동을 주도하고 있는 사상가와 과학자들이 러시아 철학자들의 후예라는 사실은 그다지 알려져 있지 않은 것이다. 이에 오늘날 트랜스휴머니즘 사상의 주요 테제 가운데 상당 부분이 러시아에서 태동한 것이라는 러시아 학자들의 관점에 주목해 보았다. 물론 객관적으로 연구를 진행해야 하는 학자의 입장에서 러시아 학자들의 관점만을 부각시키는 것은 적절한 방법론이 아닐 수도 있다. 하지만 현 시대 철학의 주요 트렌드인 '트랜스휴머니즘'의 근원과 우리 학계가 단절되어 있는 상황에서, 향후 균형감 있는 연구를 위해서도 러시아 사상의 토대를 소개하는 작업은 필요하다고 사료된다.

그 방법론으로 트랜스휴머니즘 사상의 맹아인 러시아 우주론의 토대를 놓은 니콜라이 표도로프의 사상을 중심에 두고 그의 영향을 받은 블라지미르 베르나드스키, 콘스탄찐 찌올콥스키, 세르게이 코롤료프, 포르피리 바흐메찌예프의 연구 동향 부각에 주안점을 두었다. 이들 러시아 우주론자들이 제시한 인간의 불멸 가능성과 새로운 우주시대로의 돌입은 인류 과학사에 새로운 장場을 열었으며, 신神 중심의 사유방식에서 벗어나 인간의 역량을 극대화하는 실천적인 계기를 마련하는 것이었기 때문이다. 특히 니콜라이 표도로프 사상의 토대인 인간 진화의 필연적인 방향성, 즉 노화와 죽음에 대한 극복, 새로운 우주거주지로의 이동, 우주를 자유롭게 활용하는 행성적 규모의 프로젝트는 오늘날 트랜스휴먼들의 목표에 그대로 상응하는 것이었다고 해도 과언이 아니다.

하지만 표도로프의 이론을 중심으로 19세기 중반부터 학문적 토양을 갖추어가던 러시아 우주론은 소비에트 혁명 이후 이데올로기의 장벽에 부딪치게 된다. 특히 표도로프의 저술이 금서로 지정되면서, 이 분야의 연구는 미국과의 경쟁에서 실질적인 우위를 점할 수 있는 우주항공학 분야를 제외하고는 지속적인 발전을 이룰 수 없었다. 앞서 언급한 바와 같이 우주론적 사유와 그 연구 업적이 오랜 침묵을 깰 수 있었던 것은 페레스트로이카와 글라스노스트 정책의 결과로서, 일부 소장파 학자들이 러시아 우주 철학의 내용을 재정비하고 체계화하게 된 1990년 이후부터였다. 이런 상황에서 구소련에 거주하던 사람들에게도 단절되었던 니콜라이 표도로프의 존재에 대해 서구 트랜스휴머니즘 학계에서 관심을 가지는 것은 불가능했을 것이다.

더구나 동서냉전체제의 이데올로기적 단절은 러시아적 지적 자산이 오늘날 트랜스휴먼 운동의 모태임에도 불구하고, 구 소련시절의 과학 연구가 미국을 중심으로 하는 서구의 과학연구와 소통할 수 없었던 현실로 이어져 러시아 학자들의 유산이 세계 철학사에서 적절한 조명을 받을 수 없었던 상황에 일조하였다. 하지만 표도로프와 그의 사상을 계승한 러시아 과학자들과 철학자들의 세계관은 그들의 해외 망명이나 이주를 통해 새로운 학적 풍토에 이식되어 '트랜스휴머니즘' 학문 발전의 기축이 되었다. 이것은 오늘날 서구에서 활동하는 트랜스휴먼 가운데에서도 러시아 출신자나 과거 소연방 출신자들이 주요한 자리를 차지하고 있는 것에서도 알 수 있다.

2000년에 사망한 인공지능 전문가였던 치슬렌코A. Численко나 생물물리학자 피추긴Ю. Пичугин과 솔로비요프M. Соловьёв는 서구의 불멸학에서 권위를 인정받은 대표적인 러시아 출신 학자이다. 투르치니B. Турчини는 『과학의 현상: 진화에 대한 사이버네틱스 접근Феномен науки: Кибернетический подход к эволюции』의 저자이며, 미하일 아니시모프M. Анисимов는 인공지능 전문가, 볼론킨A. Болонкин은 NASA에서 우주항공을 주도했던 러시아 학자이다. 냉동 인간 보존으로 전 세계적으로 저명한 학자 에틴거 역시 어머니가 러시아인이어서, 그가 어떤 식으로든 러시아 철학과 사상을 친연하게 접했을 것임을 유추하게 한다.

물론, 서구의 학문 전통과 단절되어 있었던 러시아는 세계 트랜스휴머니즘의 연구 흐름에 뒤늦게 참여한 국가로 분류될 수밖에 없을 것이다. 하지만 오늘날에는 그 어느 국가보다도 트랜스휴먼 운동에 박차를 가하며 이 연구의 주도권을 잡으려 노력하고 있다. 이런 이유로 2011년에는 러시아의 미래를 위한 전략적 사회운동의 하나로서 〈러시아 2045〉 조직이 창설되기도 하였다. 러시아 스스로 트랜스휴머니즘을 '삼 천 년대를 이끌어 갈 세계관'으로 규정하며, 국가적 차원에서 인간 미래의 현상에 대해 적극적으로 관심을 표명한 것이다. 이러한 전략을 통해 향후 러시아가 자신들의 학문적 자산을 승화하여 어떻게 미래로 비약할지, 이제 그들의 행보에도 주목할 때이다.

러시아 우주론의 의의와 전망

—세상을 움직이는 힘: 나, 우리 그리고 우주—

第6장

러시아우주론의 의의와 전망
-세상을 움직이는 힘: 나, 우리 그리고 우주-

진아眞我라는 광활한 캔버스 위에 진아 자신이
온갖 세계를 그려낸다.
그리하여 이 지고의 자아는
단지 자신의 모습을 바라볼 뿐이나
크나큰 기쁨에 흥겨워한다.
끝,
또한 시작…
-인도의 성자 샹카라Sankara-

1. 홀로그램hologram적 우주관: 새로운 인식 패러다임의 전환을 지향하며…

지금까지 러시아 우주 철학이란 무엇인가, 그러한 사상을 주창했던 사상가들은 누구였으며 그들은 어떤 삶을 살았고 어떤 위업을 이뤄냈는가를 이야기하며 숨 가쁘게 달려왔다. 이들 사상을 처음 접했을 때 필자인 내가 느꼈던 경이감과 두려움처럼, 거대한 학문적 위업을 이뤄낸 이들 학자들의 지적 무게에 어쩌면 중압감을 느낄 수도 있었을 것이다. 하지만, 거두절미하고 러시아 우주 철학을 한 마디로 정의한다면 그것은 결국 인간을 우주사적 존재로 보는 것이다. 인간을 단순히 지상 생물의 한 종류나 일정한 시공간에 국한된 역사적 존재로만 보는 것이 아니라, 인간의 시·공간적 존재 규모가 우주적으로 뻗어 있다는 점을 의식하고 인간 존재가 안고 있는 우주적 환희와 우주사적 책임을 공유하는 것이다.

러시아 우주 철학에서 인간은 무엇보다 우주의 한 부분으로 규정된다. 그러나 그것은 전체에 온전히 상응하는 부분이다. 소우주와 대우주, 다시 말해 인간과 우주의 합일이 던져 주는 진정한 의미는 여기서 도출된다. 사실 인간과 우주의 합일에 대한 나름의 상상력이나 지적인 담론 등은 규모의 차이는 있겠지만 세계 어느 국가에서나 찾아 볼 수 있는 것이기도 하다. 하지만 러시아 우주 철학은 19세기 말 20세기 초, 러시아 철학이 서구유럽의 철학과는 근본 토대에서부터 다르다는 인식에서 출발한 것이다. 서구 문명을 과거 3백여 년간 주도해 온 과학적 방법은 주로 공간적 분할과 분석의 방법으로 일一에서 다多를 보려 했지만, 동양의 철인哲人들은 명상과 직관의 방법으로 다多에서 일一을 보려 했다. 여기서 러시아 우주 철학, 혹은 러시아 우주론은 서양적인 분석적 접근 방법을 택하면서도 만물을 감싸며 조화를 창조하는 에너지 '기氣'로서 자연을 이해하는 동양의 자연관에 상응하고 있다.

동양의 자연관은 스스로 발생하고 그 안에서 모든 부분이 상호 작용하는 구성 요소로서 참여하는 유기체적 과정의 우주론이다.[526] 동양의 우주론에서는 시간의 축에서 생멸生滅하는 자연을 창조적인 생명의 원리로 파악했던 것은 주지의 사실이다. 러시아 우주론자들 역시 자연의 지속적인 양상은 분열이 아니라 통일이요, 분해가 아니라 통합이며, 분리가 아니라 종합이라는 점, 인간의 생명은 연속적이고 전체론적이며 역동적인 우주적 과정의 흐름 속에서 일부분을 차지한다는 점을 적극적으로 주장했다. 이처럼 러시아 우주론은 고대 그리스 철학자들의 사유에서 출발한 서구유럽의 문화 전통과 동양의 철학사상을 연결하는 힘을 지니고 있다는 점에서 시간과 공간을 통합하고 동양과 서양을 아우르는 거시적 사유의 스펙트럼을 지니고 있는 것이다.[527]

지금까지 살펴본 바와 같이 직관적으로는 동양철학에 친연성을 지니고 있는 러시아 우주 철학이 하나의 지적 담론으로 성장 발전해 온 궤적에는 러시아의 독특한 역사와 세계관이 중요한 역할을 했다. 이는 러시아 우주 철학의 사상적 뿌리가 1830~1840년대 슬라브주의자들, 즉 키레예프스키И.В. Киреевский, 호먀코프А.С. Хомяков, 악사코프К.С. Аксаков 등과 같은 사상가들에 의해 발아되었기 때문이다. 러시아의 미래를 서구 유럽에 대한 모방에서 찾으며 표트르 대제의 활동을 높이 평가했던 서구주의자들과는 반대로, 슬라브주의자들은 표트르 대제가 러시아의 전통적인 공동체 정신을 파괴했다고 비난하며 유럽 위주의 사상에 반대했던 사상가들이었다. 이들 슬라브주의자들의 정신은 도스토예프스키에게로 계승되며 그 정신이 소설로 대중화되었고, 이후 정신문화의 탐색을 지향했던 여러 우주론자들에 의해 이 지적 동향은 하나의 학문으로 성장해 갔다. 여기에 당시 과학 분야에서의 발전상 역시 철학과 예술을 견인하며 '러시아 우주론' 혹은 '보편주의'라는 이름으로 세계의 지적 담론을 이끌어갈 내공을 갖추게 되었던 것이다.

하지만 20세기 초 세계철학사에서 폼나게 한 자리를 차지할 것 같았던 러시아 우주 철학은 러시아 혁명과 소비에트 체제 정착 후 거의 소멸되었다. 그리고 구소련이 붕괴된 이후에나 과거의 지적 유산을 재조명하는 과정에서 새로운 부활을 맛보게 된 것이다. 그렇다면 러시아 우주 철학 속에 담긴 어떤 매력이 시대를 뛰어넘어 새로운 관심을 끌게 된 것일까?

이는 21세기 과학의 발전을 통한 세계인식 변화의 필연성과 직결된다고 할 수 있을 것이다. 오늘날 우리는 세상 만물이 상호 연결되었다는 것을 인지하는 세계관 전환의 시기를 살고 있다. 물질을 죽은 것으로 인지하거나 모든 현상을 고립된 물질 성분으로 보는 뉴턴 역학의 기계론적 세계관에서 벗어나 이 세상 모든 것을 동적인 흐름의 일부로 보는 유기론적 세계관으로의 과학의 패러다임이 전환되어야 하는 시대적 요청 역시 받고 있다. 이는 우주의 모든 부분들이 서로 연결되어 있으며 서로에 관한 모든 정보를 담고 있다는 관점, 즉 우주가 하나의 '홀로그램hologram'이라는 과학적 결과물에 대한 인지에서 비롯된 것이다. 사실 모든 인간의 의식은 이 홀로그램의 일부분이다. 또한 각 개인들의 생각도 모두가 서로 연결되어 있어서 서로에게 영향을 미치고, 나아가서 온 우주에 영향을 미치고 있다.[528]

러시아 우주 철학자들이 인식했던 만물의 상호관련성이 양자물리학의 홀로그램 우주와 연결되는 측면이 강하다는 점은 러시아 우주과학을 이해하는 중요한 단서가 된다. 구시대 과학의 오류는 실재의 입자상粒子相만을 바라보고 실재를 그것과 동일시했지만, 양자 물리학이 발견한 실재의 파동상波動相은 보이지 않는 법칙의 세계인 의식의 세계가 존재함을 입증하는 신과학을 낳았다. 유기체적 우주는 물질과 같은 정적인 실체들로서가 아니라 역동적인 에너지의 영역들로 구성되어 있다. 여기서 에너지는 연결능력으로서 한 원자가 다른 원자로 변화되며 일어나는 것의 척도이다. 모든 사물은 단순히 고립되고 고정된 어떤 유형으로서 '존재'하는 것으로 간주했던 견해가 세상 모든 것은 항상 '전화轉化' 과정에 있다는 견해로 대치된 것이다. 이 책에서 주요하게 다루고 있는 사상가 니콜라이 표도로프를 비롯한 여러 우주 철학자의 학설에서 만물을 에너지 차원에서 이해하여 자연 과정을 재생시키고 죽음 극복의 가능성을 언급하는 부분이나 부활을 에너지 변형으로 보는 관점에서 그러한 특성들이 드러나고 있다.[529]

소비에트 시절 러시아 우주론자들의 견해는 단순히 '이상주의적 몽상'이나 '판타지' 정도로 치부되는 측면이 강했다. 하지만 오늘날 우주의 모든 존재와 그로부터 방출되는 물질과 힘에 관해 언급되는 일치된 주장들, 다시 말해 서로 다른 학문 분야에서 나타나는 현상들의 조응은 인간이 우주에 대한 총체적 이해에 가까이 다가서고 있음을 암시하고 있다. 특히 물리학, 생리학, 심리학, 인체의학, 정신의학 등 다양한 분야의 과학자들이 부딪쳤던 학문적 수수께끼와 종교적 기적현상, 인체의 에너지장, 텔레파시, 시공간 투시 등과 같은 비밀이 홀로그램 모델로 설명 가능해지면서 물질과 정신의 상호투사성은 새롭게 인식되었다.

정통 그리스도교 입장에서는 이단시 되어 왔던 '비학occultism'이 러시아 우주 철학에서 나름의 분명한 위치를 차지하고 있다는 점 역시 주목할 필요가 있다. 이는 과거 단순히 미신으로만 치부되었던 주술사상속에도 우주속의 만물은 무한히 상호 연결된 하나의 그물이라고 생각하였던 홀로그램적 개념이 깊이 내재되어 있기 때문이다. 상호연결성을 인식했던 주술사는 자신이 그물의 한가운데 있다고 생각함으로써 우주의 다른 모든 부분들에 힘을 미칠 수 있다고 생각했다. 이러한 관점은 만물은 서로 조응하고 같은 과정을 되풀이하며, 전체 속에 부분이, 부분속에 전체가 구현되어 있음을 보여주는 것이다.

주술의 근본은 코스모스, 즉 모든 부분이 서로 연관되어 있는 우주 만물의 존재를 믿는 데 있다. 이는 또한 수많은 과학이론의 기초가 되어 있는 불변 원리의 근본이기도 하다. 여기서는 우주는 하나의 통일체이기 때문에 모든 자연 현상 사이에는 숨겨진 관계가 존재한다는 가정을 전제로 한다. 이렇게 소우주와 대우주의 상응관계에 근거하는 오컬티즘은 인간과 우주 속에 하나의 신비한 힘이 근본적으로 존재한다는 것을 인식하는 것이다. 양자물리학이나 양자우주론을 통해서 확증을 받기 이전에, 러시아 우주론에서는 우리 자신이 바로 우주의 근원이라는 점을 분명히 했다. 기계론적 세계관이나 실증주의적 세계관과는 달리 보이지 않는 세계를 하나의 실재로 받아들일 뿐만 아니라, 이것을 다양한 정신 활동 영역과 결합시켰던 것이다. 러시아 우주론자들이 주장했던 이러한 인식 전환에 대한 요구는 현 시대 정신과학 분야의 발전에도 새로운 가능성을 열어주는 것이라 할 수 있을 것이다.

2. 과학과 종교의 진솔한 대화를 지향하며…

앞서 살펴본 바와 같이 러시아 우주론에서는 그리스도교의 창조론과 자연과학의 진화론이 더 이상 대립되는 영역이 아니라 서로 접합하고 완성해 가는 두 가지 전망임을 제시하고 있다. 러시아 우주 철학자들은 과학적 견해와 종교적 관점이 상충되지 않는 합목적적인 체계를 세우기 위해 노력해왔고, 이것이 오늘날 과학과 종교가 대화할 수 있는 장을 마련하는데 큰 역할을 했다. 물론 러시아 우주론의 경우 자연과학적 견해와 종교적 차원의 이해가 상충되지 않을 수 있는 것은 콘스탄찐 찌올콥스키나 블라지미르 베르나드스키와 같은 자연과학자들이 니콜라이 표도로프의 사상이나 블라지미르 솔로비요프, 세르게이 불가코프의 종교 철학서적을 읽으며 성장했고 여기에 영향을 받았다는 점 역시 간과할 수 없을 것이다.

특히 신학자 블라지미르 솔로비요프는 당시 급속히 발달했던 자연과학적 측면에서 보았을 때, 이미 그 생명력이 상실되어 더 이상 신과 인류를 결속시키지 못하던 종교 양상에 대한 대안을 제시한 대표적인 인물이었다. 여기서 솔로비요프가 제시했던 진화론은 이후 생명의 우주적 특성을 과학적으로 입증하려 했던 과학자 베르나드스키에게 지대한 영향을 주었다. 러시아 우주론자들은 지구의 역사는 거시적인 관점에서 보았을 때 인간의 창조성과 이성을 증진시키는 방향으로 진화해 왔다고 공통적으로 주장한다. 특히 앞서 살펴보았듯이 베르나드스키는 인류의 새로운 전망은 지구의 상태가 '생명권'에서 '정신권'으로 전환하게 될 때 자연스럽게 이행된다고 보았다.

베르나드스키는 전 지구 차원에서 '정신권'이 강화되어 '두뇌들의 두뇌'인 '초두뇌'를 형성하는 것이 과학적 견지에서는 인류가 '하나의 전체'가 되어 간다는 실증성이라고 주장했다. 이른바 '상승하는 진화'의 특성을 지니는 이것에 대해 표도로프는 과학적 관점에서 '자연 재생регуляция природы'으로, 베르나드스키는 '정신권ноосфера'으로, 파벨 플로렌스키는 '프뉴마권пневматосфера'이라는 용어를 사용하며 조금씩 달리 표현했다. 그리스도교 우주론의 전통에서는 '정신권'과 '정신발생'의 사상과 유사한 것이 신인성神人性 개념이다. 종교 철학에 심취했던 사상가들에게 이것은 '신의 왕국царство Божие'으로 표현되기도 한다. 이들의 다양한 표현은 같은 본질과 현상에 대한 자기식의 표현일 따름이다. 무엇보다 인간을 정의하고 규정하는 문제, 즉 인간을 창조적으로 결합해가며 정신적으로 상승해가는 주체로서 이해한다는 점에서 그들 모두는 한 방향을 바라보고 있기 때문이다. 러시아 우주론자들에게 과학의 발전 방향과 종교가 지향하는 방향은 상충되지 않는다.

진화적 관점에서 '하나의 전체'가 되어간다는 인류 미래의 필연성은 믿음으로 '하나됨'을 지향하는 종교학자들의 공동체 의식과도 직결된다. 이는 현대 과학에서 언급하듯이 우주만물이 하나의 에너지 장으로 연결되어 있으며, 결국 전 인류는 하나의 마음으로 연결된 창조적 근원의 일부분임을 인식하는 것과 다르지 않다. 현대의 과학적 지식과 종교적 인식을 아우르고, 동양과 서양의 인식체계를 통합하여 독특한 상생相生의 철학을 제시한 러시아 우주론과 우주 철학자들의 유산에 주목해야 하는 이유가 여기에 있다. 러시아 우주론자들의 노력이 국내 종교계와 과학계에서도 과학과 종교의 갈등을 종식시키고 대화할 수 있는 이론적 근거를 마련해 줄 수 있기를 진심으로 기대한다.

3. 분과 학문의 개별성과 폐쇄성을 넘어서는 트랜스내셔널 인문학을 지향하며…

러시아 우주론은 '통섭'의 개념이 중시되는 현시대 인문학에서 중요한 자리를 차지한다. 뿐만 아니라 세계가 점차 하나가 되어 가고 있는 현 시점에서 인간과 우주를 하나의 전체로 아우를 수 있는 시각을 전제로 하는 공동체의식의 지향점과도 직결되는 학문이다. 수 천년 동안 과학과 신앙, 지식과 믿음은 서로 주도권을 잡기 위해 싸워왔지만, 오늘날은 양자를 새로운 조화의 길로 이끌 수 있는 방법을 모색하기 위해 많은 시도를 하고 있다. 러시아 우주론자들은 종교와 과학, 물리학과 형이상학, 자연과학과 정신과학이라는 이원론적 요소의 통합을 시도했다. 이러한 차원에서 볼 때 러시아 우주론자들 자신이 과학, 종교, 예술의 영역을 넘나드는 다양한 지식과 재능의 소유자였다는 점은 흥미로운 것이다. 그 대표적인 예가 러시아 문헌학의 창시자이자 고행자였던 표도로프이다. 동시대인들의 증언에 따르면, 그는 현재의 러시아 국립 도서관인 루만쩨프 박물관의 모든 책 내용을 알고 있었다고 한다.

솔로비요프 역시 종교나 철학 분야뿐만 아니라 자연과학 분야의 독서량도 상당했다.

그의 자연과학과 역사, 철학에 대한 구체적이면서도 해박한 지식은 상이한 학문 분야에 내재된 공통의 뿌리를 발견하고 그것을 통합시킬 수 있는 시각을 키워주었다. 학자이자 발명가, 작가, 철학자였던 찌올콥스키, 우주생물학의 토대를 놓은 과학자이자 사상가, 시인, 예술가였던 치젭스키, 지구화학, 생물지구화학 등의 새로운 학문분야를 발전시킨 학자이자 철학자, 과학자였던 베르나드스키, 종교 철학자, 물리학자, 수학자, 그리고 시인이기도 했던 파벨 플로렌스키 역시 박학다식함의 대명사였다. 마치 레오나드로 다 빈치나 미켈란젤로와 같은 르네상스 시기의 천재 학자들처럼 러시아 우주론자들은 여러 학문과 예술을 자유자재로 넘나들었다. 현대식으로 표현한다면 러시아 우주론자들은 이른바 통섭주의자들이었던 것이다.

러시아 우주론은 인간과 자연, 세계에 대한 이해에 있어 서구 중심주의적인 담론에서 벗어나 있는 동시에, 아시아를 주변부로 인식하는 틀에서도 벗어나 있다. 러시아의 우주론적 사유에 대한 연구는 자연과학, 사회과학, 인문학, 예술이 상호 조응하는 '탈학제적 post-disciplinary' 방법론을 지향하며, 동양과 서양의 사유체계를 통합하는 새로운 학문적 지평을 개척한다. 이는 분과학문의 폐쇄성과 단절성을 극복하고 융합적 시각과 통합적 관점을 교육하여 인간성에 대한 새로운 차원의 이해를 도모하는 트랜스내셔널 transnational 인문학의 목표에도 상응하는 것이다. 러시아 우주론은 폐쇄적인 국가와 민족 차원에서 벗어나 인간 삶에 내재된 지구적 차원의 의의를 고찰하며 '인류'를 향해 열려 있는 비전을 제시하기 때문이다.

러시아 우주론자들의 사상에서는 과학, 철학, 종교, 예술의 '전일성全一性'을 지향하는 특징이 두드러진다. 앞서 살펴본 신지학자 엘레나 블라바츠카야 사상의 토대가 되는 저술인 『비경』에는 '과학, 철학, 종교의 통합'이라는 부제가 붙어 있다. 러시아 우주론자들은 인간이 '유기적 전체로서의 우주'를 인식할 때 과학과 종교와 예술에 공통된 분모가 존재한다는 사실을 인식할 수 있다고 한결같이 주장했다. 우주생명체로서의 인간이 자신의 사명을 실현하는 것은 자신에게 부여된 지고한 진화 소명을 위해 능력과 힘을 결집하여 노력할 때 가능하다는 것이다. 과학과 종교, 이성과 신비라는 아직은 서로 대립하고 있는 두 능력이 결합하고, 이것이 인류의 실천적인 예술 활동이 될 때, 인류 정신이 최고조에 달하고 가장 큰 생명력을 띠게 될 것임을 그들은 강조했던 것이다.

뿐만 아니라 찌올콥스키는 "학문의 모든 발전은 바로 일원론, 합일, 기초적인 근원을 지향하는 데 있으며, 그러한 과학의 성과는 합일을 달성하는 정도에 의해 결정된다"[530]고 언급한 바 있다. 철학과 종교, 과학의 만남은 오늘날 동양의 신비주의와 현대 물리학의 일치성을 밝히는 프리쵸프 카프라Fritjof Capra의 저서 『현대 물리학과 동양사상The Tao of Physics』에서도 찾아볼 수 있다. 그는 현대 물리학에서 일어난 새로운 자연관이 동양의 고대 사상 속에 담겨 있는 세계관과 얼마나 유사한가를 비교하는 데 주력한 바 있다. 살펴본 바와 같이 러시아 우주론의 철학적 관점에 대한 연구에서는 서양의 분석적 학문과 동양의 영성이 결합된 양상이 그 주축을 이루고 있다. 이는 러시아 우주론자들이 인종이나 종교로 인한 차별에서 벗어나 세계의 다양한 학문을 편견없이 연구했기 때문에 가능했던 것이다. 이들의 사유체계는 오늘날 국내 인문학의 발전 방향에 있어서도 하나의 모델이 될 수 있을 것이며, 이는 현 시대 학술 연구의 세계적 보편성에도 부합하는 사례라 할 것이다.

4. 인간 진화의 길: 과학과 윤리 논쟁의 경계 넘기를 지향하며…

러시아 우주론은 21세기를 사는 우리에게 또 하나의 중차대한 문제의식을 던졌다. 전술했던 '트랜스휴머니즘'과 '생태학'이라는 양 축에서 드러나듯이 이는 자연에 대한 우주론자들의 관점을 우리가 어떻게 수용해야 할 것인가의 문제이기도 하다. 생명을 연장하거나 우주로 진출하며 적극적으로 자연에 개입하는 일을 계속하거나 인간과 자연을 개조하는 등의 다양한 생존 전략이 한 축이라면, 자연과 인간의 공존을 지향하는 또 다른 패러다임이 한 축을 차지하기 때문이다.

앞을 내다볼 때 우리의 목표는 우주의 발전을 경험하고 이해하며, 또 그것의 일부가 되는 것이다. 우리는 단순히 우주의 우연한 부산물이 아니라 진화의 최전선에 서 있는 존재이다. 세상을 설명하는 능력은 우리가 누구이며 우리의 미래가 어떻게 될 것인가를 이해하는데 기본이 되며, 여기서 과학과 사회의 임무는 반드시 일치해야 한다.[531] 인간과 자연과 우주를 개척하는 것에 전폭적인 정당성을 부여하는 트랜스휴머니즘의 논의 역시 이 지점과 맞물린다.

하지만 러시아 우주론의 관점에서 본 트랜스휴머니즘의 윤리성 논쟁, 즉 "트랜스 휴머니즘은 과연 미래의 철학인가?"에 대한 논란은 여전히 진행중이다. 윤리적인 이유로 새로운 과학기술에 대하여 지나치게 보수적인 입장을 취하는 사람들의 시각과는 달리 트랜스휴먼의 시각은 진화적인 관점에서 보다 적극적인 과학기술 정책을 장려해야 한다는 입장이다. 그들의 일반적인 관점은 인간의 보다 건강한 삶과 수명 연장, 더욱 향상된 지능과 기억력 등 인간 스스로의 삶을 통제할 수 있는 능력을 더욱 강화시킬 수 있는 수단과 기회를 적극적으로 창조하고 활용해야 한다는 것이다. 하지만 인간의 잠재력에 대한 확고한 그들의 주장은 과학기술의 발전이 인류에게 가할 수 있는 불행의 가능성을 여전히 배제할 수 없도록 하는 것 역시 사실이다.

러시아 우주론자들은 이러한 문제점에 대한 인식과 함께 생명의 본질과 관련된 종교적이며 철학적인 질문 역시 끊임없이 던졌다. 우주론에 입각한 사상을 전개했던 학자들은 우주의 시공을 초월할 수도 있는 우리 인간이 어떠한 생태적 차원의 윤리와 지혜를 겸비해야 하는가에 대한 성찰의 문제 역시 부단히 제기했다. 러시아 우주론에서 인간은 자연의 법칙에 따라 진화하는 존재이지만, 또한 자신의 의식적 노력으로 끊임없이 영적 성장을 이뤄내야 하는 존재이기 때문이다.

러시아 우주론은 러시아의 문화적 삶의 독특한 현상과 인간 진화의 의미와 전망에 대한 거시적 탐색을 보여주며, 인간의 역할을 우주 삼라만상을 완성하는 차원에서 이해한다. 또한 러시아 우주론은 인간이 우주 진화의 새로운 단계에 자극을 주는 존재, 인간이 세계변형의 주체가 되어야 하며 될 수 있다는 점을 강조한다. 이제 우리 인류는 기술이 생물학만큼이나 중요한 역할을 하게 될 진화의 새로운 단계에 서 있다. 인터넷은 겨우 시작일 뿐이다. 양자기술은 정보를 처리하는 방법을 완전히 바꿀 수 있다. 머지않아 이 기술들은 현실을 더 잘 이해할 수 있게 해줄 것이며, 물리적 세계가 어떻게 움직이는지 더 많은 것을 알려줄 것이다.

그런데 이와 더불어 제기되는 중요한 덕목이 인간 변형의 문제, 즉 보다 더 도덕적이고 의지적이며, 보다 더 지적이고, 보다 더 에너지가 넘치는 이성적 존재로의 변모를 현실화하기 위한 노력이다.[532] 진화 사상가들에게 '인간'은 성장의 과정 속에 위치한 중간자적인 존재이다. 인간 내부에 도사리는 저급한 동물적인 속성을 벗어나 초인적이며 자유로운 존재로 변모되어야 할 필연성이 러시아 우주론의 철학적 가르침에서 무엇보다 중요한 것이다.[533]

인간의 영적인 완성, 그 성화聖化에 대한 염원은 모든 종교현상에 나타나는 공통적인 것이지만, 인간 진화에 대한 지향은 신지학에서 보다 분명히 표출된다. 영적인 세계에서 '진화의 법칙'을 인정하는 신지학은 영혼이 우주 전체에 스며들어 있는 신의 살아있음이 각 생명체에 드러나는 현상을 연구하는 학문이다. 즉 우주 내에서 살아가는 생명체들이 살아있음으로써 신을 느끼게 되는 정신적 활동이자 신과 교류할 수 있는 능력에 대한 것이다.[534]

앞서 언급된 블라지미르 베르나드스키, 콘스탄찐 찌올콥스키, 니콜라이 레리흐, 엘레나 레리흐의 사상에서도 가장 중요한 자리를 차지하는 것은 결국 우주의 무한한 진화의 원칙이라 할 수 있다.[535] 종교 철학자 니콜라이 베르쟈예프도 언급하고 있듯이, 신지학에서 인간은 자신을 위대한 우주의 주민이자 우주적 존재로 인식하기 시작했기 때문이다.[536] 여기서는 삶을 하나의 예술로 보는 관점 역시 중요한 자리를 차지한다. 레리흐 부부는 『생의 윤리학』에서 창조를 진화적 특성의 토대로 언급하는 바, 여기서 '창조'는 미학적 개념일 뿐만 아니라 우주적, 존재론적, 윤리학적 개념이라 할 수 있다. 즉 그들에게 예술은 인간이 자신의 삶을 창조적으로 완성해가는 진화의 필수 요소였던 것이다. 무엇보다 살아있는 우주론은 과학과 신비주의와 예술이 한데 어우러져 존재의 새로운 시야를 창조하는 것이기 때문이다.

5. 편협한 종교의 장벽을 넘어서는 실천 윤리를 지향하며…

오늘날 인간만을 위한, 인간 중심의 종교는 많은 도전을 받고 있다. 인류만을 위해 서로 격려하고 뭉치는 행위는 주위에 많은 해악을 끼치고 있다. 자연, 우주, 그리고 신을 같이 느끼지 못하는 종교는 이제 종말을 고해야 할 것이라는 관점 역시 여기서 도출된 것이다.[537] 요즈음 유행하는 '영성'이라는 단어에는 이러한 시대의 요청과 변화가 반영되어 있다. 영성에 내포된 전체성은 영성이 새로운 시대의 인간 이해를 드러내는 키워드로 등장했음을 보여주는 징표이다. 즉 영성의 신학화는 새로운 시대에 조응하는 그리스도교의 반응이라 할 수 있다.

러시아 우주론의 대부 표도로프가 한 개인의 완성과 충만은 인류 보편의 완성 속에서만 가능하다고 보았듯이, 현대 영성가 매튜 폭스 역시 우리가 새로운 영성으로서 '만인의 구원'에 대한 관념을 지녀야 한다고 주장했다. 매튜 폭스는 '우주 그리스도'라는 이름에서 개별적인 구원이라는 것은 완전히 쓸모없는 것이라며, 이것은 오직 대중적 이단을 부추긴 뉴턴주의의 분리적 세계관에서나 가능한 발상이라고 보았다. 즉 상호의존적 세상에 개별적 구원이란 존재하지 않는다는 것이다.[538] 만물의 상호연결성을 이해할 때 개별적 구원을 말하는 분리적 사고 유형의 종교는 세계를 하나의 전체로 보고 만민의 구원을 얘기하는 종교의 모습으로 전환되어야 한다는 요청 역시 같은 맥락이다.

하지만 이러한 의식 전환을 위한 노력은 특정 종교에서 하나의 교의로 채택해 가르치거나 교육할 수 있는 것은 아니다. 미국의 종교사회학자 로버트 벨라Robert Bellah는 "사람들의 영혼에 호소하지 않고서 거대한 변화를 이끌 수 있었던 사람은 아무도 없었다. 문화는 혁명의 열쇠이며, 종교는 문화의 열쇠이다"[539]라고 했다. 이런 측면에서 본다면 과학의 전환과 종교의 전환이 동시에 일어날 때, 새로운 문명, 새로운 '영혼'이 태어나는 것이다.[540] 매튜 폭스는 지구적 르네상스의 기초인 '각성'에는 인류의 보편적 체험으로서의 신비주의가 필요하다고 주장했다. 그러나 전 세계 종교들이 지닌 깊이를 표현하는 신비주의는 지금까지 한번도 종교일치 차원에서 시도된 적이 없었음을 매튜 폭스는 지적한다. 그는 이런 양상을 서양이 지금까지 자신의 신비주의적인 유산과 단절되었기 때문이라고 보았다. 그에 의하면 자신의 신비주의 뿌리를 모르는 서양은 신비주의에 관해서 동양과 대화할 수 없는 것은 당연한 것이다.

우리 인류의 역사는 그리스도교의 우주 그리스도와, 우주 안의 우주 그리스도와, 다른 종교들 안의 우주 그리스도를 접근시키려는 노력을 해 본 일이 없었다. 그러나 유일한 하느님은 그 모두 안에 현존한다. 신비주의는 예술과 마찬가지로 공통의 체험을 말하는 공통 언어이다. 독일 신비주의 사상가 요하네스 에크하르트Johannes Eckhart(1260년경~1327년경)가 신성의 '위대한 지하의 강'이라고 불렀듯이, 지하에는 오직 하나의 위대한 강이 흐르지만 그 강에 도달하는 우물은 불교의 우물, 도교의 우물, 아메리카 원주민 종교의 우물, 이슬람교의 우물, 유태교의 우물 등 수없이 존재한다.

신비주의 없이는 심층적 종교일치도 있을 수 없고, 세계의 모든 종교 전통으로부터 지혜의 힘을 풀어내는 일도 불가능하다. 우주 그리스도, 곧 '결합시키는 틀'은 우리들 존재의 공통적 성스러움과 공통의 경배와 공통의 경외심으로 모든 사람들을 결합시킬 수 있다. 우주 그리스도를 추구함으로써 도달할 수 있는 또 하나의 지평은 심층적 종교 일치이다. 우주 그리스도는 살아있는 우주론을 사회와 정신 안으로 이끌어 들인다. 이것이 가능할 때에만 신의 뜻을 따라 행하는 것이며 신을 사랑한다고 목소리를 높이면서도 신의 이름으로 살해와 증오와 갈등을 조장하는 벽을 넘어설 수 있을 것이다.

러시아 우주론자들이 사회운동가로도 활동했으며 종교적·사회적 차원의 분열을 종식하기 위해 노력했던 만큼, 이들은 지구화 시대에서 새로운 윤리를 모색했다는 점에서 우리에게 또 하나의 귀감이 되고 있다. 러시아 우주 철학자들은 사회 활동 면에서도 그 누구보다 적극적이었다. 그들은 자신들만의 철학과 소신으로 인간의 변화와 세계의 변혁을 위한 연대의식을 강조했다. 그들은 다양한 과학적·문화-계몽적 제도를 창립하는가 하면 가난한 자들을 위해 자금을 모집(베르나드스키, 레리흐 부부)했고, 사비로 출판 활동(찌올콥스키, 레리흐 부부)을 하기도 하고, 문화재 보호를 위한 평화협정을 위한 국제적인 활동(레리흐 부부)에 자신들의 삶을 바치기도 했다.[541]

다양한 인문학적·사회학적 가치를 지니고 있는 러시아 우주론은 공동 선善을 지향해야 하는 현 시대에 있어서 전 세계가 지향해야 할 지구적 차원의 이론적 모델이 될 역량 역시 내포하고 있다. 국가와 민족 사이의 분열로 지구상에 전쟁이 종식되지 않는 오늘날, 러시아 우주론은 증오와 불신의 벽을 넘어서서 하나가 되어야 할 인류를 위한 개연성과 당위성을 제시하고 있기 때문이다. 달라이 라마가 역설하듯이, "그 새로운 윤리는 종교가 없는 사람들에게도, 그리고 종교가 서로 다른 경우에도 호소력이 있어야 하고 또한 의무감, 이타심, 자비심과 같이 인간적 차원에서 가치가 있어야 한다"[542]는 주장은 우주론의 보편적인 정신에 상응하는 것이다.

더불어 러시아 우주론은 전 지구촌을 뒤덮고 있는 현대 문명의 위기에서 인류의 미래에 대한 새로운 가치를 제시한다. 인간, 사회, 자연의 조화로운 공동 발달을 보장하려는 노력에서 과학과 종교와 윤리학이 지향하는 세계 조화의 이상을 제공하는 러시아 우주론은 인류의 새로운 문화 패러다임으로 자리매김 될 잠재력 역시 지니고 있다. 특히 환경문제나 지구 재앙에 대한 우려 등으로 새로운 사유 유형에 대해 고심하고 있는 오늘날, 인간과 자연, 인간과 지구의 새로운 관계 설정에 대한 문제는 하나의 시대적 요청이 될 것이기 때문이다.

1_ 닐 투록(Neil Turok), 『우리안의 우주』, 이강환 역, 시공사, 2012, 254~255쪽.
2_ 칼 세이건(Carl Sagan), 『코스모스』, 홍승수 역, 사이언스북스, 2004, 23쪽.
3_ 강윤재, 『세상을 바꾼 과학논쟁』, 궁리, 2011, 189~195쪽.
4_ 이우경, 「무한한 가능성의 공간, 우주」, 『지식의 최전선』, 한길사, 2002, 245~246쪽.
5_ 팀 퍼니스(Tim Furniss), 『우주선의 역사』, 채연석 역, 아라크네, 2007, 319쪽.
6_ 이차크 벤토프(Itzhak Bentov), 『우주의식의 창조놀이』, 이균형 역, 정신세계사, 2001, 166쪽.
7_ 유아사 야스오(湯浅泰雄), 『몸과 우주－동양과 서양』, 이정배 · 이한영 역, 지식산업사, 2004, 13쪽.
8_ 김호경, 『종교, 과학에 말을 걸다』, 책세상, 2005, 18~32쪽.
9_ 유아사 야스오, 앞의 글, 2004, 24~36쪽.
10_ 이 책에서 기술된 "서양과학사에서 본 우주론의 체계화와 변천 과정" 및 "러시아 우주론의 발전과 탄압, 그리고 부활의 과정"에 해당하는 내용은 필자의 다음 논문에서 인용 및 활용되었음. 박영은, 「러시아 우주론의 이론적 토대와 철학적 개념에 대한 고찰」, 『슬라브학보』 제23권 3호, 한국슬라브학회, 2008, 157~182쪽.
11_ 닐 투록(Neil Turok), 『우리안의 우주』, 이강환 역, 시공사, 2012, 129~130쪽.
12_ 다케우치 가오루, 『우주론-고전이론에서 포스트 아인슈타인 이론까지』 1, 김재호 · 이문숙 역, 전나무숲, 2010, 18~19쪽.
13_ 피터 코울즈(Peter Coles), 『우주론이란 무엇인가』, 송형석 역, 동문선, 2003, 18쪽.
14_ 닐 투록(Neil Turok), 『우리안의 우주』, 이강환 역, 시공사, 2012, 147쪽.
15_ 마이클 텔보트(Michael Talbot), 『홀로그램 우주』, 이균형 역, 정신세계사, 2004, 78쪽.
16_ Э.А. Бальбуров, "Русский космизм: философия, наука, поэзия, миф," *Гуманитарные науки в Сибири*, Серия филологическая. No.4, 1995, с.10~17.
17_ А.И. Парфенова, *Влияние философии космизма на русскую культуру XIX-конца начала XX века*, Диссертация на соискание ученой степени кандидата культурологии, Санкт-Петербург, 2001.
18_ Н.В. Башкова, *Преображение человека в философии русского космизма*, Москва: КомКнига, 2013, с.6.
19_ 박영은, 「페레스트로이카와 러시아 '은세기' 정신문화 유산의 부활: 솔로비요프와 표도로프의 역사관 고찰」, 『동

유럽발칸학』 제7권 2호, 한국동유럽발칸학회, 2005, 160~162쪽.

20_ С.Г. Семенова, "Н.Ф. Федоров и его философское наследие," Николай Федорович ФЕДОРОВ, *Сочинения*, Москва: Академия наук СССР Институт философии Издательство ≪Мысль≫, 1982, с.6~7.

21_ В.В. Казютинский , "Космизм и антикосмизм современные дискусии," Фесенкова Л.В.(Ред.), *Стратегия выживания: Космизм и экология*, Москва: Издательство ЛКИ, 2010, с.194~195.

22_ Абрамов Александрович, *Русский космизм идея единства культуры и многоплановая реальность*, Диссертация на соискание ученой степени доктора культурологии, Саранск, 2007; Марина Волошина, *Утопический элемент в воззрениях русских космистов и его эволюция*, кандидат философских наук, Хабаровск, 2006.

23_ В.С. Степин, *Теоретическое знание*, Москва: Прогресс-Традиция, 2000.

24_ 다케우치 가오루, 앞의 글, 2010, 19쪽.

25_ Л.М. Гиндилис, "Русский космизм и ≪Живая этика≫: взаимосвязь космизм - экология," Фесенкова Л.В.(Ред.), *Стратегия выживания: Космизм и экология*, Москва: Издательство ≪ЛКИ≫, 2010, с.142.

26_ В.Н. Дуденков, *Философия космизма в россии рубежа XIX-XX веков*, Санкт-Петербург, 1998, с.74~75.

27_ 최재천, 『통섭의 식탁』, 명진출판, 2011, 64쪽.

28_ Э.А. Бальбуров, "Искусство и литература в метафизике русских космистов," *Гуманитарные науки в Сибири*, Серия филологическая, No.4, 2000, с.31~35.

29_ 이 책에서 기술된 니콜라이 표도로프에 대한 사상 부분은 필자의 다음 논문에서 인용 및 활용되었음. 박영은, 「니콜라이 표도로프의 "공동 일의 철학"에 나타난 우주론적 인간학」, 『슬라브학보』 제20권 1호, 한국슬라브학회, 2005, 123~144쪽.

30_ С.Г. Семенова, "Н.Ф. Федоров и его философское наследие," там же, с.5.

31_ 표도로프의 『공동 일의 철학』은 페레스트로이카 이후 여러 차례 출판되었지만, 이 책에서는 표도로프 연구의 최고 권위자인 스베틀라나 세메노바가 편집한 1982년의 판본을 사용할 것이다. Н.Ф. Федоров, "Вопрос о братстве, или родстве, о причинах небратского, неродственного, т. е. немирного, состояния мира и о средствах к восстановлению родства: Записка от неученых к ученым, духовным и светским, к верующим и неверующим," *Сочинения*, Москва: Академия наук СССР Институт философии Издательство ≪Мысль≫, 1982, с.70~71.

32_ Н.Ф. Федоров, "Вопрос о братстве, или родстве, о причинах небратского, неродственного, т. е. немирного, состояния мира и о средствах к восстановлению родства: Записка от неученых к ученым, духовным и светским, к верующим и неверующим," *Сочинения*, там же, с.59.

33_ Н.Ф. Федоров, "Супраморализм или Всеобщий синтез (т. е. всеобщее объединение)," *Сочинения*, там же, с.489.

34_ Н.Ф. Федоров, "Статьи о регуляции -Кто наш общий враг, единый , везде и всегда присущий, в нас и вне нас живущий, но тем не менее враг лишь временный?," *Сочинения*, там же, с.521.

35_ И.А. Сафронов, *Русский космизм*, СПБ.: Санкт-петербургского государственного университет экономики и финансов, 1998, с.18.

36_ Н.Ф. Федоров, "Супраморализм или Всеобщий синтез (т. е. всеобщее объединение)," *Сочинения*, там же, с.482.

37_ Н.Ф. Федоров, "Записка от неученых к ученым, духовным и светским, к верующим и неверующим," *Сочинения*, там же, с.356.

38_ Н.Ф. Федоров, "Статьи о регуляции -Кто наш общий враг, единый , везде и всегда присущий, в нас и вне нас живущий , но тем не менее враг лишь временный ?," *Сочинения*, там же, с.527.

39_ Е.А. Когай , "Социальная экология. Человек и природа в русском космизме," *Социально-гуманитарные знания: Научно-образовательное издание*, Москва, 1999, No.2, с.68~80.

40_ Н.Ф. Федоров, "Записка от неученых к ученым, духовным и светским, к верующим и неверующим," *Сочинения*, там же, с.405.

41_ В.П. Пазилова, *Критический анализ религиозно-философского учения Н.Ф. Федорова*, Москва: Издательство Московского университета, 1985, с.78.

42_ Н.Ф. Федоров, "Записка от неученых к ученым, духовным и светским, к верующим и неверующим," *Сочинения*, там же, с. 128.

43_ С.Г. Семенова, "Русский космизм,"(Сост. С.Г. Семеновой , А.Г. Гачавой) *Русский космизм: Антология философской мысли*, Москва: Педагогика-Пресс, 1993, с.17~18.

44_ Н.Ф. Федоров, "Супраморализм или Всеобщий синтез(т. е. всеобщее объединение)," Сочинения, там же, с.476.

45_ С.Г. Семенова, "Н.Ф. Федоров и его философское наследие," там же, с.5.

46_ И.А. Сафронов, *Русский космизм*, там же, с.19.

47_ В.Н. Дуденков, *Философия космизма в россии рубежа XIX-XX веков*, там же, с.54.

48_ Ю. Карабчиевский, *Воскресение Маяковского*, Москва: Издательство 〈Советский писатель〉, 1990, с.140~161.

49_ Евгений Евтушенко, *Не умирай прежде смерти*, Ягодные места, Москва: Издательство АСТ, 2008. 원본의 경우 출판 방식에 따라 작품의 에필로그가 제외되어 있는 경우가 있어 『딸기밭』의 에필로그에 포함된 상기 내용은 다음의 사이트에서 인용되었음. http://www.evtushenko.net/yam1.html

50_ С.Г. Семенова, "Русский космизм," там же, с.27.

51_ С.Г. Светлана, "Н.Ф. Федоров и его философское наследие," там же, с.6; Михаил Арлазоров, *К. Циолковский*, Москва: издательство 〈Молодая гвардия〉, 1967, с.25.

52_ В.Н. Демин, В.П. Селезнев, *К звездам быстрее света: Русский космизм вчера, сегодня, завтра*, Москва: книжный дом 〈ЛИБРОКОМ〉, 2011, с.135~136.

53_ С.Г. Семенова, "Н.Ф. Федоров и его философское наследие," там же, с.6

54_ С.Г. Семенова, "Русский космизм," там же, с.29

55_ С.Г. Семенова, "Н.Ф. Федоров и его философское наследие," там же, с.6; 칼 세이건(Carl Sagan), 『코스모스』, 홍승수 역, 사이언스북스, 2004, 185쪽; 케네스 C. 데이비스(Kenneth C. Davis), 『우주의 발견』, 이충호 역, 푸른숲, 2004, 301쪽.

56_ 팀 퍼니스(Tim Furniss), 『우주선의 역사』, 채연석 역, 아라크네, 2007, 17~18쪽.

57_ А.Л. Чижевский, *На берегу Вселенной: годы дружбы с Циолковским, Воспоминания*, Москва:

Мысль, 1995, с.406~408.

58_ А.Н. Маслов, "Введение," К.Э. Циолковский, *Приключения Атома: повесть*, Москва: Луч, 2009, с.3; Ю.В. Бирюков, "Константин Эдуардович Циолковский : от фантастики к основанию научной космонавтики," с.337~357; Циолковский Константин, *Вне Земли: сборник научно-популярных и научно-фантастических работ*, Москва: Луч, 2008.

59_ В.А. Недзвецкий, *Русская советская литература*, KEZIRAT, Tankonyvkiado, Budapest, 1986, с.30.

60_ А.Н. Маслов, "Введение," там же, с.3.

61_ М.И. Дробжев, "Космическая философия К.Э.Циолковского," *Человек и человечество в философии русского космизма*, Тамбов, 1999. с.68.

62_ В.Н. Дуденков, *Философия космизма в россии рубежа XIX-XX веков*, там же, с.56.

63_ 이 글에서 사용된 『딸기밭』은 다음의 책을 인용한 것이며, 해당 내용 인용 시 페이지만 기재하기로 한다. Евгений Евтушенко, *Не умирай прежде смерти. Ягодные места*, Москва: Издательство АСТ. 2008. 또한 이 책의 "찌올콥스키의 우주윤리학과 윤회적 관점의 예술적 표출"에 대한 내용은 필자의 다음 논문을 인용 및 활용한 것이다. 박영은, 「예브게니 옙뚜센꼬의 세계관에 구현된 '시베리아' 경험 공간의 의미장」, 『비교문학』 제55권, 한국비교문학회, 297~324쪽.

64_ 『딸기밭』의 에필로그 http://www.evtushenko.net/yam1.html

65_ К.Э. Циолковский , "Монизм Вселенной ," Путь к звездам, Москва: Книжный клуб Книговек, 2011, с.111.

66_ К.Э. Циолковский , "Воля Вселенной ," Неизвестные разумные силы, Калуга, 1928, с.7; К. Э. Циолковский , Причина космоса, Калуга, 1925, с.18.

67_ 이 책에서 언급된 아나톨리 김의 작품에 반영된 콘스탄찐 찌올콥스키의 철학이나 사상에 대한 내용은 필자의 다음 논문에서 인용 및 활용된 것임. Пак, Ен Ын, "Воплощение натуральной философии Константина Циолковского в произведениях Анатолия Кима," Zeitschrift für Slavische Philologie(Band 69 · Heft 2 · 2012/2013), с.391~409.

68_ 이 책에서 활용한 아나톨리 김의 작품에 대한 출처는 다음과 같다. 이 책에서 해당 작품의 내용 인용 시, 각 작품의 페이지만 기재하기로 한다. Анатолий Ким, "Лотос," Собиратели трав, Повести, Москва: известия, 1983, с.454~561; Анатолий Ким, "Белка," Избранное: повести и романы, Москва: советскийписатель, 1988, с.456~717; Анатолий Ким, Отец-лес: роман-притча, Москва: Издательская фирма 〈Ковчег〉, 1993, с. 102~459; Анатолий Ким, "Стена: повесть невидимок," Новый мир 10, 1998. с.4~71.

69_ М.И. Дробжев, "Космическая философия К.Э.Циолковского," там же, с.50.

70_ К.Э. Циолковский , "Монизм Вселенной ," там же, с.84-85.

71_ К.Э. Циолковский , Приключения атома: повесть, Москва: 〈Луч〉, 2009, с.17; К.Э. Циолковский, "О душе, о духе и о природе," Путь к звездам, Москва: Книжный клуб Книговек, 2011, с.263.

72_ В.Н. Демин, В.П. Селезнов, К звездам быстрее света, там же, с.140.

73_ К.Э. Циолковский , "Монизм Вселенной ," там же, с.86.

74_ В.Н. Демин, В.П. Селезнов, К звездам быстрее света, там же, с.140.

75_ К.Э. Циолковский, Приключения атома: повесть, там же, с.23

76_ В.Н. Дуденков, Философия космизма в россии рубежа XIX-XX веков, там же, с.64~65.

77_ В.Н. Дуденков, Философия космизма в россии рубежа XIX-XX веков, там же, с.35.

78_ В.И. Вернадский, Химическое строение биосферы Земли и её окружения, Москва: Наука, 1965, с.132, с.328; В.И. Вернадский , Научная мысль как планетное явление, Москва: Наука, 1991, с.24.

79_ 향후 내용은 필자의 다음 논문을 인용 및 활용한 것임. 박영은, 「블라지미르 베르나드스키 과학이론의 문학적 수용 연구」, 『노어노문학』 제23권 제1호, 한국노어노문학회, 2011, 197~224쪽.

80_ З.Я. Холодова, "Отражение идей русской ≪космической философии≫ в художественном мышлении М. Пришвина," Социально-философские аспекты ноосферной динамики России, Материалы международной научной конференции ≪Проблемы сознания и ноосферы в отечественной и зарубежной фмлософии XX века≫ Иваново, 20~21 декабря 2000 г. часть 2. Иваново Издательтво 〈Ивановский государственный университет〉, 2000, с.24~25.

81_ М.Ф. Пахомова, "М.М. Пришвин и Карелия," *За волшевным колобком*, Петрозаводск: Карелия, 1987, с.698, с.701~702.

82_ 이 책에서 사용되고 있는 안드레이 플라토노프와 미하일 프리슈빈의 작품은 다음과 같으며, 본문 내용에서는 개별 작품 인용 시 해당 작품의 페이지만 기재하기로 한다. Андрей Платонов, "Маркун," Собрание сочинений том I, Москва: Советская Россия, 1984, с.25~31; Андрей Платонов, "Потомки солнца," Собрание сочинений том I, Москва: Советская Россия, 1984, с.32~40; Андрей Платонов, "Лунная бомба," Собрание сочинений том I, Москва: Советская Россия, 1984, с.41~59; Андрей Платонов, "Эфирный тракт," Собрание сочинений том 1, Москва: Советская Россия, 1984, с.151~220; Андрей Платонов, "Примечания," Собрание сочинений том 1, Москва: Советская Россия, 1984, с.450~460; Андрей Платонов, "Фро," Собрание сочинений том 2, Москва: Советская Россия, 1985, с.128~148; Андрей Платонов, "В прекрасном и яростном мире(Машинист Мальцев)," Собрание сочинений том 2, Москва: Советская Россия, 1985, с.272~284; Андрей Платонов, "Из ранних сочинений (Из книги стихов ≪Голубая глубина≫)," Собрание сочинений том 3, Москва: Советская Россия, 1985, с.487~518; Андрей Платонов, "Электрификация(Общие понятия)," Сочинения, том первый 1918~1927, книга вторая Статьи, Москва: ИМЛИ РАН, 2004, с.133~142; М.М. Пришвин. "Жень-шень," Повести, Рассказы, Москва: Дрофа, 2010, с.358~435; М.М. Пришвин, "Осударева дорога," За волшевным колобком, Петрозаводск: Карелия, 1987, с.345~548.

83_ В.И. Вернадский , *Биосфера и ноосфера*, Москва: Айрис-пресс, 2009, с.471~472; Н.Н. Моисеев, "Вернадский и современность" http://luxaur.narod.ru/biblio/2/etika/40.html (검색일: 2010.12.15).

84_ М. Пасхомова, "предисловие," Пришвин. М.М. *За волшебным колобком*, там же, с.3.

85_ Андрей Платонов, "Пролетарская поэзия," *Сочинения. том первый 1918-1927. книга вторая Статьи*, Москва: ИМЛИ РАН, 2004, с.162~167.

86_ С.Г. Бочаров, "Вещество существования (Выражение в прозе)," *Андрей Платонов: Мир творчества*, Москва: Современный писатель, 1994, с.13.

87_ М.В. Захарова и А.А. Захаров, "Андрей Платонов и русский космизм," *Русский космизм и Ноосфера: Тезисы докладов Всесоюзной конференции*, Москва, 1989, Ч.1. с.205.

88_ Э.А. Бальбуров, "А. Платонов и М. Пришвин: две грани русского космизма," *Роль традиции в литературной жизни эпохи, сюжеты и мотивы*(сборник научных трудов), Новосибирск, 1995, с.126. 재인용.

89_ В.И. Вернадский, *Научная мысль как планетное явление*, там же, с.15~16; В.И. Вернадский, *Биосфера и ноосфера*, там же, с.473.

90_ М.М. Пришвин, *Собрание сочинений том восьмой Дневники 1905-1954*, Москва: Художественная литература, 1986. с.419.

91_ О.А. Машкина, "Осударева дорога М. Пришвина," *Традиционализм и модернизм в русской литературе XX века. под редакцией доктора филологических наук А.П. Казарина*, Томск: Издательство Томского университета, 1999, с.85.

92_ М.М. Пришвин, "Раздумья," *Собрание сочинений том седьмой* , Москва: Художественная литература, 1984, с.317.

93_ М.М. Пришвин, *Собрание сочинений том восьмой Дневники 1905-1954*, там же, с.345.

94_ М. Пасхомова, "предисловие," Пришвин. М.М. *За волшебным колобком*, там же, с.4; О.З. Ерёмченко, *Учение о биосфере*, Москва: Издательтво центр ⟨Академия⟩, 2006, с.3.

95_ Андрей Платонов, "Из ранних сочинений(Из книги стихов ≪Голубая глубина≫)," *Собрание сочинений том 3*, Москва: Советская Россия, 1985, с.487.

96_ Андрей Платонов, "Из ранних сочинений (Из книги стихов ≪Голубая глубина≫)," там же, с.488.

97_ А.Н. Дмитриев и А.Н. Кочергин "Ноосфера и техносфера," *Русский космизм и Ноосфера: Тезисы докладов Всесоюзной конференции*, Москва, 1989, Ч.1. с.16.

98_ Виктор Чалмаев, "У человеческого сердца(В художественном мире Андрея Платонова)," Андрей Павлович Платонов, *Собрание сочинений том I*, Москва: Советская Россия, 1984, с.8.

99_ Андрей Платонов, "Примечания," *Собрание сочинений том 1*, Москва: Советская Россия, 1984, с.451.

100_ Андрей Платонов, "Электрификация(Общие понятия)," *Сочинения. том первый 1918-1927.*, книга вторая Статьи, Москва: ИМЛИ РАН, 2004. с.133~142.

101_ Андрей Платонов, "О науке," *Сочинения. том первый 1918-1927*, книга вторая Статьи, Москва: ИМЛИ РАН, 2004. с.33~34.

102_ В.И. Вернадский , *Химическое строение биосферы Земли и её окружения*, там же, с.328.

103_ Виктор Чалмаев, "У человеческого сердца(В художественном мире Андрея Платонова)," там же, с.13.

104_ Андрей Платонов, "Культура пролетариата," *Сочинения. том первый 1918-1927*, книга вторая Статьи, там же, с.90~100.

105_ Андрей Платонов, "У начала царства сознания," *Сочинения. том первый 1918-1927*, книга вторая Статьи, там же, с.143~146.

106_ Андрей Платонов, "Пролетарская поэзия," *Сочинения. том первый 1918-1927*, книга вторая Статьи, там же, с.163.

107_ Лев Шубин, "Градовская школа философии" *Андрей Платонов: Мир творчества*, Москва: Современный писатель, 1994, с.212~226.

108_ М.В. Захарова и Захаров А.А. "Андрей Патоноа и русский космизм," там же, с.205.

109_ З.Я. Холодова, "Отражение идей русской ≪космической философии≫ в художественном мышлении М. Пришвина," там же, с.25~26. 재인용.

110_ М.Ф. Пахомова, "М.М. Пришвин и Карелия," М.М. Пришвин. *За волшевным колобком*, там же, с.691.

111_ О.А. Машкина, "Осударева дорога М. Пришвина." там же, с.84~85.

112_ В.И. Вернадский, *Научная мысль как планетное явление*, там же, с.33.

113_ М.М. Пришвин, "От автора," Глаза земли, Москва: Советский писатель, 1957, с.7.

114_ З.Я. Холодова, "Отражение идей русской ≪космической философии≫ в художественном мышлении М.Пришвина," там же, с.27.

115_ Андрей Платонов, "Пролетарская поэзия," Сочинения. том первый 1918-1927, книга вторая Статьи, Москва: ИМЛИ РАН, 2004, с.162~167.

116_ М.М. Пришвин, "От автора," Глаза земли, там же, с.7.

117_ А.К. Горский, "Николй Федорович Федоров и современность," А.К. Горский, Н.А.Сетницкий, *Сочинение*, Москва: Издательство 〈Раритет〉, 1995, с.97.

118_ 도스토예프스키에게 미친 표도로프의 영향에 대한 내용은 필자의 다음 논문을 인용 및 활용함. 박영은,「표도로프 사상에 대한 도스토예프스키의 예술적 반향-아버지 '살해'의 시대에서 '부활'의 시대를 향한 인류 변형론-」,『슬라브연구』 제21권-2호, 한국외국어대학교 외국학종합센터 러시아연구소, 2005, 277~302쪽.

119_ Н.Ф. Федоров, "Записка от неученых к ученым, духовным и светским, к верующим и неверующим," *Сочинения*, Москва: Академия наук СССР Институт философии Издательство ≪Мысль≫, 1982, с.214.

120_ Н.Ф. Федоров, "Записка от неученых к ученым, духовным и светским, к верующим и неверующим," *Сочинения*, там же, с.101.

121_ Н.Ф. Федоров, "Супраморализм или Всеобщий синтез(т. е. всеобщее объединение)," *Сочинения*, там же, с.500.

122_ Н.Ф. Федоров, "Супраморализм или Всеобщий синтез(т. е. всеобщее объединение)," *Сочинения*, там же, с.482.

123_ Н.Ф. Федоров, "Вопрос о братстве, или родстве, о причинах небратского, неродственного, т. е. немирного, состояния мира и о средствах к восстановлению родства: Записка от неученых к ученым, духовным и светским, к верующим и неверующим," *Сочинения*, там же, с.87.

124_ Н.Ф. Федоров, "Записка от неученых к ученым, духовным и светским, к верующим и неверующим," *Сочинения*, там же, с.164, с.433.

125_ Н.Ф. Федоров, "Супраморализм или Всеобщий синтез(т. е. всеобщее объединение)," *Сочинения*, там же, с,473.

126_ Н.Ф. Федоров, "Вопрос о братстве, или родстве, о причинах небратского, неродственного, т. е. немирного, состояния мира и о средствах к восстановлению родства: Записка от неученых к ученым, духовным и светским, к верующим и неверующим," *Сочинения*, там же, с.87.

127_ Н.Ф. Федоров, "Записка от неученых к ученым, духовным и светским, к верующим и неверующим," *Сочинения*, там же, с.155.

128_ Н.Ф. Федоров, "Супраморализм или Всеобщий синтез(т. е. всеобщее объединение)," *Сочинения*, там же, с.476.

129_ В.П. Пазилова, *Критический анализ религиозно-философского учения Н.Ф. Федорова*, Москва, 1983, с.75.

130_ С.Г. Семенова, Н.Ф. "Федоров и его философское наследие," там же, с.32.

131_ В.Н. Дуденков, *Философия космизма в россии рубежа XIX-XX веков*, там же, с.54.

132_ 에티엔느 질송(Étienne Gilson), 『중세 철학사』, 김기찬 역, 현대지성사, 1997, 72쪽.

133_ Н.Ф. Федоров, "Супраморализм или Всеобщий синтез(т. е. всеобщее объединение)," *Сочинения*, там же, с.493.

134_ Н.Ф. Федоров, "Записка от неученых к ученым, духовным и светским, к верующим и неверующим," *Сочинения*, там же, с.412.

135_ Н.Ф. Федоров, "Статьи о регуляции -Горизонтальное положение и вертикальное-смерть и жизнь-," *Сочинения*, там же, с. 507~511.

136_ Н.Ф. Федоров, "Статьи о регуляции -Горизонтальное положение и вертикальное-смерть и жизнь-," *Сочинения*, там же, с.515.

137_ 이 글의 원 제목은 "형제애 또는 상호연관성의 문제, 그리고 세계의 비형제적이고 평화롭지 못한 상태에 대한 이유와 상호 연관성을 회복하는 문제: 못 배운 사람들이 종교적이든 세속적이든 배운 사람들에게 그리고 신자들뿐만 아니라 비신자들에게 보내는 글(Вопрос о братстве, или родстве, о причинах небратского, неродственного, т. е. немирного, состояния мира и о средствах к восстановлению родства: Записка от неученых к ученым, духовным и светским, к верующим и неверующим)"이다.

138_ Б. Бурсов, *Личность Достоевского, изд. 2-е*, Ленинград: Советский писатель, 1979, с.76.

139_ С.Г. Семенова, "Н.Ф. Федоров и его философское наследие," там же, с.12~13.

140_ А.Г. Гачева, "Новые материалы к истории знакомства Достоевского с идеями Федорова," *Н.Ф. Федоров: pro et contra*, СПБ.: издательство русского христианского гуманитарного института, 2004, с.841.

141_ Konstantin Mochulsky, *Dostoevsky: His Life and Work*, Michael A. Minihan trans. Princeton, NJ: Princeton University Press, 1967, pp.567~568.

142_ С.С. Шаулов, "〈Случай ное семей ство〉 как система взаимоотражений (по роману ≪Братья Карамазовы≫)," *Достоевский и мировая культура*, No.18. СПБ: 〈серебряный век〉, 2003, с.105.

143_ Konstantin Mochulsky, *Dostoevsky: His Life and Work*, Op.cit., p.596.

144_ Konstantin Mochulsky, *Dostoevsky: His Life and Work*, Ibid., p.7.

145_ Konstantin Mochulsky, Dostoevsky: His Life and Work, Ibid., p.570.

146_ А.Г. Гачева, "Новые материалы к истории знакомства Достоевского с идеями Федорова," там же, с.827.

147_ 이 책에서 사용하고 있는 도스토예프스키의 판본은 다음과 같다. Ф.М. Достоевский, *Собрание сочинений в десять томах*, Москва: государственное издательство художественной литературы, 1958. 이 글에서 도스토예프스키의 작품 원문 인용 시에는 권과 페이지만 기술하기로 한다.

148_ Г.К. Щенников, *Целостность Достоевского*, Екатеринбург издательство уральсого университета, 2001, с.151.

149_ С.Г. Семенова, *Преодоление трагедии: 〈вечные вопросы〉 в литературе*, Москва, 1989, с.159.

150_ Konstantin Mochulsky, *Dostoevsky: His Life and Work*, Op.cit., pp.577~578.

151_ Е.М. Неёлов, "От волшевной сказки к литературе фольклорная трнсформация евангельской традиции в учении Н.Ф. Федорова о воскрешение," *Евангельский текст в русской литературе XVIII-XX веков: цитата, реминисценция, мотив, сюжет, жанр*, Петрозаводск: издательство петрозаводского университета, 1994, с.265.

152_ Хосе Луис Флорес, "Восстановление личности как путь к осуществлению рая на земле," *Достоевский и современность*, Новгород, 1994. с.261.

153_ Н.Ф. Федоров, "Записка от неученых к ученым, духовным и светским, к верующим и неверующим," там же, с.77.

154_ А.Г. Гачева, "Новые материалы к истории знакомства Достоевского с идеями Федорова," там же, с.829.

155_ 이정우, 『영혼론 입문』, 살림, 2003, 65쪽.

156_ Роберт Л. Бэлнеп, *Генезис ≪Братьев Карамазовых≫: эстетические, идеологические и психологические аспекты создания текста*, Санкт-Петербург, 2003, с.110~111.

157_ Г. Аксенов, "преодоление времени," *Философия бессмертия и воскрешения*, Москва, 1996, с.35~46.

158_ Г. Аксенов, "преодоление времени," там же, с.40.

159_ Н.Ф. Федоров, "Статьи о регуляции -Горизонтальное положение и вертикальное-смерть и жизнь-," *Сочинения*, там же, с.512.

160_ Konstantin Mochulsky, *Dostoevsky: His Life and Work*, Op.cit., p.630.

161_ А.Г. Гачева, "Новые материалы к истории знакомства Достоевского с идеями Федорова," там же, с.830.

162_ Н.Ф. Федоров, "Записка от неученых к ученым, духовным и светским, к верующим и неверующим," *Сочинение*, там же, с.142.

163_ А.Г. Гачева, "Новые материалы к истории знакомства Достоевского с идеями Федорова," там же, с.831~2.

164_ 앨리스 K. 터너(Alice K. Turner), 『지옥의 역사』 I, 이찬수 역, 동연, 1998, 150쪽.

165_ 만인 구원론의 역사적 전개와 그 사상가들에 대해서는 다음의 글을 참조 바람. 앨리스 K. 터너(Alice K. Turner), 『지옥의 역사』 II, 이찬수 역, 동연, 1998, 469~477쪽.

166_ 표도로프의 부활에 관한 가르침에 나타난 복음서 전통의 구전문학적 변형에 대해서는 다음을 참조 바람. Е.М. Неёлов, "От волшевной сказки к литературе фольклорная трнсформация евангельской традиции в учении Н.Ф. Федорова о воскрешение," там же, с.262~73.

167_ 존 호트(John F. Haught), 『과학과 종교, 상생의 길을 가다』, 구자현 역, 코기토, 2003, 77쪽.

168_ 블라지미르 솔로비요프의 종교철학과 우주론에 대한 내용은 필자의 다음 논문에서 인용 및 활용되었음. 박영은, 「블라지미르 솔로비요프의 상승의 진화론-로고스와 소피아의 결합체인 그리스도 양성론-」, 『슬라브학보』 제19권 2호, 한국슬라브학회, 2004, 53~80쪽.

169_ Н.О. Лосский, *История русской философии*, Москва: Советский писатель, 1991, с.13.

170_ Владимир Соловьев, *Сочинения в двух томах, Том 2, Чтения о богочеловечестве. Философская публицистика*, Москва: издательство 〈правда〉, 1989, с.6~15. 본 저술에서 블라지미르 솔로비요프의 ≪신인성의 강의(Чтения о богочеловечестве)≫를 인용할 경우, 제목과 페이지만 기재하기로 한다.

171_ Владимир Соловьев, *Чтение о Богочеловечестве*, там же, с.27.

172_ Владимир Соловьев, *Чтение о богочеловечестве*, там же, с.138~142.

173_ Н.О. Лосский, *История русской философии*, там же, с.120~121.

174_ Н.О. Лосский, *История русской философии*, там же, с.113.

175_ А.А. Алов, М.Г. Галахтин, и Ю.Л. Егоров, *Основные проблемы философской мысли России XIX-начала XX веков*, Москва: МИЭТ, 1994, с.46.

176_ Владимир Соловьев, *Чтение о Богочеловечестве*, там же, с.149.

177_ Н.О. Лосский, *История русской философии*, там же, с.6.

178_ Н.О. Лосский, *История русской философии*, там же, с.106~107.

179_ 김진, 『퓌지스와 존재 사유』, 문예출판사, 2003, 87~104쪽; 강대석, 『그리스 철학의 이해』, 한길사, 1996, 143~164쪽.

180_ К.В. Мочулский , "Владимир Соловьев. Жизнь и учение," *Владимир Соловьев: Pro et Contra. Антология, Санкт-Петербург: Издательство русского христианского гуманитарного института*, 2000, с.646.

181_ Владимир Соловьев, *Чтение о Богочеловечестве*, там же, с.55~56.

182_ Владимир Соловьев, *Чтение о Богочеловечестве*, там же, с.108~109.

183_ В.Ф. Бой ков, "Соловьиная песнь русской философии" *Владимир Соловьев: Pro et Contra. Антология*, Санкт-Петербург: Издательство русского христианского гуманитарного института, 2000, с.35.

184_ Владимир Соловьев, *Чтение о Богочеловечестве*, там же, с.160~161.

185_ Н.О. Лосский, *История русской философии*, там же, с.148~154.

186_ В.Ф. Бой ков, "Соловьиная песнь русской философии," там же, с.34.

187_ Н.А. Бердяев, "Русская Идея" *О россии и русской философской культуре*, Москва: Наука, 1990, с.191~192.

188_ В.В. Зеньковский, *История русской философии Т.2*, Париж, 1950, с.25.

189_ 박영은, 「페레스트로이카와 러시아 '은세기' 정신문화 유산의 부활: 솔로비요프와 표도로프의 역사관 고찰」, 앞의 글, 2005, 174~178쪽.

190_ Н.О. Лосский, *История русской философии*, там же, с.117.

191_ Владимир Соловьев, *Чтение о Богочеловечестве*, там же, с.152.

192_ 이 책에서 언급하고 있는 도스토예프스키의 작품에 반영된 솔로비요프의 사상에 대한 내용은 필자의 다음 논문을 인용 및 활용한 것임. 박영은, 「≪카라마조프 형제들≫에 나타난 도스토예프스키의 신비주의와 만유재신론」, 『슬라브학보』 제20권 2호, 한국슬라브학회, 2005, 103~130쪽.

193_ А.А. Звозников, "Достоевский в его отношении к православию," *Достоевский и современность*, Новгород, 1994, с.136~137.

194_ В.А. Михнюкевич, "Достоевский о христианской культуре народа," *Достоевский и современность*, Старая русса, 1999, с.81.

195_ Nicholas Berdyaev, *Dostoevsky*, Cleveland and New York: The World Publishing Company(Meridian Books), 1969, p.206.

196_ Konstantin Mochulsky, *Dostoevsky: His Life and Work*, Op.cit. p.466.

197_ Konstantin Mochulsky, *Dostoevsky: His Life and Work*, Ibid. p.532.

198_ В.А. Михнюкевич, "Достоевский о христианской культуре народа," *Достоевский и современность*, там же, с.81~82.

199_ 이 책에서 사용하는 판본은 다음과 같다. Ф.М. Достоевский , Собрание сочинений в десять томах, Москва: государственное издательство художественной литературы, 1958. 이하 원문 인용 시 권

과 페이지만 기재하기로 한다.

200_ А.Г. Достоевская, *Воспоминания*, Москва:〈Правда〉, 1987, с.346~347.

201_ Священник Геннадий, "Оптинские предания о Достоевском," *Статьи о Достоевском(1971~2001)*, Санкт-Петербург: 〈Серебряный век〉, 2001, с.165~174.

202_ Виктор Афанасьев, *По образу древних: Оптина Пустынь*, Издание Оптиной Пустыни, 2004, с.30.

203_ 토마스 슈피들릭(Tomas Špidlík), 『그리스도교 동방 영성』, 곽승룡 역, 가톨릭출판사, 2014, 54쪽.

204_ Виктор Афанасьев, *По образу древних: Оптина Пустынь*, там же, с.30.

205_ 곽승룡, 『비움의 영성』, 가톨릭출판사, 2004, 177쪽.

206_ Н.О. Лосский, *История русской философии*, там же, с.131.

207_ В.Н. Дуденков, *Философия космизма в россии рубежа XIX-XX веков*, там же, с.81.

208_ 블라지미르 로스키(Vladimir Lossky), 『동방교회의 신비신학에 대하여』, 박노양 역, 한국장로교 출판사, 2003, 115~139쪽.

209_ Н.О. Лосский, *История русской философии*, там же, с.142.

210_ В.А. Михнюкевич, "Достоевский о христианской культуре народа," *Достоевский и современность*, там же, с.82.

211_ В.А. Михнюкевич, "Старец Зосима как русский 〈всечеловек〉," *Достоевский и современность*, Старая Русса, 1998, с.103.

212_ Н.О. Лосский, *История русской философии*, там же, с.125.

213_ Gregory Bateson, *Mind and Nature*, New York: Bantam Books, 1980, p.109.

214_ Николай Бердяев, *Философия творчества, культуры и искусства 1: в двух томах*, Москва: Издательство 〈Искусство〉, 1994, с.306.

215_ Н. Бердяев, *Судьба человека в современном мире* http://vehi.net/berdyaev/sudbache/index.html; 니콜라이 베르댜예프, 『현대 세계의 인간 운명』, 조호연 역, 지만지, 2008, 149쪽.

216_ Н. Бердяев, *Судьба человека в современном мире*, 앞의 사이트; 니콜라이 베르댜예프, 앞의 책, 2008, 151~152쪽.

217_ Н. Бердяев, *Судьба человека в современном мире*, 앞의 사이트; 니콜라이 베르댜예프, 같은 책, 153~154쪽.

218_ Н. Бердяев, *Судьба человека в современном мире*, 앞의 사이트; 니콜라이 베르댜예프, 앞의 책, 2008, 159~161쪽.

219_ 김호경, 『종교, 과학에 말을 걸다』, 책세상, 2005, 126~127쪽.

220_ Н.А. Бердяев, "Русская идея," *О России и русской философской культуре*, там же, с.260.

221_ Н.А. Бердяев, *Смысл истории*, Москва: Мысль, 1990, с.87.

222_ Н.А. Бердяев, *Смысл истории*, там же, с.94.

223_ Н.А. Бердяев, *Смысл истории*, там же, с.96.

224_ Н.А. Бердяев, *Философия творчества, культуры и искусства 1: в двух томах*, там же, с.297.

225_ Н.А. Бердяев, *Смысл истории*, там же, с.97.

226_ Н.А. Бердяев, *Смысл истории*, там же, с.112.

227_ Н.А. Бердяев, *Смысл истории*, там же, с.102.

228_ 매튜 폭스(Mathew Fox), 『우주 그리스도의 도래』, 송형만 역, 분도출판사, 2002, 210쪽.

229_ 매튜 폭스, 위의 글, 210~211쪽.

230_ Thomas Kuhn, *The Structure of Scientific Revolution*, Chicago: The Univ. of Chicago Press, 1970, p.57.

231_ 매튜 폭스, 앞의 책, 2002, 238쪽.

232_ Robert Belah, *Habits of the Heart: Individualism and Commitment in American Life*, New York: Harper & Row, 1985, pp.277~281.

233_ Pierre Teilhard de Chardin, *The Heart of Matter*, New York: Harcourt Brace Jovanovich, 1978, p.93.

234_ Leo Scheffczyk, *Creation and Providence*, New York: Herder and Herder, 1970, p.100.

235_ Nicholas Berdyaev, *Dostoevsky*, Op.cit., p.208.

236_ A.E. Кунильский , "проблема 'смех и христианство' в романе Достоевского ≪Братья Карамазовы≫," *Евангельский текст в русской литературе XVIII-XX веков: цитата, реминисценция, мотив, сюжет, жанр*, Петрозаводск: издательство петрозаводского университета, 1994, с.200.

237_ 곽승룡, 『도스토예프스키의 비움과 충만의 그리스도』, 가톨릭 출판사, 1998, 203~204쪽.

238_ Е. Ковина, "Некоторые символические значения пространственно-временной составляющей картины мира в романе ≪Братья Карамазовы≫," *Достоевский и мировая культура*, No.15, Санкт-Петербург: ≪серебряный век≫, 2000, с.101~102.

239_ Nicholas Berdyaev, *Dostoevsky*, Op.cit., p.208.

240_ 매튜 폭스, 앞의 책, 2002, 55쪽.

241_ 매튜 폭스, 위의 글, 64~65쪽.

242_ Monica Sjoo and Barbara Mor, *The Great Cosmic Mother*, San Francisco: Harper & Row, 1987, p.51.

243_ Gabriel Marcel, *The Decline of Wisdom*, New York: Philosophical Library, 1955, p.42.

244_ Nicolas Berdyaev, *The Spirit and Reality*, London: Geoffrey Bles, 1939, pp.192~193; Nicolas Berdyaev, *Slavery and Freedom*, New York: Scribners, 1939, pp.171~172.

245_ Nicolas Berdyaev, *Slavery and Freedom*, Ibid, p.241.

246_ Nicolas Berdyaev, *Dream and Reality*, New York: Collier Books, 1962, p.204.

247_ Н.А. Бердяев, *Философия свободы, Смысл творчества*, Москва: 〈Правда〉, 1989, с.353.

248_ Albert Einstein, *Ideas and Opinions*, New York: Crown, 1982, p.28.

249_ Otto Rank, *Art and Artist*, New York: Agathon Press, 1975, pp.430~431.

250_ Н. Бердяев, *Философия творчества, культуры и искусства 1: в двух томах*, там же, с.13.

251_ Н. Бердяев, *Философия творчества, культуры и искусства 1: в двух томах*, там же, с.12.

252_ Erich Fromm, *Sane Society*, New York: Fawcett, 1955, p.301.

253_ 옐레나 블라바츠카의 사상과 우주론에 대한 내용은 필자의 다음 논문을 인용 및 활용하였음. 박영은, 「옐레나 블라바츠카야의 신지학(神智學)과 문화사적 영향 연구 – 니콜라이 레리흐와 옐레나 레리흐의 문예운동에 미친 영향을 중심으로 – 」, 『슬라브학보』 제27권 3호, 한국슬라브학회, 2012, 67~97쪽.

254_ А.А. Грицанов, А.И. Мерцалова, *Елена Блаватская*, Минск: Книжный дом, 2010, с.46~47; Е. Медведева, "Вестница Света" с.15, Елена Блаватская, *Разблаченная Изида*, Москва: Эксмо СПБ.: Мидгард, 2007, с.5~20.

255_ Игорь Муромов, "100 великих авантюристов - Елена Петровна Блаватская (1831~1891)" http://100-great.sokrytoe.com/029/2863-100-velikih-avantyuristov-elena-petrovna-blavatskaya-18311891.html (검색일: 2012년 2월 24일).

256_ Елена Блаватская, *Ключ к теософии. избранные статьи*, Москва: Эксмо, 2010, с.13~14.

257_ 게하르트 베르(Gerhrard Wehr), 『영혼의 스승들』, 최호영 역, 뜰, 2008, 23~24쪽.

258_ 유리 니콜라예비치 베젤랸스키, 『19세기 러시아의 여인들, 사랑과 욕망의 해바라기』, 이명자 역, 범우사, 2007, 143~144쪽.

259_ Владимир Грибанов, "Елена Петровна Блаватская" http://www.magisteriy.org/adepts/112-elena-blavatsky(검색일: 2012년 2월 24일).

260_ В.А. Ласько, "Книги с полки яснополянской библиотеки: Л.Н. Толстой и Е.П. Блаватская," *Культура и время*, 2004, NO.3/4, с.232~243.

261_ Л.Л. Сабанеев, *Воспоминания о Скрябине*, Москва: Классика-XXI, 2000, с.63, 173, 176, 241.

262_ Александр Сенкевич, Блаватская, Москва: Молодая гвардия, 2010, с.8

263_ А.И. Парфенова, "Влияние философии космизма на русскую культуру XX века," Россий ская культура глазами молодых ученых, Выпуск 8-й , СПБ.: Культинформпресс, 1999, с.172~173.

264_ Е. Медведева, "Вестница Света," там же, с.20.

265_ Елена Блаватская, *Тай ная Доктрина: Синтез науки, религии и философии, том 1. Космогенезис*, Москва: АСТ, 2009. с.7.

266_ П.Ф. Беликов, *Рерихи. опыт духовной биографии*, Москва: Международный Центр Рерихов, 2011, с.214.

267_ А.А. Грицанов, А.И. Мерцалова, *Елена Блаватская*, Минск: Книжный дом, 2010, с.349~352.

268_ О.А. Лавренова, Е.Ю. Томша, "К 175-летию со дня рождения Е.П.Блаватской ," Журнал ≪Культура и время≫ NO.3, 2006. http://lib.icr.su/node/395(검색일: 2012년 2월 28일); Валентин Сидоров, *Блаватская и рерихи мост над потомком*, Москва: Эксмо, 2011.

269_ Е. Медведева, "Вестница Света," там же, с.17.

270_ Елена Блаватская, *Тай ная Доктрина: Синтез науки, религии и философии том 1. Космогенезис*, там же, с.423.

271_ В.К. Тиминский , "Истории калужского теософского общества(1909~1929)" Журнал ≪Мир Огненный≫, NO.16, 1988.

272_ А.А. Грицанов, А.И. Мерцалова, *Елена Блаватская*, там же, с.4

273_ Елена Блаватская, *Тай ная Доктрина: Синтез науки, религии и философии, том 1*, Космогенезис, там же, с.32.

274_ Charles J. Ryan, *H.P. Blavasky and the Theosophical Movement*(1937), Pasadena 1975; Sylvia Cranston: H.P.B. *The Extraordinary Life and Influence of Helena Blavasky*, Founder of the Modern Theosophical Movement, New York, 1993; Е. Медведева, "Вестница Света," с.5; А.А. Грицанов, А.И.Мерцалова, *Елена Блаватская*, там же, с.17.

275_ А.А. Грицанов, А.И. Мерцалова, *Елена Блаватская*, там же, с.26.

276_ А.А. Грицанов, А.И. Мерцалова, *Елена Блаватская*, там же, с.22~23; Александр Сенкевич, *Блватская*, там же, с.19.

277_ А.А. Грицанов, А.И. Мерцалова, *Елена Блаватская*, там же, с.18.

278_ Александр Сенкевич, Блаватская, там же, с.21.

279_ Е.П. Блаватская, *Письма друзьям и сотрудникам*, Сборник. Перев. С англ. Москва, 2002. с.249;

Александр Сенкевич, *Блаватская*, там же, с.110~111.

280_ 유리 베젤랸스키, 앞의 글, 2007, 123쪽.

281_ А.А. Грицанов, А.И. Мерцалова, *Елена Блаватская*, там же, с.33.

282_ Александр Сенкевич, *Блаватская*, там же, с.134.

283_ А.А. Грицанов, А.И. Мерцалова, *Елена Блаватская*, там же, с.93; Е. Медведева, "Вестница Света," там же, с.8.

284_ Н.К. Рерих, *Шамбала*, СПБ: Азбука, 2012, с.159~216; Н.К. Рерих, *Семь великих тай н космоса*, Москва: Эксмо, 2010. с.799~831.

285_ А.А. Грицанов, А.И. Мерцалова, *Елена Блаватская*, там же, с.100; Е. Медведева, "Вестница Света," там же, с.9.

286_ 유리 베젤랸스키, 앞의 글, 2007, 125쪽.

287_ А.А. Грицанов, А.И. Мерцалова, *Елена Блаватская*, там же, с.535.

288_ 릭 필즈(Rick Fields), 『미국 불교사』, 한창호 역, 운주사, 2009, 147~148쪽.

289_ 게하르트 베르, 앞의 글, 2008, 32쪽.

290_ Е. Медведева, "Вестница Света," там же, с.15.

291_ А.А. Грицанов, А.И. Мерцалова, *Елена Блаватская*, там же, с.53.

292_ Валентин Сидоров, "Мост над потомком," *Блаватская и рерихи. мост над потомком*, Москва: Эксмо, 2011, с.65~66; А.А. Грицанов, А.И. Мерцалова, *Елена Блаватская*, там же, с.477~478; Е. Медведева, "Вестница Света," там же, с.12; Елена Блаватская, *Разблаченная Изида*, Москва: Эксмо СПБ.: Мидгард, 2007. с.5~20; Елена Блаватская, *Ключ к теософии. избранные статьи*, там же, с.43.

293_ Е. Медведева, "Вестница Света," там же, с.17.

294_ Александр Сенкевич, *Блаватская*, там же, с.422.

295_ А.А. Грицанов, А.И. Мерцалова, *Елена Блаватская*, там же, с.83~84.

296_ О.А. Лавренова, Е.Ю. Томша, "К 175-летию со дня рождения Е.П.Блаватской ," Журнал ≪Культура и время≫ NO.3, 2006. http://lib.icr.su/node/395(검색일: 2012년 2월 28일).

297_ Александр Сенкевич, *Блаватская*, там же, с.384; 유리 베젤랸스키, 앞의 글, 2007, 147~148쪽.

298_ А.А. Грицанов, А.И. Мерцалова, *Елена Блаватская*, там же, с.46.

299_ 릭 필즈, 앞의 글, 2009, 159~160쪽.

300_ А.А. Грицанов, А.И. Мерцалова, *Елена Блаватская*, там же, с.306~319.

301_ Александр Сенкевич, *Блаватская*, там же, с.417.

302_ Елена Блаватская, *Тай ная Доктрина: Синтез науки, религии и философии, том 1. Космогенезис*, там же, с.12.

303_ Елена Блаватская, *Ключ к теософии. избранные статьи*, там же, с.11.

304_ Елена Блаватская, *Ключ к теософии. избранные статьи*, там же, с.31~39.

305_ 유리 베젤랸스키, 앞의 책, 2007, 41쪽.

306_ 게하르트 베르, 앞의 책, 2008, 46~47쪽.

307_ А.А. Грицанов, А.И. Мерцалова, *Елена Блаватская*, там же, с.181.

308_ Музей имени Н.К.Рериха: *Путеводитель*, Москва: Международный Центр Рерихов, Мастер-Банк,

2006, с.262.

309_ Е.И. Рерих, *Сокровенное знание, Теория и практика Агни Йоги*, Москва: Эксмо, 2010, с.221~223.

310_ Александр Сенкевич, *Блаватская*, там же, с.60.

311_ Е.И. Рерих, *Три Ключа*, Москва: Эксмо, 2011. с.213.

312_ Р.Н. Лункин, "Новые религиозные движения в России: христианство и постхристианство в зеркале новых богов и пророков," *Сборник ≪Двадцать лет религиозной свободы в России≫*, Москва: РОССПЭН; Московский Центр Карнеги, 2009.

313_ М.Л. Дубаев, *Рерих*(серия ≪Жизнь замечательных людей≫), Москва: Молодая гвардия, 2003. с.193; Рерихи, *Восток-Запад*, Москва: Государственный музей Востока, 2006. с.11

314_ ROMAN LUNKIN & SERGEI FILATOV, "The Rerikh Movement: A Homegrown Russian 'New Religious Movement'" *Religion*, State & Society, Vol.28, No.1, 2000, pp.135~148. http://www.biblicalstudies.org.uk/pdf/rss/28-1_135.pdf

315_ П.Ф. Беликов, В.П. Князева, *Николай Константинович Рерих*, Самара, 1996, с.81.

316_ Л.В. Шапошникова, *Мудрость веков*, Москва: Международный Центр Рерихов, 1996. с.407

317_ Елена Блаватская, *Разблаченная Изида*, Москва: Эксмо СПБ.: Мидгард, 2007, с.618~670.

318_ Л.В. Шапошникова, "Н.К. Рерих как мыслитель и историк культуры", там же, с.85-86; Н.К. Рерих, *Шамбала*, там же, с.5~82; Петр Пильский , "Седой вековой туман", Н.К. Рерих, *Держава Света*, СПБ.: Азбука, 2011, с.280; Юргис Балтрушай тис, "Внутренние приметы творчества Рериха," Н.К. Рерих, *Держава Света*, СПБ.: Азбука, 2011. с.273; Е.И. Рерих, *Три Ключа*, Москва: Эксмо, 2011, с.132~133; Е.И. Рерих, *Сокровенное знание, Теория и практика Агни Йоги*, Москва: Эксмо, 2010, с.223~224.

319_ Музей имени Н. К. Рериха: Путеводитель, там же, с.262.

320_ Ю.Н. Рерих, *По тропам Срединной Азии*, Издательство: Хабаровское книжное издательство, 1982.

321_ Л.В. Шапошникова. "Н.К. Рерих как мыслитель и историк культуры," Н.К. Рерих, *Шамбала*, там же, с.26~30.

322_ Елена Блаватская, *Разблаченная Изида*, там же, с.618~672.

323_ М. Мусина, Н. Ковалева, "Предисловие," Е.И. Рерих, *Сокровенное знание. Теория и практика Агни Йоги*, Москва: Эксмо, 2010, с.37; Л.В. Шапошникова, "Н.К. Рерих как мыслитель и историк культуры," Н.К. Рерих, *Шамбала*, СПБ.: Азбука, 2012, с.30~34.

324_ М.Л. Дубаев, Рерих(серия ≪Жизнь замечательных людей≫), Москва: Молодая гвардия, 2003, с.193; Рерихи, *Восток-Запад*, Москва: Государственный музей Востока, 2006, с.11

325_ Е.И. Рерих, *Сокровенное знание. Теория и практика Агни Йоги*, там же, с.221~223.

326_ 재인용. А.И. Андреев, "Оккультизм и мистика в жизни и творчестве Н.К. и Е.И. Рерих," *Рерихи: мифы и факты*, Сборник статей. СПБ.: Нестор-История, 2011, с.57~58.

327_ П.Ф. Беликов, *Рерихи. опыт духовной биографии*, там же, с.213; А.А. Грицанов, А.И. Мерцалова, *Елена Блаватская*, там же, с.110~111.

328_ С.Ю. Ключников, "Космические аспекты философского наследия Н.К. и Е.И. Рерихов," Русский космизм и современность, Москва: ИФРАН, 1990.

329_ М. Мусина, Н. Ковалева, "Предисловие," Е.И. Рерих, *Сокровенное знание. Теория и практика Агни Йоги*, там же, с.38.

330_ Л.М. Гиндилис, "Русский космизм и живая этика взаимосвязь космизм-экология," *Стратегия выживания: космизм и экология*, с.146.

331_ Л.М. Гиндилис, "Русский космизм и живая этика взаимосвязь космизм-экология," там же, с.142~143.

332_ Л.В. Шапошникова. "Н.К. Рерих как мыслитель и историк культуры," Н.К. Рерих, *Шамбала*, СПБ.: Азбука, 2012, с.63.

333_ Е.И. Рерих, *Сокровенное знание. Теория и практика Агни Йоги*, Москва: Эксмо, 2010, с.215; Е.И. Рерих, *Три Ключа*, Москва: Эксмо, 2011, с.67~68.

334_ 니콜라이 레리흐의 예술세계와 정신사적 특징에 대해서는 다음을 참조. П.Ф. Беликов, *Рерих: Опыт духовной биографии*, Москва: Международный Центр Рерихов, Мастер-Банк, 2011; Л.В. Шапошникова, "Н.К. Рерих как мыслитель и историк культуры," Н.К. Рерих, *Шамбала*, там же, с.5~6.

335_ Владимир Грибанов, "Елена Петровна Блаватская" http://www.magisteriy.org/adepts/112-elena-blavatsky(검색일: 2012년 2월 24일).

336_ Е.А. Когай , "Социальная экология. Человек и природа в русском космизме," там же, с.74~75.

337_ Валентин Сидоров, "На вершинах," *Блаватская и рерихи. мост над потомком*, там же, с.289~293; Л.В. Шапошникова. "Н.К. Рерих как мыслитель и историк культуры," Н.К Рерих, *Шамбала*, там же, с.78.

338_ Н.К. Рерих, "Здоровье духа," *Культура и цивилизация*, Москва: Международный Центр Рерихов, 1994, с.60.

339_ Н.К. Рерих, "Культура," *Держава Света*, СПБ.: Азбука, 2011, с.23~27; Валентин Сидоров, "На вершинах," *Блаватская и рерихи. мост над потомком*, там же, с.303.

340_ Л.В. Шапошникова, "Н.К. Рерих как мыслитель и историк культуры," Н.К. Рерих, *Шамбала*, там же, с.77.

341_ Е.И. Рерих, *Три Ключа*, Москва: Эксмо, 2011. с.254~256; Е.И. Рерих, *Сокровенное знание. Теория и практика Агни Йоги*, там же, с.386.

342_ Н.К. Рерих, *Об искусстве*, Москва: Международный Центр Рерихов, 2005, с.116

343_ Е.И. Рерих, *Сокровенное знание. Теория и практика Агни Йоги*, Москва: Эксмо, 2010, с.705~708, с.713~714.

344_ Л.В. Шапошникова, "Н.К. Рерих как мыслитель и историк культуры," Н.К. Рерих Шамбала, там же, с.81; Н.К. Рерих, *Держава Света*, СПБ.: Азбука, 2011, с.92~95.

345_ 레리흐 협정의 의미와 그 체결 과정에 대해서는 참조 바람. Валентин Сидоров, "Мост над потомком," *Блаватская и рерихи. мост над потомком*, Москва: Эксмо, 2011, с.82; Валентин Сидоров, "На вершинах," *Блаватская и рерихи. мост над потомком*, там же, с.301.

346_ Р.Н. Лункин, С.Б. Филатов, "Рериховское движение: уникальный феномен постсоветской духовности," *Рерихи: мифы и факты, Сборник статей*, СПБ.: Нестор-История, 2011, с.235~236.

347_ М. Мусина, Н. Ковалева, "Предисловие," Е.И. Рерих, *Сокровенное знание. Теория и практика Агни Йоги*, там же, с.40.

348_ 오쇼, 『위대한 만남』, 손민규 역, 비전코리아, 2006, 117~118쪽.

349_ 구르지예프의 사상에 대한 내용은 필자의 다음 논문에서 인용 및 활용되었음. 박영은, 「게오르기 구르지예프의 철학과 수행에 내재된 유라시아적 특성 연구」, 『슬라브학보』 제28권 1호, 한국슬라브학회, 2013, 77~108쪽.

350_ Gorham Munson, "Gurdjieff–Ouspensky–Orage: Black Sheep Philosopher," Copyright 1950 *Tomorrow Magazine*, TAT Journal Vol.9. pp.1~9. http://www.searchwithin.org/download/gurdjieff_ouspensky_orage.pdf(검색일: 2012년 8월 29일).

351_ Sophia Wellbeloved, "Introduction," *Gurdjieff : The Key Concepts*, London and New York: Routledge, 2003, pp.xxiii.

352_ Аркадий Ровнер, "Предисловие," Георгий Гуржиев, *Вестник грядущего блага. Беседы с учениками*, Москва: Энигма, 2011, с.7; 게오르기 구르지예프의 영향을 받은 인물들에 대해서는 다음을 참조. John Shirley, "Foreword," *Gurdjieff: An Introduction to His Life and Ideas*, New York: Penguin, 2004, pp.5~6.

353_ Thomas & Olga de Hartmann, *Our Life with Mr. Gurdjieff*, Morning Light Press; Reprint edition, 2011.

354_ Fritz Peters, *Boyhood with Gurdjieff*, Arete Communications, 2011.

355_ Stanley Nott, *Teachings of Gurdjieff: A Pupil's Journal*, Penguin, 1991.

356_ Renee Zuber, *Who Are You, Monsieur Gurdjieff?*, Penguin Books, 1988.

357_ John G. Bennett, *Idiots in Paris: Diaries of J.G. Bennett and Elizabeth Bennett, 1949*, Red Wheel Weiser, 1991.

358_ Georges Ivanovitch Gurdjieff, "Foreword," *Meeting with remarkable men*, New York: Penguin Compass, 2002, p.vii.

359_ Аркадий Ровнер, "Искусство скрывать серьезные мысли," Георгий Гуржиев, *Встречи с замечательными людьмы*, Москва: Энигма, 2012, с.23.

360_ Georges Ivanovitch Gurdjieff, *Meeting with remarkable men*, New York: Penguin Compass, 2002, pp.32~35.

361_ Аркадий Ровнер, "Искусство скрывать серьезные мысли," там же, с.24.

362_ Георгий Гуржиев, *Встречи с замечательными людьмы*, Москва: Энигма, 2012, с.78~79.

363_ Георгий Гуржиев, *Встречи с замечательными людьмы*, там же, с.77.

364_ Георгий Гуржиев, *Встречи с замечательными людьмы*, там же, с.60.

365_ Олег Шишкин, *Сумерки магов георгий гуржиев и другие*, Москва: Яуза, Эксмо. 2005, с.21~24.

366_ Георгий Гуржиев, *Встречи с замечательными людьмы*, там же, с.91~93; P.D. Ouspensky, *In search of the miraculous: fragments of an unknown teaching*, San Diego: Harcourt, 2001, pp.35~36; 게오르게 이바노비치 구르지예프, 『놀라운 사람들과의 만남』. 풀라 역. 샨티, 2012, 109~111쪽.

367_ Георгий Гуржиев, *Встречи с замечательными людьмы*, там же, с.106.

368_ Sophia Wellbeloved, "Introduction", *Gurdjieff : The Key Concepts*, Op.cit., p.xxiv.

369_ Kathlean Rioidan Speeth, *The Grudieff Work*, New York: Putnam, 1989, p.5.

370_ Аркадий Ровнер, "Как мы можем изменить себя?" Георгий Гуржиев, *Взгляды из реального мира*, Москва: Энигма, 2012, с.7.

371_ John Shirley, *Gurdjieff : An Introduction to His Life and Ideas*, Op.cit., p.83.

372_ Георгий Гуржиев, *Встречи с замечательными людьмы*, там же, с.118~119.

373_ John Shirley, *Gurdjieff: An Introduction to His Life and Ideas*, pp.88~93.

374_ John Shirley, *Gurdjieff: An Introduction to His Life and Ideas*, Ibid., p.89.

375_ Georges Ivanovitch Gurdjieff, *Meeting with remarkable men*, Op.cit.

376_ Georges Ivanovitch Gurdjieff, *Life is real only then, when 'I am'*, London ;New York :Arkana, 1999.

377_ Gurdjieff Georges Ivanovitch, *Beelzebub's tales to his grandson: an objectively impartial criticism of the life of man*, New York: Penguin Compass, 1999.

378_ 오쇼, 앞의 책, 2006, 129~130쪽.

379_ Jone Bennett, *Gurdjieff: Making a New World*, New York: Harper & Row, 1973, p.273.

380_ Георгий Гуржиев, *Встречи с замечательными людьмы*, там же, с.238~239.

381_ Георгий Гуржиев, *Встречи с замечательными людьмы*, там же, с.345.

382_ Sophia Wellbeloved. "Introduction," *Gurdjieff: The Key Concepts*, Op.cit. pp.xxviii-xxiv.

383_ P.D. Ouspensky, *In search of the miraculous: fragments of an unknown teaching*, Op.cit. p.19.

384_ Jeanne de Salzmann, "foreword" *G. I. Gurdieff: Life is real only then, when 'I am'*, London; New York: Arkana, 1999, pp.ix-xii.

385_ P.D. Ouspensky, *In search of the miraculous: fragments of an unknown teaching*, Op.cit. pp.47~49.

386_ Sophia Wellbeloved, *Gurdjieff: The Key Concepts*, London and New York: Routledge, 2003. pp.221~222.

387_ P.D. Ouspensky, *In search of the miraculous: fragments of an unknown teaching*, Op.cit. p.48.

388_ Ibid, p.64.

389_ Георгий Гуржиев, *Встречи с замечательными людьмы*, там же, с.35.

390_ Sophia Wellbeloved, *Gurdjieff: The Key Concepts*, Op.cit. pp.60~70; John Shirley, *Gurdjieff: An Introduction to His Life and Ideas*, Op.cit. c.162.

391_ 이강옥, 『에니어그램 이야기: 내면의 빛을 향하여』, 中央適性出版社, 2004, 18~19쪽; Аркадий Ровнер, "Как мы можем изменить себя?" Георгий Гуржиев, *Взгляды из реального мира*, там же, с.16.

392_ 돈 리처드 리소 · 러스 허드슨, 『에니어그램의 지혜』, 주혜명 역, 한문화, 2009, 21쪽.

393_ 돈 리처드 리소 · 러스 허드슨, 위의 글, 35~36쪽; 이강옥, 앞의 글, 2004, 18쪽.

394_ 정인석, 『자기를 이기는 자는 자유롭다: 구제프의 사상과 가르침』, 학지사, 2001, 21~22쪽.

395_ 돈 리처드 리소 · 러스 허드슨, 앞의 글, 2009, 21쪽.

396_ 돈 리처드 리소 · 러스 허드슨, 위의 글, 36~37쪽; 리처드 로어 · 안드레아스 에베르트, 『내 안에 접힌 날개』, 이화숙 역, 바오로딸, 2011, 43쪽.

397_ 돈 리처드 리소 · 러스 허드슨, 앞의 글, 2009, 77쪽.

398_ 이병창, 『에니어그램을 넘어 데카그램으로』, 정신세계사, 2011, 315~316쪽; 리처드 로어 · 안드레아스 에베르트, 앞의 글, 2011, 47쪽.

399_ 리처드 로어 · 안드레아스 에베르트, 앞의 글, 2011, 48쪽.

400_ 에바그리우스 폰티쿠스, 『프락티코스』, 허성식 역주 · 해제, 분도출판사, 2011, 6쪽.

401_ 에바그리우스 폰티쿠스, 위의 글, 34-35쪽.

402_ Evagrius Ponticus, *The Praktikos, Chapters on Prayer*, Trans. John Eudes Bamberger. Cistercian Studies Series 4. Massachusetts/Spencer No.78, 1970.

403_ 에바그리우스 폰티쿠스, 앞의 글, 2011, 44쪽; Evagrius Ponticus, *The Praktikos. Chapters on Prayer*, Op.cit., No.86.

404_ Аркадий Ровнер, "Как мы можем изменить себя?," там же, с.8.

405_ Sophia Wellbeloved, *Gurdjieff: The Key Concepts*, Op.cit., p.23; 정인석, 앞의 글, 2011, 6쪽.

406_ Seymour B. Ginsburg, *Gurdjieff Unveiled: An overview and introduction to Grudjieff's teaching*, Lighthouse Workbooks, 2005, p.82~83.

407_ Gurdjieff Georges Ivanovitch, *Meeting with remarkable men*, Op.cit., pp.118~176; Sophia Wellbeloved,

Gurdjieff: The Key Concepts, Op.cit., p.199.

408_ Георгий Гуржиев, *Встречи с замечательными людьмы*, там же, с.193~195.

409_ 돈 리처드 리소 · 러스 허드슨, 앞의 글, 2009, 38쪽.

410_ 정인석, 앞의 글, 2001, 204~212쪽.

411_ P. D. Ouspensky, *In search of the miraculous : fragments of an unknown teaching*, Op.cit., pp.16~17.

412_ 게하르트 베르, 앞의 책, 2008, 184~185쪽.

413_ Sophia Wellbeloved, *Gurdjieff: The Key Concepts*, Op.cit., pp.44~45.

414_ 모니카 달레,『달크로즈 유리드믹스 활동집』1, 유승지 외 공역, 뮤직트리, 2012, 8쪽.

415_ 마리-라우르 바흐만,『오늘의 달크로즈: 음악을 통한 음악을 위한 교육』, 문연경 외 역, 꿈꾸는 아침, 2007, 39~40쪽.

416_ 게하르트 베르, 앞의 글, 2008, 184~185쪽.

417_ Аркадий Ровнер, "Предисловие," Георгий Гуржиев, Вестник грядущего блага. Беседы с учениками, Москва: Энигма, 2011, с.10; Sophia Wellbeloved, "Introduction," *Gurdjieff: The Key Concepts*, Op.cit., p.xxvi.

418_ P.D. Ouspensky, *In search of the miraculous: fragments of an unknown teaching*, Op.cit., pp.26~28; G. I. Gurdjieff, *Views from the real world: early talks in Moscow, Essentuki, Tiflis, Berlin, London, Paris, New York and Chicago as recollected by his pupils*, New York: Penguin Compass, 1984, pp.179~181.

419_ 게하르트 베르, 앞의 글, 2008, 184~185쪽.

420_ John Allen Watts, "Introduction to the Grudjieff-De Hartmann piano music," pp.33~43. Edited by Michael Pittman, *G.I. Gurdjieff: Armenian Roots, Global Branches*, Cambridge Scholars Publishing, 2008.

421_ Sophia Wellbeloved, *Gurdjieff: The Key Concepts*, Op.cit., p.149.

422_ Аркадий Ровнер, "Искусство скрывать серьезные мысли," Георгий Гуржиев, *Встречи с замечательными людьмы*, там же, с.10.

423_ Seymour B. Ginsburg, *Gurdjieff Unveiled: An overview and introduction to Grudjieff's teaching*, Op.cit., p.82.

424_ Tomas Spidlik, *Spirituality of the Christian East: A Systematic Handbook*, Cistercian Publications, 1986, p.129.

425_ 정인석,『트랜스퍼스널심리학: 동서 예지의 통합과 자기초월의 패러다임』, 대왕사, 2009, 102~104쪽.

426_ Michael Pittman, *G.I. Gurdjieff: Armenian Roots*, Global Branches, Cambridge Scholars Publishing, 2008.

427_ David J. Pecotic, "*Body and Cosmology in the Mysticism of G. I. Gurdjieff: Esotericism and 'Phemenological Anatomy' in Beelzebub's Tales To His Grandson and In Search of the Miraculous*," www.Gurdjieff-Bibliography.com(검색일: 2012년 8월 29일).

428_ Ю.В. Олей ников, А.Т. Шаталов, "Стратегия выживания человечества," Фесенкова Л.В.(Ред.), *Стратегия выживания: Космизм и экология*, Москва: Издательство ЛКИ, 2010, с.149.

429_ В.Н. Дуденков, *Философия космизма в россии рубежа XIX-XX веков*, там же, с.47.

430_ 최재천,『통섭의 식탁』, 명진출판, 2011, 217~218쪽.

431_ Henlee Barnett, *The Church and the Ecological Crisis*, Grand Rapids, Mich: Erdmans, 1972, pp.78~79.

432_ 블라지미르 베르나드스키의 '생명권'에 대한 이해와 생태학의 문제는 필자의 다음 논문에서 인용 및 활용되었음. 박영은,「베르나드스키의 '생명권'과 문학 생태학」,『외국문학연구』제24집, 한국외국어대학교 외국문학연구소, 2006, 47~71쪽.

433_ В. И. Вернадский, *Научная мысль как планетное явление*, там же, с.6~7, с.20.

434_ В. И. Вернадский, *Научная мысль как планетное явление*, там же, с.6.

435_ В. И. Вернадский, *Научная мысль как планетное явление*, там же, с.15.

436_ 장정렬, 『생태주의 시학』, 한국문화사, 2008, 18쪽.

437_ 제임스 러브록, 『가이아: 살아있는 생명체로서의 지구』, 홍욱희 역, 갈라파고스, 2004, 292~293쪽.

438_ 김재희 엮음, 『깨어나는 女神: 에코페미니즘과 생태문명의 비전』, 정신세계사, 2000, 109~110쪽.

439_ В.И. Вернадский, *Научная мысль как планетное явление*, там же, с.15~16.

440_ 본 논문에서 사용하는 아스타피예프의 ≪물고기-대왕≫의 판본은 다음과 같다. Виктор Астафьев, Царь-Рыба, *Пастух и пастушка*, Москва: Советская Россия, 1989. 향후 본문 인용 시 페이지만 기재할 것이다.

441_ 김재희 엮음, 앞의 책, 2000, 111쪽.

442_ 스테판 툴민(Stephen Toulmin), 『자연-그 동서양적 이해』, 이성배 · 이은선 역, 종로서적, 1989, 80쪽.

443_ Celia E. Deane-Drummond, *The Ethics of Nature*, Blackwell Publishing, 2004, p.175; L. Osborn, "Archetypes, Angels and Gaia", *Ecotheology*, No.10, 2001, p.12.

444_ Rosemary R. Reuther, *New Woman/ New Earth*, Ibid, p.204.

445_ 김욱동, 『문학생태학을 위하여: 녹색 문학과 녹색 이론』, 민음사, 2003, 395쪽.

446_ 김재희 엮음, 앞의 책, 2000, 181쪽.

447_ 김재희 엮음, 앞의 글, 2000, 57쪽.

448_ 장정렬, 앞의 글, 2008, 12~13쪽.

449_ 이경순, 「생태, 자연, 여성, 시」, 『시와 사회』 2호, 시와 사회사, 1993, 251쪽.

450_ 장정렬, 앞의 글, 2008, 230쪽; 김재희 엮음, 앞의 글, 2000, 111쪽.

451_ 아스타피예프의 작품을 생태학적 관점에서 분석한 내용은 필자의 다음 논문을 인용 및 활용한 것임. 박영은, 「상처와 응시－에코페미니즘의 관점으로 본 아스타피예프의 ≪물고기－대왕≫」, 『슬라브연구』 제22-2권, 한국외국어대학교 외국학종합연구센터 러시아연구소, 2006, 211~231쪽.

452_ Felix Kuznetsov, "The Prose of Victor Astafiev," Victor Astafiev, *Queen Fish, Progress Publishers Moscow*, 1982, pp.14~15.

453_ Н. Яновский, *Писатели Сибири: Избранные статьи*, Москва: Современник, 1988, с.474.

454_ 김욱동, 앞의 글, 36쪽.

455_ 장정렬, 앞의 글, 2008, 207쪽.

456_ 김열규, 『동북아시아 샤머니즘과 신화론』, 아카넷, 2003, 36쪽.

457_ 김열규, 위의 책, 36쪽.

458_ В.А. Ковалев, "Влияние философских учений востока на творчество Виктора Петровича Астафьева," 10.09.2007 Красноярск. Оргкомитет конкурса http://www.astafiev.ru/toread/16304/

459_ 발렌친 라스푸친의 작품에 나타난 생태학적 관점에 대한 내용은 필자의 다음 논문에서 인용 및 활용되었음. 박영은, 「B. 라스푸친의 ≪마쪼라와의 이별≫에 나타난 '우주목(宇宙木)'의 상징성 연구」, 『세계문학비교연구』 제13집, 세계문학비교학회, 2005, 97~121쪽.

460_ В.А. Недзвецкий, *Русская советская литература*(1917-1985), там же, с.174.

461_ 미르치아 엘리아데, 『이미지와 상징. 주술적-종교적 상징체계에 관한 시론』, 이재실 역, 까치, 2002, 165쪽.

462_ T. Polowy, *The Novellas of Valentin Rasputin: genre, language and style*, New York: Peter Lang, 1988, p.101.

463_ 이 책에서 인용하고 있는 ≪마쪼라와의 이별≫의 판본은 다음과 같다. Валентин Распутин, Прощание с Матерой Повести, Минск:≪Народная асвета≫, 1989. 내용 인용 시 페이지만 기재하기로 한다.

464_ С. Семенова, *Валентин Распутин*, Москва: 〈Советская Россия〉, 1987, с.129~130.

465_ С. Семенова, *Валентин Распутин*, там же, с.131.

466_ С. Семенова, *Валентин Распутин*, там же, с.109.

467_ Barry Commoner, *The Closing Circle: Nature, Man, Technology*, New York: Knopf, 1971, pp.41~42.

468_ 해당 내용의 글은 필자의 다음 논문에서 인용 및 활용되었음. 박영은, 「트랜스휴머니즘(Transhumanism) 사상의 철학적 근원에 대한 고찰」, 『노어노문학』 제25권 제1호, 한국노어노문학회, 2013, 115~142쪽.

469_ 트랜스휴머니즘의 정의와 포스트휴머니즘의 계보학에 대해서는 다음을 참조. Hava Tirosh-Samuelson, "Engaging Transhumanism," *Transhumanism and its critics* edited by Gregory R. Hansell and William Grassie, Philadelphia, PA: Metanexus Institute, 2011, pp.19~29; 슈테판 헤어브레히터(Stefan Herbrechter), 『포스트휴머니즘: 인간 이후의 인간에 관한 문화철학적 담론』, 김연순 · 김응준 역, 성균관대학교 출판부, 2012, 51~104쪽.

470_ 호세 꼬르데이로, 『2020 트랜스 휴먼과 미래경제』, 박영숙 역, 교보문고, 2006, 51쪽.

471_ 김창환, 『몸과 마음은 하나다』, 지성사, 2007, 160~164쪽; 조엘 가로(Joel Garreau), 『급진적 진화』, 임지원 역, 지식의 숲, 2007, 428~429쪽.

472_ Фрэнсис Фукуяма, *Наше постчеловеческое будущее. Последствия биотехнологической революции*, Москва: Издательство АСТ, 2004.

473_ Julian Huxley, *New Bottles for New Wine*, London: Chatto&Windus, 1957, p.17.

474_ FM-2030, *Optimism one; the emerging radicalism*, Norton, 1970; FM-2030, *UpWingers: A Futurist Manifesto*, John Day Co, 1974; FM-2030, *Are You a Transhuman?: Monitoring and Stimulating Your Personal Rate of Growth in a Rapidly Changing World*, Warner Books, 1989.

475_ 호세 꼬르데이로, 앞의 글, 2006, 63~64쪽.

476_ 호세 꼬르데이로, 앞의 글, 2006, 286~288쪽.

477_ 러시아 트랜스휴머니즘 운동에 대한 보다 상세한 내용은 공식 사이트인 다음을 참조. http://transhumanism-russia.ru/(검색일: 2012.9.1.).

478_ Д.А. Рязанов, WWW.BESSMERTIE.RU(научный иммортализм) или алые паруса на новый лад, Москва: Новый век, 2001.

479_ С.Г. Семенова, "Н. Ф. Федоров и его философское наследие," там же, с.5, с.11.

480_ Н.Ф. Федоров и идеи трансгуманизма http://www.marsiada.ru/359/407/411/5417/(검색일: 2012.9.1.).

481_ И.В. Артюхов, "Трансгуманизм философские истоки и история возникновения," (отв. ред., Валерия Прайд, А.В. Коротаев), *Новые технологии и продолжение эволюции человека?: трансгуманистический проект будущего*, Москва: URSS, 2008, с.31~45.

482_ 박영은, 「니콜라이 표도로프의 "공동 일의 철학"에 나타난 우주론적 인간학」, 『슬라브학보』 제20권 1호, 한국슬라브학회, 2005, 128쪽.

483_ '정신권' 용어에서 'ноо'는 그리스어 '이성'에서 유래한 것이다.

484_ В.И. Вернадский, *Биосфера и ноосфера*, Москва: Фонд имени В. И. Вернадского, 2008, с.21.

485_ Н.Ф. Федоров и идеи трансгуманизма http://www.marsiada.ru/359/407/411/5417/(검색일: 2012.9.1.).

486_ С.И. Шлёкин, *Русский космизм: Проблемы иррационального знания, художественного чувства и научно-технического творчества*, Москва: Книжный дом 〈ЛИБРОКОМ〉, 2011, с.232.

487_ М.И. Дробжев, *Человек и человечество в философии русского космизма*, Тамбов: Издательство ТГУ им. Г.Р. Державина, 1999, с.96.

488_ О.З. Ерёмченко, *Учение о биосфере*, Москва: Издательский центр ⟨Академия⟩, 2006. с.215.

489_ В.И. Вернадский, *Химическое строение биосферы Земли и её окружения*, Москва: Наука, 1965, с.132; В.И. Вернадский, *Научная мысль как планетное явление*, Москва: Наука, 1991, с.24; В. И. Вернадский, *Философские мысли натуралиста*, Москва: Наука, 1988, с.27~30.

490_ С.И. Шлёкин, *Русский космизм: Проблемы иррационального знания, художественного чувства и научно-технического творчества*, там же, с.232.

491_) М.И. Дробжев, *Человек и человечество в философии русского космизма*, там же, с.4.

492_ Н.Н. Моисеев, "Вернадский и современность" http://luxaur.narod.ru/biblio/2/etika/40.html(검색일: 2012.9.1); В.И. Вернадский, *Биосфера и ноосфера*, Москва: Ай рис-пресс, 2009, с.22~23.

493_ F.J. Tipler, *The Physics of Immortality: Modern Cosmology, God and the Resurrection of the Dead*, New York: Doubleday, 1994.

494_ Пьер Тей яр де Шарден, *Феномен человека*, Москва: ⟨Издательство АСТ⟩, 2002, с.382~387; 테야르 드 샤르댕, 『인간현상』, 양명수 역, 한길사, 1997, 248~252쪽.

495_ М.И. Дробжев, *Человек и человечество в философии русского космизма*, там же, с.99.

496_ 조엘 가로, 앞의 글, 2007, 473~475쪽.

497_ В.И. Вернадский, *Научная мысль как планетное явление*, там же, с.33.

498_ К. Циолковский , "Монизм вселенной ," *Путь к звездам, Москва: Книжный клуб Книговек*, 2011, с.82~86; В.Н. Демин, В. П. Селезнев, *К звездам быстрее света: Русский космизм вчера, сегодня, завтра*, там же, с.134~135.

499_ Н.Ф. Федоров и идеи трансгуманизма http://www.marsiada.ru/359/407/411/5417/(검색일: 2012.9.1.).

500_ С.Г. Светлана, "Н.Ф. Федоров и его философское наследие," там же, с.6.

501_ А.Л. Чижевский, *На берегу вселенной: годы дружбы с Циолковским, Воспоминания*, там же, с.384~385.

502_ Н.Ф. Федоров, "Записка от неученых к ученым, духовным и светским, к верующим и неверующим," Сочинения, Сочинения, там же, с.359.

503_ К.Э. Циолковский, *Вне Земли: Сборник научно-популярных и научно-фантастических работ*, там же, с.348.

504_ 칼 세이건(Carl Sagan), 『코스모스』, 홍승수 역, 사이언스북스, 2004, 185쪽; 케네스 C. 데이비스(Kenneth C. Davis), 『우주의 발견』, 이충호 역, 푸른숲, 2004, 301쪽.

505_ 팀 퍼니스(Tim Furniss), 『우주선의 역사』, 채연석 역, 아라크네, 2007, 18쪽.

506_ К.Э. Циолковский , *⟨Вне Земли⟩ Сборник научно-популярных и научно-фантастических работ*, там же, с.338.

507_ Н.Ф. Федоров и идеи трансгуманизма http://www.marsiada.ru/359/407/411/5417/(검색일: 2012.9.1.).

508_ В.Н. Демин, В. П. Селезнев. *К звездам быстрее света: Русский космизм вчера, сегодня, завтра*, там же, с.145.

509_ 박영은, 「니콜라이 표도로프의 "공동 일의 철학"에 나타난 우주론적 인간학」, 『슬라브학보』 제20권 1호, 한국슬라브학회, 2005, 139쪽.

510_ 도미니크 바뱅(Dominique Babin), 『포스트휴먼과의 만남』, 양영란 역, 궁리, 2004, 39쪽.

511_ 호세 꼬르데이로, 『2020 트랜스 휴먼과 미래경제』, 앞의 책, 163쪽.

512_ Введение в иммортализм http://www.transhumanism-russia.ru/content/view/71/95/(검색일: 2012.9.1).

513_ В.Я. Брюсов, "О смерти, воскресении и воскрешении," *Н.Ф. Федоров: pro et contra, К 180-летию со дня рождения Н. Ф. Федорова*, Санкт-Петербург: Издательство Русской Христианской гуманитарной академии, 2008, с.287~289.

514_ Н.Ф. Федоров, "Записка от неученых к ученым, духовным и светским, к верующим и неверующим," Сочинения, там же, с.419.

515_ 성서의 에제키엘 37장 '마른 뼈들' 부분을 참조.

516_ Н.Ф. Федоров, "Записка от неученых к ученым, духовным и светским, к верующим и неверующим," *Сочинения*, там же, с.406.

517_ А.К. Манеев, *Философский анализ антиномий науки*, Минск, 1974, с.130~131, с.136.

518_ 박영은, 「니콜라이 표도로프의 "공동 일의 철학"에 나타난 우주론적 인간학」, 『슬라브학보』 제20권 1호, 한국슬라브학회, 2005, 132~134쪽.

519_ 임경순, 「극미의 세계가 열린다」, 『지식의 최전선』, 한길사, 2002, 191~193쪽; 이인식, 『지식의 대융합: 인문학과 과학기술은 어떻게 만나는가』, 고즈윈, 2008, 370~382쪽.

520_ Н.Ф. Федоров и идеи трансгуманизма http://www.marsiada.ru/359/407/411/5417/(검색일: 2012.9.1.).

521_ В.Н. Дуденков, *Философия космизма в России рубежа XIX-XX веков*, там же, с.53; 박영은, 「니콜라이 표도로프의 "공동 일의 철학"에 나타난 우주론적 인간학」, 『슬라브학보』 제20권 1호, 한국슬라브학회, 2005, 123~125쪽.

522_ Robert C. W. Ettinger, *The Prospect Of Immortality*, 1964; издание на русском языке: Роберт Эттингер, *Перспективы бессмертия*, Москва: Научный мир, 2003. 한국어번역: 로버트 에틴거, 『냉동인간』, 문은실 역, 김영사, 2011; Robert C. W. Ettinger, *Man Into Superman*, Avon, 1974.

523_ Роберт Эттингер, *Перспективы бессмертия*, Москва: Научный мир, 2003.

524_ 이인식 해제, 「냉동인간은 부활을 꿈꾼다」, 로버트 에틴거, 앞의 책, 2011, 11~12쪽.

525_ Порфирий Иванович Бахметьев. http://www.sarrest.ru/cultura/pers/01/ui04.html(검색일: 2012.9.1.).

526_ 루너(Leroy S. Rouner), 「서론」, 루너 편저, 『자연 그 동서양적 이해』, 이정배 · 이은선 역, 종로서적, 1989, 9쪽.

527_ В.С. Степин, *Теоретическое знание*, там же, 2000.

528_ 이차크 벤토프(Itzhak Bentov), 『우주의식의 창조놀이』, 이균형 역, 정신세계사, 2001, 51쪽.

529_ С.С. Неретина, А.П. Огурцов, "космизм или персонализм антиномии русской историософии," *Философия русского космизма*, Москва: Фонд новое тысячелетие, 1996, с.207.

530_ К.Э. Циолковский , "Монизм Вселенной " *Антология русского космизма*, СПБ., 1995, с.39.

531_ 닐 투록(Neil Turok), 『우리안의 우주』, 이강환 역, 시공사, 2012, 15~17쪽.

532_ Н.В. Башкова, *Преображение человека в философии русского космизма*, Москва: КомКнига, 2013, с.6.

533_ Н.В. Башкова, *Преображение человека в философии русского космизма*, там же, с.29.

534_ 이남희, 『우주는 살아있다』, 앤티북, 2003, 178쪽.

535_ Н.В. Башкова, *Преображение человека в философии русского космизма*, там же, с.55.

536_ Н.А. Бердяев. "Теософия и антропософия в России," *Типы религиозной мысли в России. [Собрание сочинений. Т. III]*, Париж: YMCA-Press, 1989, с.477.

537_ 이남희, 『우주는 살아있다』, 앤티북, 2003, 252쪽.

538_ 매튜 폭스(Mathew Fox), 『우주 그리스도의 도래』, 송형만 역, 분도출판사, 2002, 238쪽.

539_ Robert N. Bellah, *The Broken Covenant*, New York: Seabury Press, 1975, p.162.

540_ Charles M. Fair, *The Dying Self, Garden City*, NY: Doubleday, 1970, p.106, p.121.

541_ Н.В. Башкова, *Преображение человека в философии русского космизма*, там же, с.28.

542_ 샤론 베글리, 『달라이 라마, 마음이 뇌에게 묻다』, 북섬, 2008, 342~345쪽.

참고
문헌

1. 한글 문헌

가오루, 다케우치, 『우주론－고전이론에서 포스트 아인슈타인 이론까지』 (1), 김재호 · 이문숙 역, 전나무숲, 2010.
가로, 조엘, 『급진적 진화』, 임지원 역, 지식의 숲, 2007.
강대석, 『그리스 철학의 이해』, 한길사, 1996.
강윤재, 『세상을 바꾼 과학논쟁』, 궁리, 2011.
곽승룡, 『도스토예프스키의 비움과 충만의 그리스도』, 가톨릭 출판사, 1998.
______, 『비움의 영성』, 가톨릭 출판사, 2004.
구르지예프, 게오르게 이바노비치, 『놀라운 사람들과의 만남』, 풀라 역, 샨티, 2012.
구승회, 『에코 필로소피』, 새길, 1995.
금인숙, 『신비주의: 요가, 영지주의, 연금술, 수피주의』, 살림, 2006.
김성진 외, 『생태문제와 인문학적 상상력』, 나남출판, 1999.
김열규, 『동북아시아 샤머니즘과 신화론』, 아카넷, 2003.
김욱동, 『문학생태학을 위하여: 녹색 문학과 녹색 이론』, 민음사, 2003.
김융희, 『예술, 세계와의 주술적 소통』, 책세상, 2000.
김재희 엮음, 『깨어나는 女神: 에코페미니즘과 생태문명의 비전』, 정신세계사, 2000.
김　진, 『퓌지스와 존재 사유』, 문예출판사, 2003.
김진묵, 『세계명상음악순례』, 정신세계사, 2006.
김창환, 『몸과 마음은 하나다』, 지성사, 2007.
김호경, 『종교, 과학에 말을 걸다』, 책세상, 2005.
꼬르데이로, 호세, 『2020 트랜스 휴먼과 미래경제』, 박영숙 역, 교보문고, 2006.
다카시, 다치바나, 『우주로부터의 귀환』, 전현희 역, 청어람미디어, 2002.

더브런, 콜린, 『순수와 구원의 대지 시베리아』, 황의방 역, 까치, 1999.
데이비스, 케네스 C., 『우주의 발견』, 이충호 역, 푸른숲, 2004.
뒤마, 로베르, 『나무의 철학』, 송혁석 역, 동문선, 2004.
러브록, 제임스, 『가이아: 살아있는 생명체로서의 지구』, 홍욱희 역, 갈라파고스, 2004.
렘프레히트, 스털링 P., 『서양 철학사』, 김태길 · 윤명로 · 최명관 역, 을유문화사, 1994.
로스키, 블라지미르, 『동방교회의 신비신학에 대하여』, 박노양 역, 한국장로교출판사, 2003.
로어, 리처드 · 안드레아스 에베르트, 『내 안에 접힌 날개』, 이화숙 역, 바오로딸, 2011.
루너, 레로이, 「서론」, 루너 편저, 이정배 · 이은선 역, 『자연 그 동서양적 이해』, 종로서적, 1989, 3~13쪽.
루너 편저, 『자연 그 동서양적 이해』, 이정배 · 이은선 역, 종로서적, 1989.
리들리, 매트, 『23장에 담긴 인간의 자서전 게놈』, 하영미 · 전성수 · 이동희 역, 김영사, 2003.
리소, 돈 리처드 · 러스 허드슨, 『에니어그램의 지혜』, 주혜명 역, 한문화, 2009.
바뱅, 도미니크, 『포스트휴먼과의 만남』, 양영란 역, 궁리, 2004.
박영은, 『아나톨리 김의 우주론 연구 – 상승과 변형의 시학 – 』, 한국외국어대학교 대학원 박사학위논문, 2004.
______, 「블라지미르 솔로비요프의 상승의 진화론 – 로고스와 소피아의 결합체인 그리스도 양성론(兩性論) – 」, 『슬라브학보』 제19권 2호, 한국슬라브학회, 2004, 53~80쪽.
______, 「니콜라이 표도로프의 "공동 일의 철학"에 나타난 우주론적 인간학」, 『슬라브학보』 제20권 1호, 한국슬라브학회, 2005, 123~144쪽.
______, 「B. 라스푸친의 『마쪼라의 이별』에 나타난 '우주목(宇宙木)'의 상징성 연구」, 『세계문학비교연구』 제13집, 세계문학비교학회, 2005, 97~121쪽.
______, 「『카라마조프 형제들』에 나타난 도스토예프스키의 신비주의와 만유재신론」, 『슬라브학보』 제20권 2호, 한국슬라브학회, 2005, 103~130쪽.
______, 「페레스트로이카와 러시아 '은세기' 정신문화 유산의 부활: 솔로비요프와 표도로프의 역사관 고찰」, 『동유럽발칸학』 제7권 2호, 한국동유럽발칸학회, 2005, 159~182쪽.
______, 「표도로프 사상에 대한 도스토예프스키의 예술적 반향 – 아버지 '살해'의 시대에서 '부활'의 시대를 향한 인류 변형론 – 」, 『슬라브연구』 제21권 – 2호, 한국외국어대학교 외국학종합센터 러시아연구소, 2005, 277~302쪽.
______, 「베르나드스키의 '생명권'과 문학 생태학」, 『외국문학연구』 제24집, 한국외국어대학교 외국문학연구소, 2006, 47~71쪽.
______, 「상처와 응시 – 에코페미니즘의 관점으로 본 아스타피예프의 『물고기 – 대왕』」, 『슬라브연구』 제22-2권, 한국외국어대학교 외국학종합연구센터 러시아연구소, 2006, 211~231쪽.
______, 「러시아 우주론의 이론적 토대와 철학적 개념에 대한 고찰」, 『슬라브학보』 제23권 3호, 한국슬라브학회, 2008, 157~182쪽.
______, 「예브게니 옙뚜셴꼬의 세계관에 구현된 '시베리아' 경험 공간의 의미장」, 『비교문학』 제55권, 한국비교문학회, 2011, 297~324쪽.
______, 「블라지미르 베르나드스키 과학이론의 문학적 수용 연구」, 『노어노문학』 제23권 제1호, 한국노

어노문학회, 2011, 197~224쪽.
박영은, 「옐레나 블라바츠카야의 신지학(神智學)과 문화사적 영향 연구－니콜라이 레리흐와 옐레나 레리흐의 문예운동에 미친 영향을 중심으로－」, 『슬라브학보』 제27권 3호, 한국슬라브학회, 2012, 67~97쪽.
______, 「게오르기 구르지예프의 철학과 수행에 내재된 유라시아적 특성 연구」, 『슬라브학보』 제28권 1호, 한국슬라브학회, 2013, 77~108쪽.
______, 「트랜스휴머니즘(Transhumanism) 사상의 철학적 근원에 대한 고찰」, 『노어노문학』제25권 제1호, 한국노어노문학회, 2013, 115~142쪽.
박이문, 『환경철학』, 미다스북스, 2002.
번스타인, 제레미, 『아인슈타인: 생애・학문・사상』, 장회익 편역, 전파과학사, 1995.
베글리, 샤론, 『달라이 라마, 마음이 뇌에게 묻다』, 북섬, 2008.
베르, 게하르트, 『영혼의 스승들』, 최호영 역, 뜰, 2008.
베르댜예프, 니콜라이, 『현대 세계의 인간 운명』, 조호연 역, 지만지, 2008.
__________________, 『거대한 그물: 철학적 자서전 또는 삶에 대한 정신적 탐구의 역사』, 이경식 역, 종로서적, 1981.
베르쟈예프, N., 『도스토예프스키의 세계관』, 이경식 역, 현대사상사, 1991.
베어, 게르하르트, 『유럽의 신비주의』, 조원규 역, 도서출판 자작, 2001.
베젤랸스키, 유리 니콜라예비치, 『19세기 러시아의 여인들, 사랑과 욕망의 해바라기』, 이명자 역, 범우사, 2007.
벤토프, 이차크, 『우주의식의 창조놀이』, 이균형 역, 정신세계사, 2001.
브로스, 자크, 『나무의 신화』, 주향은 역, 이학사, 2002.
비텝스키, 피어스, 『샤먼: 영혼의 여정・트랜스, 엑스터시, 치유・시베리아에서 아마존까지』, 김성례・홍석준 역, 창해, 2005.
샤르댕, 테야르, 『인간현상』, 양명수 역, 한길사, 1997.
세이건, 칼, 『코스모스』, 홍승수 역, 사이언스북스, 2004.
슈피들릭, 토마스, 『그리스도교 동방 영성』, 곽승룡 역, 가톨릭출판사, 2014.
아인슈타인, 알베르트, 『아인슈타인의 나의 세계관』, 홍수연・구자현 역, 도서출판 중심, 2003.
야스오, 유아사, 『몸과 우주－동양과 서양』, 이정배・이한영 역, 지식산업사, 2004.
에틴거, 로버트, 『냉동인간』, 문은실 역, 김영사, 2011.
엘리아데, 미르치아, 『이미지와 상징, 주술적－종교적 상징체계에 관한 시론』, 이재실 역, 까치, 2002.
옙뚜셴꼬, 예브게니, 『시베리아의 들딸기』, 이종진 역, 東亞日報社, 1985.
오쇼, 『위대한 만남』, 손민규 역, 비전코리아, 2006.
오시야, 오다카 엮음, 『새로운 우주인간으로의 탄생』, 정성호 역, 대원출판, 1996.
우스펜스키, 표도프, 『구르지예프의 길』, 오성근 역, The9, 2012.
윌버, 켄, 『모든 것의 역사』, 조효남 역, 대원출판, 2011.
윌슨, 에드워드, 『통섭: 지식의 대통합』, 최재천・장대익 역, 사이언스북스, 2005.

윌슨, 에드워드, 『생명의 편지』, 권기호 역, 사이언스북스, 2007.
이강옥, 『에니어그램 이야기: 내면의 빛을 향하여』, 中央適性出版社, 2004.
이경순, 「생태, 자연, 여성, 시」, 『시와 사회』 2호, 시와 사회사, 1993.
이남희, 『우주는 살아있다』, 앤티북, 2003.
이병창, 『에니어그램을 넘어 데카그램으로』, 정신세계사, 2011.
이시우, 『우주의 신비』, 신구문화사, 2002.
이우경, 「무한한 가능성의 공간, 우주」, 『지식의 최전선』, 한길사, 2002, 244~255쪽.
이인식, 『지식의 대융합: 인문학과 과학기술은 어떻게 만나는가』, 고즈윈, 2008.
이정우, 『영혼론 입문』, 살림, 2003.
임경순, 「극미의 세계가 열린다」, 『지식의 최전선』, 한길사, 2002, 190~197쪽.
장정렬, 『생태주의 시학』, 한국문화사, 2000.
장회익 외, 『인간이란 무엇인가』, 민음사, 1991.
정인석, 『자기를 이기는 자는 자유롭다: 구제프의 사상과 가르침』, 학지사, 2001.
______, 『트랜스퍼스널심리학: 동서 예지의 통합과 자기초월의 패러다임』, 대왕사, 2009.
질송, 에티엔느, 『중세 철학사』, 김기찬 역, 현대지성사, 1997.
최재천, 『통섭의 식탁』, 명진출판, 2011.
카프라, 프리초프, 『현대 물리학과 동양사상』, 이성범 · 김용정 역, 범양사 출판부, 2004.
커즈와일, 레이, 『특이점이 온다』, 김명남 · 장시형 역, 김영사, 2007.
코올즈, 피터, 『우주론이란 무엇인가』, 송형석 역, 동문선, 2003.
탤보트, 마이클, 『홀로그램 우주』, 이균형 역, 정신세계사, 2004.
터너, 앨리스 K., 『지옥의 역사』 I, II, 이찬수 역, 동연, 1998.
투록, 닐, 『우리안의 우주』, 이강환 역, 시공사, 2012.
툴민, 스테판, 『자연-그 동서양적 이해』, 이성배 · 이은선 역, 종로서적, 1989.
퍼니스, 팀, 『우주선의 역사』, 채연석 역, 아라크네, 2007.
폭스, 매튜, 『우주 그리스도의 도래』, 송형만 역, 분도출판사, 2002.
폰티쿠스, 에바그리우스, 『에바그리우스의 기도와 묵상』, 전경미 · 이재길 역, 한국고등신학연구원, 2011.
____________________, 『프락티코스』, 허성식 역주 · 해제, 분도출판사, 2011.
필즈, 릭, 『미국 불교사』, 한창호 역, 운주사, 2009.
한면희, 『환경윤리: 자연의 가치와 인간의 의무』, 철학과 현실사, 1997.
헤어브레히터, 슈테판, 『포스트휴머니즘: 인간 이후의 인간에 관한 문화철학적 담론』, 김연순 · 김응준 역, 성균관대학교 출판부, 2012.
호프, 제인, 『영혼의 비밀』, 유기천 역, 문학동네, 2002.
호트, 존, 『과학과 종교, 상생의 길을 가다』, 구자현 역, 코기토, 2003.

2. 영어 문헌

Andrews, James T., *Red cosmos: K.E. Tsiolkovskii, grandfather of Soviet rocketry*, College Station: Texas A & M University Press, 2009.

Barnett, Henlee, *The Church and the Ecological Crisis*, Grand Rapids, Mich: Erdmans, 1972.

Bateson, Gregory, *Mind and Nature*, New York: Batmanbooks, 1980.

Belah, Robert, *Habits of the Heart: Individualism and Commitment in American Life*, New York: Harper & Row, 1985.

Bennett, John, *Idiots in Paris: Diaries of J.G. Bennett and Elizabeth Bennett*, 1949, Red Wheel Weiser, 1991.

Bennett, Jone, *Gurdjieff: Making a New World*, New York: Harper & Row, 1973.

Berdyaev, Nicolas, *Slavery and Freedom*, New York: Scribners, 1939.

_______________, *The Spirit and Reality*, London: Geoffrey Bles, 1939.

_______________, *Dream and Reality*, New York: Collier Books, 1962.

_______________, "Salvation and Creativity: Two Understandings of Christianity.", *Western Spirituality: Historical Roots, Ecumenical Routes*, Trans. Matthew Fox. Santa Fe, NM.: Bear & Co., 1981.

Berdyaev, Nicholas, *Dostoevsky*, Cleveland and New York: The World Publishing Company(Meridian Books), 1969.

Bostrom, Nick and Julian Savulescu, eds., *Human Enhancement*, Oxford: Oxford University Press, 2005.

Commoner, Barry, *The Closing Circle: Nature, Man, Technology*, New York: Knopf, 1971.

Conford, F. M., *Plato's Cosmology: The "Timaeus" of Plato*, London: Routledge, 1937.

Cranston, Sylvia, H.P.B., *The Extraordinary Life and Influence of Helena Blavasky*, Founder of the Modern Theosophical Movement, New York, 1993.

Deane-Drummond, Celia E., *The Ethics of Nature*, Blackwell Publishing, 2004.

Dunne, Jone, *Time and Myth*, Notre Dame: Notre Dame University Press, 1973.

Einstein, Albert, *Ideas and Opinions*, New York: Crown, 1982.

Fair, Charles M., *The Dying Self*, Garden City, NY: Doubleday, 1970.

Fedotov, G.P., *A treasury of russian spirituality*, New York, 1948.

FM-2030, *Optimism one; the emerging radicalism*, Norton, 1970.

_______, *UpWingers: A Futurist Manifesto*, John Day Co., 1974.

_______, *Are You a Transhuman?: Monitoring and Stimulating Your Personal Rate of Growth in a Rapidly Changing World*, Warner Books, 1989.

Fox, Matthew, *Original Blessing*, Santa Fe, NM: Bear & Co, 1983.

Fromm, Erich, *Sane Society*, New York: Fawcett, 1955.

Ginsburg, Seymour B., *Gurdjieff Unveiled: An overview and introduction to Grudjieff's teaching*, Lighthouse Workbooks, 2005.

Girardot, N.J., *Myth and Meaning in early Taoism*, Berkeley: University of California Press, 1983.

Gurdjieff, G.I., *Beelzebub's tales to his grandson: an objectively impartial criticism of the life of man*, New York: Penguin Compass, 1999.

____________, *Life is real only then, when 'I am'*. London; New York: Arkana, 1999.

____________, Meeting with remarkable men. New York: Penguin Compass, 2002.

____________, "Foreword," *Meeting with remarkable men*, New York: Penguin Compass, 2002, p.vii-viii.

____________, *Views from the real world :early talks in Moscow, Essentuki, Tiflis, Berlin, London, Paris, New York and Chicago as recollected by his pupils*, New York: Penguin Compass, 1984.

Hartmann, Thomas & Olga de., *Our Life with Mr. Gurdjieff*, Morning Light Press: Reprint edition, 2011.

Huxley, J., *New Bottles for New Wine*, London: Chatto & Windus, 1957.

Kasack, Wolfgang. "Man Between Beast and God: Anatoly Kim' s Apocalyptic Vision." *World Literature Today*, Winter, 1993, pp.100~106.

Kolchevska, Natasha. "Fathers, Sons and Trees: Myth and Reality in Anatolij Kim' s Otec-les." *Slavic and East European Journal* 3, 1992, pp.339~352.

Kuhn, Thomas, *The Structure of Scientific Revolution*, Chicago: The Univ. of Chicago Press, 1970.

Kuznetsov, Felix, "The Prose of Victor Astafiev.", Victor Astafiev, *Queen Fish*, Progress Publishers Moscow, 1982.

Lossky, Nicholas, *History of Russian Philosophy*, New York, 1951.

Lovelock, James E., *Gaia: A New Look at Life on Earth*, Oxford: Oxford University Press, 1979.

Lunkin, Roman & Filatov, Sergei., "The Rerikh Movement: A Homegrown Russian 'New Religious Movement'", *Religion, State and Society* Volume 28, Issue 1, 2000, pp.135~148.

Lyons, J.A., *The Cosmic Christ in Origen and Teilhard de Chardin*, Oxford: Oxford Univ. Press, 1982.

Macy, Joanna, *Despair and Personal Power in the Nuclear Age*, Philadelphia: New Society Publishers, 1983.

Marcel, Gabriel, *The Decline of Wisdom*, New York: Philosophical Library, 1955.

Mochulsky, Konstantin, *Dostoevsky: His Life and Work*, Michael A. Minihan trans, Princeton, NJ: Princeton University Press, 1967.

Munson, Gorham, "Gurdjieff-Ouspensky-Orage: Black Sheep Philosopher.", *Tomorrow Magazine, TAT Journal* Vol.9, Copyright 1950, pp.1~9.
http://www.searchwithin.org/download/gurdjieff_ouspensky_orage.pdf

Nott, Stanley, *Teachings of Gurdjieff: A Pupil's Journal*, Penguin, 1991.

Osborn, L, "Archetypes, Angels and Gaia." *Ecotheology*, No.10, 2001.

Ouspensky, P.D., *In search of the miraculous: fragments of an unknown teaching*, San Diego: Harcourt, 2001.

Pecotic, David J., "Body and Cosmology in the Mysticism of G.I. Gurdjieff: Esotericism and

'Phemenological Anatomy' in Beelzebub's Tales To His Grandson and In Search of the Miraculous." www.Gurdjieff-Bibliography.com

Peters, Fritz, *Boyhood with Gurdjieff,* Arete Communications, 2011.

Pittman, Michael, *G.I. Gurdjieff: Armenian Roots, Global Branches*, Cambridge Scholars Publishing, 2008.

Polowy, T., *The Novellas of Valentin Rasputin: genre, language and style*, New York: Peter Lang. 1988.

Pomar, Mark G., "Alesha Karamazov's epiphany: a reading of 'Cana of Galilee'.", *SEEJ.* Vol.27. No.1, 1983.

Ponticus, Evagrius, *The Praktikos, Chapters on Prayer*, trans. John Eudes Bamberger, Cistercian Studies Series 4, Massachusetts/Spencer, 1970.

Rank, Otto, *Art and Artist*, New York: Agathon Press, 1975.

_________, *Beyond Psychology*, New York: Dover Publications, 1958.

Reavey, George, "Yevgeny Yevtnshenko: Man and Poet," vii-xxxviii, *The Poetry of Yevgeny Yevtnshenko*, Revised and Enlarged Edition, October House Inc., New York, 1967.

Reuther, Rosemary R., *New Woman, New Earth*, New York: Seabury, 1975.

Robert C.W. Ettinger, *Man Into Superman*, Avon, 1974.

_________________, *The Prospect Of Immortality*, Ria University Press, 2005.

Robert N. Bellah, *The Broken Covenant*, New York: Seabury Press, 1975.

Ruether, Rosemary, *Mary-The Feminine Face of the Church*, Philadelphia: Westminster Press, 1977.

_______________, *Sexism and God-Talk: Toward a Feminist Theology*, Boston: Beacon Press, 1983.

Ryan, Charles J., *H.P. Blavasky and the Theosophical Movement*, Theosophical University Press, 1975.

Salzmann, Jeanne de, "foreword." G.I. Gurdieff, *Life is real only then, when 'I am'.* London; New York: Arkana, 1999. pp.ix-xii.

Scheffczyk, Leo, *Creation and Providence*, New York: Herder and Herder, 1970.

Schrodinger, Erwin, *What is Life?,* New York: Macmilan, 1947.

Seifrid, Thomas, *Andrei Platonov,* Cambridge: Cambridge University Press, 1992.

Shirley, John, *Gurdjieff: An Introduction to His Life and Ideas,* New York: Penguin, 2004.

Sjoo, Monica and Barbara Mor., *The Great Cosmic Mother*, San Francisco: Harper & Row, 1987.

Speeth, Kathlean Rioidan, *The Grudieff Work*, New York: Putnam, 1989.

Spidlik, Tomas, *Spirituality of the Christian East: A Systematic Handbook,* Cistercian Publications, 1986.

Teilhard de Chardin, Pierre, *Human Energy*, New York: Harcourt Brace Jovanovich, 1969.

_______________________, *The Heart of Matter*, New York: Harcourt Brace Jovanovich, 1978.

Tipler, F.J., *The Physics of Immortality: Modern Cosmology*, God and the Resurrection of the Dead,

New York: Doubleday, 1994.

Tirosh-Samuelson, Hava, "Engaging Transhumanism," *Transhumanism and its critics*, edited by Gregory R., Hansell and William Grassie, Philadelphia, PA: Metanexus Institute, 2011, pp.19~52.

Wasiolek, Edward, *Dostoevsky: The Major Fiction*, The M.I.T. Press, 1964.

Watts, John Allen, "Introduction to the Grudjieff-De Hartmann piano music." Edited by Michael Pittman, *G.I. Gurdjieff: Armenian Roots, Global Branches*, Cambridge Scholars Publishing, 2008, pp.33~43.

Wellbeloved, Sophia, "Introduction.", *Gurdjieff: The Key Concepts*, London and New York: Routledge, 2003. pp.xxii~xxxi.

__________________, *Gurdjieff: The Key Concepts*, London and New York: Routledge, 2003.

Whitehead, Alfred North, *Scientific and the Modern World*, New York: Macmillan, 1925.

Yevtushenko, Yevgeny, *A precocious autobiography*, Translated from the russian by Andrew R. MacAndrew, New York: E.P.Dutton & Co.,Inc., 1963("Biography for Yevgeni Yevtushenko" http://www.imdb.com/name/nm0947877/bio).

Zuber, Renee, *Who Are You, Monsieur Gurdjieff?*, Penguin Books, 1988.

3. 러시아어 문헌

Аксенов, Г., "преодоление времени." *Философия бессмертия и воскрешения*, Москва, 1996.

Александрович, Абрамов, *Русский космизм идея единства культуры и многоплановая реальность*, Диссертация на соискание ученой степени доктора культурологии. Саранск, 2007.

Алов, А.А. М.Г. Галахтин, и Ю.Л. Егоров, *Основные проблемы философской мысли России XIX-начала XX веков*, Москва: МИЭТ, 1994.

Андреев, А.И., "Оккультизм и мистика в жизни и творчестве Н.К. и Е.И. Рерих." *Рерихи: мифы и факты, Сборник статей*, СПБ.: Нестор-История, 2011, с.57~107.

Антипов, Г.А., "Феномен прошлого человека в учении Н.Ф. Федорова." *История Философии и современная идеологическая борьба*, Новосибирск, 1981.

Арлазоров, Михаил. *К. Циолковский*, Москва: Молодая гвардия, 1967.

Артюхов, И.В., "Трансгуманизм философские истоки и история возникновения." (отв. ред., Валерия Прай д, А.В. Коротаев) *Новые технологии и продолжение эволюции человека?: трансгуманистический проект будущего*, Москва: URSS, 2008, с.31~45.

Астафьев, Виктор, *Царь-Рыба, Пастух и пастушка*, Москва: Советская Россия, 1989.

Афанасьев, Виктор, *По образу древних: Оптина Пустынь*, Издание Оптиной Пустыни. 2004.

Балтрушай тис, Юргис, "Внутренние приметы творчества Рериха." Н.К. Рерих, *Держава Света*, СПБ.: Азбука, 2011, с.267~276.

Бальбуров, Э.А, "А. Платонов и М. Пришвин: две грани русского космизма." *Роль традиции в литературной жизни эпохи, сюжеты и мотивы*(сборник научных трудов). Новоибирск, 1995.

_______________, "Русский космизм: философия, наука, поэзия, миф." *Гуманитарные науки в Сибири. Серия филологическая*, no.4, 1995, с.10~17.

_______________, "Поэтический Космос Анатолия Кима." Институт филологии СО РАН, Новосибирск, 1997.

Бальбуров, Э.А, "Искусство и литература в метафизике русских космистов." *Гуманитарные науки в Сибири*, Серия филологическая, no.4, 2000, с.31~35.

Баршит, К, "Научите меня любви (К вопросу о Н.Ф. Федорове и Ф.М. Достоевском)." *Простор*, no.7, 1989.

Бахметьев, Порфирий Иванович http://www.sarrest.ru/cultura/pers/01/ui04.html(검색일: 2012.9.1.)

Башкова, Н.В, *Преображение человека в философии русского космизма*, Москва: КомКнига, 2013.

Безносов, В.Г, "Земное-небесное в творчестве Ф. М. Достоевского." *Достоевский и современность*, Новгород, 1994.

Беликов, П.Ф, *Рерихи, опыт духовной биографии*, Москва: Международный Центр Рерихов, 2011.

Беликов, П.Ф, и В.П. Князева, *Николай Константинович Рерих*, Самара, 1996.

Белов, С.В, "Ф. М. Достоевский и оптинский старец Амвросий." *Достоеаский и современность*, Великий Новгород, 2004.

Бердяев, Н.А, *Судьба человека в современном мире,* http://vehi.net/berdyaev/sudbache/index.html

_______________, "Теософия и антропософия в России." *Типы религиозной мысли в России. [Собрание сочинений. T.III]*, Париж: YMCA-Press, 1989, с.463~486.

_______________, *Философия свободы, Смысл творчества*, Москва: Правда. 1989.

_______________, "Русская Идея." *О россии и русской философской культуре*, Москва: Наука, 1990. с.43~271.

_______________, *Самопознание(опыт философской автобиографии)*, Москва: Международные отношения, 1990.

_______________, *Смысл истории*, Москва: Мысль, 1990.

_______________, *Смысл творчества: опыт оправдания человека, Собрание сочинений 2*, Paris: YMCA-Press, 1991.

_______________, *Философия творчества, культуры и искусства 1: в двух томах*, Москва: Изд-во "Искусство." 1994.

Бердяев, Н.А, *Философия творчества, культуры и искусства 2: в двух томах*, Москва: Изд-во 〈Искусство〉, 1994.

_____________, *Судьба России. Кризис искусства*, Москва: Издательство 〈Канон +〉, 2004.

Бэлнеп, Роберт Л, *Генезис 『Братьев Карамазовых』: эстетические, идеологические и психологические аспекты создания текста*, Санкт-Петербург, 2003.

Блаватская, Е.П, *Теософский словарь*, Москва: Издательство 〈Сфера〉, 1994.

_____________, *Письма друзьям и сотрудникам*, Сборник. Перев. С англ, Москва, 2002.

_____________, *Разблаченная Изида*, Москва: Эксмо; СПБ.: Мидгард, 2007.

_____________, *Тай ная Доктрина: Синтез науки, религии и философии, том 1. Космогенезис*, Москва: АСТ. том 2. *Антрогенезис*, Москва: АСТ. 2009.

_____________, *Ключ к теософии, избранные статьи*, Москва: Эксмо, 2010.

Богомолов, И.А, *Русская литература начала XX века и оккультизм*, Москва: Новое литературное обозрение, 1999.

Бой ков, В.Ф, "Соловьиная песнь русской философии." *Владимир Соловьев: Pro et Contra, Антология*, Санкт-Петербург: Издательство русского христианского гуманитарного института, 2000, с.7~40.

Бондаренко, В, "Образ человека (Предисловие)." А. Ким, *Собиратели трав. повести*, Москва: известия, 1983, с.562~573.

Бочаров, С.Г, "Вещество существования(Выражение в прозе)." *Андрей Платонов: Мир творчества*, Москва: Современный писатель, 1994, с.10~46.

Брачев В.С, *Масоны и власть в России*, Москва: Эксмо, 2003.

Брюсов, В.Я, "О смерти, воскресении и воскрешении" *Н.Ф. Федоров: pro et contra. К 180-летию со дня рождения Н.Ф. Федорова*, Санкт-Петербург: Издательство Русской Христианской гуманитарной академии, 2008, с.287~289.

Бурсов, Б, *Личность Достоевского, изд. 2-е*, Ленинград: Советский писатель, 1979.

Быx, Н.Г, *Христианские мотивы понимания природы в "Философии общего дела" Н. Ф. Федорова*, Москва, 1995.

_________, *Религиозно-философские основания учения Н.Ф. Федорова*, Москва, 1996.

Варламов, Алексей, "Гений жизни" *Повести. Рассказы*, Москва: Дрофа, 2010, с.5~30.

_____________, *Михаил Пришвин: биография*, Москва: Эксмо. 2010.

Вганба В.Р, "Становление ноосферы и экологическая этика." *Русский космизм и Ноосфера: Тезисы докладов Всесоюзной конференции*, Москва, 1989.

Вернадский, В.И, *Химическое строение биосферы Земли и её окружения*, Москва: Наука, 1965.

Вернадский, В.И, *Проблемы биогеохимия*, Москва: Наука, 1980.

Вернадский, В.И, *Философские мысли натуралиста*, Москва: Наука, 1988.
_______________, *Научная мысль как планетное явление*, Москва: Наука, 1991.
_______________, *Биосфера и ноосфера*, Москва: Фонд имени В.И. Вернадского, 2008.
_______________, *Биосфера и ноосфера,* Москва: Ай рис-пресс, 2009.
Ветлов, Е.А, *Философия истории Н.Ф. Федорова и русская культура (конца XIX-нач. XX вв.),* Ярославль, 2000.
Виноградов А, *Тай ные битвы XX столетия*, Москва: ОЛМА-Пресс, 2003.
Владимирский, Борис и Лев Кисловский, *Путями русского космизма. Судьбы людей и идей. Влияние космоса на социальные процессы. Поиск жизни во Вселенной*, Либроком, 2011.
Волошина, Марина, *Утопический элемент в воззрениях русских космистов и его эволюция. Кандидат философских наук*, Хабаровск, 2006.
Вьюгин, В.Ю, *Андрей Платонов: поэтика загадки* (Очерк становения и эволюции стили), СПБ.: РХГХ, 2004.
Гачева, А.Г, "Ф.М. Достоевский и Н.Ф. Федоров (новые материалы)." *Достоевский и современность*, Старая Русса, 1999.
___________, "В.С. Соловьев и Н.Ф. Федоров. История творческих взаимоотношениий.", *Н.Ф. Федоров: pro et contra*, СПБ.: издательство русского христианского гуманитарного института, 2004.
___________, "Новые материалы к истории знакомства Достоевского с идеями Федорова." *Н.Ф. Федоров: pro et contra*, СПБ.: издательство русского христиа нского гуманитарного института, 2004.
___________, *Ф.М. Достоевский и Н.Ф. Федоров: Встречи в русской культуре*, Москва: ИМЛИ РАН, 2008.
Геллер, Михаил, *Андрей Платонов в поисках счастья*, Paris: YMCA-Press, 1982.
Геннадий, Священник, "Оптинские предания о Достоевском." *Статьи о Достоевском (1971-2001),* Санкт-Петербург: 〈Серебряный век〉, 2001.
Гиндилис, Л.М, "Русский космизм и живая этика взаимосвязь космизм-экология" Фесенкова Л.В.(Ред.), *Стратегия выживания: Космизм и экология*, Москва: Издательство ЛКИ, 2010, с.142~147.
_____________, "Русский Космизм и Живая Этика." Электронная библиотека Международного Центра Рерихов. http://lib.icr.su/node/1004
Горский, А.К. и Н.А. Сетницкий, *Сочинение,* Москва: Издательство 〈Раритет〉, 1995.
Грехем, Л, *Очерки истории россий ской и советской науки*, Москва: Януск, 1998.
Гречнев, В.Я, *Творчество Андрея Платонова*, Санкт-Петербург: Наука, 1995.
Грибанов, Владимир, "Елена Петровна Блаватская."

http://www.magisteriy.org/adepts/112-elena-blavatsky

Грицанов, А.А. и А.И. Мерцалова, *Елена Блаватская*, Минск: Книжный дом, 2010.

Гуржиев, Георгий, *Вестник грядущего блага, Беседы с учениками*, Москва: Энигма, 2011.

Гуржиев, Георгий, *Встречи с замечательными людьмы,* Москва: Энигма, 2012.

Демин, В.Н. и В.П. Селезнев, *К звездам быстрее света: Русский космизм вчера, сегодня, завтра*, Москва: книжный дом 〈ЛИБРОКОМ〉, 2011.

Дмитриев, А.Н. и А.Н. Кочергин, "Ноосфера и техносфера." *Русский космизм и Ноосфера: Тезисы докладов Всесоюзной конференции*, Москва, 1989, Ч.1.

Достоевская, А.Г, *Воспоминаниая*, Москва, 1987.

Достоевский, Ф.М, *Собрание сочинений в десять томах*, Москва: государственное издательство художественной литературы, 1958.

Дробжев, М.И, "Космическая философия К.Э.Циолковского." *Человек и человечество в философии русского космизма*, Тамбов, 1999, с.43~70.

Дубаев М.Л, *Рерих (серия ≪Жизнь замечательных людей≫)*, Москва: Молодая гвардия, 2003.

Дуденков, В.Н, *Философия космизма в россии рубежа XIX-XX веков*, Санкт-Петербург, 1998.

Евтушенко, Евгений, *Не умирай прежде смерти, Ягодные места*, Москва: Издательство АСТ, 2008. http://www.evtushenko.net/yam1.html

Емельянов, Б, *Хомяков М.Б. Николай Федоров и его* "Философия общего дела." Псков, 1994.

Ерёмченко, О.З, *Учение о биосфере*, Москва: Издательтво центр 〈Академия〉, 2006.

Ефимова, Н.М, *Учение об обществе психократии Николая Федоровф: Опыт критики*, Киров, 1996.

Захарова М.В и А.А. Захаров, "Андрей Платонов и русский космизм." *Русский космизм и Ноосфера: Тезисы докладов Всесоюзной конференции,* Москва, 1989, Ч.1.

Звозников, А.А, "Достоевский в его отношении к православию." *Достоевский и современность*, Новгород, 1994.

Зеньковский, В.В, *История русской философии Т.2*, Париж, 1950.

Казютинский, В.В, "Космизм и антикосмизм современные дискусии." Фесенкова Л.В.(Ред.), *Стратегия выживания: Космизм и экология*, Москва: Издательство ЛКИ, 2010, с.191~219.

Карабчиевский, *Ю. Воскресение Маяковского*, Москва: Издательство 〈Советский писатель〉, 1990.

Ким, Анатолий , "Голубой Остров." *Собрание сочинений ,* Издательский дом 〈Корё Сарам〉,

1988, с.340~541.

Ким, Анатолий, "Лотос." *Собиратели трав, повести*, Москва: известия, 1983, с.454~561.

_______________, "Соловьное эхо." *Собиратели трав. повести*, Москва: известия, 1983, с.107~189.

_______________, "Утопия Гурина." *Собиратели трав. повести*, Москва: известия, 1983, с.348~453.

_______________, "Белка: роман-сказка" *Избранное: повести и романы*, Москва: Советский писатель, 1988, с.456~717.

_______________, "Отец-лес: роман-притча." Москва: Издательская фирма 〈КОВЧЕГ〉, 1993, с.102~459.

_______________, "Стена: повесть невидимок." Новый мир 10, 1998, с.4~71.

_______________, "Мое прошлое" Современная проза, 2002, с.321~557.

Ключников, С.Ю. "Космические аспекты философского наследия Н.К. и Е.И. Рерихов." *Русский космизм и современность*, Москва: ИФРАН, 1990.

Кобылянский, В.А, "Человек, очеловеченная природа, ноосфера." *Русский космизм и Ноосфера: Тезисы докладов Всесоюзной конференции*, Москва, 1989, Ч.1.

Коваленко, В.А. "Идеи русского космизма и литературное наследие Андрея Платонов." *Русский космизм и Ноосфера: Тезисы докладов Всесоюзной конференции*, Москва, 1989, Ч.1.

Ковина, Е, "Некоторые символические значения пространственно-временной составляющей картины мира в романе 『Братья Карамазовы』." *Достоевский и мировая культура*, no.15, Санкт-Петербург: Издательство 〈серебряный век〉, 2000.

Когай , Е.А, "Социальная экология. Человек и природа в русском космизме." *Социально-гуманитарные знания: Научно-образовательное издание*, Москва, 1999. No.2. с.68~80.

Концевич, И.М, *Оптина пустынь и ее время*, Издательство Белорусского Экзархата -Белорусской Православной Церкви, 2006.

Корониенко, Н, *Андрей Платонов, воспоминания современников, материалы к биографии*, Москва: современный писатель, 1994.

Кунильский, А.Е, "проблема 'смех и христианство' в романе Достоевского 『Братья Карамазовы』." *Евангельский текст в русской литературе XVIII-XX веков: цитата, реминисценция, мотив, сюжет, жанр*, Петрозаводск: издательство петрозаводского университета, 1994.

Лавренова, О.А. и Е.Ю. Томша, "К 175-летию со дня рождения Е.П.Блаватской " Журнал 『Культура и время』, 2006. No.3 http://lib.icr.su/node/395(검색일: 2012년 2월 24일)

Ланин, Б.А. и М.М, Боришанская, *Русская антиутопия XX века*, Москва, 1994.

Ласько, В.А, “Книги с полки яснополянской библиотеки: Л.Н. Толстой и Е.П. Блаватская”, *Культура и время*, 2004, No.3/4, с.232~243.

Лосев, А.Ф, *Бытие, имя, космос,* Москва: Мысль, 1993.

Лосский, Н.О, *История русской философии*, Москва: Советский писатель, 1991.

Лункин, Р.Н, “Новые религиозные движения в России: христианство и постхристианство в зеркале новых богов и пророков.” Сборник 『Двадцать лет религиозной свободы в России』, Москва: РОССПЭН; Московский Центр Карнеги, 2009.

Лункин, Р.Н. и С.Б. Филатов, “Рериховское движение: уникальный феномен постсоветской духовности.”, Рерихи: мифы и факты, Сборник статей, СПБ.: Нестор-История, 2011, с.235~258.

Манеев. А.К, *Философский анализ антиномий науки*, Минск, 1974.

Маслан, М.А, *Русская идея*, Москва: Издательство 〈Республика〉, 1992.

Маслеев, А.Г, *Человеческие измерение вселенной : Космизм и андропоцентризм*, Екатеринбург, 1996.

______________, *Антропологический смысл русского космизма*, Екатеринбург, 2001.

Маслов, А.Н, “Введение.” К.Э. Циолковский, *Приключения Атома: повесть*, Москва: Луч, 2009, pp.3~12.

Машкина, О.А, “Осударева дорога М. Пришвина.” *Традиционализм и модернизм в русской литературе XX века*, под редакцией доктора филологических наук А. П. Казарина, Томск: Издательство Томского университета, 1999, с.84~90.

Медведева, Е, “Вестница Света.” Елена Блаватская, *Разблаченная Изида*, Москва: Эксмо, СПБ.: Мидгард, 2007.

Михнюкевич, В.А, “Старец Зосима как русский 〈всечеловек〉.” *Достоевский и современность*, Старая Русса, 1998.

________________, “Достоевский о христианской культуре народа.” *Достоевский и современность*, Старая русса, 1999.

Моисеев, Н.Н, “Вернадский и современность” http://luxaur.narod.ru/biblio/2/etika/40.html(검색일: 2012.9.1.)

Мочулский, К.В, “Владимир Соловьев. Жизнь и учение.” *Владимир Соловьев: Pro et Contra, Антология*, Санкт-Петербург: Издательство русского христианского гуманитарного института, 2000, с.556~829.

Музей имени Н.К, Рериха: *Путеводитель*, Москва: Международный Центр Рерихов, Мастер-Банк, 2006.

Муромов, Игорь, “100 великих авантюристов-Елена Петровна Блаватская(1831~1891).” http://100-great.sokrytoe.com/029/2863-100-velikih-avantyuristov-elena-petrovna-blavatskaya.-18311891.html

Мусина, М. и Н. Ковалева, “Предисловие”, Е.И. Рерих, *Сокровенное знание. Теория и практика Агни Йоги*, Москва: Эксмо, 2010.

Налимов, В. и Ж. Дрогалина, *Реальность нереального: Вероятная модель бессознательного,* Москва: Издательство 〈МИР ИДЕЙ〉 АО АРКОН, 1995.

Недзвецкий, В.А, *Русская советская литература*(1917~1941)(1941~1985), Budapst, 1986.

Неёлов, Е.М, “От волшевной сказки к литературе фольклорная трнсформация евангельской традиции в учении Н.Ф. Федорова о воскрешение.” *Евангельс кий текст в русской литературе XVIII-XX веков: цитата, реминисценция, мотив*, сюжет, жанр. Петрозаводск: издательство петрозаводского университета, 1994.

Неретина. С.С, и А.П. Огурцов, “Космизм или персонализм антиномии русской историософии.” *Философия русского космизма*, Москва: Фонд новое тысячелетие, 1996, с.204~230.

Олей ников, Ю.В. и А.Т. Шаталов, “Стратегия выживания человечества.” Фесенкова Л.В.(Ред.), *Стратегия выживания: Космизм и экология*, Москва: Издательство ЛКИ, 2010, с.148~153.

Пазилова, В.П, *Критический анализ религиозно-философского учения Н.Ф. Федорова,* Москва: Издательство Московского университета, 1985.

Пак, Ен Ын, “Воплощение натуральной философии Константина Циолковского в произведениях Анатолия Кима.” *Zeitschrift für Slavische Philologie* (Band 69・Heft 2・2012/2013), с.391~409.

____________, “Космологическое мировоззрение в творчестве Анатолия Кима. Поэтика восхождения и преображения.” *Russian Literature LXXI*(2012) I, pp.101~122.

Парфенова А.И, “Влияние философии космизма на русскую культуру XX века.” *Российская культура глазами молодых ученых, Вьшуск 8-й*, СПБ.: Культинформпресс, 1999, с.171~177.

____________, *Влияние философии космизма на русскую культуру XIX-конца начала XX века*, Диссертация на соискание ученой степени кандидата культурологии, Санкт-Петербург, 2001.

Пахомова, М.Ф, “М.М. Пришвин и Карелия.” М.М. Пришвин, *За волшевньм колобком,* Петрозаводск: Карелия, 1987, с.662~702.

____________, “Предисловие.” М.М. Пришвин, *За волшевньм колобком*, Петрозаводск: Карелия, 1987, с.3~9.

Петерсон, Н.Ф, *О религиозном характере учения Н.Ф. Федорова*, Москва, 1915.

Пильский, Петр, “Седой вековой туман.” Н.К. Рерих, *Держава Света*, СПБ.: Азбука, 2011, с.280~284.

Платонов, Андрей, “Маркун.” *Собрание сочинений том I*, Москва: Советская Россия, 1984, с.25~31.

Платонов, Андрей, “Потомки солнца.” *Собрание сочинений том I*, Москва: Советская Россия, 1984, с.32~40.

__________, “Лунная бомба.” *Собрание сочинений том I*, Москва: Советская Россия, 1984, с.41~59.

__________, “Эфирный тракт.” *Собрание сочинений том 1*, Москва: Советская Россия, 1984, с.151~220.

__________, “Примечания.” *Собрание сочинений том 1*, Москва: Советская Россия, 1984, с.450~460.

__________, “Фро.” *Собрание сочинений том 2*, Москва: Советская Россия, 1985, с.128~148.

__________, “В прекрасном и яростном мире(Машинист Мальцев).” *Собрание сочинений том 2*, Москва: Советская Россия, 1985, с.272~284.

__________, “Из ранних сочинений (Из книги стихов 『Голубая глубина』).” *Собрание сочинений том 3*, Москва: Советская Россия, 1985, с.487~518.

__________, “Культура пролетариата.” *Сочинения. том первый 1918-1927. книга вторая Статьи*, Москва: ИМЛИ РАН, 2004, с.90~100.

__________, “У начала царства сознания.” *Сочинения. том первый 1918-1927*, книга вторая Статьи, Москва: ИМЛИ РАН, 2004, с.143~146.

__________, “Пролетарская поэзия.” *Сочинения. том первый 1918-1927*, книга вторая Статьи, Москва: ИМЛИ РАН, 2004, с.162~167.

__________, “Электрификация (Общие понятия).” *Сочинения. том первый 1918-1927, книга вторая Статьи*, Москва: ИМЛИ РАН, 2004, с.133~142.

__________, “О науке.” *Сочинения. том первый 1918-1927, книга вторая Статьи*, Москва: ИМЛИ РАН, 2004, с.33~34.

__________, *Сочинения. том первый 1918-1927, книга первая Расскзвы Стихотворения*, Москва: ИМЛИ РАН, 2004.

Пришвин. М.М, “Жень-шень.” *Повести. Рассказы*, Москва: Дрофа, 2010, с.358~435.

__________, “Осударева дорога.” *За волшевным колобком*, Петрозаводск: Карелия, 1987, с.345~548.

__________, *Глаза земли*, Москва: Советский писатель, 1957.

__________, “Раздумья.” *Собрание сочинений том седьмой*, Москва: Художественная литература, 1984, с.200~333.

__________, *Собрание сочинений том восьмой Дневники 1905-1954*, Москва: Художественная литература, 1986.

Распутин, Валентин, *Прощание с Матерой Повести*, Минск: Народная асвета, 1989.

Рерих Е.И, *Сокровенное знание. Теория и практика Агни Йоги*, Москва: Эксмо, 2010.

Рерих Е.И, *Три Ключа*, Москва: Эксмо, 2011.

Рерих Н.К, "Здоровье духа." *Культура и цивилизация*, Москва: Международный Центр Рерихов, 1994.

__________, *Об искусстве*, Москва: Международный Центр Рерихов, 2005.

__________, *Семь великих тай н космоса*, Москва: Эксмо, 2010.

__________, "Культура." *Держава Света*, СПБ.: Азбука, 2011.

__________, *Шамбала*, СПБ.: Азбука, 2012.

Рерих, Ю.Н, *По тропам Срединной Азии*, Издательство: Хабаровское книжное издательство, 1982.

Рерихи, *Восток-Запад*, Москва: Государственный музей Востока, 2006.

Ровнер, Аркадий , "Предисловие." Георгий Гуржиев, *Вестник грядущего блага, Беседы с учениками*, Москва: Энигма, 2011, с.7~12.

________________, "Искусство скрывать серьезные мысли." Георгий Гуржиев, *Встречи с замечательными людьмы*, Москва: Энигма, 2012, с.7~30.

________________, "Как мы можем изменить себя?" Георгий Гуржиев, *Взгляды из реального мира*, Москва: Энигма, 2012, с.7~16.

Рязанов, Д.А, WWW.BESSMERTIE.RU (научный иммортализм) или алые паруса на новый лад, Москва: Новый век, 2001.

Сабанеев, Л.Л, *Воспоминания о Скрябине*, Москва: Классика-XXI, 2000.

Сарбаш, Л.Н, "Проблема 〈восстановления погибшего человека〉 в романе Ф.М. Достоевского 『Братья Карамазовы』." *Достоевский и современность*, Новгород, 1994.

Сафронов, И.А, *Русский космизм*, СПБ.: Санкт-петербургского государственного университет экономики и финансов, 1998.

Семенова, С.Г, "Н.Ф. Федоров и его философское наследие." Николай Федорович ФЕДОРОВ, *Сочинениея*, Москва: Академия наук СССР Институт философии Издательство 〈Мысль〉, 1982, с.5~50.

_____________, *Валентин Распутин*, Москва: Советская Россия, 1987.

_____________, "Восходящее движение." Октябрь 2, 1989, с.180~191.

_____________, *Преодоление трагедии: 〈вечные вопросы〉 в литературе*, Москва, 1989.

_____________, *Николай Федоров: Творчество жизни*, Москва, 1990.

_____________, "Русский космизм." (Сост. С.Г. Семеновой , А.Г. Гачавой) *Русский космизм: Антология философской мысли*, Москва: Педагогика-Пресс, 1993. с.3~33.

_____________, "『Идея жизни』 Андрея Платонова." *Платонов А.П. Взыскание погибших(1): Повести. Рассказы. Пьеса. Статьи*, Москва: школа-пресс, 1995, с.5~38.

_____________, "Идея 〈активной эволюции〉 и новое экологическое мышление." Фесенкова Л.В.(Ред.), *Стратегия выживания: Космизм и экология*, Москва: Издательство

ЛКИ, 2010, с.16~26.

Семенова, С.Г, и А.Г. Гачева.(Сост.) “К.Э. Циолковский.” *Русский космизм: Антология философской мысли*, Москва: Педагогика-Пресс, 1993, с.258~281.

Сенкевич, Александр, *Блаватская*, Москва: Молодая гвардия, 2010.

Сидоров, Валентин, “Мост над потомком.” *Блаватская и рерихи. мост над потомком*, Москва: Эксмо, 2011, с.7~152.

__________, “На вершинах.” *Блаватская и рерихи. мост над потомком*, Москва: Эксмо, 2011, с, 153~314.

Сидоров, Е, *Время, писатель, стиль*, Москва: советский писатель, 1983.

Скобелев, В.П, *Творчество А. Платонова, статьи и сообщения*, Воронеж: Изд, Воронежского университета, 1970.

Соколова, Ю.В, *Славянский космизм и ноосфера*, Одесса, 1996.

Соловьев, Владимир, *Три разговора*, Нью Йорк: Издательство имени Чехова, 1954.

__________, *Сочинения в двух томах. Том 1, Философская публицистика*, Москва: издательство 〈правда〉, 1989.

__________, *Сочинения в двух томах. Том 2, Чтения о богочеловечестве, Философская публицистика*, Москва: издательство 〈правда〉, 1989.

__________, “Смысл любви.” Владимир Соловьев, *Сочинение в двух томах. Том 2*, Москва: Мысль, 1990.

Соловьев, Сергей Михайлович, *Жизнь и творческая эволюция Владимира Соловьева*, Брюссель, 1977.

Степин, В.С, *Теоретическое знание*, Москва: Прогресс-Традиция, 2000.

Тарасов, С.В, *Философия Русского космизма*, СПБ, 1996.

Тиминский В.К, “Истории калужского теософского общества(1909~1929).” *Журнал 『Мир Огненный』*, No.16, 1988.

Федоров, Н.Ф, *Сочинения*, Москва: Академия наук СССР Институт философии Издательство 〈Мысль〉, 1982.

Фесенкова, Л.В, “Русский космизм сегодня.” *Русский космизм и современность*, Москва: ИФРАН, 1990.

Флоренский, П.А, *У водоразделов мысли*, Москва: Правда, 1990.

Флорес, Хосе Луис, “Восстановление личности как путь к осущестлению рая на земле.” *Достоевский и современность*, Новгород, 1994.

Фукуяма, Фрэнсис, *Наше постчеловечесое будущее. Последствия биотехнологической революции*, Москва: Издательство АСТ, 2004.

Холодова, З.Я. “Отражение идей русской 『космической философии』 в художественном мышлении М.Пришвина.” *Социально-философские аспекты ноосферной динамики*

России, Материалы международной научной конференции 『Проблемы сознания и ноосферы в отечественной и зарубежной фмлософии XX века』 Иваново, 20-21 декабря 2000 г, часть 2, Иваново Издательтво 〈Ивановский государстве нный университет〉, 2000, с.24~27.

Циолковский, К.Э, "Воля Вселенной ." *Неизвестные разумные силы,* Калуга, 1928.

__________________, *Причина космоса*, Калуга, 1925.

__________________, "Воля Вселенной ." *Неизвестные разумные силы*, Калуга, 1928.

__________________, *Грезы о земле и небе, научно-фантастических произведение*, Тула: Приокское книжное издательство, 1986.

__________________, "Космическая философия." *Грёзы о Земле и небе*, СПб, 1995.

__________________, "Монизм Вселенной." *Антология русского космизма*, СПБ, 1995.

__________________, *Вне Земли: сборник научно-популярных и научно-фантастических работ*, Москва: Луч, 2008.

__________________, *Приключения Атома: повесть*, Москва: Луч, 2009.

__________________, "Космическая Философия.", *Путь к звездам*, Москва: Книжный клуб Книговек, 2011, с.26~36.

__________________, "Монизм Вселенной." *Путь к звездам*, Москва: Книжный клуб Книговек, 2011, с.81~120.

__________________, "О душе, о духе и о природе." *Путь к звездам*, Москва: Книжный клуб Книговек, 2011, с.260~276.

Чаиркин, А.С, *Проблема Человека в Философии русского космизма*, Саранск, 1999.

Чаликовой, В.А, *Утопия и утопическое мышление*, Москва: Прогресс, 1991.

Чалмаев, Виктор, "У человеческого сердца (В художественном мире Андрея Платонова)." *Андрей Павлович Платонов, Собрание сочинений том I*, Москва: Советская Россия, 1984, с.5~22.

Чижевский, А.Л, *На берегу Вселенной : годы дружбы с Циолковским, Воспоминания*, Москва: Мысль, 1995.

Шапошникова Л.В, *Мудрость веков*, Москва: Международный Центр Рерихов, 1996.

__________________, *От Алтая до Гималаев: По маршруту Центрально-Азиатской экспедиции Н.К. Рериха*, Москва: МЦР МАСТЕР-БАНК, 1998.

__________________, "Н.К. Рерих как мыслитель и историк культуры." *Н.К. Рерих. Шамбала*, СПБ.: Азбука, 2012, с.5~82.

Шарден, Пьер Тей яр де, *Феномен человека*, Москва: 〈Издательство АСТ〉, 2002.

Шаулов, С.С, "〈Случай ное семей ство〉 как система взаимоотражений (по роману 『Братья Карамазовы』)." *Достоевский и мировая культура* NO.18, СПБ.: Серебряный век, 2003.

Шишкин, Олег, *Сумерки магов георгий гуржиев и другие*, Москва: Яуза, Эксмо, 2005.

______________, *Битва за Гималаи*, НКВД: магия и шпионаж, Москва: ОЛМА-Пресс, 1999.

Шлёкин, С.И, *Русский космизм: Проблемы иррационального знания, художественного чувства и научно-технического творчества*, Москва: Книжный дом 〈ЛИБРОКОМ〉, 2011.

Шубин, Лев, "Градовская школа философии." *Андрей Платонов: Мир творчества*, Москва: Современный писатель, 1994, с.212~226.

Штай нер, рудольф, *Теософия введение в сверхчувственное познание мира и назначение человека*, Издательство 〈НОЙ〉, 1990.

Щенников, Г.К, *Целостность Достоевского*, Екатеринбург издательство уральского университета, 2001.

Эттингер, Роберт, *Перспективы бессмертия*, Москва: Научный мир, 2003.

Яновский, Н, *Писатели Сибири: Избранные статьи*, Москва: Современник, 1988.

4. 온라인 사이트

* Введение в иммортализм
  http://www.transhumanism-russia.ru/content/view/71/95/
* Н.Ф. Федоров и идеи трансгуманизма http://www.marsiada.ru/359/407/411/5417/
* http://transhumanism-russia.ru/
* www.alcor.org

찾아보기

ㄱ

ㄴ

ㄷ

ㄹ

ㅁ

ㅂ

ㅅ

ㅊ

ㅋ

ㅌ

ㅍ

ㅎ

A~Z